全国高等职业教育园林类专业“十四五”规划教材

园林测量

主　编　陈　涛　李桂云
副主编　姚忠臣　于晓伟　范兰军　马　伟
主　审　陈盛彬

黄河水利出版社
·郑州·

内 容 提 要

本教材按照全国高等职业教育园林类专业“十四五”规划教材《园林测量》的课程教学大纲进行编写。全书共分为十章，主要内容为测量的基础知识、水准测量、角度测量、距离测量与直线定向、测量误差的基本知识、小区域控制测量、大比例尺地形图测绘、地形图的识读与应用、园路测量、园林工程测量等。

本教材可供高等职业院校园林技术、园林工程技术、园艺技术、城镇规划等专业教学使用，也可作为成人高等教育和中等职业学校园林类专业的教学用书。

图书在版编目(CIP)数据

园林测量/陈涛，李桂云主编.—郑州：黄河水利出版社，2010.7 (2021.8 重印)

全国高等职业教育园林类专业“十四五”规划教材

ISBN 978-7-80734-630-2

Ⅰ.①园… Ⅱ.①陈… ②李… Ⅲ.①园林-测量学 Ⅳ.①TU986

中国版本图书馆 CIP 数据核字(2010)第 096827 号

策划编辑：李洪良 王志宽 0371-66026352 66024331

出 版 社：黄河水利出版社

地址：河南省郑州市顺河路黄委会综合楼 14 层 邮政编码：450003

发行单位：黄河水利出版社

发行部电话：0371-66026940、66020550、66028024、66022620(传真)

E-mail：hhslcbs@126.com

承印单位：河南承创印务有限公司

开本：787 mm×1 092 mm 1/16

印张：20.5

字数：474 千字

版次：2010 年 7 月第 1 版 印次：2021 年 8 月第 6 次印刷

定价：38.00 元

全国高等职业教育园林类专业“十四五”规划教材编审委员会

出版说明

近年来，随着社会的进步和人们生活水平的提高，人类对生存环境的质量要求越来越高，园林作为生态环境建设的重要组成部分和提高人类生存环境质量的重要凭借手段，越来越受到环境决策者和建设者的重视，特别是在城市，生态园林建设已成为解决社会快速发展所带来的环境问题的主要方式之一，因而以服务和改造室内外环境为基本内容的园林专业也随之迅速发展，新观念、新技术不断涌现，社会对园林工程专业高端技能型人才的要求也不断提高。

为了配合全国高等职业教育园林类专业的教学改革与教材建设规划，按照国家对高等职业教育园林专业人才培养目标定位和市场对园林专业人才专业知识及实践技能的要求，在对现有园林工程专业教材出版情况进行深入调研并充分征求了各课程主讲老师意见的基础上，我社组织出版了这套“全国高等职业教育园林类专业‘十四五’规划教材”。教材的编写立足于高起点、出精品，本着知识传授与能力培养并重的原则，以培养园林高级专业技术人才为目标，着重加强职业教育的技能培养特色，重点突出实验、实训教学环节。

本系列教材的编写和出版得到了全国多所园林类高等职业院校的大力支持，我们特别邀请了多所高等院校相关专业的老师对稿件进行了严格审查把关。正是由于他们的辛勤工作和无私奉献，才使得这些教材能够在最短的时间内付梓，并有效保证了教材的整体水平和质量。在此，对推进此次教材编写与出版工作的各院校领导、参编和审稿的老师表示衷心的感谢和诚挚的敬意。

诚然，人才的培养需要教育者长期坚持不懈的努力，好的教材也需要经过时间的考证和实践的检验。希望各院校在使用这些教材的过程中提出改进意见与建议，以便再版时不断修改和完善。

黄河水利出版社

出版说明

前 言

本教材为全国高等职业教育园林类专业“十四五”规划教材。按照高等职业教育人才培养目标和要求，本教材在编写过程中紧密结合园林工作实际，突出实践能力的培养，并力求体现测绘学科体系的完整性，做到测绘名词规范、定义准确、语言通畅。为了便于读者对所学知识的理解、思考及巩固，本教材在每章开头都编配有本章提要，并根据教学需要在各章设置了相关实例，各章后均附有复习与思考题；为提高园林测量人员的实践操作技能，切实做到理论与实践的有机结合，各章还安排有若干操作性强、具有实用性和代表性的实训项目。

本教材由陈涛（河南林业职业学院）和李桂云（泰山职业技术学院）担任主编，由姚忠臣（河南林业职业学院）、于晓伟（周口职业技术学院）、范兰军（商丘职业技术学院）、马伟（河南牧业经济学院）担任副主编。具体分工为：陈涛编写第一章、第六章；李桂云编写第三章、第八章；姚忠臣编写第四章；于晓伟编写第二章、第五章；范兰军编写第七章、第九章；马伟编写第十章。

本教材由陈涛提出编写提纲并负责全书统稿，由湖南环境生物职业技术学院陈盛彬教授担任主审，并提出了许多宝贵意见。在编写过程中，编者参阅了众多有关专家、学者的专著及教材，在此一并表示诚挚的谢意。

鉴于编者水平有限，加之时间仓促，本书中难免存在错漏之处，敬请读者批评指正。

编　者

前　言

目 录

第一章　绪　论

本章提要

测量工作的实质就是确定地面点的位置。本章主要讲述测量的概念及其学科分类、园林测量的任务与作用、测量学科的发展情况、地球的形状与大小、地面点的标志、地面点的坐标与高程、测量工作的三要素与基本原则等内容。

第一节　园林测量概述

一、测量学的概念与分类

测量学是研究地球的形状、大小以及确定地表、地下和空中等空间点位并对这些位置信息进行研究、处理、存储、管理和应用的科学。

根据研究范围、应用领域和采用的技术手段，迄今测量学已经形成以下几个分支：

大地测量学——研究地球形状、大小、地球重力场以及建立国家大地控制网的理论、技术和方法的科学。大地测量学可分为几何大地测量学、物理大地测量学和卫星大地测量学或空间大地测量学。

普通测量学——研究地球表面小区域内测绘工作的理论、技术、方法和应用的学科，是测量学的基础。在测绘过程中不考虑地球曲率的影响，用水平面代替地球曲面，并根据需要建立小区域的控制网，进行大比例尺地形图测绘及一般工程的施工测量。具体工作有距离测量、角度测量、高程测量、观测数据的处理和绘图等。

工程测量学——研究工程建设在勘测、设计、施工和管理阶段所进行测量工作的理论、方法和技术的学科。工程测量学的应用领域非常广阔，根据专业和工程的不同，工程测量学可分为土木工程测量、铁道工程测量、矿山工程测量等。

摄影测量学——研究利用摄影或遥感的手段获取被测物体的影像和辐射能的各种图像，经过对图像的处理、量测和判释，以确定物体的形状、大小和位置，并判定其性质的学科。由于摄影方式的不同，摄影测量可分为地面摄影测量、航空摄影测量、航天摄影测量及水下摄影测量。

地图制图学——利用测量获得的资料，研究地图及其制作的理论、工艺和应用的学科。其任务是编制与生产不同比例尺的地图。

二、园林测量的任务与作用

（一）园林测量的任务

在园林工程中，测量工作主要有测定和测设两项任务。

1. 测定

利用测量仪器和工具，对小区域的地物、地貌等地面现状进行测量和计算，得到一系列测量数据，或把地球表面的地形按一定比例缩绘成地形图，作为总体规划、工程设计及竣工验收等工作的依据。

2. 测设

以规划设计施工图为依据，建立施工控制网，将设计图上规划设计好的建筑物、构筑物，按设计与施工的要求，把各单项工程的位置和高程准确地标定到预定的实地上，以便据此施工，又称为放样或放线。

（二）园林测量的作用

园林工程是一门研究园林工程原理、工程设计、施工技术及养护管理的学科。园林工程的实施包含了众多专业技术的应用，其中测量工作是一项不可或缺的组成部分。

1. 提供图面资料

在规划设计前，规划设计人员为全面地了解地面的高低起伏、坡度变化、地物分布、可能涉及的市政管线、具有特殊意义的文物古迹或古树名木等工程用地的基本情况，需要使用地形图。根据工程的要求，应选用不同比例尺的地形图，如在总体规划中常用 1∶1 000～1∶5 000 的地形图，而单项工程专用的地形图常用 1∶500。在规划设计过程中，设计师在地形图上对绿地、园路、假山、园林小品、水景、照明等各单项工程进行平面设计及用地的竖向设计，从而形成设计施工图。

2. 进行施工测量

园林建设中施工测量包括施工前的测量和施工过程中的测量。

施工前的测量工作又包含施工控制网的建立、建筑物主轴线的定位、园林地物放样、园路与水系中线测量、树木定植点的测设等。

施工中的测量是随着工程的进展，在每道工序之前进行的测量工作。如建筑物基槽底部设计高程的测设、堆山设计高程的测设、挖湖等深线标志的测设、园路工程中路面设计高程的测设、给排水工程中管道施工测量等。

3. 进行竣工测量

园林中竣工测量是对规划设计施工完毕后的绿地进行验收测量。一方面检查各项工程是否达到了预期目的；另一方面，将验收测量所得到的图纸和资料存档，以作为将来利用、改建的基础。此阶段的测量工作包括竣工图纸的测绘、各项具体工程的标准验收测量、各种表格和文字说明书的编写等。

三、测量学科的发展简史

（一）测量学在我国的发展

测量学是一门古老的学科，它是在人类征服自然和改造自然的过程中产生、发展起来的。测量学在我国有着悠久的历史，早在公元前 21 世纪夏禹治理黄河水患时，就已发明并使用了“准、绳、规、矩”四种测量工具和方法。公元前 7 世纪前后，春秋时期的管仲在其《管子》一书中就收集了我国早期的地图27幅,并谈到了地图的作用。公元前5世纪至公元前3世纪的战国时期,我国就有用磁石制成的世界上最早的定向工具"司南"。公元前130年,西汉初期编制的《地形图》、《驻军图》及《城邑图》于1973年从长沙马王堆汉墓出土,为目前我国发现最早的局部地域地形图。公元2世纪,东汉张衡创造了"浑天仪"和"地动仪"。

到了公元3世纪,三国时期的刘徽著有《海岛算经》一书,论述了有关测量海岛距离和高度的方法;西晋初年,京相璠和裴秀著《禹贡九州地域图记》十八篇,并绘制了"一寸为百里"的全国地图《方丈图》,裴秀还创立了"制图六体",即分率(比例尺)、准望(用以确定地貌、地物彼此间的相互方位关系)、道里(用以确定两地之间道路的距离)、高下(相对高程)、方邪(地面坡度的起伏)、迂直(实地高低起伏与图上距离的换算),这是世界上最早的制图理论。

公元724年,唐代天文学家张遂在河南地区从滑县经浚仪、扶沟到上蔡直接丈量了长达300 km的子午线弧长,并用日圭测太阳的阴影来定纬度,得出纬距每度长351里50步,这是世界上最早的子午线弧长测量。公元9世纪,唐李吉甫所撰的《元和郡县图志》为我国现存最早和记载全面的一部代表性图志,其中包括了世界上最完善的全国性古地图。

11世纪,北宋沈括在他的《梦溪笔谈》中记载了磁偏角现象,后又使用水平尺、罗盘进行地形测量,并绘制了《天下州县图》,为当时最好的全国地图。

18世纪初,清代进行了大规模的大地测量工作,于1708~1719年先后在全国测定了630个测绘点,编制出当时最详细的地图《皇舆全览图》。

中华人民共和国成立后,测绘学科进入了一个新的发展阶段。1956年成立了国家测绘总局,中国科学院系统成立了测量及地球物理研究所,测绘机构和测绘院校也纷纷设立。全国绝大部分地区的大地控制网业已建成,并对天文大地网进行了整体平差。根据1975年国际大地委员会和国际地球物理联合会联合推荐的椭球参数,建立了新的坐标系统(1980年国家大地坐标系);在1956年黄海高程系基础上重建了国家高程基准和国家重力基准。我国实施了珠穆朗玛峰和南极长城站的地理位置与高程测量,配合国民经济建设进行了大量的测绘工作;完成了大量不同比例尺的地形图,各种工程建设的测量工作取得了显著成绩。在仪器制造方面,我国已能自制航空摄影机、红外摄影机、立体测图仪、多倍投影仪、投影纠正仪、激光测距仪、微波测距仪、红外测距仪、全站仪、高精度经纬仪、普通水准仪、精密水准仪、航天遥感传感器、多普勒接收机、GPS接收机等,其他测绘工具及仪器绝大部分已能自给。

特别是近几年来,我国测绘科技发展较快,开展了"数字地球"的研究工作,广泛应用了"3S"技术即GPS(全球定位系统)、GIS(地理信息系统)、RS(遥感)。随着我国经济社会又好又快发展,我国的测绘科技水平正在迅速赶上并在某些方面开始领先于国际测绘科技水平。

(二)测量学在国外的发展

在公元前四千多年,古埃及尼罗河泛滥后,需要重新划分土地的界限,就进行了土地丈量,从而产生了最初的测量技术;古希腊人也在很早就掌握了土地的测量方法,希腊文中"测量学"的含义就是"土地划分"。

17 世纪初期,由于资产阶级革命的兴起,测量科学与其他科学一样为适应生产力的发展而有较大的发展。1608 年,荷兰人汉斯发明了望远镜。1617 年,荷兰人斯纳尔创造了三角测量方法。1672 年,法国人里歇通过观测钟摆周期的实验,推论地球是椭球;1683 年,法国人卡西尼父子总结多年弧度测量结果,断定地球为一极半径小于赤道半径的椭球;1687 年,英国人牛顿根据万有引力定律证明了地球是旋转椭球的理论。1794 年,德国科学家高斯提出最小二乘法理论,而后他又提出了横圆柱正形投影学说,使得地图的测量更为精确。法国人都明·特里尔于 1791 年最早用等高线表示陆地地貌,同时期,出现了水准测量方法。1875 年,国际米制公约的建立,使国际上具有了统一的长度单位,1 m 被定义为通过巴黎子午线长度的四千万分之一。1899 年,摄影测量理论研究取得进展;1903 年,飞机的发明促进了航空摄影测量学的发展,开始用航空摄影测量方法测绘地形图。

20 世纪 50 年代前后,电子学、信息学、电子计算机科学、近代光学和航天技术的迅速发展,为测绘科学的发展开辟了新的途径,推动着测绘仪器和技术的进步。1947 年,电磁波测距仪的面世,使距离测量工作产生了较大的革新。1957 年,苏联第一颗人造卫星上天,1966 年便开始进行人造卫星大地测量,它可全天候观测,速度快、精度高,解决了洲际大陆与岛屿之间的联测问题,并通过人造卫星利用黑白、单光谱段和多光谱段及彩色红外线等拍摄地球照片供研究之用。20 世纪 60 年代末出现了电子经纬仪,它应用编码和光栅度盘,测角精度高,而且能自动记录测量数据;1968 年,德国将电子经纬仪与电磁波测距仪设计为一体,研制了全站型电子速测仪;此后数字化仪、扫描仪、绘图仪等仪器设备的相继出现、AutoCAD 等计算机辅助制图软件的不断开发为自动化数字测图奠定了坚实的基础。

从 20 世纪 70 年代开始,美国经过 20 年的研制,于 1994 年全面建成了具有在海、陆、空进行全方位实时三维导航与定位能力的 GPS 全球卫星定位导航系统,成功地应用于大地测量、工程测量、航空摄影测量、运载工具导航和管制、地壳运动监测、工程变形监测、资源勘察、地球动力学等多种学科。

20 世纪 90 年代初,电子水准仪的问世改变了传统意义上的水准测量,数字摄影测量系统的应用则使传统摄影测量发生了深刻的变革。

(三)测量学的发展趋势

随着科学技术的不断进步,测量学的发展趋势将是:

(1)电子学、计算机技术进一步渗透到测绘领域,电子仪器得到广泛应用,并有基本取代光学仪器的趋势。

(2)测绘方法和技术手段得到更新,数字化、自动化程度越来越高,测绘将朝着数据的自动获取、自动记录和自动处理方向发展。

(3)测绘工作周期进一步缩短,测绘精度和效益也将得到较大提高。

第二节　地面点位的确定

一、地球的形状与大小

地球的形状和大小，一直是测量人员研究的重点之一，这不仅因为地球是我们赖以生存的家园，而且也因为测量学的实质就是确定地面点的空间位置。要测量地球表面上点的相互位置，必须首先建立一个共同的坐标系统，而测量工作是在地球表面上进行的，因此测量的坐标与地球的大小、形状有密切关系。地球的自然表面极其复杂，有高山、丘陵、平原、盆地、江、河、湖泊和海洋；有高于海平面 8 844.43 m 的珠穆朗玛峰，也有低于海平面 11 034 m 的马里亚纳海沟，地形起伏很大，但与地球的平均半径 6 371 km 相比，地表的起伏微不足道，再顾及海洋面积约占整个地球表面面积的 71%，因此从宏观上来看，可以把海水面所包围的地球形体看做是一个类似于椭球的球体。为了满足测量工作中观测、计算和绘图的需要，人们设想找一个与地球表面非常接近的数学上可表达的规则曲面来代替地球不规则的表面，如用椭球面或具有典型物理特征的曲面作为定位的基准面。

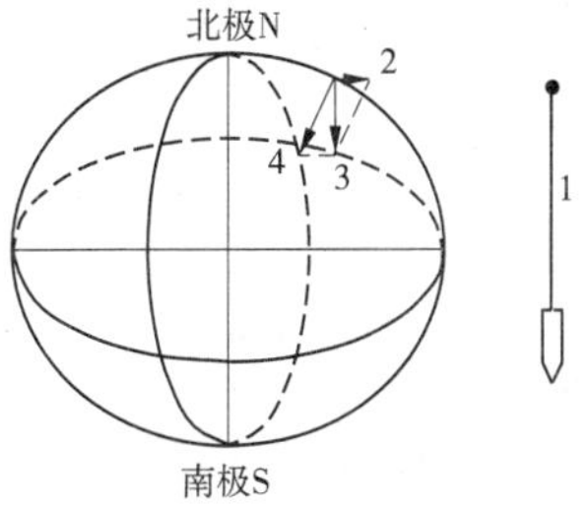

图 1-1　地球重力

1—铅垂线；2—离心力；3—重力；4—引力

任何物体之间都存在吸引力，因此地球对地表上的物体都有引力作用，而与此同时，地球的自转对地表上的物体又产生了离心力的作用，这两个力的合力形成了重力，如图 1-1 所示；如果悬挂一个垂球，当它静止时所指的方向就是重力方向。假想地球上海水处于“完全静止”状态，将静止不动的水面向大陆、岛屿内延伸而形成的闭合曲面，称为水准面。地球表面上的每个水分子都会受到重力的作用，当水面静止时，每个水分子的重力位相等，所以水准面是重力等位面，这表明水准面处处与其重力方向垂直。由于水面有高有低，高低面上的重力位不同，所以水准面有无穷多个，而且互不相交，其中与平均海水面相吻合的水准面称为大地水准面，如图 1-2 所示。大地水准面是一个特殊的水准面，它所包围的形体称为大地体。从宏观上来看，大地体可以代表整个地球的形状，对地球形状和大小的研究也往往是指对大地水准面的形状和大地体的大小的研究。重力方向线又称为铅垂线，它和大地水准面一起构成测量的一对基准；重力线也常常是测量仪器进行野外测量时所参照的基准线。

由于地球内部质量分布不均匀，重力也受其影响，引起铅垂线方向的变动，致使大地水准面成为一个复杂的曲面。如果将地球表面上的图形投影到这个复杂的曲面上，在计算上是非常困难的。为了解决这个问题，选用一个非常接近大地水准面，并可用数学式表示的几何形体来代表地球总的形状。这个数学形体是由椭圆旋转而成的旋转椭球体，又称地球椭球体。其旋转轴与地球自转轴重合，其表面称为旋转椭球面，也叫参考椭球面，如图 1-3 所示。

决定地球椭球体的大小和形状的元素为椭圆的长半轴 a、短半轴 b、扁率 f，其关系式

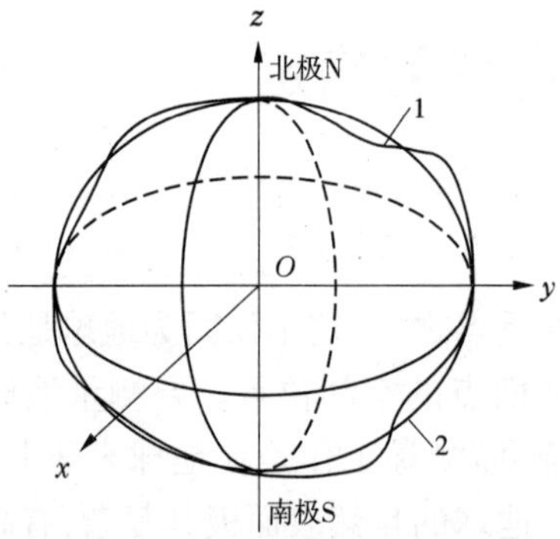

图 1-2　大地水准面与地球椭球

1—大地水准面；2—地球椭球

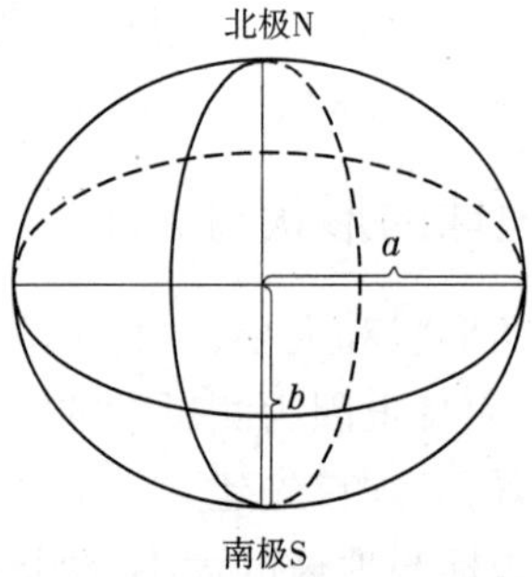

图 1-3　旋转椭球面

为

$$f = \frac{a-b}{a} \tag{1-1}$$

随着测绘科学技术的进步，可以越来越精确地确定椭圆元素，目前我国采用的地球椭球体的参数为：$a = 6\ 378.140$ km，$b = 6\ 356.755\ 3$ km，$f = 1:298.257$。

由于地球椭球体的扁率很小，当测区面积不大时，可以将其当做圆球看待，其半径 R 可按下式计算

$$R = \frac{2a+b}{3} \tag{1-2}$$

R 的近似值为 6 371 km。

二、地面点位的标志

由于测量的实质就是确定地面点的位置，因此在测量工作中，对三角点、导线点和水准点等重要的点位必须进行实地标定，以便明确表示它们的位置，并作为后续测量任务的基础。用于标定地面点标志的种类和形式较多，根据用途及需要保存的期限长短，可分为永久性标志和临时性标志两种。

永久性标志一般采用石桩或混凝土桩，桩顶刻上“＋”字或将铜、铸铁、瓷片等做成的标志镶嵌在标石顶面内，以标志点位；标石的大小及埋设要求，在测量规范中均有详细的说明，如图 1-4(a)所示；如点位处在硬质的柏油或水泥路面上，也可用长 5 ~ 20 cm、粗 1 cm左右、顶部呈半球形且刻画“＋”字的粗铁钉打入地面。

临时性标志，可用长 20 ~ 30 cm、顶面 4 ~ 6 cm 见方的木桩打入土中，桩顶钉一小钉或用红油漆画一个“＋”字表示点位，如图 1-4(b)所示；如遇到岩石、桥墩等固定的地物，也可在其上凿个“＋”字作为标志。

地面点的标志都应具有编号、等级、所在地以及委托保管情况等资料，并绘制有草图，注明其到附近明显地物点的距离，这种记载点位情况的资料称为点之记，如图 1-5 所示。

三、地面点位的表示方法

测量工作的基本任务是确定地面点的空间位置，而确定空间位置通常需用三个量，即

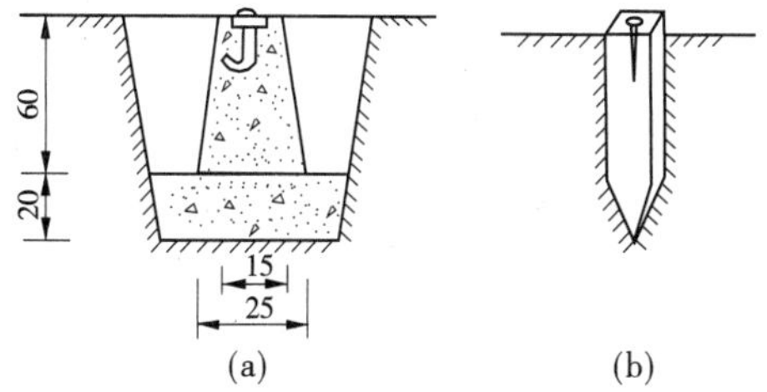

图 1-4　地面点标志　（单位:cm）

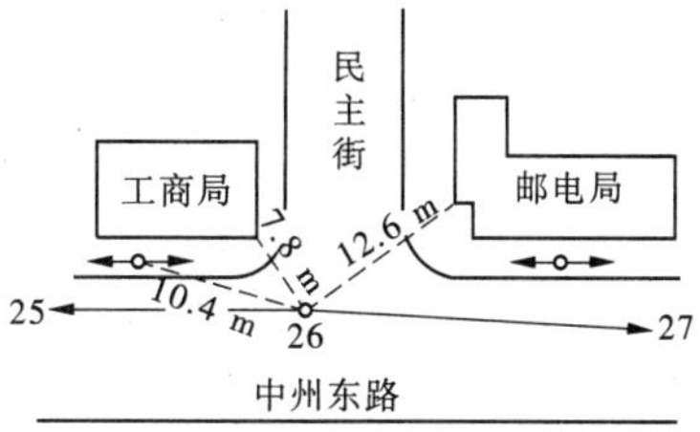

图 1-5　点之记

该点的二维球面坐标或投影到平面上的二维平面坐标，以及该点到大地水准面的铅垂距离，也就是确定地面点的坐标和高程。

（一）地面点的坐标

地面点平面位置是用地面点在一定基准面上的坐标表示的。当地面点投影到椭球面上时，其平面位置用大地地理坐标表示；当投影到水平面上时，则用平面直角坐标表示。

1. 大地地理坐标系

地面点的大地坐标用“大地经度”和“大地纬度”表示。在图 1-6 中，N、S 分别为地球的北极和南极，NOS 为地球的短轴，又称地轴。通过球心 O 并垂直于地轴的平面称赤道平面，它与椭球面的交线称为赤道。由地面上任一点和椭球短轴决定的平面称该点的子午面，子午面与椭球面的交线称子午线。地面上任意一点 P 的子午面与本初子午面之间的夹角，就是 P 点的大地经度，通常用符号“L”表示。大地经度自本初子午面起向东0°～180°称东经，向西 0°～180°称西经。过 P 点作椭球的法线，在 P 点的子午面内，P 点的法线与赤道平面所成的角就是 P 点的大地纬度，用符号“B”表示。大地纬度自赤道起向北 0°～90°称北纬，向南 0°～90°称南纬。

1968 年以前，将通过英国格林尼治天文台的子午线规定为本初子午线（即首子午线），以此作为度量经度的起始子午线。由于极移的影响和格林尼治天文台迁址，1968 年国际时间局改用经过国际协议原点（CIO）和原格林尼治天文台的经线延伸交于赤道圈的一点作为经度的零点。1977 年我国决定采用过该经度零点与极原点 1968.0（1968 年 1 月 1 日零时瞬间）的子午线作为本初子午线，包含该子午线的子午面称为本初子午面。

目前我国常用的大地地理坐标系有以下几种。

1）1954 年北京坐标系

新中国成立初期，为了迅速开展我国的测绘事业，以满足经济建设和国防建设的迫切需要，我国于 1954 年利用东北边境的呼玛、吉拉宁、东宁三个点与苏联大地网联测后的坐标作为起算数据，然后通过我国的天文大地网推算国家平面控制点的坐标，如此取得的坐标系统称为“1954 年北京坐标系”。该坐标系采用克拉索夫斯基椭球，大地原点在今俄罗斯的普尔科沃。

2）1980 年国家大地坐标系

1978 年 4 月，国家测绘总局和总参测绘局在西安召开全国天文大地网整体平差会议时，选用国际大地测量学协会 1975 年推荐的椭球，大地原点位于陕西省泾阳县永乐镇北横流村，并按照与我国范围内大地水准面最佳拟合的条件进行椭球定位，建立了“1980 年国家大地坐标系”。

2. 平面直角坐标系

用大地坐标表示大范围内地球表面的点位是很方便的，在小区域内进行测量时，用经纬度表示点的平面位置则十分不便。但如果把局部椭球面看做一个水平面，在这样的水平面上建立起平面直角坐标系 xoy，则点的平面位置就可用该点在平面直角坐标系中的直角坐标(x,y)来表示，如图 1-7 所示。

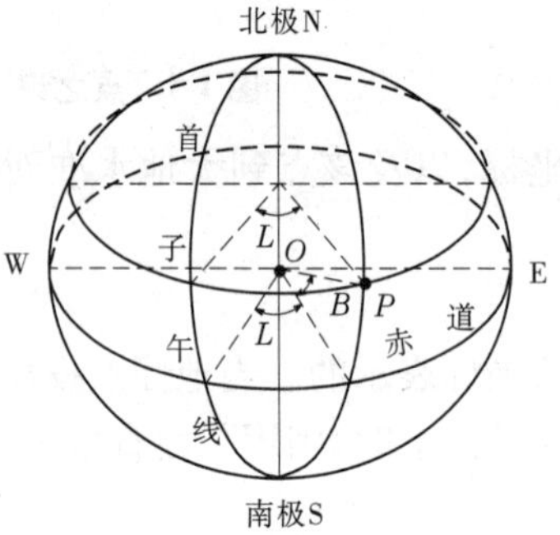

图 1-6　大地地理坐标系

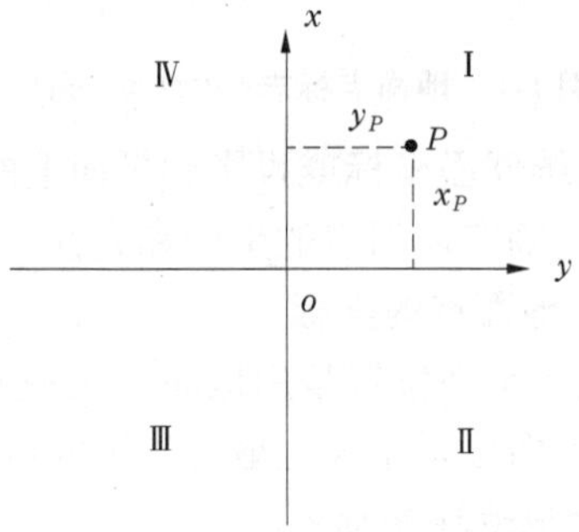

图 1-7　平面直角坐标系

在测量学中，平面直角坐标系的安排与数学中常用的笛卡儿坐标系不同，它以南北方向为 x 轴，向北为正；而东西方向为 y 轴，向东为正。象限顺序按顺时针方向计。这种安排与笛卡儿坐标系的坐标轴和象限顺序正好相反。这是因为在测量中南北方向是最重要的基本方向，直线的方向也都是从正北方向开始按顺时针方向计量的，但这种改变并不影响三角函数的应用。平面直角坐标系的坐标轴和原点可根据需要选择。

对于大范围的测量工作，应采用与大地坐标有联系的高斯平面直角坐标系统。

（二）地面点的高程

地面任意一点沿铅垂线到大地水准面的距离称为该点的绝对高程，简称高程，亦称绝对标高或海拔；两点之间的高程差称为高差。如图 1-8 所示，H_A、H_B 分别是 A 点和 B 点的高程，而 h_{AB} 是 A、B 两点之间的高差，即 $h_{AB}=H_B-H_A$。

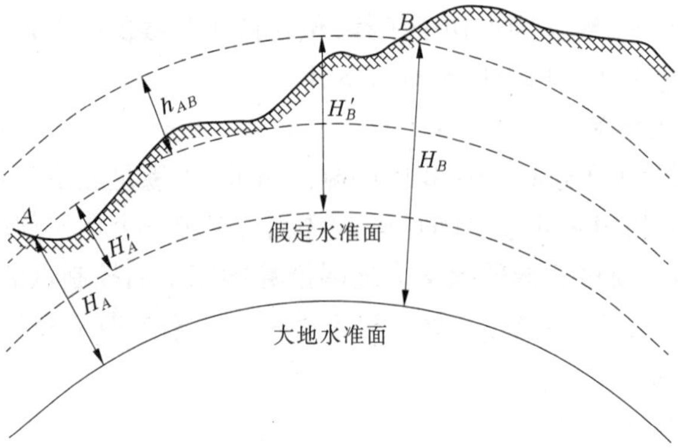

图 1-8　高程和高差

过去我国采用的“1956 年黄海高程系”是根据青岛验潮站 1950 ~ 1956 年对黄海水面

的观测结果确定的平均海水面作为高程基准面，并以此确定青岛水准原点的高程为72.289 m，作为我国水准原点。

从1987年5月起，国家规定采用"1985年国家高程基准"作为全国统一的高程起算系统。该系统是根据1952～1979年的观测资料计算得出的平均海水面作为高程基准面，并得出青岛水准原点的高程为72.260 m。水准原点是全国高程测量的基准点，在使用已有的高程资料时，一定要注意高程基准面的统一和换算。

当局部地区引用绝对高程有困难时，也可以假设某一水准面作为高程基准面。地面点至假定水准面的铅垂距离，称为该点的相对高程或假定高程，通常以H'表示，如图1-8中的H_B'、H_A'分别表示地面点A、B的相对高程。两点之间的高差也可以表示为$h_{AB}=H_B'-H_A'$。

第三节　测量的基本内容与基本原则

一、测量的基本内容

测绘科学研究的内容很多，其应用领域也相当广泛。总的说来，凡是需要确定静态或动态物体的三维空间位置及距离、方位、面积、体积、空间姿态等几何信息的工作都需要借助测绘技术。

测量工作有外业与内业之分。在野外利用测量仪器和工具测定地面上两点的水平距离、角度、高差，称为测量的外业工作；在室内将外业的测量成果进行数据处理、计算和绘图，称为测量的内业工作。

点与点之间的相对位置可以根据水平距离、角度和高差来确定，而水平距离、角度和高差也正是常规测量仪器的观测量，这些量被称为测量的基本内容，又称测量工作三要素。

（一）水平距离

如图1-9所示，水平距离为位于同一水平面内两点之间的距离，如AB、AD；倾斜距离为不位于同一水平面内两点之间的距离，如AC'、AB'。

（二）角度

如图1-9所示，水平角β为水平面内两条直线间的夹角，如$\angle BAC$；竖直角α为位于同一竖直面内水平线与倾斜线之间的夹角，如$\angle BAB'$。

（三）高差

两点间的垂直距离构成高差，如图1-9中的AA'、CC'。

二、测量的基本原则

在实际测量工作中，由于受各种条件的影响，不论采用何种方法，使用何种测量仪器，测量成果都会含有误差。因此，为控制测量误差的积累，保证测量成果的精度，必须遵循一定的原则，即："由整体到局部，由高级到低级，先控制后碎部"，以及"步步检核"。

"由整体到局部，由高级到低级，先控制后碎部"原则是针对工程的整体工序而言，在

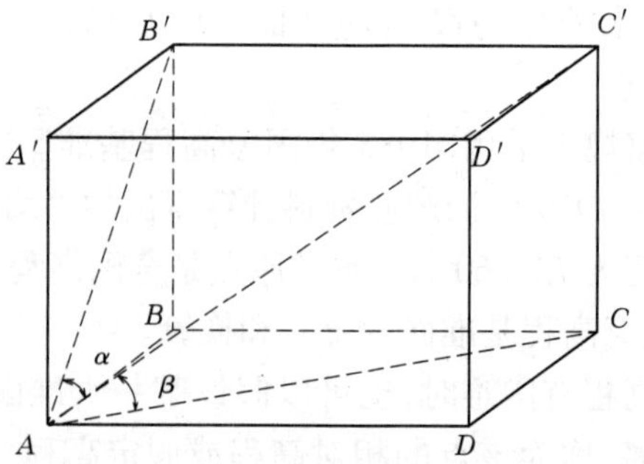

图 1-9　三个基本观测量

布局上“由整体到局部”，在精度上“由高级到低级”，在次序上“先控制后碎部”。任何测绘工程都应该首先进行整体规划，然后分步实施。在实施过程中，首先应进行整个测区的控制测量，建立符合工程要求的整个测区统一的坐标系统（包含高程系统），然后在此基础上进行细部的地形图测绘或施工测量。这样的工作顺序，不仅可以控制测量误差的积累，而且可以防止在同一地区因不同施工单位实施施工测量可能产生的系统误差。

“步步检核”原则是针对工程的具体工作而言的。对测绘工程的每一步实施都需要进行检核，正确的实施是工程进入下一步工序的基础。在测绘工程中，各道工序往往都是相互关联的，前期工作的错误将会对后期的工作产生很大的影响，甚至造成全面返工，因此“步步检核”的重要性不言而喻。

复习与思考题

1. 园林测量的任务包括哪些内容？园林测量有何作用？
2. 什么叫大地水准面？它在测量工作中起何作用？
3. 测量中的平面直角坐标系是怎样建立的？
4. 什么叫绝对高程？什么叫相对高程？两点间的高差值如何计算？
5. 测量的基本工作是什么？
6. 测量工作的基本原则是什么？为什么要遵循这些基本原则？

第二章　水准测量

本章提要

测量地面点高程的工作称为高程测量。按照使用仪器和施测方法的不同，高程测量分为气压高程测量、三角高程测量、水准测量和 GPS 高程测量等，其中水准测量是高程测量中最基本和精度最高的一种方法。本章主要讲述了水准测量原理、DS_3 型微倾式水准仪的基本构造与基本操作、水准路线的布设与测量方法、普通水准测量的精度要求、水准测量的内业计算、水准测量的误差分析与注意事项，以及微倾式水准仪的检验与校正等内容；另外，本章还对自动安平水准仪与电子水准仪的基本构造、测量原理、基本操作等作了简要介绍。

第一节　水准测量原理

一、水准测量原理

水准测量是利用水准仪提供的一条水平视线，通过读取竖立在地面两点上的水准尺的读数，求出两点间的高差，然后由已知点的高程推算出未知点的高程，因此水准测量的实质也就是测量高差。

如图 2-1 所示，地面上有 A、B 两点，已知 A 点的高程为 H_A，欲求 B 点的高程 H_B，则需先测出 A、B 两点间的高差 h_{AB}。为此，将一台能提供水平视线的水准仪安置在 A、B 两点之间，并在 A、B 两点上各竖立一根水准尺，利用水准仪分别在 A、B 两点的水准尺上读取读数 a 和 b，则 A、B 两点之间的高差 h_{AB} 为

$$h_{AB} = a - b \tag{2-1}$$

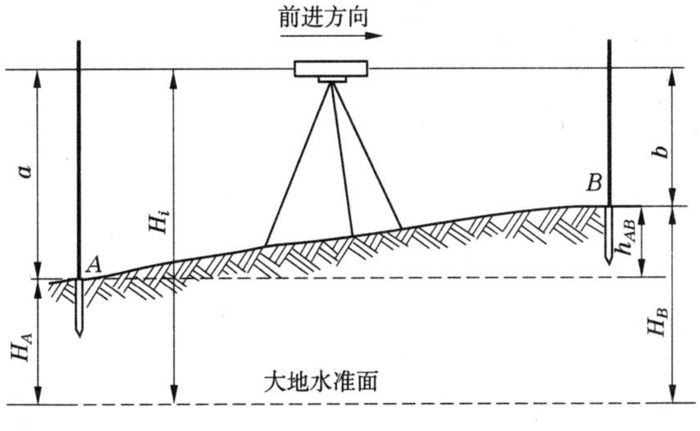

图 2-1　水准测量原理

在水准测量中，由于 A 是已知点，B 是未知点，测量是由 A 向 B 方向进行的，则 A 点称为后视点，B 点称为前视点；读数 a 称为后视读数，读数 b 称为前视读数。因此，高差就等

于后视读数减去前视读数。当高差为正时，后视点低于前视点；当高差为负时，则后视点高于前视点。

二、高程的计算方法

（一）高差法

如图 2-1 所示，若已知 A 点的高程为 H_A，则未知点 B 的高程为

$$H_B = H_A + h_{AB} = H_A + (a - b) \tag{2-2}$$

这种由已知点 A 的高程 H_A 和高差 h_{AB} 计算未知点 B 的高程 H_B 的方法，称为高差法。

【例 2-1】 如图 2-1 所示，已知 A 点的高程 $H_A = 48.962$ m，若观测得到后视读数 $a = 1.624$ m，前视读数 $b = 0.857$ m，求 B 点的高程 H_B。

解：由式(2-1)可知

$$h_{AB} = a - b = 1.624 - 0.857 = +0.767(\text{m})$$

则根据式(2-2)得

$$H_B = H_A + h_{AB} = 48.962 + 0.767 = 49.729(\text{m})$$

（二）视线高法

如图 2-1 所示，A 点的高程 H_A 加上后视读数 a 可得到水准仪视线的高程，设视线的高程为 H_i，则

$$H_i = H_A + a \tag{2-3}$$

在园林工程的测量中，有时要求安置一次仪器求出若干个前视点的高程，以便提高工作效率，如图 2-2 所示。

此时，前视点 B 的高程 H_B 等于视线的高程 H_i 减去 B 点的前视读数 b，即

$$H_B = (H_A + a) - b = H_i - b \tag{2-4}$$

同理

$$H_C = (H_A + a) - c = H_i - c$$

$$H_D = (H_A + a) - d = H_i - d$$

这种由视线的高程 H_i 计算未知点高程的方法，称为视线高法，也称为仪高法。

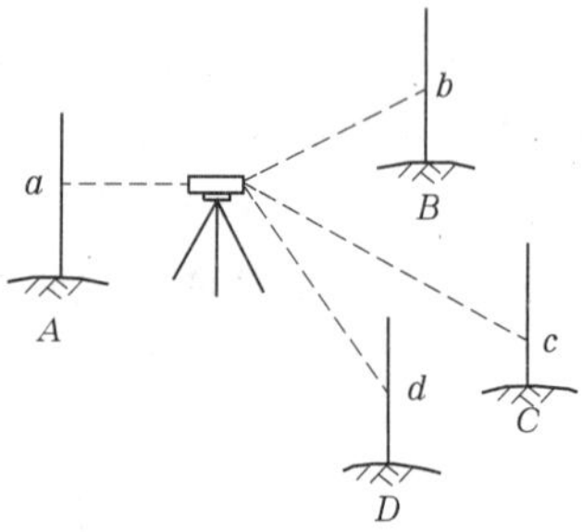

图 2-2　视线高法

【例 2-2】 如图 2-2 所示，已知 A 点的高程 $H_A = 54.728$ m，观测得到 A 点的后视读数 $a = 1.624$ m，前视点 B、C、D 的读数分别为 $b = 1.479$ m、$c = 1.264$ m 和 $d = 1.583$ m，求 B、C、D 各点的高程 H_B、H_C 和 H_D。

解：由式(2-3)可知

$$H_i = H_A + a = 54.728 + 1.624 = 56.352(\text{m})$$

则根据式(2-4)得

$$H_B = H_i - b = 56.352 - 1.479 = 54.873(\text{m})$$

同理

$$H_C = H_i - c = 56.352 - 1.264 = 55.088(\text{m})$$

$$H_D = H_i - d = 56.352 - 1.583 = 54.769(\mathrm{m})$$

第二节　水准测量仪器、工具及其使用

水准测量中所使用的仪器为水准仪，工具有水准尺和尺垫。目前，水准仪的种类很多，按仪器的精度分为 DS_{05}、DS_1、DS_3 和 DS_{10} 等不同的等级，“D”、“S”分别为“大地测量”和“水准仪”汉语拼音的第一个字母，下标数字表示水准仪的精度，即每千米往、返测高差中数的中误差(单位:mm)。在园林测量中，一般使用 DS_3 型微倾式水准仪。

一、微倾式水准仪的基本构造

如图 2-3 所示，DS_3 型微倾式水准仪主要由望远镜、水准器和基座三部分组成。

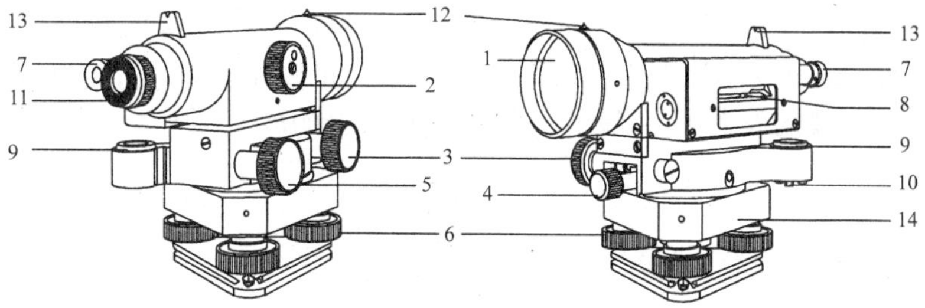

图 2-3　DS_3 型微倾式水准仪

1—物镜;2—物镜调焦螺旋;3—水平微动螺旋;4—制动螺旋;5—微倾螺旋;6—脚螺旋;7—符合气泡观察镜;8—水准管;9—圆水准器;10—校正螺丝;11—目镜;12—准星;13—照门;14—基座

(一)望远镜

望远镜主要由物镜、目镜、物镜调焦(对光)螺旋和十字丝分划板组成，其作用是提供一条水平视线，精确照准水准尺进行读数，如图 2-4 所示。

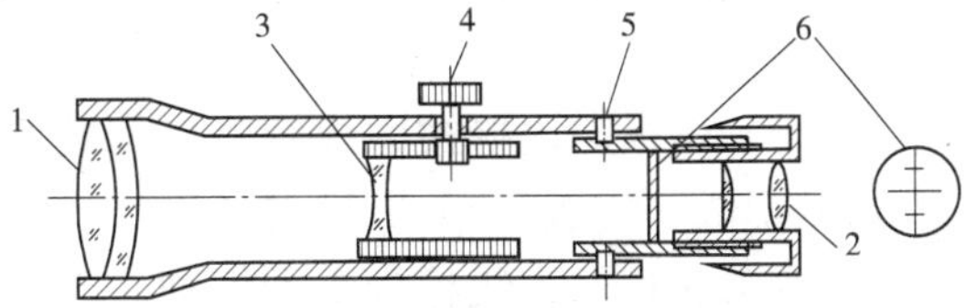

图 2-4　望远镜

1—物镜;2—目镜;3—对光透镜;4—物镜对光螺旋;5—固定螺丝;6—十字丝分划板

望远镜的物镜和目镜一般由复合透镜组成。由于物镜调焦构造不同，望远镜有外对光望远镜和内对光望远镜两种，目前使用的多为内对光望远镜，该种望远镜的对光透镜为凹透镜，位于物镜和目镜之间。望远镜的对光是通过旋转物镜调焦螺旋，使调焦镜在望远镜镜筒内平移来实现的，其成像原理如图 2-5 所示。

目标 AB 经过物镜后形成一个倒立且缩小的实像 $a'b'$，移动对光透镜可使不同距离的目标均能成像在十字丝平面上。通过目镜的作用，可看到同时放大了的十字丝和目标影

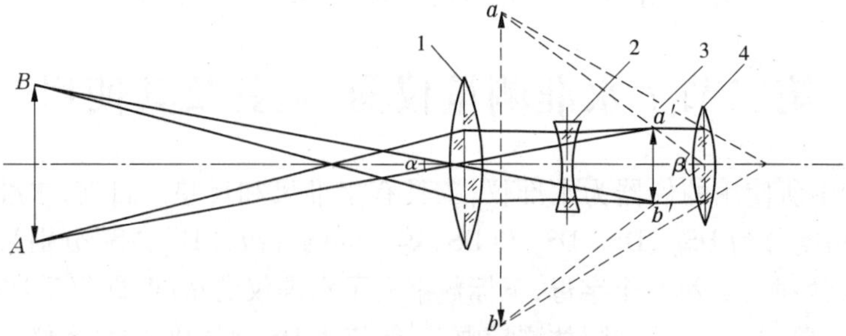

图 2-5　望远镜成像原理

1—物镜;2—对光透镜;3—十字丝分划板;4—目镜

像 ab。

如图 2-5 所示,从望远镜内看到目标的像所对的视角为 β,用肉眼看目标所对的视角可近似地认为是 α,从望远镜内所看到的目标 AB 影像的视角与肉眼直接观察该目标的视角之比,称为望远镜的放大率,一般用 ν 表示,则望远镜的放大率为

$$\nu = \frac{\beta}{\alpha} \tag{2-5}$$

DS_3 型微倾式水准仪望远镜的放大率一般为 28 倍左右。

如图 2-6 所示,十字丝分划板是一块刻有分划线的光学玻璃板。光学玻璃板上相互垂直的细线称为十字丝,竖的一根称为竖丝,横的三根称为横丝,其中,中间较长的一根横丝称为中丝,用来读取水准尺上的读数以计算高差;上下较短的两根横丝,分别称为上丝和下丝,上、下丝又合称视距丝,用来测定水准仪至水准尺的水平距离。十字丝交点与望远镜物镜光心的连线,称为视准轴。

(二)水准器

水准器是水准仪的整平装置,分为管水准器和圆水准器两种。管水准器用来判断视准轴是否水平,圆水准器则用来判断仪器竖轴是否竖直。

1. 管水准器

管水准器又称为水准管,是一个纵向内壁被磨成圆弧形的玻璃管。其内装酒精和乙醚的混合物,经加热密封冷却,形成一气泡,如图 2-7(a)所示。水准管圆弧内壁的最高点称为水准管的零点,过零点与圆弧相切的直线称为水准管轴。当气泡的中心与零点重合时,称为气泡居中。为了便于判断气泡是否居中,在水准管的表面上,自零点向两侧每隔 2 mm 刻有对称的分划线,一般根据气泡的两端是否与分划线的对称位置对齐,来判断气泡是否居中。水准管上,相邻两分划线之间的弧长 2 mm 所对应的圆心角,称为水准管的分划值,一般用 τ 来表示,如图 2-7(b)所示,则

$$\tau = \frac{2}{R}\rho \tag{2-6}$$

式中　τ——2 mm 弧长所对的圆心角;

$\rho = 206\ 265''$;

R——水准管圆弧半径。

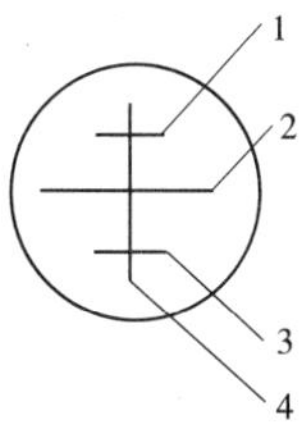

图 2-6　十字丝分划板

1—上丝;2—中丝;3—下丝;4—竖丝

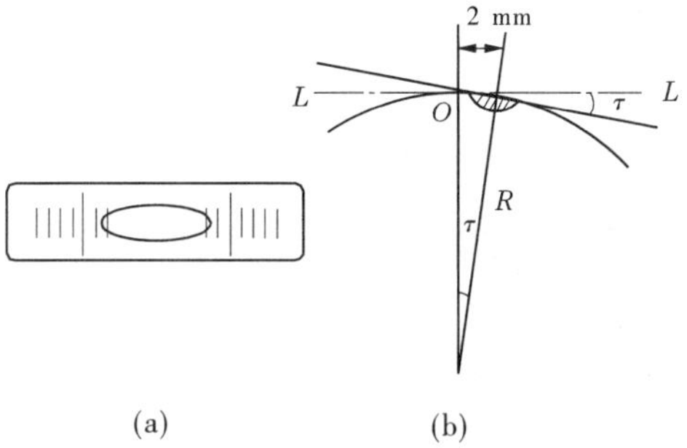

图 2-7　管水准器

水准管圆弧半径越大,分划值就越小,则水准管灵敏度就越高,也就是仪器整平的精度越高。DS_3 型微倾式水准仪的水准管分划值一般为 20″/2 mm。

为了提高水准管气泡居中的精度,DS_3 型微倾式水准仪都装有符合棱镜系统,借助符合棱镜系统使水准管气泡一侧的两端成像,并使气泡两端的像反映在望远镜旁的符合气泡观察窗(镜)中,由观测者查看观察窗中气泡两端的像对齐与否,来判断气泡是否居中,如图 2-8 所示。若气泡两端的像对齐,则表示气泡居中,水准管轴水平;否则,表示气泡不居中,这时可转动微倾螺旋,使气泡两端的像对齐。

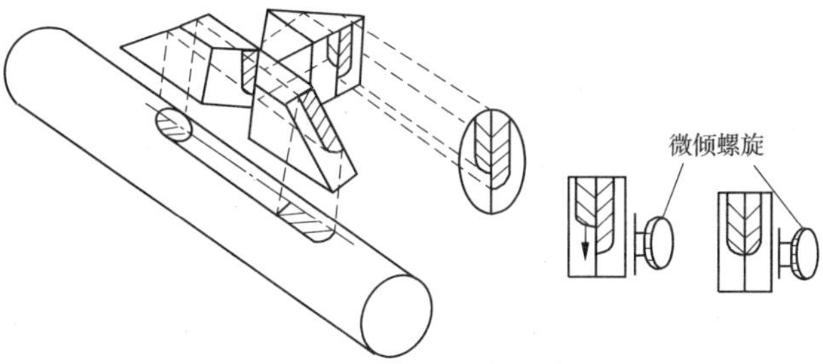

图 2-8　符合水准器

2. 圆水准器

圆水准器是一个内壁被磨成球面的玻璃圆盒,同样,内装酒精和乙醚的混合物,经加热密封冷却,形成一气泡,如图 2-9 所示。球面的最高点称为圆水准器的零点,过零点和球心的连线,称为圆水准器轴。当气泡的中心与圆水准器的零点重合时,称为气泡居中。气泡居中时,圆水准器轴竖直,则仪器竖轴亦处于竖直位置。在零点的周围刻有圆形的分划线,相邻两分划线之间的弧长也是 2 mm,其所对应的圆心角,称为圆水准器分划值。

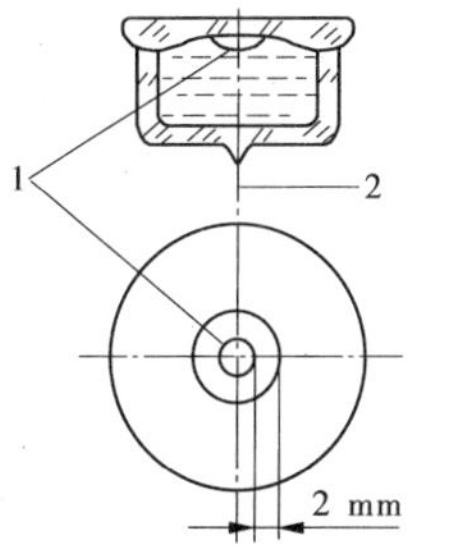

图 2-9　圆水准器

1—气泡;2—圆水准器轴

DS_3 型微倾式水准仪的圆水准器分划值一般为 8′/2 mm ~ 10′/2 mm,灵敏度较低,因此圆水准器只能用来粗略整平仪器。

(三)基座

基座主要由轴座、脚螺旋和连接板等组成。其作用是用来支撑仪器的上部,并通过连接螺旋使仪器与三脚架相连。调节基座上的三个脚螺旋可使圆水准器气泡居中。

二、水准尺与尺垫

(一)水准尺

水准尺是水准测量的主要工具,常用的水准尺有塔尺和双面尺两种,多用优质木材、玻璃钢或铝合金制成。

1. 塔尺

塔尺仅用于等外水准测量,长度有 3 m 和 5 m 两种,由两节或三节组成,可以伸缩。尺底为零,尺面上黑白相间,每格宽度为 1 cm 或 0. 5 cm,并自下而上注有分米和米的数字,数字有正字和倒字两种,分别与正镜水准仪和倒镜水准仪配合使用,如图 2-10 所示。

2. 双面尺

双面尺又称黑红尺,多用于三、四等水准测量,长度有 2 m 和 3 m 两种,两根尺子为一对。这种尺子两面均有分划,正面是黑白分划,称为主尺,也叫黑尺面,反面是红白分划,称为副尺,也叫红尺面。主尺的分划尺底均为零,而副尺的分划尺底则分别为 4. 687 m 和 4. 787 m,如图 2-11 所示。

(二)尺垫

尺垫一般是用生铁铸成的三角形,中央有一半球体的突起,下面有三个尖脚,如图 2-12所示。在水准测量中,尺垫用来支撑水准尺,防止水准尺下沉对测量高差产生影响,因此在使用时,常将尺垫踩入土中踏实,再将水准尺竖立在半球体的顶端。

图 2-10　塔尺

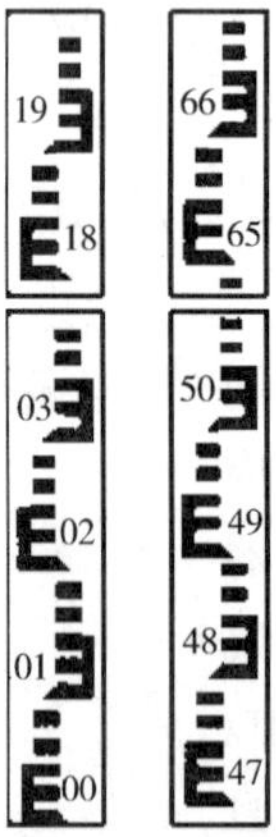

图 2-11　双面尺

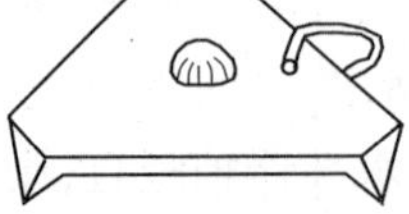

图 2-12　尺垫

三、微倾式水准仪的基本操作

(一)安置仪器

撑开三脚架,根据观测者的身高,调节三脚架的架腿高度,使高度适中;架头大致水平，将三脚架的三个架腿踏牢；从仪器箱中取出水准仪，用脚架上的连接螺旋将水准仪固连在三脚架的架头上。

（二）粗略整平

粗略整平是指调节基座上的三个脚螺旋使圆水准器的气泡居中，从而使仪器竖轴竖直。具体操作如下：

（1）转动望远镜使其视准轴与 1、2 两个脚螺旋的连线垂直，旋转 1、2 两个脚螺旋，使圆水准器气泡移到 1、2 两个脚螺旋连线的中间，如图 2-13（a）所示。旋转脚螺旋时，1、2 两个脚螺旋的旋转方向是相反的。

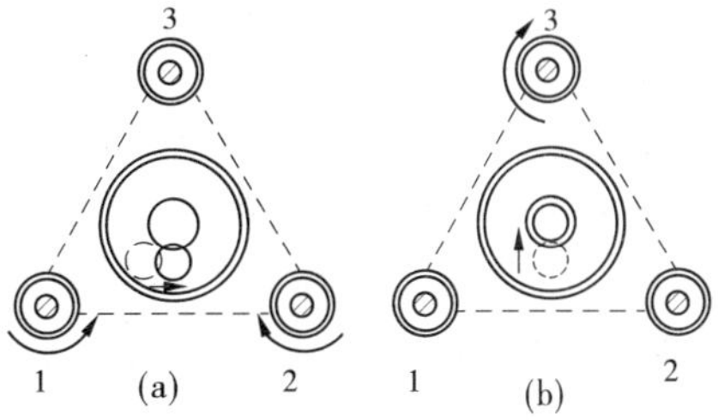

图 2-13　粗略整平

（2）旋转第 3 个脚螺旋，使圆水准器气泡居中，如图 2-13（b）所示。

（3）若发现气泡仍然没有居中，则需重复上述两步操作，直至气泡居中。

整平时，气泡移动的方向与左手大拇指旋转脚螺旋的方向是一致的。用双手同时操作两个脚螺旋时，应以左手大拇指的转动方向为准，同时向内或向外旋转。

（三）瞄准目标

1. 目镜调焦

将望远镜对向明亮处，旋转目镜调焦螺旋使十字丝清晰。

2. 粗略瞄准

转动望远镜，利用望远镜上的照门和准星瞄准水准尺，拧紧制动螺旋。

3. 物镜调焦

旋转物镜调焦螺旋，使水准尺成像清晰。

4. 精确瞄准

旋转水平微动螺旋，使十字丝的竖丝瞄准水准尺的边缘或中央。

5. 消除视差

当物镜调焦不够精确时，水准尺的像并不能成在十字丝分划板上，此时，若观测者的眼睛在目镜端上下微动，就会发现十字丝横丝与水准尺影像之间存在相对移动，这种现象称为视差。如图 2-14（a）、（b）所示，当眼睛位于目镜的中间时，十字丝交点的读数为 a；当眼睛向上或向下时，则会得到不同的读数 b 或 c。只有当水准尺的像与十字丝重合时，不论眼睛在任何位置，读数均为 a，如图 2-14（c）所示。在观测中，当出现如图 2-14（a）、（b）所示的情况时，应继续旋转物镜调焦螺旋，直至水准尺的像精确成在十字丝分划板平面上，确保视差消除。

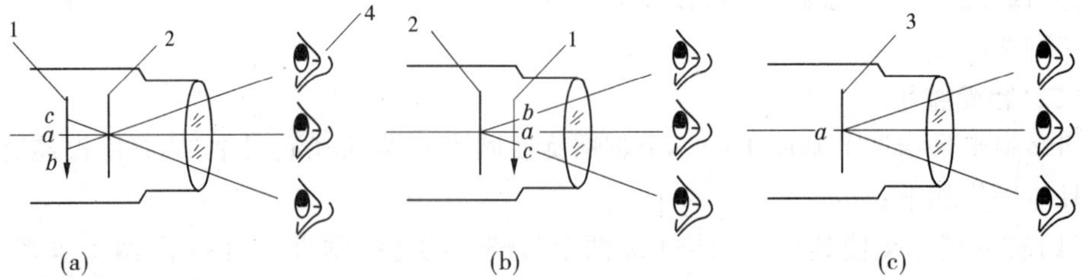

图 2-14 视差

1—水准尺的像;2—十字丝;3—水准尺的像与十字丝重合;4—眼睛

(四)精平与读数

1. 精平

精平是指旋转微倾螺旋使水准管气泡居中,水准管轴水平,从而使视准轴水平。如图 2-15(a)所示,观测者应注视符合气泡观察窗,转动微倾螺旋,当水准管气泡两端的像对齐时,水准管轴水平,视准轴亦精确水平。

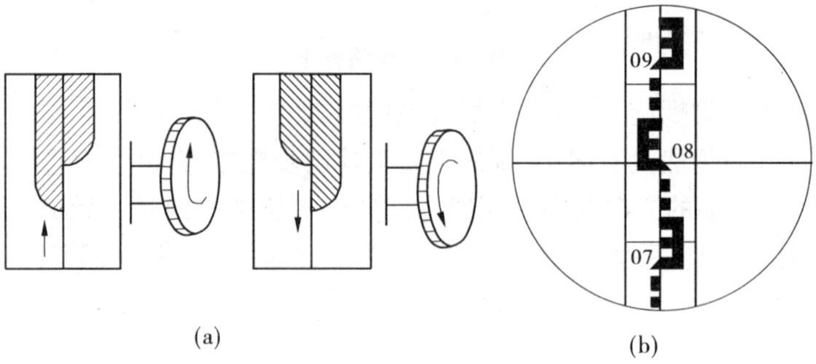

图 2-15 精平读数

2. 读数

在水准管气泡居中后,即精平后,应迅速用十字丝的中丝在水准尺上读数。读数时,应从小到大,即读取米(m)、分米(dm)、厘米(cm)和毫米(mm)四位,其中毫米为估读数;如图 2-15(b)所示,读数为 0. 806 m。读完数后,还应检查符合气泡是否仍然居中,若气泡偏离,则需转动微倾螺旋使气泡居中后重新读数。

实训 2-1 微倾式水准仪的构造与使用

一、实训目的

(1)熟悉水准仪的基本构造及各部件的功能。

(2)掌握水准仪的操作方法。

二、实训内容

(1) DS_3 型微倾式水准仪的基本构造、主要部件的名称及其作用。

(2) DS_3 型微倾式水准仪的仪器安置、粗略整平、瞄准水准尺、精平与读数操作。

(3)测量地面上两点间的高差。

三、仪器与工具

DS_3 型微倾式水准仪 1 台、塔尺 2 根、尺垫 2 个、测伞 1 把、记录板 1 块(含水准测量记录表);自备铅笔、草稿纸等。

四、方法提示

(1)对照实物了解 DS_3 型微倾式水准仪的构造、各部件的名称及其作用。

(2) DS_3 型微倾式水准仪的使用方法:

①仪器安置练习。选择仪器安置点,撑开三脚架,使架头大致水平,高度适中;从仪器箱中取出水准仪,固定在脚架上。

②粗略整平练习。转动望远镜使视准轴与任意两个脚螺旋的连线垂直,旋转这两个脚螺旋,使圆水准器气泡调至这两个脚螺旋连线的中间;旋转第三个脚螺旋,使圆水准器气泡居中;若发现气泡仍然没有居中,则重复上述两步操作,直至气泡居中。

③瞄准水准尺练习。将望远镜对向明亮背景处,顺时针或逆时针旋转目镜调焦螺旋使十字丝清晰;转动望远镜,利用望远镜上的准星和照门瞄准水准尺,拧紧制动螺旋;旋转物镜调焦螺旋,看清水准尺上的分划线;旋转水平微动螺旋,使十字丝的竖丝位于水准尺的边缘或中央;当观测者的眼睛在目镜端上下微动时,若十字丝横丝与水准尺影像之间存在相对移动,说明存在视差,应继续旋转物镜调焦螺旋,直至水准尺的像精确成在十字丝分划板平面上。

④精平读数练习。旋转微倾螺旋,当符合水准气泡两端的像对齐后,迅速用十字丝的中丝在水准尺上读数。

(3)测量地面上两点间的高差。

①以小组为单位,在地面上设置两个固定点 A、B,并在这两个点上竖立水准尺。

②将仪器安置在距 A、B 两点约等距离处。

③选择 A 点为后视点,先照准 A 点上的水准尺,读取后视读数 a,再照准 B 点上的水准尺,读取前视读数 b,均记入高差测量记录表中,然后计算出 A、B 两点间的高差。

五、注意事项

(1)在操作过程中,旋转仪器各部位的螺旋均不宜用力过猛,以免损坏仪器。

(2)仪器应安置在距前视点和后视点约等距离处;立尺员应保持水准尺竖直。

(3)读数时,应确保视差已被消除,水准管气泡居中;读完数后,还应检查符合水准气泡是否仍然居中,若气泡偏离,则需调节使气泡居中后重新读数。

六、实训报告

每组上交高差测量记录表一份，其格式如表 2-1 所示。

表 2-1　高差测量记录表

仪器型号______日期______天气______班组______观测者______记录者________

观测次数	测点	后视读数（m）	前视读数（m）	高差（m）	备注

第三节　水准测量的外业观测

一、水准路线的布设

（一）水准点

为了科学研究、工程建设以及测绘地形图的需要，我国已在全国范围内建立了统一的高程控制点，组成了高程控制网，并分成四个等级。从精度上说，一等最高，四等最低，低一级受高一级控制。由于这些高程控制点的高程都是用水准测量的方法建立的，所以也称为水准点，用 BM_i 表示。

（二）水准路线的形式

水准路线是指实施水准测量所经过的线路，根据测区的自然地理状况和工程建设的具体要求，水准路线一般可以布设成以下三种形式。

1. 附合水准路线

如图 2-16 所示，从一个已知高程的水准点 BM_A 开始进行水准测量，在经过 1、2、3 等若干个高程待定点后，附合到另外一个已知高程的水准点 BM_B 上，这样的水准路线称为附合水准路线。

2. 闭合水准路线

如图 2-17 所示，从一个已知高程的水准点 BM_A 开始进行水准测量，在经过 1、2、3、4、5 等若干个高程待定点后，又闭合到该已知高程的水准点 BM_A 上，这样的水准路线称为闭合水准路线。

3. 支水准路线

如图 2-18 所示，从一个已知高程的水准点 BM_A 开始进行水准测量，在经过 1、2 等若干个高程待定点后，既不附合到另外一个已知高程的水准点上，也不闭合，此种水准路线称为支水准路线。

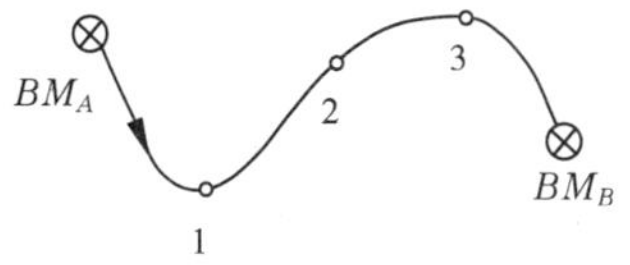

图 2-16　附合水准路线

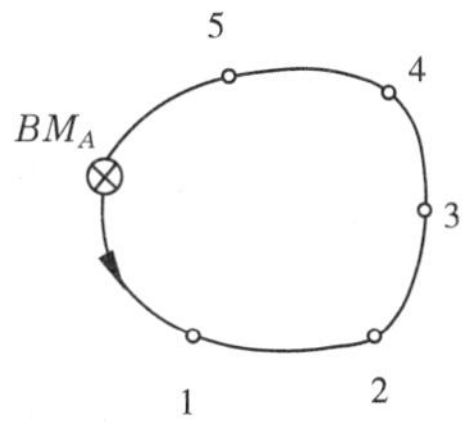

图 2-17　闭合水准路线

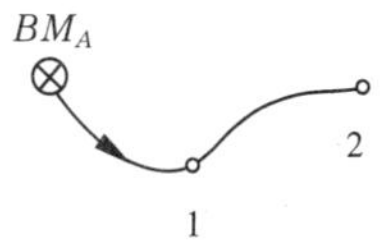

图 2-18　支水准路线

二、水准测量的方法

(一)水准测量的实施

在水准测量中,当地面上 A、B 两点间相距较远或高差较大时,安置一次仪器难以测得这两点的高差,必须在这两点之间增设若干个临时立尺点,称之为转点,一般用 ZD 或 TP 表示;转点将地面上 A、B 两点分成若干段,应依据水准测量的原理逐段测出高差,最后将各段高差求和,便可得到 A、B 两点的高差,由已知点 A 的高程推算出 B 点的高程,这种水准测量称为连续水准测量或复合水准测量。

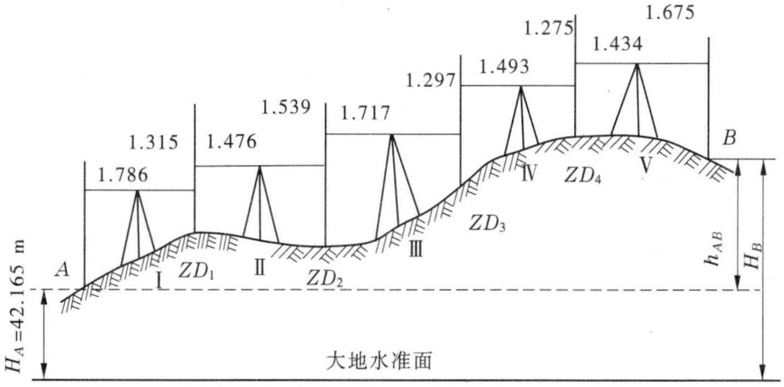

图 2-19　水准测量的实施

如图 2-19 所示,已知 A 点的高程为 42.165 m,欲测定 B 点的高程,可按如下步骤进行观测。

在 A 点竖立水准尺,在水准路线前进方向上,距离 A 点适当距离处安置水准仪,再在仪器的前方设置转点 ZD_1 并竖立水准尺,要求仪器距离前后水准尺的距离大致相等;瞄准 A 点上的水准尺,读取后视读数 a_1 为 1.786 m,记入表 2-2 中 A 点的后视读数栏内;再转动望远镜瞄准转点 ZD_1 上的水准尺,读取前视读数 b_1 为 1.315 m,记入表 2-2 中 ZD_1 的前视读数栏内;后视读数减去前视读数得 A 和 ZD_1 两点间的高差为 +0.471 m,记入表 2-2 中高差栏内;至此,第一测站的工作结束,可以搬站。

搬站时,转点 ZD_1 的位置不得移动,将仪器搬到 ZD_1 前方适当的位置设站,A 点处的立尺员应持尺前进至选定的转点 ZD_2 处,并将尺子立在 ZD_2 上;此时,可以开始第二测站的工作。瞄准 ZD_1 上的水准尺,读取后视读数 a_2 为 1.476 m,记入表 2-2 内第二测站中

ZD_1 的后视读数栏内；再瞄准 ZD_2 上的水准尺，读取前视读数 b_2 为 1.539 m，记入表 2-2 中 ZD_2 的前视读数栏内；后视读数减去前视读数得 ZD_1 和 ZD_2 两点间的高差为 −0.063 m，记入表 2-2 中高差栏内。同理，继续向前观测、记录和计算，直至终点 B。

表 2-2　普通水准测量记录手簿

仪器型号＿＿＿＿＿＿　时间＿＿＿＿＿＿　天气＿＿＿＿＿＿

<table>
<tr><th rowspan="2">测站</th><th rowspan="2">测点</th><th colspan="2">水准尺读数(m)</th><th colspan="2">高差(m)</th><th rowspan="2">高程
(m)</th><th rowspan="2">备注</th></tr>
<tr><th>后视</th><th>前视</th><th>+</th><th>−</th></tr>
<tr><td rowspan="2">Ⅰ</td><td>A</td><td>1.786</td><td></td><td rowspan="2">0.471</td><td rowspan="2"></td><td>42.165</td><td>已知点</td></tr>
<tr><td>ZD_1</td><td></td><td>1.315</td><td rowspan="2">42.636</td><td rowspan="11"></td></tr>
<tr><td rowspan="2">Ⅱ</td><td>ZD_1</td><td>1.476</td><td></td><td rowspan="2"></td><td rowspan="2">0.063</td></tr>
<tr><td>ZD_2</td><td></td><td>1.539</td><td rowspan="2">42.573</td></tr>
<tr><td rowspan="2">Ⅲ</td><td>ZD_2</td><td>1.717</td><td></td><td rowspan="2">0.420</td><td rowspan="2"></td></tr>
<tr><td>ZD_3</td><td></td><td>1.297</td><td rowspan="2">42.993</td></tr>
<tr><td rowspan="2">Ⅳ</td><td>ZD_3</td><td>1.493</td><td></td><td rowspan="2">0.218</td><td rowspan="2"></td></tr>
<tr><td>ZD_4</td><td></td><td>1.275</td><td rowspan="2">43.211</td></tr>
<tr><td rowspan="2">Ⅴ</td><td>ZD_4</td><td>1.434</td><td></td><td rowspan="2"></td><td rowspan="2">0.241</td></tr>
<tr><td>B</td><td></td><td>1.675</td><td>42.970</td></tr>
<tr><td rowspan="2">计算检核</td><td>$\sum$</td><td>7.906</td><td>7.101</td><td>1.109</td><td>0.304</td><td rowspan="2">$H_B - H_A$
$= +0.805$</td></tr>
<tr><td colspan="3">$\sum a - \sum b = +0.805$</td><td colspan="2">$\sum h = +0.805$</td></tr>
</table>

观测者＿＿＿＿＿＿　记录者＿＿＿＿＿＿　检核者＿＿＿＿＿＿

若共安置了 n 次水准仪，每安置一次仪器可测得一个高差 h_i，则

$$h_1 = a_1 - b_1$$
$$h_2 = a_2 - b_2$$
$$\vdots$$
$$h_n = a_n - b_n$$

将上述各式等号两端分别相加，即得 A、B 两点间的高差

$$h_{AB} = \sum h = \sum a - \sum b \tag{2-7}$$

由式(2-7)可知，A、B 两点的高差等于两点间各段高差的代数和，也等于后视读数之和减去前视读数之和。

同水准测量原理，B 点的高程为

$$H_B = H_A + h_{AB}$$

(二)水准测量的检核

在水准测量中，为了能够及时发现和纠正错误，使观测成果达到规定的精度要求，必须对水准测量进行检核。

1. 测站检核

在水准测量中，为了确保观测的高差正确无误，应对每一测站观测的高差进行检核，

称为测站检核。测站检核常用双仪高法和双面尺法。

（1）双仪高法。双仪高法就是在同一测站用两次不同的仪器高度，两次测出高差，相互比较。即测得第一次高差后，升高或降低仪器高度 10 cm 左右，重新整平水准仪，再测一次高差。两次测得高差之差如果小于限差值，则认为符合要求，取其平均值作为最后结果，否则，应重测。普通水准测量要求高差之差不超过 ±6 mm。

（2）双面尺法。在同一测站上保持仪器的高度不变，用双面尺的黑、红两个面上的读数，分别求出高差，将两次高差结果相比较，如果是三等水准测量，误差不超过 ±3 mm，四等水准测量误差不超过 ±5 mm，普通水准测量误差不超过 ±6 mm。

方法步骤为：首先读出后视黑面尺与前视黑面尺的读数，求得两点高差；接着再读出前视红面尺与后视红面尺的读数，求得两点高差；最后求出黑面尺读数高差与红面尺读数高差之差。

红面尺读数与黑面尺读数所求得高差值理论上应相等，但是因为配对双面尺的红面起点，一根是 4.687 m，另一根是 4.787 m，两者相差一个常数 0.1 m，则红面尺读数求得的高差结果应加上或减去 0.1 m。若 4.787 为后视尺，4.687 为前视尺，则红面尺读数求得的高差应减去 0.1 m，相反应加上 0.1 m，方能使两次求得的高差值理论上相等。

2. 计算检核

（1）高差的计算检核。由表 2-2 可知

$$\sum h = \sum a - \sum b = +0.805 \text{ m}$$

$$\sum h = h_1 + h_2 + h_3 + h_4 + h_5 = +0.805 \text{ m}$$

因以上两式的计算结果相等，说明高差计算无误。

（2）高程的计算检核。由表 2-2 可知

$$H_1 = H_A + h_1 = 42.636 \text{ m}$$
$$H_2 = H_1 + h_2 = 42.573 \text{ m}$$
$$H_3 = H_2 + h_3 = 42.993 \text{ m}$$
$$H_4 = H_3 + h_4 = 43.211 \text{ m}$$
$$H_B = H_4 + h_5 = 42.970 \text{ m}$$
$$H_B = H_A + h_{AB} = 42.165 + 0.805 = 42.970 \text{ (m)}$$

同样可说明高程计算无误。

3. 成果检核

在水准测量中，测站检核只能检查每一测站所测高差是否正确，计算检核只能确保计算无误。但由于受观测条件的影响，随着测站数的增多，观测中不可避免地存在误差积累，就整个水准路线而言，也有可能会超过规定的限差，因此应对整个水准路线进行成果检核。在水准测量中，沿水准路线测得的高差值与其理论值之差称为高差闭合差，一般用 f_h 表示，即

$$f_h = \sum h_{测} - \sum h_{理}$$

由于水准路线的布设形式不同，高差闭合差的计算公式也不同。

（1）附合水准路线

$$f_h = \sum h_{测} - \sum h_{理} = \sum h_{测} - (H_{终} - H_{始}) \tag{2-8}$$

（2）闭合水准路线

$$f_h = \sum h_{测} - \sum h_{理} = \sum h_{测} \tag{2-9}$$

（3）支水准路线

支水准路线需要往返测量，往返测高差的代数和理论上应等于零，但由于测量中存在误差，其代数和一般不等于零，即出现高差闭合差。

$$f_h = \sum h_{往} + \sum h_{返} \tag{2-10}$$

以上各种水准路线的高差闭合差均不应超过规定的高差闭合差的容许值，否则，应进行重测。容许高差闭合差的大小与水准测量的等级有关，对不同等级的水准测量，水准测量规范中对高差闭合差的容许值都做了规定。在普通水准测量中，容许高差闭合差为

$$f_{h容} = \pm 40\sqrt{L} \quad （一般适合于平地测量） \tag{2-11}$$

$$f_{h容} = \pm 12\sqrt{n} \quad （一般适合于山地测量） \tag{2-12}$$

式中 $f_{h容}$——高差闭合差容许值，mm；

L——水准路线总长度，km；

n——水准路线总测站数。

三、水准测量的注意事项

（1）安置仪器时，应使前后视距尽量相等，符合水准测量规范的要求。

（2）仪器应安置在土质坚硬的地方，若在土质松软的地方安置，应将三脚架踏牢，防止仪器下沉。

（3）每次读数前，必须消除视差，并使水准管气泡严格居中，读数应仔细、迅速。

（4）测站观测结束，当记录与计算无误后，方可搬站；较近距离的搬站，应将三脚架合拢，一手托住仪器，一手抱住脚架；较远距离的搬站，仪器则必须装箱。

（5）应选择土质坚实处立尺，在土质松软处立尺时，应使用尺垫，并将尺垫踏实。

（6）仪器搬站后，上一个测站的前视尺将变为下一个测站的后视尺，并作为转点，此时应注意立尺点的位置不得移动。

第四节　水准测量的内业计算

水准测量的外业工作结束后，应对水准测量的观测成果进行处理，求出各待定点的高程，即进行水准测量的内业计算。

一、附合水准路线的计算

如图 2-20 所示附合水准路线，BM_A、BM_B 为已知水准点，BM_A 的高程为 43.254 m，BM_B 的高程为 45.930 m，观测成果已标注于图上，通过内业计算，可得到 1、2、3 三个高程待定点的高程。

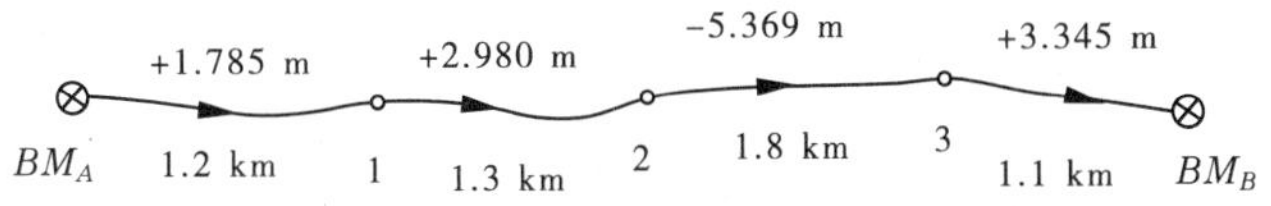

图 2-20　附合水准路线观测成果略图

根据图 2-20，首先将测段、点号、距离和高差观测值分别填入表 2-3 中的第 1、2、3、4 栏，然后按照如下步骤进行计算。

表 2-3　附合水准路线高差闭合差调整与高程计算表

测段	点号	距离（km）	高差观测值（m）	改正数（m）	改正后的高差（m）	高程（m）	备注
1	2	3	4	5	6	7	8
	BM_A					43.254	高程已知
Ⅰ		1.2	+1.785	−0.014	+1.771		
	1					45.025	
Ⅱ		1.3	+2.980	−0.016	+2.964		
	2					47.989	
Ⅲ		1.8	−5.369	−0.022	−5.391		
	3					42.598	
Ⅳ		1.1	+3.345	−0.013	+3.332		
	BM_B					45.930	高程已知
Σ		5.4	+2.741	−0.065	+2.676		
辅助计算	$f_h=\sum h_{测}-\sum h_{理}=\sum h_{测}-(H_{终}-H_{始})=2.741-(45.930-43.254)=+0.065(\text{m})$ $f_{h容}=\pm 40\sqrt{L}=\pm 40\sqrt{5.4}=\pm 93(\text{mm})$ 因 $\lvert f_h\rvert<\lvert f_{h容}\rvert$，故符合测量精度要求。						

（一）高差闭合差的计算

1. 计算高差闭合差

由式（2-8）可知

$$f_h=\sum h_{测}-(H_B-H_A)=2.741-(45.930-43.254)=+0.065(\text{m})=+65\ \text{mm}$$

2. 计算高差闭合差容许值

由式（2-11）可知

$$f_{h容}=\pm 40\sqrt{L}=\pm 40\sqrt{5.4}=\pm 93(\text{mm})$$

因 $\lvert f_h\rvert<\lvert f_{h容}\rvert$，所以本观测符合限差要求，可进行高差闭合差的调整和高程的计算。

（二）高差闭合差的调整

1. 计算高差的改正数

在同一条水准路线上，可以认为观测条件是基本相同的，所以每测站或每千米所产生的误差是相等的，因此高差闭合差的调整原则是：将高差闭合差按相反符号并与距离或测站数成正比例地分配到各测段的高差中，若各测段的高差改正数用 v_i 表示，则

$$v_i = -\frac{f_h}{\sum l} \times l_i \tag{2-13}$$

式中 $\sum l$——水准路线的总长度，km；

l_i——各测段的距离，km。

或

$$v_i = -\frac{f_h}{\sum n} \times n_i \tag{2-14}$$

式中 $\sum n$——水准路线的总测站数；

n_i——各测段的测站数。

高差闭合差的调整必须满足：$\sum v = -f_h$，否则，说明计算有误，应重新进行计算。

在图 2-20 中，由式(2-13)可知

$$v_1 = -\frac{f_h}{\sum l} \times l_1 = -\frac{65}{5.4} \times 1.2 = -14(\text{mm}) = -0.014\ \text{m}$$

同理，$v_2 = -0.016\ \text{m}$、$v_3 = -0.022\ \text{m}$、$v_4 = -0.013\ \text{m}$。

经检核，$\sum v = -0.065\ \text{m} = -f_h$，说明改正数计算无误，可将其填入表 2-3 中的第 5 栏。

2. 计算改正后的高差

改正后的高差 $h_{i改}$ 等于高差观测值加上高差改正数，即

$$h_{i改} = h_i + v_i \tag{2-15}$$

由式(2-15)得知

$$h_{1改} = h_1 + v_1 = +1.785 - 0.014 = +1.771(\text{m})$$
$$h_{2改} = h_2 + v_2 = +2.980 - 0.016 = +2.964(\text{m})$$
$$h_{3改} = h_3 + v_3 = -5.369 - 0.022 = -5.391(\text{m})$$
$$h_{4改} = h_4 + v_4 = +3.345 - 0.013 = +3.332(\text{m})$$

经检核，$\sum h_{i改} = H_B - H_A = +2.676\ \text{m}$，说明改正后的高差计算无误，可将其填入表 2-3 中的第 6 栏。

(三)计算待定点的高程

$$H_1 = H_A + h_{1改} = 43.254 + 1.771 = 45.025(\text{m})$$

同理可得

$$H_2 = H_1 + h_{2改} = 47.989\ \text{m}$$
$$H_3 = H_2 + h_{3改} = 42.598\ \text{m}$$
$$H_B = H_3 + h_{4改} = 45.930\ \text{m}(检核)$$

经检核，各点高程的计算无误，可将其填入表 2-3 中的第 7 栏。

二、闭合水准路线的计算

如图 2-21 所示，为一闭合水准路线。已知水准点 BM_A 的高程为 43.265 m，各测段高差

观测值及其测站数已标注于图上，通过内业计算，可得到1、2、3三个高程待定点的高程。

闭合水准路线的内业计算步骤与附合水准路线基本相同。首先根据图2-21，将测段、点号、测站数和高差观测值分别填入表2-4中的第1、2、3、4栏，然后按如下步骤进行计算。

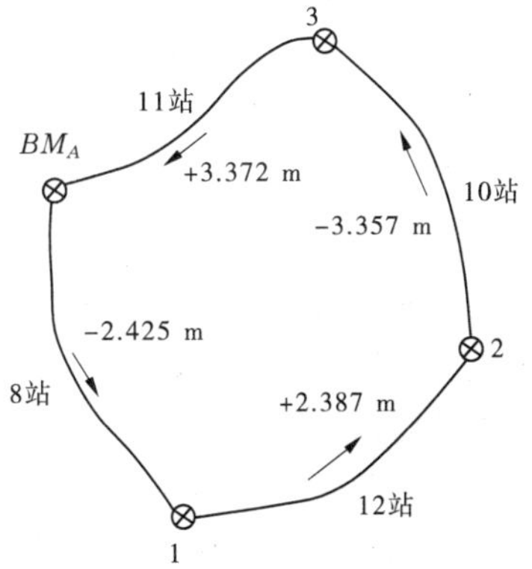

图2-21　闭合水准路线观测成果略图

(一)高差闭合差的计算

1. 计算高差闭合差

由式(2-9)可知

$$f_h = \sum h_{测} - \sum h_{理} = \sum h_{测} = -0.023(\mathrm{m})$$
$$= -23\ \mathrm{mm}$$

2. 计算高差闭合差容许值

由式(2-12)可知

$$f_{h容} = \pm 12\sqrt{n} = \pm 12\sqrt{41} = \pm 77(\mathrm{mm})$$

因$|f_h| < |f_{h容}|$，所以本观测符合限差要求，可进行高差闭合差的调整和高程的计算。

(二)高差闭合差的调整

1. 计算高差的改正数

在图2-21中，由于知道的是各测段的测站数，因此由式(2-14)可知

$$v_1 = -\frac{f_h}{\sum n} \times n_1 = -\frac{-0.023}{41} \times 8 = +0.004(\mathrm{m})$$

同理，$v_2 = +0.007$ m、$v_3 = +0.006$ m、$v_4 = +0.006$ m。

经检核，$\sum v = +0.023 = -f_h$，说明改正数计算无误，可将其填入表2-4中的第5栏。

表2-4　闭合水准路线高差闭合差调整与高程计算表

测段	点号	测站数（个）	高差观测值（m）	改正数（m）	改正后的高差（m）	高程（m）	备注
1	2	3	4	5	6	7	8
	BM_A					43.265	高程已知
Ⅰ		8	-2.425	+0.004	-2.421		
	1					40.844	
Ⅱ		12	+2.387	+0.007	+2.394		
	2					43.238	
Ⅲ		10	-3.357	+0.006	-3.351		
	3					39.887	
Ⅳ		11	+3.372	+0.006	+3.378		
	BM_A					43.265	检核
Σ		41	-0.023	+0.023	0		
辅助计算	$f_h = \sum h_{测} - \sum h_{理} = -0.023$ m $= -23$ mm $f_{h容} = \pm 12\sqrt{n} = \pm 12\sqrt{41} = \pm 77$(mm) 因$\lvert f_h \rvert < \lvert f_{h容} \rvert$，故符合测量精度要求						

2. 计算改正后的高差

由式(2-15)可知

$$h_{1改} = h_1 + v_1 = -2.425 + 0.004 = -2.421(\mathrm{m})$$

同理,$h_{2改} = +2.394$ m、$h_{3改} = -3.351$ m、$h_{4改} = +3.378$ m。

经检核,$\sum h_{i改} = 0$,说明改正后的高差计算无误,可将其填入表2-4 中的第6 栏。

(三)计算待定点的高程

点的高程为

$$H_1 = H_A + h_{1改} = 43.265 - 2.421 = 40.844(\mathrm{m})$$

同理可得

$$H_2 = H_1 + h_{2改} = 43.238\ \mathrm{m}$$
$$H_3 = H_2 + h_{3改} = 39.887\ \mathrm{m}$$
$$H_A = H_3 + h_{4改} = 43.265\ \mathrm{m}(检核)$$

经检核,各点高程的计算无误,可将其填入表2-4 中的第7 栏。

三、支水准路线的计算

如图2-22 所示,为一支水准路线。已知水准点 BM_A 的高程为43.754 m,对水准路线进行了往、返观测,高差观测值及测站数(见括号内数据)已标注于图上,通过内业计算,可得到1、2、3 三个高程待定点的高程。

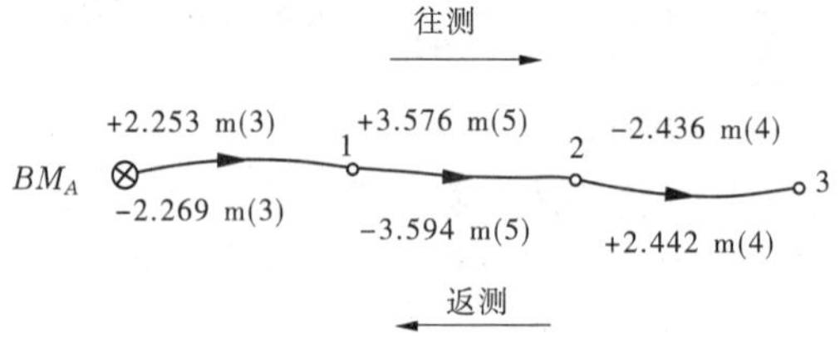

图2-22　支水准路线观测成果略图

根据图2-22,将点号、测站数和往、返高差观测值分别填入表2-5 中的第1、2、3、4 栏,然后按照如下步骤进行计算。

(一)高差闭合差的计算

1. 计算高差闭合差

由式(2-10)可知

$$f_h = \sum h_{往} + \sum h_{返} = -0.028(\mathrm{m}) = -28\ \mathrm{mm}$$

2. 计算高差闭合差容许值

由式(2-12)可知

$$f_{h容} = \pm 12\sqrt{n} = \pm 12\sqrt{24} = \pm 59(\mathrm{mm})$$

因 $|f_h| < |f_{h容}|$,所以观测符合限差要求。另外,在容许高差闭合差的计算中,水准路线长度应按单程计算。

(二)高差平均值的计算

在支水准路线中,当观测达到精度要求后,取往、返测高差的平均值作为该测段的最

终高差值，而且高差的符号应以往测为准，若高差平均值用 $\bar{h}$ 表示，则

$$\bar{h} = \frac{1}{2} \times (h_{往} - h_{返}) \tag{2-16}$$

在图 2-22 中，由式(2-16)可知

$$\bar{h}_{A1} = \frac{1}{2} \times (h_{A1} - h_{1A}) = \frac{1}{2} \times [2.253 - (-2.269)] = +2.261(\mathrm{m})$$

同理可得

$$\bar{h}_{12} = \frac{1}{2} \times (h_{12} - h_{21}) = +3.585(\mathrm{m})$$

$$\bar{h}_{23} = \frac{1}{2} \times (h_{23} - h_{32}) = -2.439(\mathrm{m})$$

将计算得到的各测段高差平均值填入表 2-5 中的第 5 栏。

(三)计算待定点的高程

在支水准路线中，后一点的高程等于前一点的高程加上该测段往、返测高差的平均值，因此

$$H_1 = H_A + \bar{h}_{A1} = 43.754 + 2.261 = 46.015(\mathrm{m})$$

同理

$$H_2 = H_1 + \bar{h}_{12} = 49.600(\mathrm{m})$$

$$H_3 = H_2 + \bar{h}_{23} = 47.161(\mathrm{m})$$

将计算得到的各点高程填入表 2-5 中的第 6 栏。

表 2-5　支水准路线高差与高程计算表

点号	往、返测站数(个)	往测高差(m)	返测高差(m)	平均高差(m)	高程(m)	备注
1	2	3	4	5	6	7
BM_A					43.754	已知高程
	6	+2.253	−2.269	+2.261		
1					46.015	
	10	+3.576	−3.594	+3.585		
2					49.600	
	8	−2.436	+2.442	−2.439		
3					47.161	
Σ	24	+3.393	−3.421			
辅助计算	$f_h = \sum h_{往} + \sum h_{返} = -0.028(\mathrm{m}) = -28\ \mathrm{mm}$ $f_{h容} = \pm 12\sqrt{n} = \pm 12\sqrt{24} = \pm 59(\mathrm{mm})$ 因 $\lvert f_h \rvert < \lvert f_{h容} \rvert$，故符合测量精度要求					

实训 2-2　闭合水准路线的测量与成果整理

一、实训目的

掌握闭合水准路线的观测、记录以及内业计算的方法。

二、实训内容

（1）每小组施测一条由 4 ~ 6 个水准点构成的闭合水准路线，假设起始水准点的高程为 100. 000 m。

（2）计算闭合水准路线的高差闭合差，并进行高差闭合差的调整和各点高程的计算。

三、仪器与工具

DS_3 型微倾式水准仪 1 台、塔尺 2 根、尺垫 2 个、测伞 1 把、记录板 1 块（含水准测量记录表）；自备铅笔、计算器、草稿纸等。

四、方法提示

（1）在实训场地上，用红油漆或木桩等设置 4 ~ 6 个临时水准点，依次记为 BM_1、BM_2、…、BM_6，并假设 BM_1 的高程为 100. 000 m，构成一条闭合水准路线。

（2）在水准路线前进方向上距 BM_1 适当距离处设置转点 ZD_1，将仪器安置在 BM_1、ZD_1 之间，首先粗略整平仪器，然后瞄准 BM_1 上的水准尺，经调焦、消除视差，慢慢调节微倾螺旋使水准管气泡严格居中后，读取后视读数；转动望远镜瞄准 ZD_1 上的水准尺，用同样的方法读取前视读数；记录前、后视读数并计算本测站的高差。

（3）根据实际需要依次设置转点 ZD_2、ZD_3 等进行观测，直至 BM_2 点，完成一测段观测；用同样的方法，完成其他测段的观测。

（4）整个闭合水准路线观测结束后，计算高差闭合差 f_h 和 $f_{h容}$，如果 $|f_h| < |f_{h容}|$，说明观测符合精度要求，可以进行内业计算；否则，应立即进行重测。

（5）按照闭合水准路线的内业计算步骤，对观测成果进行处理，求出其他待测点的高程。

五、注意事项

（1）测量中，采用双仪高法进行测站校核。

（2）在水准点上不能放置尺垫；在转点立尺时，应将水准尺立在尺垫半球的顶点上。

六、实训报告

每组上交水准测量观测记录表一份，其格式如表 2-6 所示；每人上交闭合水准路线高差闭合差调整与高程计算表一份，其格式如表 2-4 所示。

表 2-6 水准测量观测记录表(双仪高法)

仪器型号________日期________天气________班组________观测者________记录者________

测站	测点	水准尺读数(m)		高差(m)		平均高差(m)	校核
		后视	前视	+	−		

第五节 自动安平水准仪

为了提高观测的效率,人们设计出一种可以自动精确安平的水准仪,称为自动安平水准仪。自动安平水准仪由于其操作比较简便,目前已广泛应用于园林测量工作。

一、自动安平水准仪的构造与测量原理

(一)自动安平水准仪的构造

自动安平水准仪的结构特点是没有管水准器和微倾螺旋,它是在水准仪的视准轴稍微倾斜时通过一个自动补偿装置使视线水平的。如图 2-23 所示,为 NAL224 自动安平水准仪,其主要由带补偿器的望远镜、微动装置、圆水准器、基座及度盘等组成。补偿器采用 X 型(中心对称交叉)吊丝结构及空气阻尼器,补偿范围不超过 ±15′。仪器采用摩擦制动,水平微动采用无限微动机构,微动手轮安排在两侧便于操作。仪器上的度盘具有测量

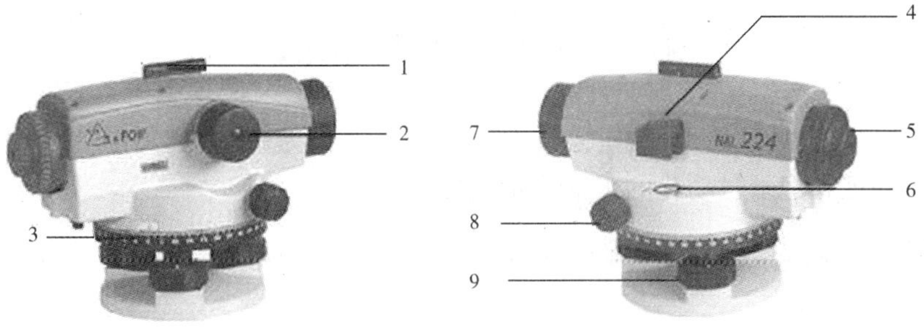

图 2-23 自动安平水准仪

1—粗瞄器;2—调焦手轮;3—度盘;4—水准气泡反光镜;5—目镜;
6—圆水准器;7—物镜;8—微动螺旋;9—脚螺旋

角度的功能，其他结构和功能与微倾式水准仪基本相同。

(二) 自动安平水准仪的测量原理

如图 2-24 所示，当视准轴倾斜了一个小角度 α 时，若按视准轴读数则为 a'，显然不是水平视线读数 a；为了使十字丝中丝的读数仍为 a，在望远镜的光路中安置一补偿器，使通过物镜光心的水平视线经过补偿器后偏转一个角度 β，仍通过十字丝的交点，即读数仍为 a。

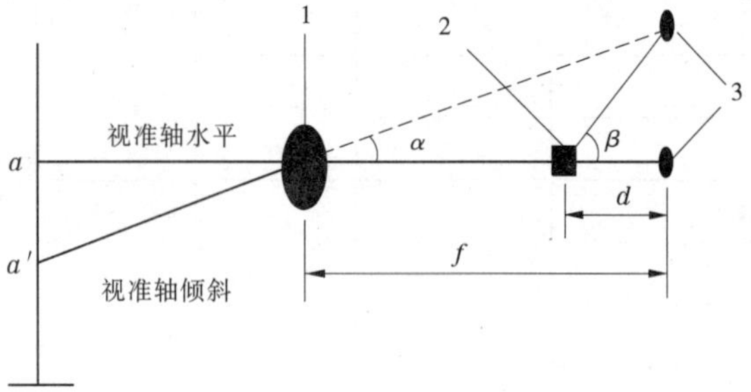

图 2-24　自动安平水准仪的测量原理

1—物镜；2—补偿器；3—目镜

为了使补偿器达到补偿的目的，补偿器必须满足的几何条件为

$$f\alpha = d\beta \tag{2-17}$$

式中　f——物镜到十字丝的距离；

d——补偿器到十字丝的距离。

二、自动安平水准仪的基本操作

自动安平水准仪的操作方法与微倾式水准仪基本相同，只是没有精平操作。其主要操作步骤为安置仪器、粗略整平、瞄准水准尺和读数。对于带检查按钮的自动安平水准仪，在读数前应检查补偿器；检查的方法是在圆水准器气泡居中时瞄准一水准尺，把检查按钮按到底并立即放掉，同时观察水准尺，若水准尺像摆动后横丝回复原位，则补偿器处于正常状态，视线水平；否则，表明超出补偿工作范围，必须重新整平仪器，使圆水准器气泡居中。

第六节　电子水准仪

电子水准仪又称数字水准仪，它是以自动安平水准仪为基础，利用影像处理技术，实现数据采集、处理和记录自动化的水准测量仪器。

一、电子水准仪的构造与测量原理

(一) 电子水准仪的构造

电子水准仪是在望远镜光路中增加了分光镜和光电探测器等部件，采用条码水准尺和图像处理电子系统，构成光、机、电及信息存储与处理一体化的水准测量系统。其光学系统和机械系统的部分结构与自动安平水准仪基本相同。如图 2-25 所示，为 SDL30M 电子水准仪，其主要由望远镜、水准器、自动补偿系统、计算存储系统、显示窗、操作键和基座等组成。

专用条码水准尺（标尺）多采用玻璃钢或因瓦合金钢材料制成，编码标尺的图像由宽窄不同和间隔不等的条码组成，如图 2-26 所示。目前各厂家生产的标尺编码的条码图案不相同，不能互换使用。

图 2-25　SDL30M 电子水准仪

1—提手；2—物镜；3—调焦手轮；4—水平微动螺旋；5—脚螺旋；6—粗瞄器；7—显示窗；8—目镜；9—操作键

图 2-26　编码标尺

（二）电子水准仪的测量原理

电子水准仪与传统水准仪的不同之处，主要在于 CCD 摄像及编码图像识别处理系统和相应的编码水准尺。电子水准仪的测量原理是标尺的条码像经望远镜、调焦镜、补偿器的光学零件和分光镜后，分成两路，一路成像在分划板上，供目视观测；另一路成像在 CCD 线阵上，用于进行光电转换。经光电转换、整形后再经过模数转换，输出数字信号，然后被送到微处理器进行处理和存储，并与机器内已存储的条码信息进行比较，即可以获得标尺中丝读数和前、后视距离等数据，如图 2-27 所示。

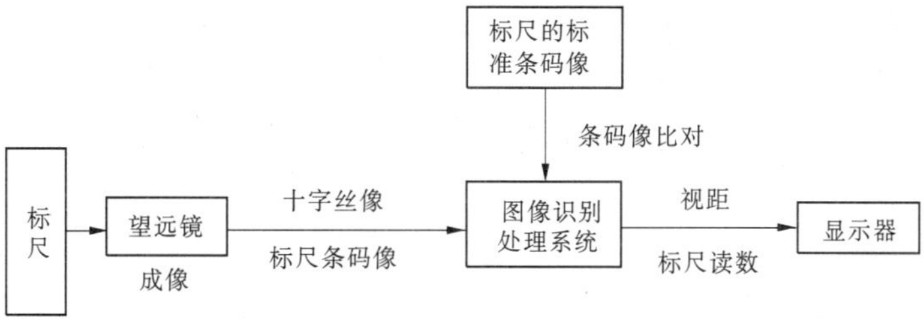

图 2-27　电子水准仪的测量原理

二、电子水准仪的基本操作

（一）安置仪器

将三脚架调到适宜的高度，使架头大致水平，从仪器箱中取出电子水准仪，用连接螺旋将其固连在三脚架上。

（二）粗略整平

电子水准仪的粗略整平操作与普通水准仪相同，即通过调节基座上的三个脚螺旋使圆水准器的气泡居中。

（三）调焦与照准

电子水准仪的调焦与照准和普通水准仪的调焦与照准方法相同。

（四）选择操作模式

电子水准仪的操作模式分为高差测量模式和高程测量模式等。

（五）基本操作

在相应操作模式下，进行具体的测量工作，如标尺读数、高差或高程的计算等。

（六）数据的记录和存储

根据实际工作的需要，选择人工记录或自动记录。选择人工记录时，可直接从显示窗获取所需数据；当选择自动记录，即存储时，需要进行存储设置，实现数据的存储。

第七节　微倾式水准仪的检验与校正

一、水准测量的误差分析

为了减小误差对观测结果的影响，提高观测的精度，则应根据误差产生的原因，分析误差对观测结果的影响规律，以采取相应措施，减小或消除误差。

（一）仪器误差

1. 仪器检校后的残余误差

在水准测量作业之前，虽对水准仪进行了检验与校正，但仍然会残存误差，主要表现为水准管轴与视准轴不平行，且这种误差的影响与距离成正比。因此，观测时只要保证前、后视距离大致相等，便可消除或减弱此项误差的影响。

2. 水准尺误差

水准尺的刻划不准确、尺长变化和尺子弯曲等，都会影响水准测量的精度。因此，水准尺需经过检验符合要求后才能使用。此外，由于尺子长期使用，有些尺子的底部磨损，存在零点误差，也会影响水准测量的精度。对于零点误差，可通过在一测段中设置偶数测站的方法予以消除。

（二）观测误差

1. 水准管气泡居中的误差

微倾式水准仪的操作，是通过水准管的精平，使视准轴水平后进行读数的。如果水准管气泡没有精确居中，会引起视准轴倾斜，从而产生误差。水准管气泡居中的误差与水准管的分划值和视线长度有关，当采用符合水准器时，气泡居中精度可提高一倍。若气泡居中的误差用 m_τ 表示，则可按式（2-18）计算

$$m_\tau = \pm \frac{\tau}{20\rho} D \tag{2-18}$$

式中　τ——水准管分划值；

$\rho=206\ 265''$；

D——水准仪到水准尺的距离。

因此，在每次读数前均应使水准管气泡居中，以确保读数时视准轴是水平的。

2. 视差的影响

观测时，由于调焦不当，造成水准尺影像与十字丝分划板平面不重合，即存在视差，这时若眼睛观察的位置不同，便读出不同的读数，会对读数产生影响。因此，观测时应仔细调焦，严格消除视差。

3. 读数误差

在水准尺上估读毫米数的误差与人眼的分辨率、望远镜的放大倍数以及视线长度有关，若读数误差用 m_v 表示，则可按下式计算

$$m_v = \pm \frac{60''}{v} \times \frac{D}{\rho} \tag{2-19}$$

式中　v——望远镜的放大倍数；

$60''$——人眼的极限分辨率；

$\rho=206\ 265''$；

D——水准仪到水准尺的距离。

式(2-19)说明，视距越大，读数误差越大。因此，在水准测量中，应严格执行水准测量规范，避免视距过大，以保证估读精度。

4. 水准尺倾斜误差

水准测量中，水准尺左右倾斜时，可通过十字丝竖丝发现并给予纠正。若水准尺前后倾斜，都将使读数增大，产生误差；而且，视线越高，水准尺倾斜所引起的误差越大。因此，立尺员应尽量使水准尺竖直。

（三）外界环境影响所带来的误差

1. 仪器下沉的影响

当仪器安置在松软的地面上时，仪器会慢慢下沉，导致后视与前视读数的视线高不同，引起高差误差。因此，在松软的地面上安置仪器时，应将脚架踏实或采用适当的观测顺序，如采用“后、前、前、后”的观测顺序可减弱其影响。

2. 尺垫下沉的影响

当尺垫放置在土质较松软的地面上时，也会引起尺垫的下沉。由于尺垫放置处通常作为转点，其下沉将使下一测站的后视读数增大，造成高差传递误差。因此，实际测量时，应将转点设在土质坚硬的地方或将尺垫在地面上踩实，使其稳定不动。此外，采取往返取中数的方法，也可减少其影响。

3. 地球曲率和大气折光的影响

在水准测量时，用水平面代替大地水准面在水准尺上读数而产生误差，也就是地球曲率对测量高差产生的影响，常用 c 表示，可按式(2-20)计算

$$c = \frac{D^2}{2R} \tag{2-20}$$

式中　D——水准仪到水准尺的距离；

R——地球的近似半径，其值为 6 371 km。

由于地面大气密度的不均匀，视线通过不同密度的大气时会产生折射，使得水准仪本应水平的视线成为一条曲线，对测量高差产生影响，常用 γ 表示，可按式(2-21)计算

$$\gamma = -\frac{1}{7} \times \frac{D^2}{2R} \tag{2-21}$$

地球曲率和大气折光对测量高差的综合影响为

$$f = c + \gamma \tag{2-22}$$

即

$$f = c + \gamma = \frac{D^2}{2R} - \frac{1}{7} \times \frac{D^2}{2R} = 0.43 \times \frac{D^2}{R}$$

在测量时，采用前、后视距离相等的方法，通过高差计算可消除或减弱二者的综合影响。

4. 大气温度和风力的影响

温度的变化不仅引起大气折光的变化，而且当烈日照射水准管时，由于受热不匀，气泡会向温度高的方向移动。因此，在进行水准测量时要撑伞遮阳，以免阳光直射。另外，大风可使水准尺竖立不稳，水准仪难以置平，此时应尽可能停止测量。

二、微倾式水准仪应满足的几何条件

如图 2-28 所示，微倾式水准仪的四条主要轴线是视准轴 CC、水准管轴 LL、圆水准器轴 $L'L'$ 和仪器竖轴 VV。

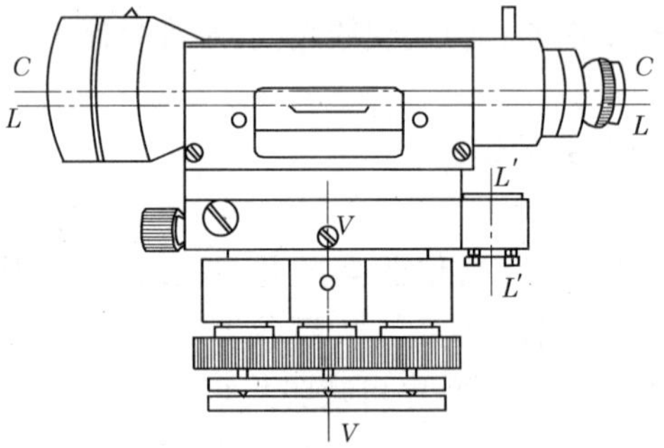

图 2-28　微倾式水准仪的主要轴线

根据水准测量的原理可知，水准仪必须提供一条水平视线，为此，微倾式水准仪在构造上应满足圆水准器轴平行于仪器竖轴（$L'L' /\!/ VV$）、十字丝的横丝垂直于仪器竖轴 VV、视准轴平行于水准管轴（$CC /\!/ LL$）等条件。

这些条件在水准仪出厂时都是满足的，由于仪器长期使用以及受搬运中震动等因素的影响，各轴线之间的几何关系可能会发生变化，因此为了保证水准测量的质量，使用前应对仪器进行检验与校正。

三、微倾式水准仪的检验与校正方法

（一）圆水准器的检验与校正方法

如果圆水准器轴平行于仪器竖轴，那么，当圆水准器气泡居中时，仪器的竖轴处于铅垂方向，这样仪器转到任何位置，圆水准器气泡都应居中。

1. 检验方法

将仪器安置于三脚架上，转动脚螺旋使圆水准器气泡居中，然后将望远镜在水平方向旋转 180°，若气泡仍然居中，如图 2-29（a）所示，说明条件满足；否则，说明条件不满足，需要校正，如图 2-29（b）所示。

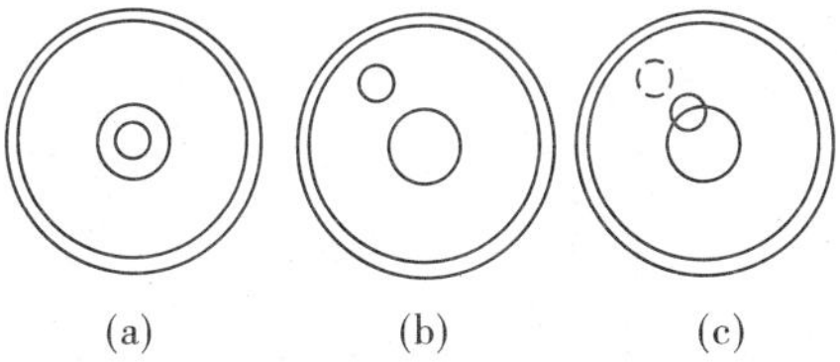

图 2-29　圆水准器的检验与校正

2. 校正方法

先转动脚螺旋使气泡向中央位置移动其偏离量的一半，如图 2-29（c）所示，气泡由虚线位置移动到实线位置；然后，松开圆水准器背面的固定螺丝，如图 2-30 所示，用校正针拨动圆水准器的三个校正螺丝，使气泡移动到完全居中的位置，如图 2-29（a）所示。此项校正需反复进行 2 ~ 3 次，直到仪器旋转到任何位置圆水准气泡都居中为止。

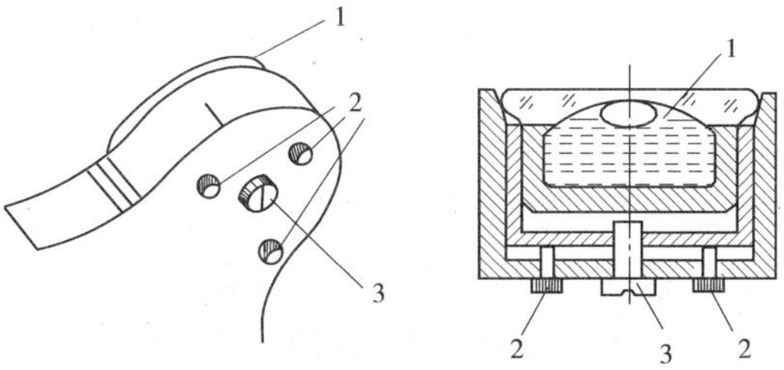

图 2-30　圆水准器的校正

1—圆水准器；2—校正螺丝；3—固定螺丝

（二）望远镜十字丝横丝的检验与校正方法

当仪器整平后，十字丝横丝垂直于仪器竖轴，即当竖轴竖直时十字丝横丝应处于水平，此时，用横丝的任何部位在水准尺上都可读出相同的数值。

1. 检验方法

在仪器整平后，用十字丝中丝的一端瞄准墙上一固定点 P，如图 2-31（a）所示；转动水平微动螺旋，如果 P 点沿着中丝移动，如图 2-31（b）所示，说明条件满足；如果 P 点偏离了中丝，如图 2-31（c）、（d）所示，说明条件不满足，需要校正。

2. 校正方法

由于十字丝装置的形式不同，校正方法也不尽相同。如图 2-32 所示的形式，应先卸

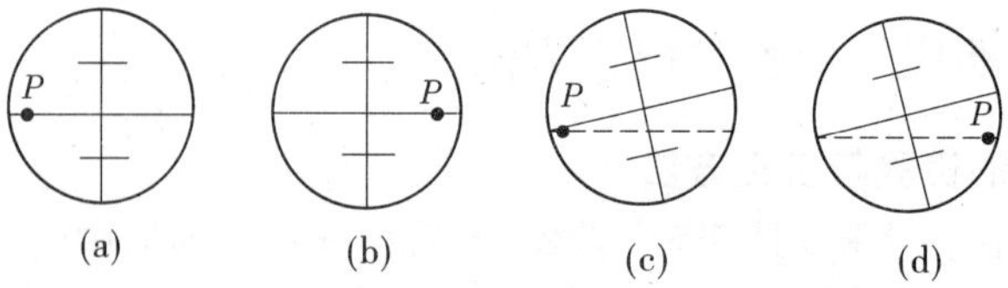

图 2-31　十字丝的检验

下目镜上的十字丝分划板护罩,用螺丝刀松开十字丝分划板上的四个压环螺丝,然后按横丝倾斜的反方向微微转动十字丝环,使 P 点的运动轨迹始终沿着中丝,最后旋紧压环螺丝即可。此项检校需要反复进行 2 ~ 3 次,直到满足条件。

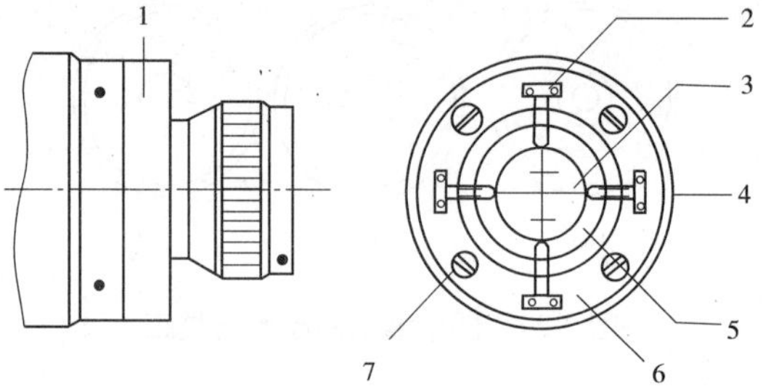

图 2-32　十字丝校正装置

1—十字丝分划板护罩;2—十字丝螺丝;3—分划板;4—望远镜镜筒;
5—分划板座;6—压环;7—压环螺丝

十字丝横丝垂直于仪器的竖轴对水准仪来说是一项次要的条件,如果误差不是特别明显,一般不必进行校正,在观测时,只要利用横丝的中间部分进行读数,就可减小这项误差的影响。

(三)水准管轴的检验与校正方法

如果视准轴与水准管轴平行,当水准管气泡居中时,水准管轴水平,望远镜视准轴也处于水平位置。水准仪具备这一条件后,不管安置在什么地方,测定地面上两个固定点之间的高差必然相等。若水准仪不满足此条件,即使水准管气泡居中,望远镜的视准轴不是向上倾斜就是向下倾斜,读数就包含误差,且水准尺距离仪器越远,读数误差也就越大。

1. 检验方法

(1)如图 2-33(a)所示,在平坦的地面上选择相距约 80 m 的 A、B 两点,各打一木桩或放置一尺垫,并在这两点上竖立水准尺。将水准仪安置在离 A、B 两点等距离的 C 点,精平仪器后,分别读取 A、B 两点水准尺的读数并记为 a_1 和 b_1,则 $h_{AB}=a_1-b_1$。若水准管轴不平行于视准轴,二者在竖直面内形成的夹角称为 i 角,由其所引起的误差称为 i 角误差。假设此时 i 角误差存在,由其所引起的读数误差分别为 x_a 和 x_b,当水准仪位于 A、B 两点的正中间时,即 $d_{AC}=d_{BC}$,则两水准尺上产生的读数误差相等,即 $x_a=x_b$,所以

$$h_{AB}=(a_1-x_a)-(b_1-x_b)=a_1-b_1=a-b$$

这说明,无论水准管轴与视准轴是否水平,只要将仪器安置在距两水准尺等距离处,测得的高差均不受 i 角的影响,即高差均是正确的。

（2）如图2-33（b）所示，将水准仪搬到距离 A 点约2 m处的 D 点，精平仪器后，分别读取 A、B 两点水准尺的读数并记为 a_2 和 b_2。由于仪器距离 A 点很近，可认为读数 a_2 不受 i 角的影响，根据读数 a_2 和已测得的高差 h_{AB}，可计算出 B 点水准尺上视线水平时的应有读数 b_2'，即

$$b_2' = a_2 - h_{AB}$$

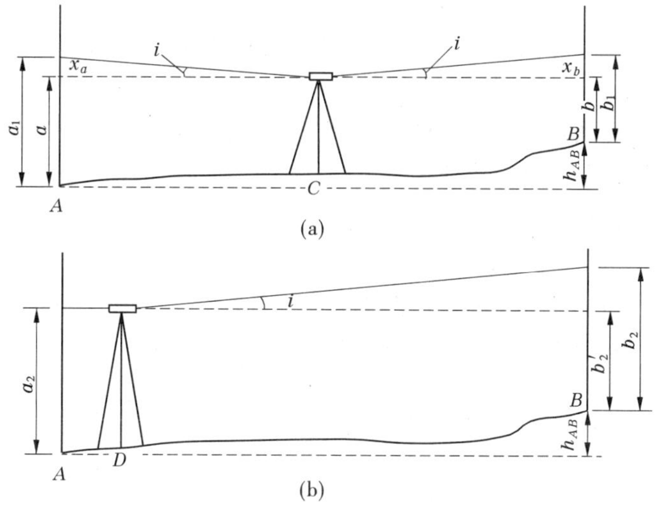

图2-33　水准管轴平行于视准轴的检验

然后，将实际的读数 b_2 与 b_2'相比较，若 $b_2 = b_2'$，说明视准轴平行于水准管轴；否则，说明条件不满足，即 i 角存在，则 i 角的大小为

$$i = \frac{|b_2 - b'_2|}{d_{BD}} \times \rho \qquad (2\text{-}23)$$

式中　d_{BD}——地面上 B、D 两点间的距离；

$\rho = 206\ 265''$。

对于 DS_3 型微倾式水准仪而言，当 $i > 20''$时，才需要校正。

2. 校正方法

保持水准仪在 D 点的位置不动，转动微倾螺旋，使 B 点水准尺的读数由 b_2 调为 b_2'，则此时视准轴水平了，但水准管气泡不再居中。如图2-34所示，拨动水准管一端的上下两个校正螺丝，先松后紧，使水准管气泡居中。此项检校也需要反复进行2～3次，直到满足条件。

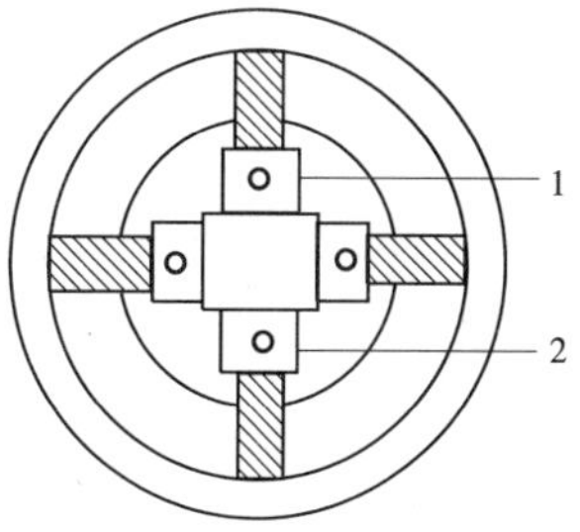

图2-34　水准管的校正

1—上校正螺丝；2—下校正螺丝

复习与思考题

1. 水准仪是根据什么原理来测定两点之间高差的？

2. 设A点为后视点,B点为前视点,A点的高程为42.367 m。若后视读数为1.754 m,前视读数为1.129 m,问A、B两点间的高差是多少？B点比A点高还是低？B点的高程是多少？并绘草图说明。

3. 水准仪的圆水准器和水准管的作用有何不同？水准测量中,当读完后视读数、转动望远镜瞄准前视尺时,若发现圆水准气泡不居中了,能否调节脚螺旋使气泡居中？为什么？

4. 在水准测量读数时,若发现中丝读数随着眼睛的位置不同而变化,那么这是什么原因造成的？如何消除？

5. 何谓转点？转点在水准测量中起什么作用？水准测量时,在哪些立尺点上能放尺垫？哪些点上不能放置尺垫？为什么？

6. 水准测量时,为什么要将仪器安置在前、后视距离大致相等处？它可以减小或消除什么误差？

7. 如图2-35所示,为一附合水准路线的观测成果,已知水准点BM_A和BM_B的高程分别为42.594 m和42.784 m,求1、2、3各点的高程。

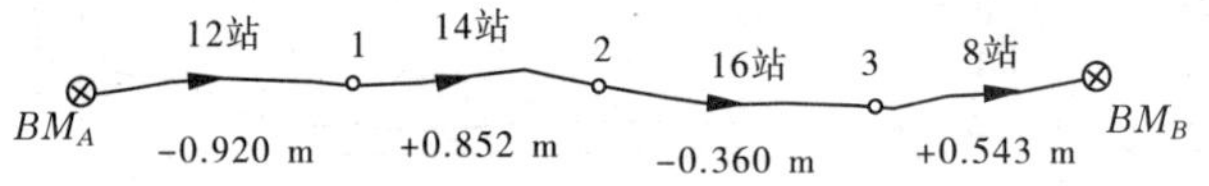

图2-35　附合水准路线的观测成果

8. 如图2-36所示,为一闭合水准路线的观测成果,已知水准点BM_A的高程为42.384 m,求1、2、3各点的高程。

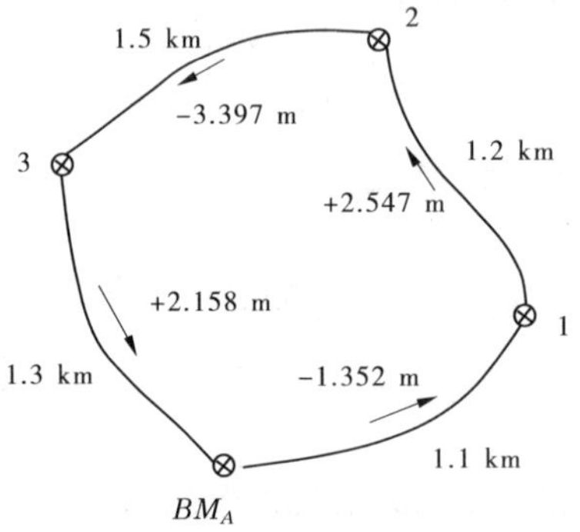

图2-36　闭合水准路线的观测成果

9. 在水准测量时,若两根塔尺中的一根存在零点误差,采取何种措施才能消除其对测量高差的影响？若两根都存在零点误差,那么还能否使用？为什么？

10. 已知A、B两水准点的高程分别为27.384 m和27.273 m,两者之间的距离为100 m。水准仪安置在A点附近,测得A尺上的读数$a=1.966$ m,B尺上的读数$b=1.840$ m。问这台水准仪的水准管轴是否平行于视准轴？若不平行,当水准管的气泡居中时,视准轴是向上倾斜,还是向下倾斜,如何校正？

第三章　角度测量

本章提要

角度测量是测量的基本工作之一。经纬仪是测量角度的主要仪器，角度测量包括水平角测量和竖直角测量。本章主要讲述角度测量原理、DJ_6 光学经纬仪的基本构造与基本操作、测回法与全圆方向法测量水平角、竖直角的观测与计算、角度测量的误差分析与注意事项，以及光学经纬仪的检验与校正等内容；另外，本章还对电子经纬仪的基本构造、基本原理、使用方法作了较为详细的介绍。

第一节　角度测量原理

一、水平角测量原理

（一）水平角的概念

水平角是指地面上一点到两个目标点的方向线垂直投影到水平面上形成的夹角，通常用 β 表示，取值范围为 0°～360°。如图 3-1 所示，在地面上有高程不同的三点 O、A、B，倾斜线 OA 和 OB 所夹的角 $\angle AOB$ 是倾斜面上的角。将 O、A、B 三点分别沿铅垂线方向投影到水平面上，得 O_1、A_1、B_1 三点，则 $\angle A_1O_1B_1$ 即为倾斜线 OA 与 OB 所夹的水平角。

（二）水平角测量原理

如图 3-1 所示，为了能测出水平角 β，可设想在角顶 O 点的铅垂线上，水平地放置一个带有顺时针刻划的圆盘，并使圆盘中心在此铅垂线上，这时倾斜线 OA 和 OB 分别沿铅垂线向上投影到水平圆盘上，得直线 O_2A_2、O_2B_2，且分别与圆盘相交于 m、n 点，若能读出这两点在圆盘上的读数 a 和 b，则两读数之差便为所测水平角，即

$$\beta = b - a \tag{3-1}$$

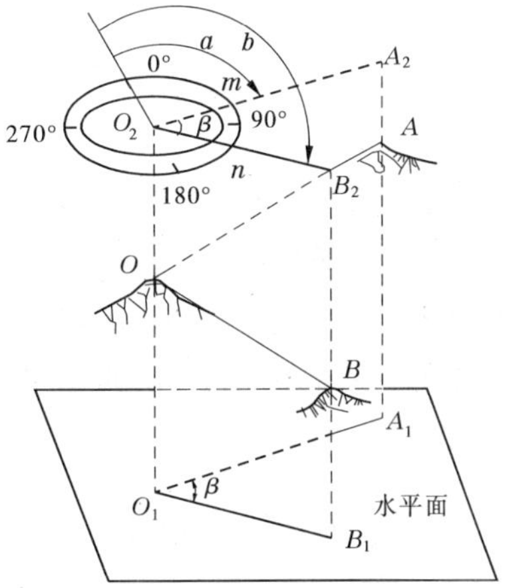

图 3-1　水平角及其测量原理

二、竖直角测量原理

（一）竖直角的概念

在同一竖直面内，瞄准目标的倾斜视线与水平线的夹角称为竖直角（也叫垂直角），通常用 θ 表示。倾斜视线在水平线之上的称为仰角，其取值为“＋”；倾斜视线在水平线之下的称为俯角，其取值为“－”。竖直角的取值范围为 －90°～90°。如图 3-2 所示，视线 OA 的竖直角为 $+15°20'12''$，视线 OB 的竖直角为 $-18°09'36''$。

从天顶方向到某一视线方向的夹角,称为天顶角,也叫天顶距,用 Z 表示;其取值范围为 0°~180°。如图 3-2 所示,视线 OA 的天顶角为 74°39′48″。

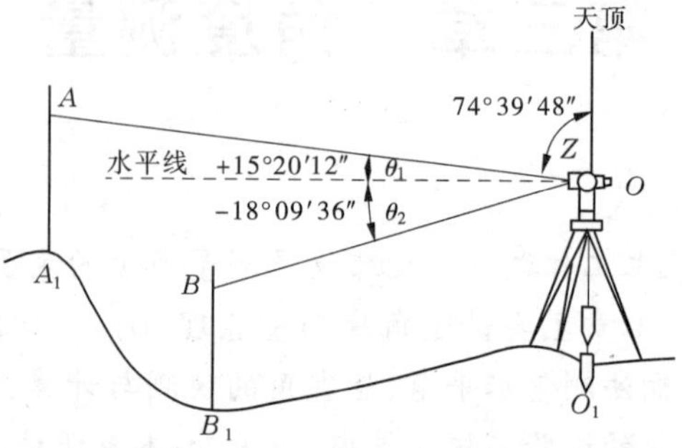

图 3-2　竖直角及其测量原理

同一目标的竖直角和天顶角的关系为

$$\theta = 90° - Z \tag{3-2}$$

(二)竖直角测量原理

为了能测出竖直角 θ,所用仪器必须有一个带刻划的竖直圆盘,在同一竖直面内,从仪器中心到瞄准目标的倾斜视线与水平线在竖直圆盘上各有一个读数,这两个读数之差,即为竖直角 θ。

由水平角和竖直角测量原理可知,用于测量水平角和竖直角的仪器必须具有两个带有刻划的圆盘,一个能置于水平位置,且圆盘中心能安置于角顶点的铅垂线上,另一个位于竖直方向;还必须有一套能准确瞄准目标且能够精确读取度盘读数的装置。经纬仪就是基于上述原理设计制造的一种测角仪器。

第二节　光学经纬仪及其使用

光学经纬仪是目前使用较普遍的测角仪器之一。按其精度可分为 DJ_{07}、DJ_1、DJ_2、DJ_6 和 DJ_{15} 等几个等级。"D"、"J"分别是"大地测量"和"经纬仪"汉语拼音的第一个字母,下标数字表示该类仪器的精度等级(单位:秒),且数字越小,精度越高。如 DJ_6 表示一测回水平方向中误差不超过 ±6″的经纬仪。园林测量中常使用 DJ_6 级光学经纬仪,简称 J_6 级经纬仪。

一、DJ_6 级光学经纬仪的构造

不同厂家生产的光学经纬仪其结构和部件会略有不同,但其基本构造都是由照准部分、水平度盘部分和基座部分组成的。图 3-3 是 DJ_6-1 型光学经纬仪外形图,图 3-4 是其结构分解情况,图 3-5 是 TDJ_6 型光学经纬仪外观图。

(一)照准部分

照准部分由望远镜、读数显微镜、横轴、竖直度盘、竖盘指标水准管、U 形支架、照准部水准管、光学对中器、光路系统及竖轴等组成。照准部分可在水平面内转动,并由水平制

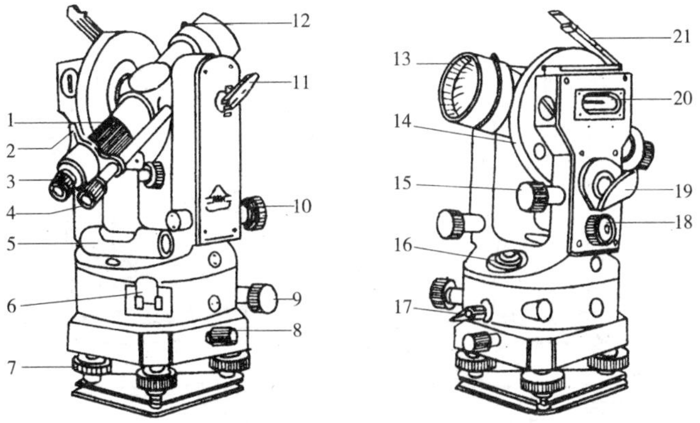

图 3-3　DJ_6－1 型光学经纬仪

1—调焦螺旋；2—瞄准孔；3—目镜；4—读数显微镜；5—照准部水准管；6—复测扳钮；7—脚螺旋；8—竖轴固紧螺旋；9—水平微动螺旋；10—望远镜微动螺旋；11—望远镜制动扳钮；12—准星；13—物镜；14—竖直度盘；15—竖盘指标水准管微动螺旋；16—圆水准器；17—水平制动扳钮；18—测微轮；19—度盘照明反光镜；20—竖盘指标水准管；21—竖盘指标水准管反光镜

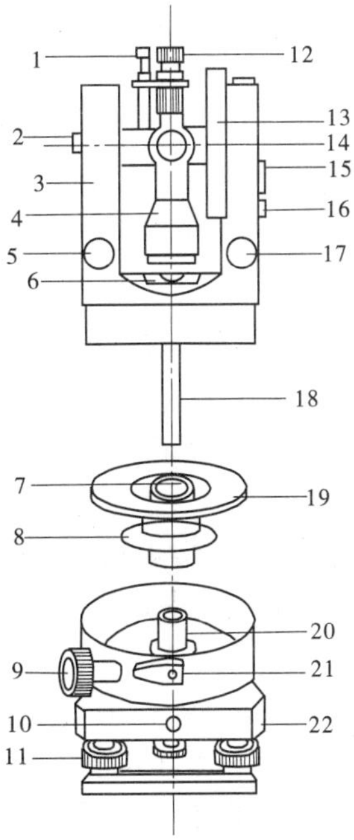

图 3-4　DJ_6－1 型光学经纬仪结构分解

1—读数显微镜；2—望远镜制动扳钮；3—支架；4—望远镜；5—望远镜微动螺旋；6—照准部水准管；7—水平度盘轴套；8—复测盘；9—水平微动螺旋；10—竖轴固紧螺旋；11—脚螺旋；12—目镜；13—竖直度盘；14—横轴；15—度盘照明反光镜；16—测微轮；17—竖盘指标水准管微动螺旋；18—竖轴；19—水平度盘；20—竖轴轴套；21—水平制动扳钮；22—基座

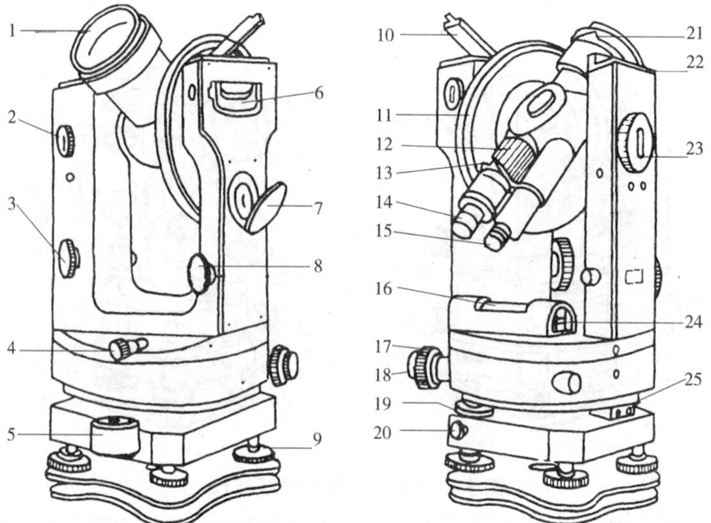

图 3-5　TDJ_6 型光学经纬仪

1—物镜;2—望远镜制动螺旋;3—望远镜微动螺旋;4—光学对中器目镜;5—基座圆水准器;6—竖盘指标水准管;7—度盘照明反光镜;8—竖盘指标水准管微动螺旋;9—脚螺旋;10—竖盘指标水准管反光镜;11—竖直度盘;12—调焦螺旋;13—缺口;14—目镜;15—读数显微镜;16—照准部水准管;17—水平微动螺旋;18—水平制动螺旋;19—水平度盘变位手轮;20—竖轴固紧螺旋;21—准星;22—条形磁铁连接座;23—照明变换器;24—水准管校正螺丝;25—照明插座

动螺旋和水平微动螺旋控制。

1. 望远镜

望远镜的作用是瞄准目标。经纬仪的望远镜和横轴固连在一起,安置在 U 形支架上。横轴可在 U 形支架上转动,同时望远镜也随之上下转动。控制望远镜上下转动的是望远镜制动螺旋和微动螺旋。

有的经纬仪从望远镜内看到的是倒像,有的是正像,使用时要加以区别。

2. 读数显微镜

读数显微镜与望远镜并列在一起,用于精确读出水平度盘和竖直度盘的读数。

3. 竖直度盘

竖直度盘的作用是测竖直角,它是用光学玻璃制成的圆盘,边缘有精密的刻划和注记。竖直度盘装在横轴的一端,与横轴固连,并随望远镜一起上下转动。

4. 竖盘指标水准管

在竖直度盘同侧的支架上设有竖盘指标水准管,用以指示竖盘指标的正确位置。支架上还设有竖盘指标水准管微动螺旋,以调节水准管气泡居中。在竖盘指标水准管上方,还装有竖盘指标水准管反光镜,以方便观察水准管气泡的居中情况。

有的经纬仪不设竖盘指标水准管,而是设有竖盘指标自动补偿装置。

5. 照准部水准管

照准部水准管用以指示水平度盘是否水平。转动脚螺旋,可使照准部水准管气泡居中,表示仪器已整平,水平度盘处于水平位置。

6. 光学对中器

多数经纬仪都设有光学对中器,用于精确对中,使水平度盘中心与测站点在同一铅垂线上。DJ_6-1 型经纬仪不设置光学对中器，只能用悬挂垂球的方法进行对中。

7. 光路系统

光路系统由一系列棱镜和透镜组成，其作用是将水平度盘和竖直度盘的读数进行放大后反映到读数显微镜内。

8. 竖轴

竖轴是照准部的旋转轴，插在水平度盘及基座上的轴套内，可使照准部在水平方向转动。在基座上设有一个竖轴固紧螺旋，使用仪器时切勿松动该螺旋，以防仪器分离坠落。

(二)水平度盘部分

1. 水平度盘

水平度盘是用光学玻璃制成的精密刻度圆盘，边缘按顺时针方向刻有从0°~360°的分划线，用来测量水平角。水平度盘的外壳与照准部固连在一起，正常工作状态下，照准部在水平方向转动时，水平度盘的指标线随着转动，水平度盘的外壳也一起转动，但水平度盘并不转动。这样照准部转动到不同位置，在水平度盘上就有不同的读数。

2. 水平度盘转动的控制装置

观测水平角时，有时需要转动水平度盘以设定其在某一起始方向的读数。因控制水平度盘转动的装置不同，光学经纬仪可分为两类：

(1)设置水平度盘变位手轮。这类仪器照准部和水平度盘都可独立转动，但两者不能联合在一起转动，如图3-5所示的 TDJ_6 型光学经纬仪。需要改变起始方向水平度盘的读数时，可在照准起始方向后拨动水平度盘变位手轮，水平度盘随之转动，直到到达需要的设定读数。具有这种装置的经纬仪，又称方向经纬仪。

(2)设置复测扳钮。这类仪器水平度盘可以与照准部联合在一起转动，但水平度盘不能独立转动，如图3-3所示的 DJ_6-1 型光学经纬仪。当复测扳钮扳下时，照准部和水平度盘联合，旋转照准部，水平度盘也一起转动，因而度盘读数不发生变化；当复测扳钮扳上时，照准部与度盘分离，旋转照准部，度盘仍保持不动，从而使度盘读数发生变化。具有复测装置的经纬仪，又称复测经纬仪。

(三)基座部分

基座部分由基座、脚螺旋和连接板组成。基座是支撑仪器的底座，脚螺旋用于整平仪器，连接板借助中心螺旋与三脚架连接在一起。中心螺旋底端设有一挂钩，用于悬挂垂球，指示水平度盘的中心位置。

二、DJ_6 级光学经纬仪的读数方法

DJ_6 级光学经纬仪水平度盘和竖直度盘的分划线通过一系列的棱镜和透镜作用，成像于望远镜旁的读数显微镜内，观测者通过读数显微镜读取读数。由于测微器装置不同，DJ_6 级光学经纬仪的读数方法可分为下列两种类型。

(一)分微尺测微器读数方法

TDJ_6 型光学经纬仪即为此读数方法。图3-6是从读数显微镜内看到的度盘分划线和分微尺的影像，上部是水平度盘读数窗，下部是竖直度盘读数窗。度盘分划线从0°~360°每度一格，并注有数字。度盘上1°的间隔放大在分微尺上分为60小格，每小格为1′，

不足1′的小数可估读；每10小格加以注记，注记数值为0、1、2、…、6，显然，分微尺上注记的数值为10的倍数。

读数时，先调节度盘照明反光镜的开张角度，使读数显微镜视场内亮度适中，再转动读数显微镜目镜，使度盘和分微尺的分划线清晰，然后读出位于分微尺0～6之间的度盘分划线的注记度数；再以该分划线为指标，按从小到大的顺序读出该分划线在分微尺上的分数（估读至0.1′），两者相加即得度盘读数。如图3-6所示，图中水平度盘读数为144°03.5′，即144°03′30″；竖盘读数为271°51.6′，即271°51′36″。

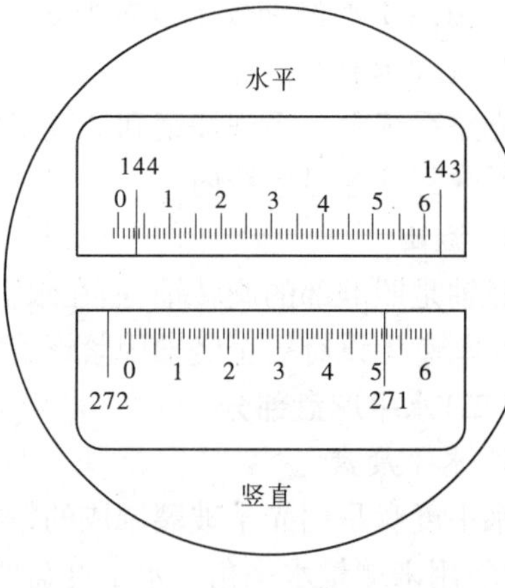

图3-6　分微尺测微器读数窗

（二）单平板玻璃测微器读数方法

DJ_6-1 型光学经纬仪采用这种读数方法。图3-7所示是从读数显微镜内看到的影像，上部是测微尺读数窗，中间和下部分别是竖直度盘和水平度盘读数窗。读数指标线在测微尺上是单线，在水平度盘及竖直度盘上是双线。度盘分划线从0°～360°每度注有数字，度盘上1°的间隔又分为2格，每格30′。30′的间隔放大在测微尺上分为30大格、90小格，每大格为1′、每小格为20″，不足20″的可估读，每隔5′注记数字。

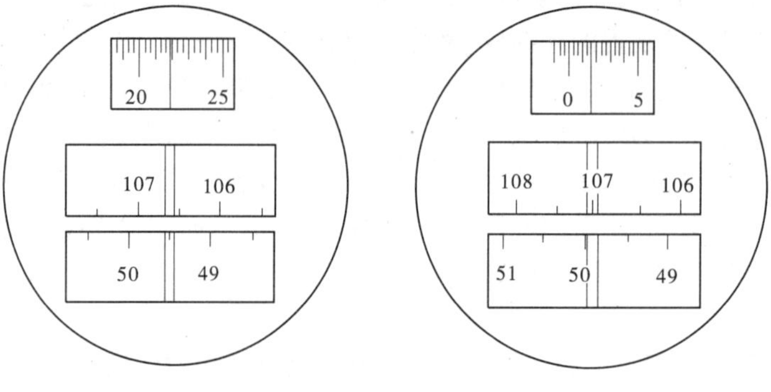

(a)　　(b)

图3-7　单平板玻璃测微器读数窗

读数时，先调节度盘照明反光镜和读数显微镜目镜，使读数窗内影像清晰，再转动照明反光镜下面的测微轮，使度盘的一条分划线精确地移至双指标线的正中间，读出该分划线的度数和整30′的分数值，然后读出单指标线在测微尺上所指的分、秒值（估读至5″），两者之和即为度盘读数。

如图3-7（a）所示，水平度盘的读数为49°30′+21′55″=49°51′55″；在图3-7（b）中，竖直度盘的读数为107°+01′40″=107°01′40″。

需要注意的是，度盘分划线没有平分双指标线时是不能读数的；每次读取水平度盘或竖直度盘的读数，都必须转动测微轮，使度盘分划线平分双指标线；读水平度盘或竖直度盘的读数时,测微尺是共用的,两者互不影响。

三、DJ_6 级光学经纬仪的基本操作

使用经纬仪时,先在测站点上打开三脚架,调节三脚架的高度,使其与观测者身高相适宜,目估使三脚架头大致水平,再将经纬仪安放在架头上,用中心连接螺旋连紧。三脚架的架腿与地面约成75°角,并要踩实,以防仪器处于不稳定状态。

(一)对中

对中的目的是使水平度盘中心与测站点标志中心位于同一铅垂线上。对中的方法有垂球对中和光学对中器对中。

1. 垂球对中

在中心连接螺旋底端挂上垂球,调整垂球线长度,使垂球尖略高于测站点。若垂球尖偏离测站点较远,则需平移三脚架,当垂球尖偏离测站点较近时,可稍微松开中心连接螺旋,在架头上轻轻平移经纬仪,直至垂球尖准确对准测站点,然后旋紧连接螺旋。垂球对中的误差一般要求不超过 3 mm。

2. 光学对中器对中

有光学对中器的经纬仪,可使用光学对中器进行精确对中。一般方法是先用垂球进行粗略对中,然后撤掉垂球;从光学对中器中看清分划板上的刻划圆圈,再拉伸对中器的目镜筒,使测站标志成像清晰;调整脚螺旋使测站点标志影像进入对中器刻划圆圈中心;伸缩三脚架使基座上的圆水准器气泡居中,再旋转脚螺旋使管水准器气泡居中;这时光学对中器可能又不对中了,但偏差较小,旋松中心连接螺旋,在架头上轻轻平移仪器,使之精确对中,再旋紧中心连接螺旋。用光学对中器对中,一般要求误差不大于 1 mm。

(二)整平

整平仪器的目的是使水平度盘处于水平位置,通过转动脚螺旋使照准部水准管气泡居中来实现。其操作步骤如下:

(1)如图 3-8(a)所示,旋转照准部,使水准管平行于任意两个脚螺旋 1、2 的连线,两手以相反方向同时旋转这两个脚螺旋,使水准管气泡居中。要注意气泡移动的方向与左手大拇指移动方向一致。

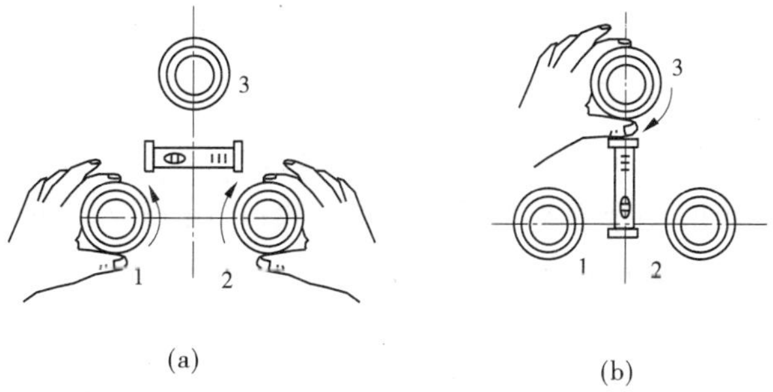

图 3-8　整平

(2)将照准部旋转 90°,转动脚螺旋 3,使水准管气泡居中,如图 3-8(b)所示。

(3)按以上步骤重复操作,直至水准管在任何位置,气泡偏离中央都不超过一格。

(三)瞄准目标

观测水平角时,照准标志一般是标杆或测钎,应尽量照准标志的基部。标志较粗时用十字丝的单丝平分,如图 3-9(a)所示;标志较细时用十字丝的双丝夹住,如图 3-9(b)所示。竖直角观测时应用十字丝交点照准标志的顶端或某一指定部位。瞄准的步骤如下。

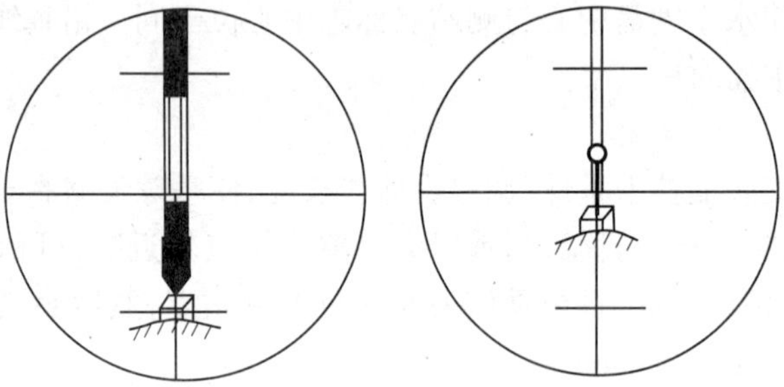

(a)　(b)

图 3-9　瞄准目标

1. 目镜对光

松开照准部制动螺旋与望远镜制动螺旋,将望远镜对向明亮背景,转动目镜,使十字丝成像清晰。

2. 粗略瞄准

在水平方向上转动照准部,在竖直方向上转动望远镜,通过望远镜上方的粗瞄器(缺口、准星等)大致对准目标,然后旋紧各制动螺旋。

3. 物镜对光

转动物镜对光螺旋,使目标成像清晰,并消除视差。

4. 精确瞄准

转动照准部微动螺旋和望远镜微动螺旋,使十字丝精确对准目标。

(四)读数

读数前应了解所用仪器采用的是哪种读数方法。打开照明反光镜,转动读数显微镜目镜,使读数窗成像清晰,然后按相应的读数方法进行读数。观测水平角时要读取水平度盘的读数,观测竖直角时则要读取竖直度盘的读数。用分微尺测微器读数时,估读至 0.1′,用单平板玻璃测微器读数时,可估读至 5″。

(五)置数

在水平角观测或园林工程施工放样中,常需要把某一方向的水平度盘的读数设为一预定数值。照准某一方向后,把水平度盘的读数设置为某一预定值的工作称为置数。置数是用度盘变位手轮或复测扳钮来实现的。

1. 用度盘变位手轮置数

先精确照准某一方向上的目标，并旋紧照准部及望远镜制动螺旋，然后打开度盘变位手轮的护罩，转动手轮，水平度盘随之转动，从读数显微镜内会看到水平度盘的读数发生变化。当水平度盘读数转到预定值时，停止转动，再用度盘变位手轮的护罩把手轮遮住，以免无意间再触动手轮，至此置数便完成。这种方法是"先瞄准，后置数"。

2. 用复测扳钮置数

先将复测扳钮扳上，使水平度盘与照准部分离，转动照准部，这时从读数显微镜内会看到水平度盘的读数发生变化，当水平度盘读数转到预定值时，扳下复测扳钮，使水平度盘与照准部联合，然后转动照准部，准确瞄准某一方向上的目标，旋紧照准部及望远镜制动螺旋，至此置数完成。这种方法是"先置数，后瞄准"。

当照准部转向另一方向时，一定要先扳上复测扳钮，使水平度盘与照准部分离后，再松开照准部制动螺旋，转动照准部。在一测回的观测过程中，严禁再扳下复测扳钮。

实训 3-1　DJ_6 级光学经纬仪的构造及使用

一、实训目的

(1)熟悉 DJ_6 级光学经纬仪的基本构造和各部件的名称、功能。

(2)初步掌握经纬仪的使用方法。

二、实训内容

(1)认识 DJ_6 级光学经纬仪的照准部分、水平度盘部分和基座部分，熟悉各部件的名称、功能。

(2)练习经纬仪对中、整平、瞄准目标、读数和置数的方法。

三、仪器与工具

DJ_6-1 型光学经纬仪 1 台、TDJ_6 型光学经纬仪 1 台、标杆(或测钎)2 根、木桩 1 个、斧头 1 把、遮阳伞 1 把、记录板 1 块(含有关记录表格)；自备铅笔、计算器等。

四、方法提示

在松软的地面上选择适当位置，打下一木桩，在桩顶用铅笔画一十字线，十字线交点作为测站点；或在坚固平坦的地面上选择适当位置，用蜡笔在地面上画一十字线。在不同方向距测站点 20～50 m 处，另选两点竖立标杆作为目标点。

(一)对中练习

在测站点上打开三脚架，将经纬仪置于架头上，用中心连接螺旋固紧。挂上垂球，调整垂球线长度，使垂球尖略高于测站点。平移三脚架，使垂球尖大致对准测站点，让架头大致水平，并将脚架尖踩实。稍微松开中心连接螺旋，在架头上轻轻平移仪器，直至垂球尖准确对准测站点，然后旋紧连接螺旋。垂球对中的误差一般要求不超过 3 mm；若用光学对中器进行对中，对中误差一般要求不超过 1 mm。

（二）整平练习

使照准部水准管与任意两个脚螺旋连线平行，两手同时向内或向外旋转这两个脚螺旋，使水准管气泡居中；气泡移动方向与左手大拇指移动方向一致。再将照准部旋转 90°，转动第三个脚螺旋使水准管气泡居中。反复以上操作，直至照准部转到任何位置，气泡偏离中央都不超过一格。

（三）瞄准目标练习

松开照准部和望远镜的制动螺旋，用望远镜上方的粗瞄器对准目标点上的标杆，使标杆位于望远镜视场内，旋紧照准部和望远镜制动螺旋。转动望远镜目镜螺旋，使十字丝清晰；再转动物镜调焦螺旋，使目标影像清晰。转动照准部微动螺旋和望远镜微动螺旋，用十字丝单根纵丝（竖丝）平分目标或用双纵丝夹住目标。

（四）读数练习

调整照明反光镜的开张角度，使读数显微镜视场内亮度适当。转动读数显微镜目镜使读数窗内度盘和分微尺的刻划线清晰；分别读取水平度盘和竖直度盘的读数。分微尺测微器读数法估读至 6″，单平板玻璃测微器读数法估读至 5″。单平板玻璃测微器读数法在读数前要先转动测微轮，使度盘分划线平分双指标线后才能读数。

（五）置数练习

用度盘变位手轮置数时，在准确瞄准某一指定目标后，旋紧照准部和望远镜制动螺旋，打开水平度盘变位手轮护罩，转动手轮，从读数显微镜内观察水平度盘读数的变化，当水平度盘读数变化到某一预定数值，如 0°00′00″时，停止转动手轮，用护罩把手轮遮住即可。

用复测扳钮置数时，先将复测扳钮扳上，转动照准部，从读数显微镜内观察水平度盘读数的变化，当读数变化到某一预定数值，如 90°00′00″时，扳下复测扳钮；再转动照准部，准确瞄准某一指定目标，旋紧照准部及望远镜制动螺旋即可。

置数后，应松开照准部制动螺旋，重新瞄准原指定目标，看水平度盘读数是否有变化；若有变化，应重新置数。

五、注意事项

（1）仪器从箱中取出前，应注意观察它的放置位置，以免装箱时不能恢复到原位。

（2）仪器在三脚架上未固定好之前，必须用手握住仪器，以防其跌落。

（3）转动望远镜或照准部之前，必须先松开制动螺旋；一旦发现转动不灵活，要及时检查原因，不可强行转动。

六、实训报告

每人上交一份实训报告，具体内容见表 3-1。

表 3-1 DJ_6 级光学经纬仪的构造、读数及使用

仪器编号________班组________观测者________记录者________日期________

1. 经纬仪对中的目的是____________________；整平的目的是____________________；
照准部制动螺旋和微动螺旋的作用是____；
望远镜制动螺旋和微动螺旋的作用是____。

2. 你使用的经纬仪采用的是____________________读数方法。分微尺测微器从读数显微镜内观察到的分微尺的最小分划值是____________，估读到____________；单平板玻璃测微器从读数显微镜内观察到的测微尺的最小分划值是____________，估读到____________；单平板玻璃测微器读数前要先转动____________，使双指标线____________时才能读数。

3. 你使用的经纬仪控制水平度盘转动的装置是____________。采用度盘变位手轮的经纬仪，照准部转动时水平度盘是____________（静止，转动）的，其读数____________（变化，不变化）；采用复测扳钮的经纬仪，照准部转动时，若复测扳钮是扳上的，水平度盘____________（静止，转动），其读数____________（变化，不变化），若复测扳钮是扳下的，水平度盘____________（静止，转动），其读数____________（变化，不变化）。

4. 读数练习记录

测站	目标	水平度盘读数	竖直度盘读数	备注

5. 置数练习记录

将某一指定方向上水平度盘的读数配置在0°附近，其准确读数为____________；配置在90°附近，其准确读数为____________。

第三节 水平角测量

水平角测量的方法常用测回法和全圆方向法两种。

一、测回法

测回法用于测量两个方向之间的夹角。图 3-10 所示为所测角的顶点及观测目标点投影到同一水平面上的情况。以所测角的顶点 O 为测站点安置经纬仪，对中、整平后，在目标点上竖立标杆或测钎进行观测，步骤如下。

（一）盘左位置观测

盘左位置即观测者面对望远镜目镜时，竖直度盘在望远镜视准轴的左侧，也称正镜位置。如图 3-10 所示，首先松开照准部及望远镜制动螺旋，以盘左位置用望远镜粗瞄器瞄准左侧目标 M，旋紧制动螺旋，然后调节微动螺旋，精确瞄准目标 M，读取水平度盘读数

m，如 0°02′12″，记入表 3-2 中。

松开照准部及望远镜制动螺旋，以顺时针方向转动照准部，瞄准右侧目标 N；同上述方法，读取水平度盘读数 n，如 60°20′24″，记入表 3-2 相应栏内。

由式(3-1)可知，盘左位置所测的水平角值等于右侧目标读数减去左侧目标读数，即

$$\beta_{左} = n - m = 60°20'24'' - 0°02'12'' = 60°18'12''$$

当右侧目标读数小于左侧目标读数时，应将右侧目标读数加上 360°，然后减左侧目标读数。

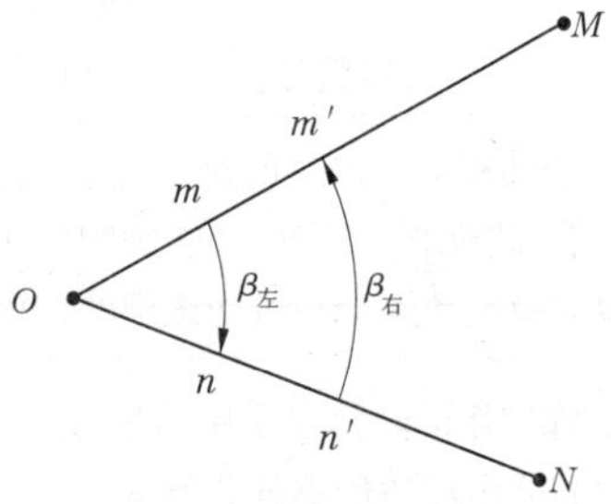

图 3-10　测回法观测水平角

以上称为盘左半测回或上半测回，$\beta_{左}$ 称为盘左半测回值或上半测回值。

（二）盘右位置观测

盘右位置是当观测者面对望远镜目镜时，竖直度盘在望远镜视准轴的右侧，又称倒镜位置。

如图 3-10 所示，当盘左位置观测完毕后，松开照准部及望远镜制动螺旋，纵转望远镜成盘右位置，先瞄准右侧目标 N，读取水平度盘读数 n'，如 240°20′36″，记入表 3-2 对应栏内。

松开照准部及望远镜制动螺旋，逆时针方向转动照准部瞄准左侧目标 M，读取水平度盘读数 m'，如 180°02′18″，记入表 3-2 对应栏内。

同样，由式(3-1)可知，盘右位置所测的水平角值也是右侧目标读数减去左侧目标读数，即

$$\beta_{右} = n' - m' = 240°20'36'' - 180°02'18'' = 60°18'18''$$

以上称为盘右半测回或下半测回，$\beta_{右}$ 称为盘右半测回值或下半测回值。

（三）结果计算

上、下两个半测回合称为一个测回。一般规定，用 DJ_6 级光学经纬仪观测水平角时，上、下两个半测回值之差 f_β 不能超过 ±40″，若符合要求，则取其平均值作为一测回观测成果，称为一测回值，即

$$\beta = \frac{\beta_{左} + \beta_{右}}{2} \tag{3-3}$$

若不符合要求，要检查原因，重新观测。本测回中，两个半测回值之差为 ±6″，符合要求，则

$$\beta = \frac{60°18'12'' + 60°18'18''}{2} = 60°18'15''$$

为了提高测角的精度，常需要观测多个测回。观测时为了减少仪器制造时度盘分划线刻划不均匀对测角的影响，各测回的起始方向读数应加以变换，变换值常按 $\frac{180°}{n}$ 计算，其中 n 为计划观测的测回数。

例如，计划观测两个测回，则 $\frac{180°}{n} = \frac{180°}{2} = 90°$，也就是说，两个测回起始方向的读数

应分别置在0°、90°附近。各测回间的测回值之差称为测回差，DJ_6级光学经纬仪一般要求不超过±24″。若符合要求，则取各测回值的平均值作为该角的最后结果；否则，应重新观测。

在图3-10中，观测了两个测回，观测记录及计算成果见表3-2。

【例3-1】 根据表3-2中记录的数据，第一测回测得的水平角值为60°18′15″，第二测回测得的水平角值为60°18′09″，问观测结果是否符合要求？若符合要求，该水平角值是多少？

解：两个测回的测回差为60°18′15″－60°18′09″＝6″

根据规定，DJ_6级光学经纬仪观测的测回差应不超过±24″，由于6″＜24″，因此观测结果符合要求，该水平角值为

$$\beta = \frac{60°18'15'' + 60°18'09''}{2} = 60°18'12''$$

表3-2　水平角观测手簿（测回法）

观测日期＿＿＿＿＿＿　　　　天气＿＿＿＿＿＿

测站	测回数	竖盘位置	目标	水平度盘读数（° ′ ″）	半测回值（° ′ ″）	测回值（° ′ ″）	各测回平均值（° ′ ″）	备注
O	1	盘左	*M*	0 02 12	60 18 12	60 18 15	60 18 12	使用TDJ_6经纬仪观测
			N	60 20 24				
		盘右	*M*	180 02 18	60 18 18			
			N	240 20 36				
	2	盘左	*M*	90 01 00	60 18 06	60 18 09		
			N	150 19 06				
		盘右	*M*	270 01 12	60 18 12			
			N	330 19 24				

观测者＿＿＿＿＿＿　　　　记录者＿＿＿＿＿＿

二、全圆方向法

全圆方向法又称方向观测法或全圆测回法，适用于在一个测站点上观测三个或三个以上方向间的水平角。该方法是以某一方向为起始方向（又称零方向），依次观测出其余各方向相对于起始方向的方向值，则任意两个方向的方向值之差即为这两个方向之间的水平角。图3-11是地面各点投影到水平面上的情况，要观测∠*AOB*、∠*BOC*、∠*COD*等水平角，需要在角顶点*O*上安置经纬仪，在各方向点上竖立标杆，对中、整平后，进行观测。

（一）盘左位置观测

以盘左位置瞄准起始方向的目标*A*，按置数方法使水平度盘读数置在0°附近，如0°01′00″，记入表3-3中。顺时针转动照准部，依次瞄准*B*、*C*、*D*各点，分别读取水平度盘读数，如78°23′24″、152°46′36″、283°35′30″。继续顺时针转动照准部，再次瞄准起始目标*A*，

读取水平度盘读数，如 0°01′12″，这一步称为归零。将观测数据记入表 3-3 的对应栏中。

上述观测过程是全圆方向法的上半测回。归零的目的是检查在观测过程中水平度盘是否发生变动。两次瞄准起始方向的读数之差称为半测回归零差，归零差在理论上应等于零，但实际观测中由于各种因素的影响，往往不等于零。一般规定，用 DJ_6 级光学经纬仪观测的归零差应不超过 ± 18″，如果超限，应重新观测。本次观测中，归零差为0°01′12″ - 0°01′00″ = +12″ < +18″，符合要求。

若一个测站上观测方向不多于 3 个，且精度要求不高，也可不做归零观测。

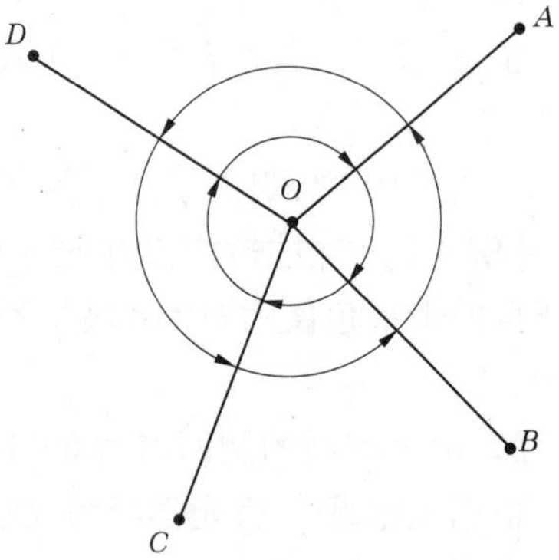

图 3-11　全圆方向法观测水平角

表 3-3　水平角观测手簿（全圆方向法）

观测日期＿＿＿＿＿＿　　　　天气＿＿＿＿＿＿

测站	测回数	目标	水平度盘读数 盘左 (° ′ ″)	水平度盘读数 盘右 (° ′ ″)	2c (″)	平均读数 (° ′ ″)	一测回归零方向值 (° ′ ″)	各测回平均方向值 (° ′ ″)	水平角值 (° ′ ″)	备注
1	2	3	4	5	6	7	8	9	10	11
O	1	A	0 01 00	180 01 06	-6	(0 01 06) 0 01 03	0 00 00	0 00 00	78 22 14	TDJ$_6$ 经纬仪
		B	78 23 24	258 23 18	+6	78 23 21	78 22 15	78 22 14	74 23 18	
		C	152 46 36	332 46 30	+6	152 46 33	152 45 27	152 45 32	130 48 51	
		D	283 35 30	103 35 36	-6	283 35 33	283 34 27	283 34 23		
		A	0 01 12 归零差 +12″	180 01 06 归零差 0″	+6	0 01 09				
O	2	A	90 01 00	270 01 12	-12	(90 01 09) 90 01 06	0 00 00			
		B	168 23 18	348 23 24	-6	168 23 21	78 22 12			
		C	242 46 42	62 46 48	-6	242 46 45	152 45 36			
		D	13 35 24	193 35 30	-6	13 35 27	283 34 18			
		A	90 01 06 归零差 +6″	270 01 18 归零差 +6″	-12	90 01 12				

观测者＿＿＿＿＿＿　　　　记录者＿＿＿＿＿＿

（二）盘右位置观测

如图 3-11 所示，纵转望远镜，以盘右位置瞄准起始方向目标 A，读取水平度盘读数；

逆时针方向转动照准部，依次瞄准目标 D、C、B，再回到起始方向目标 A，分别读取水平度盘的读数，记入表3-3中。这一过程为下半测回，其半测回归零差要求同上半测回。

上、下半测回合起来为一测回。当精度要求较高时，要观测若干测回，各测回起始方向水平度盘的读数也要按 $\frac{180°}{n}$ 进行变换。表3-3中记录的是两个测回的观测、计算数据。

（三）观测数据的整理计算

1. 半测回归零差的计算

这项计算在每个半测回归零观测过程中要随时进行，若超出限差，应立即检查原因并重新观测。

2. $2c$ 值的计算

$2c$ 为两倍视准误差，在一测回同一方向的观测中，$2c$ = 盘左读数 −（盘右读数 ± 180°），当盘右读数大于180°时用"−"，小于180°时用"+"。对于 DJ_6 级光学经纬仪，$2c$ 值只供参考，不作限差规定。若 $2c$ 值变化不大，可通过盘左、盘右读数的平均值消除照准误差的影响。

【例3-2】 根据表3-3中记录的第一测回盘左、盘右读数，计算 OA、OB、OC、OD 及再到 OA 各方向的 $2c$ 值。

解：OA 方向，$2c = 0°01'00'' - (180°01'06'' - 180°) = -6''$

OB 方向，$2c = 78°23'24'' - (258°23'18'' - 180°) = +6''$

同理，可求得 OC、OD 及再到 OA 方向的 $2c$ 值分别为 $+6''$、$-6''$、$+6''$。

将 $2c$ 的计算结果填入表3-3第6栏内。

3. 一测回中各方向平均读数的计算

每一测回中，同一方向有盘左、盘右两个读数，需要求出其平均读数。

平均读数 $= \frac{1}{2} \times$［盘左读数 +（盘右读数 ± 180°）］，当盘右读数大于180°时用"−"，小于180°时用"+"。

起始方向有两个平均读数，应再取其平均值记入同一栏的括号内，如表3-3中的第7栏所示。

【例3-3】 根据表3-3中记录的第一测回盘左、盘右读数，计算 OA、OB、OC、OD 各方向的平均读数。

解：OA 方向的平均读数 $= \frac{0°01'00'' + (180°01'06'' - 180°)}{2} = 0°01'03''$

OB 方向的平均读数 $= \frac{78°23'24'' + (258°23'18'' - 180°)}{2} = 78°23'21''$

同理，可求得 OC、OD 及再到 OA 方向的平均读数分别为 $152°46'33''$、$283°35'33''$、$0°01'09''$。

由于 OA 方向有两个平均读数，再取其平均值为

$$\frac{0°01'03'' + 0°01'09''}{2} = 0°01'06''$$

将计算结果填入表3-3第7栏内,并加上括号。

4. 一测回归零方向值的计算

将一测回中各个方向(包括起始方向)的平均读数减去起始方向的平均读数,即得各个方向的归零方向值,也称归零值。显然,起始方向的归零值为零。

【例3-4】 根据例3-3中算得的OA、OB、OC、OD各方向的平均读数,计算这一测回中各方向的归零方向值。

解:由例3-3可知,起始方向OA的平均读数为0°01′06″,OB、OC、OD方向的平均读数分别为78°23′21″、152°46′33″、283°35′33″,因此

OA方向的归零方向值为:0°01′06″ − 0°01′06″ = 0°00′00″

OB方向的归零方向值为:78°23′21″ − 0°01′06″ = 78°22′15″

OC方向的归零方向值为:152°46′33″ − 0°01′06″ = 152°45′27″

OD方向的归零方向值为:283°35′33″ − 0°01′06″ = 283°34′27″

将计算结果填入表3-3第8栏内。

5. 平均方向值的计算

若观测了多个测回,每个测回中各个方向都有一个归零方向值,各测回中同一方向的归零方向值之差若不超过±24″,则取其平均值作为该方向的方向值。

【例3-5】 根据表3-3中的观测记录,第一测回OA、OB、OC、OD各方向的归零方向值分别为0°00′00″、78°22′15″、152°45′27″、283°34′27″,第二测回对应各方向的归零方向值分别为0°00′00″、78°22′12″、152°45′36″、283°34′18″,求各方向的平均方向值。

解:经检验,两个测回中同一方向的归零方向值之差都不超过±24″,因此

OA方向的平均方向值为:$\frac{0°00'00'' + 0°00'00''}{2} = 0°00'00''$

OB方向的平均方向值为:$\frac{78°22'15'' + 78°22'12''}{2} = 78°22'14''$

同理,可得OC、OD方向的平均方向值分别为152°45′32″、283°34′23″。

将计算结果填入表3-3第9栏内。

6. 水平角值的计算

计算某两个方向之间的水平角时,将右方目标的平均方向值减去左方目标的平均方向值,即得这两个方向之间的水平角值。

【例3-6】 根据例3-5的结果,计算水平角$\angle AOB$、$\angle BOC$、$\angle COD$。

解:$\angle AOB$ = OB的平均方向值 − OA的平均方向值 = 78°22′14″ − 0°00′00″ = 78°22′14″

同理,可得水平角$\angle BOC$为74°23′18″,$\angle COD$为130°48′51″。

将计算结果填入表3-3第10栏内。

实训 3-2　水平角的观测

一、实训目的

(1)掌握测回法观测水平角的操作步骤、记录和计算。

(2)掌握全圆方向法观测水平角的操作步骤、记录和计算。

二、实训内容

(1)用测回法观测两个目标之间的水平角,至少观测两个测回。

(2)用全圆方向法观测 3 ~4 个目标之间的水平角,至少观测两个测回。

三、仪器与工具

DJ_6 光学经纬仪 1 台、标杆 4 根、木桩 1 个、斧头 1 把、遮阳伞 1 把、记录板 1 块(含记录表格);自备铅笔、橡皮、小刀、计算器等。

四、方法提示

(一)测回法

(1)选择好测站点和两个目标点,在测站点上安置经纬仪,并对中、整平;在目标点上竖立标杆。

(2)以盘左位置瞄准左侧目标,转动度盘变换手轮,将水平度盘起始读数置在 0°附近,并将读数记入观测手簿。

(3)松开水平制动螺旋及望远镜制动螺旋,以顺时针方向转动照准部,瞄准右侧目标,读取水平度盘读数,记入观测手簿,并计算出盘左半测回值。

(4)以盘右位置先瞄准右侧目标,读取水平度盘读数;再逆时针方向转动照准部,瞄准左侧目标,读取水平度盘读数,分别记入手簿,并计算出盘右半测回值。

(5)求出两个半测回值之差,若 $f_\beta = \beta_{左} - \beta_{右}$ 不超过 ±40″,取其平均值作为一测回值;若不符合要求,要检查原因,重新观测。

(6)第一测回完成后,检查照准部水准管气泡是否居中,若居中,则可转动度盘变换手轮至 90°附近,开始第二测回观测。

两个测回值之差不超过 ±24″时,再取其平均值,作为该水平角的观测结果。

(二)全圆方向法

(1)在测站点上安置经纬仪,对中、整平后,选择一个通视良好、目标清晰的方向作为起始方向。

(2)以盘左位置瞄准起始目标,把水平度盘读数置在 0°附近,将读数记入手簿。以顺时针方向转动照准部,依次瞄准各个目标,分别读数并记入手簿;继续顺时针转动照准部,回归到起始方向，读取水平度盘读数，记入观测手簿。计算半测回归零差，若不超限，应继续进行下面的步骤，否则应重新观测该半测回。

(3) 以盘右位置瞄准起始方向目标，读取水平度盘读数；逆时针方向转动照准部，依次瞄准各个目标，分别读数并记入手簿；再回归到起始方向读取水平度盘读数，记入手簿。计算半测回归零差，若不超限，应继续进行观测。

(4) 变换度盘起始读数，重复(2)、(3)步骤，进行第二测回观测。

(5) 根据观测手簿中记录的读数，计算 $2c$ 值、平均读数、一测回归零方向值、各测回平均方向值及水平角值。

五、注意事项

(1) 测站点与观测目标距离越近，对中越要严格；观测目标之间高低相差越大时，越要注意仪器整平。

(2) 在一测回观测过程中，不能再调整照准部水准管；若发现气泡偏移量超过一格，应重新整平，重新观测。

(3) 在一测回观测过程中，当从起始方向读数后，就不能再转动度盘变位手轮，以免水平度盘的位置发生变动。

(4) 若使用的是 DJ_6-1 型经纬仪，要正确使用复测扳钮置数；置数后，在一测回的观测过程中，复测扳钮不能再扳下。

六、实训报告

每组上交水平角测量观测记录表一份，其格式见表 3-4、表 3-5。

表 3-4　测回法观测水平角手簿

观测日期__________　观测者__________　记录者__________　天气__________

测站	测回数	竖盘位置	目标	水平度盘读数 (° ′ ″)	半测回值 (° ′ ″)	测回值 (° ′ ″)	各测回平均值 (° ′ ″)	备注
		盘左						
		盘右						
		盘左						
		盘右						

表 3-5　全圆方向法观测水平角手簿

观测日期＿＿＿＿＿　观测者＿＿＿＿＿　记录者＿＿＿＿＿　天气＿＿＿＿＿

测站	测回数	目标	水平度盘读数		$2c$ = 盘左 −（盘右 ±180°）（″）	平均读数 $=\frac{1}{2}\times$［盘左 +（盘右 ±180°）］（° ′ ″）	一测回归零方向值（° ′ ″）	各测回平均方向值（° ′ ″）	水平角值（° ′ ″）	备注
			盘左（° ′ ″）	盘右（° ′ ″）						
1	2	3	4	5	6	7	8	9	10	11

第四节　竖直角测量

一、竖直度盘的构造与竖直角的计算

（一）竖直度盘的构造

竖直度盘简称竖盘，设置在横轴一端且与横轴固连。当望远镜上下转动时，竖盘随横轴一起在竖直面内转动。配合竖盘读数的构件有竖盘指标水准管、竖盘指标水准管微动螺旋和由棱镜及透镜组成的光具组等，如图 3-12 所示。光具组和竖盘指标水准管固定在一个微动支架上，并且竖盘水准管轴和光具组光轴垂直。光具组的光轴是竖盘读数指标线，转动竖盘指标水准管微动螺旋可使竖盘指标水准管气泡居中。当气泡居中时，水准管轴水平，光具组光轴处于竖直位置，即竖盘指标线处于正确位置。竖盘转动时，竖盘指标线是不动的。因此，当转动望远镜照准高低不同的目标时，用指标线便可在竖盘上读取不同的读数。在观测竖直角时，每次读取竖盘读数之前，都应先调节竖盘指标水准管微动螺旋，使气泡居中。

不设竖盘指标水准管的经纬仪，设有一个竖盘指标自动补偿（归零）装置，当经纬仪整平后，只要将支架上的自动归零开关转到“ON”，竖盘指标就处于正确位置。

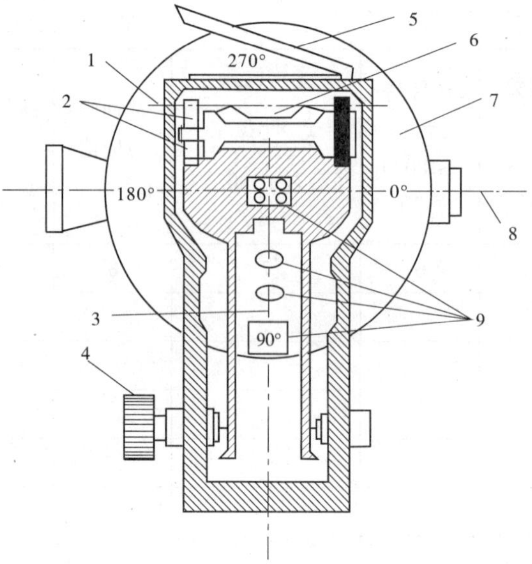

图 3-12　竖直度盘的构造

1—竖盘指标水准管轴；2—竖盘指标水准管校正螺钉；3—光具组光轴；
4—竖盘指标水准管微动螺旋；5—竖盘指标水准管反光镜；6—竖盘指标水准管；
7—竖直度盘；8—望远镜视准轴；9—光具组(透镜和棱镜)

竖盘的注记形式有多种，但常见的形式有两种，一种是顺时针方向注记，另一种是逆时针方向注记，如图 3-13 所示。校正好的竖盘，当望远镜视线水平，竖盘指标水准管气泡居中时，竖盘指标线指在 90°(盘左)或 270°(盘右)上。

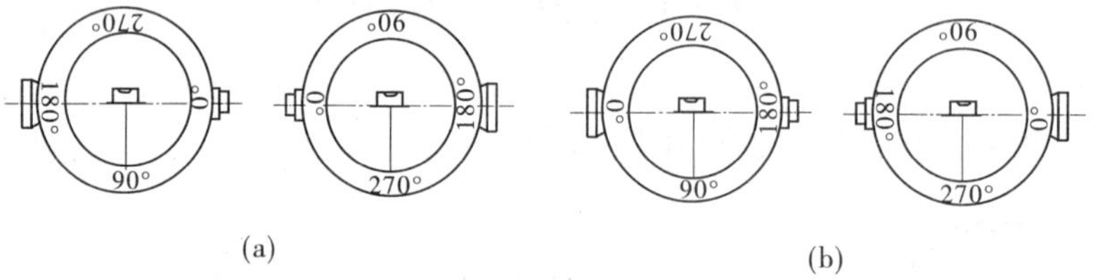

图 3-13　竖盘的注记形式

(二) 竖直角的计算

以图 3-13(a)的竖盘注记形式(顺时针)为例，当盘左位置望远镜视线水平，竖盘指标水准管气泡居中时，竖盘读数为 90°，望远镜物镜上仰时，竖直角为仰角，竖盘的读数减小，如图 3-14(a)所示；设瞄准某一目标时竖盘读数为 L，则盘左竖直角为

$$\theta_L = 90° - L \tag{3-4}$$

当盘右位置望远镜视线水平，竖盘指标水准管气泡居中时，竖盘读数为 270°，望远镜物镜上仰时，竖盘读数增大，如图 3-14(b)所示；设瞄准同一目标时竖盘读数为 R，则盘右竖直角为

$$\theta_R = R - 270° \tag{3-5}$$

为了提高精度，竖直角 θ 常取盘左、盘右的平均值，即

$$\theta = \frac{\theta_L + \theta_R}{2} = \frac{R - L - 180^\circ}{2} \tag{3-6}$$

按式（3-6）计算的结果，当 θ 为正值时是仰角，负值时则是俯角。

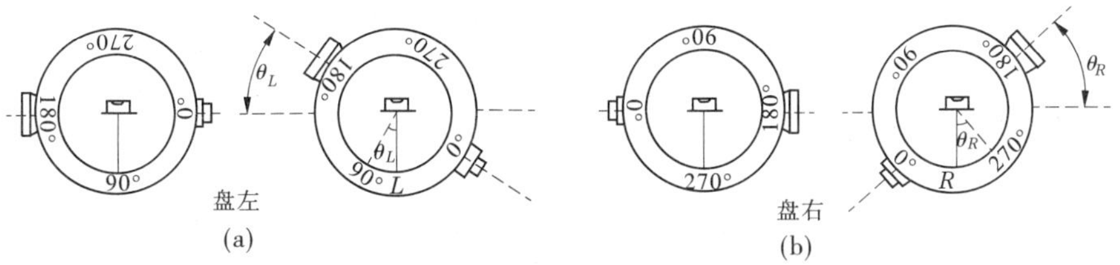

图 3-14　竖直角的计算

若竖盘是图 3-13（b）的注记形式（逆时针），则盘左、盘右竖直角的计算公式为

$$\theta_L = L - 90^\circ \tag{3-7}$$

$$\theta_R = 270^\circ - R \tag{3-8}$$

观测竖直角时，要根据竖盘的注记形式确定竖直角的计算公式。

二、竖盘指标差

当望远镜视线水平，竖盘指标水准管气泡居中时，竖盘指标的正确位置是盘左时为 90°，盘右时为 270°，但仪器在运输、使用过程中受到震动等影响，竖盘指标有时会偏离正确位置而出现一个小差值。竖盘指标偏离正确位置而产生的读数误差，称为竖盘指标差，用 x 表示。当竖盘指标偏向度盘注记增大的方向时，x 取正值；当竖盘指标偏向度盘注记减小的方向时，x 取负值。

如图 3-15（a）所示，设盘左位置望远镜视线水平，竖盘指标水准管气泡居中时，竖盘指标位于比 90°多 x 之处，那么，盘右位置望远镜视线水平，竖盘指标水准管气泡居中时，竖盘指标就会位于比 270°多 x 之处，如图 3-15（b）所示。以图 3-13（a）的竖盘注记形式为例，设盘左、盘右瞄准同一目标的读数分别为 L、R，则竖直角 θ 的计算应为

盘左时　$$\theta = (90^\circ + x) - L = \theta_L + x \tag{a}$$

盘右时　$$\theta = R - (270^\circ + x) = \theta_R - x \tag{b}$$

将（a）、（b）两式相加得

$$\theta = \frac{\theta_L + \theta_R}{2} = \frac{R - L - 180^\circ}{2} \tag{3-9}$$

将（a）、（b）两式相减得

$$x = \frac{L + R - 360^\circ}{2} \tag{3-10}$$

式（3-9）与式（3-6）完全相同，说明用盘左、盘右观测求竖直角可以消除竖盘指标差的影响。利用式（3-10）求出指标差的大小，可以检查观测成果的质量，因为一台经纬仪在一定时期内竖盘指标差是相对稳定的。实际观测中，由于观测误差、仪器误差及外界条件的影响，测定的指标差总在不断变化，但不能超过一定范围，一般规定 DJ_6 级光学经纬仪竖

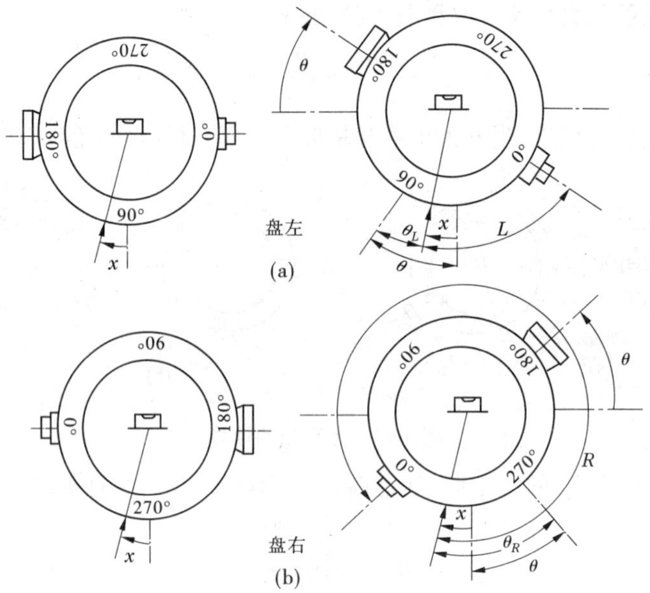

图 3-15　竖盘指标差

盘指标差不能超过 ±60″。

三、竖直角的测量方法

观测竖直角之前,先以盘左位置使望远镜大致水平,看一下竖盘的读数,然后将物镜逐渐上仰,观察竖盘读数的增减,以确定该台仪器竖直角的计算公式。若望远镜大致水平,竖盘读数在 90°左右,物镜上仰时竖盘读数减小,则应用式(3-4)、式(3-5)计算盘左、盘右竖直角;否则,按式(3-7)、式(3-8)计算。若使用 TDJ_6 型经纬仪,竖盘注记形式为图 3-13(a)所示,那么,应按下列步骤进行竖直角观测。

(一)盘左观测

在测站点 *O* 上安置经纬仪,对中、整平后,量取仪器高(横轴中心到地面点的距离);在具有一定坡度的目标点 *M* 上竖立塔尺。以盘左位置用望远镜十字丝中丝照准塔尺的等仪器高处,转动竖盘指标水准管微动螺旋,使竖盘指标水准管气泡居中,读取竖盘读数 *L*,如 82°20′36″,记入表 3-6 中,同时计算出盘左竖直角,此为上半测回。

(二)盘右观测

纵转望远镜,以盘右位置瞄准塔尺的同一部位,转动竖盘指标水准管微动螺旋,使竖盘指标水准管气泡居中,读取竖盘读数 *R*,如 277°39′30″,并记入表 3-6 中,同时计算出盘右竖直角,此为下半测回。

(三)竖直角及竖盘指标差的计算

上、下半测回合起来为一测回,一测回竖直角按式(3-6)或式(3-9)计算;竖盘指标差按式(3-10)计算。

若要求精度较高,同一竖直角可观测多个测回,当竖盘指标差不超限时,取各测回竖直角的平均值作为最终观测结果。

用同样的方法观测 ON 方向的竖直角，观测数据记入表 3-6 中。

表 3-6　竖直角观测手簿

日期＿＿＿＿＿＿＿　　　　　　　　　　　　　　天气＿＿＿＿＿＿＿

测站	目标	竖盘位置	竖盘读数 (° ′ ″)	半测回竖直角 (° ′ ″)	一测回竖直角 (° ′ ″)	指标差 (″)	备注
O	M	盘左	82 20 36	7 39 24	7 39 27	+3	盘左时竖盘注记 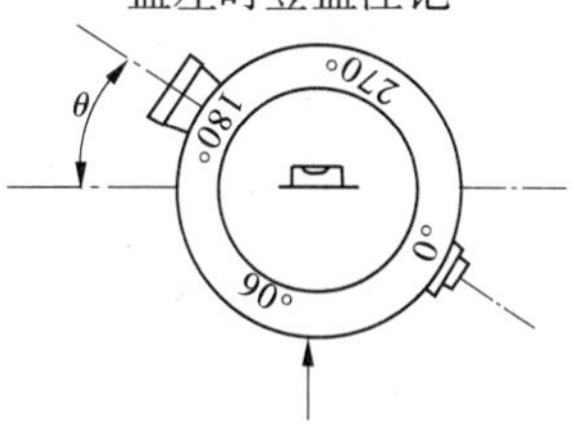
		盘右	277 39 30	7 39 30			
	N	盘左	94 18 42	−4 18 42	−4 18 36	+6	
		盘右	265 41 30	−4 18 30			

观测者＿＿＿＿＿＿＿　　　　　　　　　　　　　　记录者＿＿＿＿＿＿＿

【例 3-7】　根据表 3-6 中记录的竖盘读数，分别计算 OM、ON 方向的竖直角及仪器的竖盘指标差。

解：由式(3-6)或式(3-9)可得

$$\theta_{OM} = \frac{R - L - 180°}{2} = \frac{277°39'30'' - 82°20'36'' - 180°}{2} = 7°39'27''$$

$$\theta_{ON} = \frac{R - L - 180°}{2} = \frac{265°41'30'' - 94°18'42'' - 180°}{2} = -4°18'36''$$

由式(3-10) 可得

$$x_{OM} = \frac{L + R - 360°}{2} = \frac{82°20'36'' + 277°39'30'' - 360°}{2} = +3''$$

$$x_{ON} = \frac{L + R - 360°}{2} = \frac{94°18'42'' + 265°41'30'' - 360°}{2} = +6''$$

从计算结果可看出，OM 方向为仰角，ON 方向为俯角；竖盘指标差分别为 +3″、+6″，在 ±60″范围内，符合要求。

实训 3-3　竖直角的观测

一、实训目的

(1) 了解竖直度盘与望远镜的转动关系及竖盘指标与竖盘指标水准管的关系。

(2) 掌握竖直角的观测步骤和竖直角、指标差的计算方法。

二、实训内容

(1) 观察经纬仪望远镜转动时竖直度盘读数的变化，了解竖直度盘与望远镜的转动关系,熟悉竖盘的注记形式和竖直角的计算公式。

(2)观察竖盘指标水准管气泡居中与否对竖盘读数的影响,理解竖盘指标水准管气泡居中的意义。

(3)练习竖直角的观测、记录和竖盘指标差、竖直角的计算方法。

三、仪器与工具

DJ_6 光学经纬仪 1 台、塔尺 1 根、钢卷尺 1 副、遮阳伞 1 把、记录板 1 块(含相关记录表);自备铅笔、橡皮、计算器等。

四、方法提示

(一)确定竖直角的计算公式

以盘左位置使望远镜物镜上仰,若竖盘读数小于 90°,则应用公式 $\theta_L = 90° - L$、$\theta_R = R - 270°$计算竖直角;否则,计算公式为 $\theta_L = L - 90°$、$\theta_R = 270° - R$。

(二)竖直角观测

(1)选择具有一定坡度的两点,在其中一点上安置经纬仪,对中、整平后,量取仪器高(精确至 0.01 m),在另一点上竖立塔尺。

(2)以盘左位置照准塔尺,使十字丝中丝瞄准与仪器等高之处;转动竖盘指标水准管微动螺旋,使气泡居中,读取竖盘读数并记入观测手簿,同时计算出盘左竖直角。

(3)以盘右位置瞄准同一目标点,使竖盘指标水准管气泡居中,读取竖盘读数并记入观测手簿,同时计算出盘右竖直角。

(4)计算一测回竖直角及竖盘指标差。

五、注意事项

(1)仪器安置好之后,应首先确定竖直角的计算公式。

(2)盘左、盘右观测时应瞄准目标同一位置,每次读数之前都应使竖盘指标水准管气泡居中。

六、实训报告

每人上交实训报告一份,其格式见表 3-7。

表 3-7　竖直角观测实训报告

观测日期＿＿＿＿＿＿　天气＿＿＿＿＿＿　观测者＿＿＿＿＿＿　记录者＿＿＿＿＿＿

1. 你使用的经纬仪型号是＿＿＿＿＿＿,盘左、盘右竖直角的计算公式分别是＿＿＿＿＿＿。每次读竖盘读数之前,都必须使竖盘指标水准管气泡居中,原因是＿＿＿＿＿＿＿＿＿＿。
2. 经纬仪能否像水准仪那样提供一条水平视线?＿＿＿＿＿＿。如何提供?＿＿＿＿＿＿。若一台经纬仪竖盘指标差为 +12″,则竖盘读数为＿＿＿＿＿＿时才是一条水平视线。

续表 3-7

3. 一台经纬仪竖盘指标差为 +12″，若只用盘左或盘右一次观测，竖盘读数为 L 或 R，则正确的竖直角应为__________或__________。

4. 观测记录

测站	目标	竖盘位置	竖盘读数（° ′ ″）	半测回竖直角（° ′ ″）	一测回竖直角（° ′ ″）	指标差（″）	备注
		盘左					
		盘右					
		盘左					
		盘右					

第五节　电子经纬仪

电子经纬仪是一种用光电测角代替光学测角的新型仪器，目前在我国正被广泛使用。

一、电子经纬仪的构造与测量原理

（一）电子经纬仪的构造

以我国生产的 ET 系列电子经纬仪为例，它具有与光学经纬仪类似的结构特征，如图 3-16所示。与光学经纬仪相比，电子经纬仪增加了电子显示屏和操作键盘，去掉了读数显微镜，并增加了数据输入输出接口和一个机载电池盒。

1. 电池

（1）电池装卸。取下电池盒时，按下电池盒顶部的按钮，顶部朝外向上将电池盒取出。每次取下电池盒时，都必须先关掉仪器电源，否则仪器易损坏。安装电池盒时，先将电池盒底部凸起插入仪器上的凹槽中，按压电池盒顶部按钮，使其卡入仪器中固定归位。

（2）电池信息。电池充足电时可供仪器使用8～10 h，显示屏右下角符号“BAT”显示电池电量的消耗信息。

“BAT”及“BAT”：电量充足，可操作使用。

“BAT”：刚出现此信息时，表示尚有少量电源，应准备随时更换电池或充电后再使用。

“BAT”闪烁到消失：从闪烁到缺电关机，可持续几分钟，应立即结束操作，更换电池并充电。

（3）电池充电。ET－02 电子经纬仪使用的是镍氢（Ni－MH）高能可充电电池，要用专用充电器充电。充电时先将充电器接到220 V 的电源，从仪器上取下电池盒，将充电器

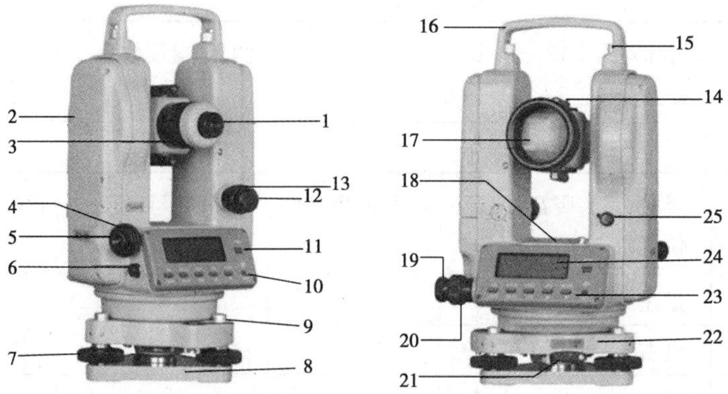

图 3-16　ET－02 电子经纬仪

1—望远镜目镜;2—仪器中心标志; 3—望远镜调焦旋钮; 4—对中器调焦旋钮;5—对中器目镜; 6—电子手簿接口;7—基座脚螺旋;8—基座底板;9—圆水准器;10—照明开关;11—电源开关; 12—垂直微动旋钮;13—垂直制动旋钮;14—粗瞄准器;15—提把固定螺丝;16—提把;17—望远镜物镜;18—长水准器;19—水平微动旋钮;20—水平制动旋钮;21—基座锁定钮;22—基座; 23—操作键盘;24—显示屏;25—测距仪数据接口

插头插入电池盒的充电插孔,充电器上的指示灯为橙色表示正在充电,充电 6 h 或指示灯转为绿色时表示充电结束,拔出插头。

2. 数据输入输出接口

(1)数据输入接口,即测距仪数据接口。通过电子经纬仪提把上的固定螺丝可与多种型号的测距仪连接,并将测距仪测得的距离值通过数据输入接口显示在电子经纬仪显示屏上。

(2)数据输出接口,即电子手簿接口。通过该接口可与多种电子手簿连接,将仪器观测数据输出至电子手簿进行记录。

以上两接口连接后就组成了能自动进行数据采集的多功能全站仪。

3. 键盘功能与信息显示

(1)键盘符号与功能。图 3-17 是 ET－02 电子经纬仪的键盘和显示屏,键盘具有一键双重功能,一般情况下仪器执行键上方所标示的第一(测角)功能,当按下 MODE 键后

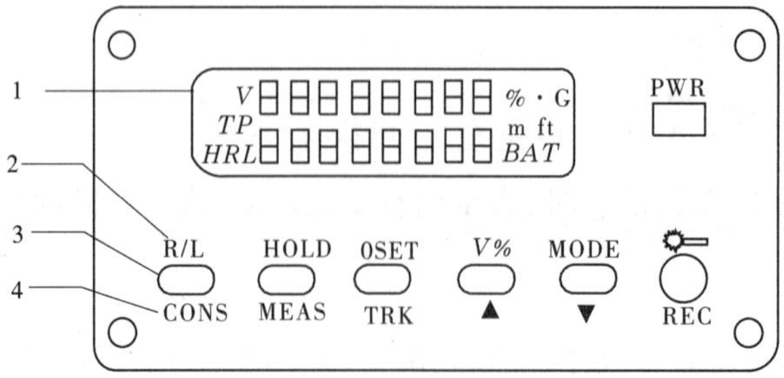

图 3-17　显示屏与操作键盘

1—信息显示窗口;2—第一(键上)功能符号;3—操作键;4—第二(键下)功能符号

再按其余各键则执行按键下方所标示的第二(测距)功能。各键的功能见表3-8。

表3-8　电子经纬仪操作键的功能

操作键的符号	操作键和电源开关键的功能
R/L CONS 键	R/L:显示右旋/左旋,水平角选择键,连续按此键,两种角值交替显示
	CONS:专项特种功能模式键
HOLD MEAS 键	HOLD:水平角锁定键,按此键两次,水平角锁定;再按一次则解除
	MEAS:测距键,按此键连续精确测距(连接测距仪有效)
0SET TRK 键	0SET:水平角置零键,按此键两次,水平角置零
	TRK:跟踪测距键,按此键每秒跟踪测距一次,精度至0.01 m(连接测距仪有效)
V% ▲ 键	*V%*:竖直角和斜率百分比显示转换键,连续按键交替显示;在测距模式状态时,连续按此键则交替显示斜距()、平距()、高差()
	▲:增量键,在特种功能模式中按此键,显示屏中的光标可以上下移动或数字向上增加
MODE ▼ 键	MODE:测角、测距模式转换键,连续按此键,仪器交替进入一种模式,分别执行键上或键下标示的功能
	▼:减量键,在特种功能模式中按此键,显示屏中的光标可以上下移动或数字向下减少
☼ REC 键	☼:望远镜十字丝和显示屏照明键,以便于在黑暗的环境中操作使用,按键一次开灯照明,再按则关(若不按键,10 s后自动熄灭)
	REC:记录键盘,命令电子手簿执行记录
PWR 键	PWR:电源开关键,按键开机,按键时间大于2 s则关机

(2)信息显示符号。ET－02电子经纬仪采用线条式液晶显示屏,常用符号全部显示时其位置见图3-17。中间两行各8个数位显示角度、距离观测结果数据或提示字符串。左右两侧所示的符号、字母表示数据的内容或采用的单位名称。各种字母或符号的含义见表3-9。

表 3-9　电子经纬仪显示屏两侧所显示字母或符号的含义

字母或符号	字母或符号的含义	备注
V	竖直角	不同型号电子经纬仪所采用的符号略有差异
H	水平角	
%	斜率百分比	
G	角度单位:格(gon),角度单位采用度、密位时该位置无符号显示	
HR	右旋(顺时针)水平角	
HL	左旋(逆时针)水平角	
m	距离单位:米	
ft	距离单位:英尺	
	斜距	
	平距	
	高差	
 B A T	电池电量	

(二)电子经纬仪的测量原理

电子测角仍然是采用度盘,而与光学测角不同的是,电子测角是从度盘上取得电信号,然后转换成角度,并以数字的形式显示在显示器上。电子经纬仪的测角系统有编码度盘测角系统、光栅度盘测角系统和动态测角系统。

1. 编码度盘测角系统

如图 3-18 所示,光电编码度盘是在光学度盘刻度圈圆周设置等间隔的透光与不透光区域,称白区与黑区,由它们组成的分度圈称为码道;一个编码度盘有很多同心的码道,码道越多,编码度盘的角度分辨率越高。电子计数采用二进制编码方法,码盘上的白区与黑区分别表示二进制代码“0”和“1”。为了读取编码,需在编码度盘的每一个码道的一侧设置发光二极管,另一侧设置光敏二极管,它们严格地沿度盘半径方向成一直线。发光二极管发出的光通过码盘产生透光或不透光信号,由光敏二极管转换成电信号,经处理后以十进制或六十进制自动显示。

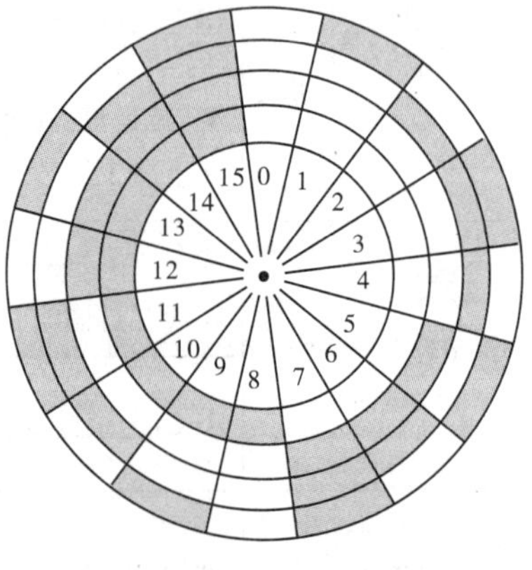

图 3-18　4 个码道的编码度盘

2. 光栅度盘测角系统

如图 3-19 所示,在圆盘上均匀地刻有许多等间隔的狭缝,称为光栅。光栅的线条处为不透光区,缝隙处为透光区。在光栅盘上下对应位置设置发光二极管和光敏二极管,则可使计数器累计求得所移动的栅距数,从而得到转动的角度值。

为了提高测角精度，在光栅测角系统中采用了莫尔条纹技术，如图 3-20 所示。产生莫尔条纹的方法是：取一小块与光栅盘具有相同密度和栅距的光栅，与光栅盘以微小的间距重叠，并使其刻线互成一微小夹角 θ，这时就会出现放大的明暗交替的莫尔条纹。当光栅横向移动一个栅距 d 时，莫尔条纹就会上下移动一个纹距 W，因此可明显提高观测精度。

测角过程中，转动照准部时，产生的莫尔条纹也随之移动。设栅距和纹距的分化值均为 δ，转动照准部时可累计条纹移动的整条数为 n，不足整条纹距的小数为 $\Delta\delta$，则角度值为 $\varphi = n\delta + \Delta\delta$。

图 3-19　**径向光栅**

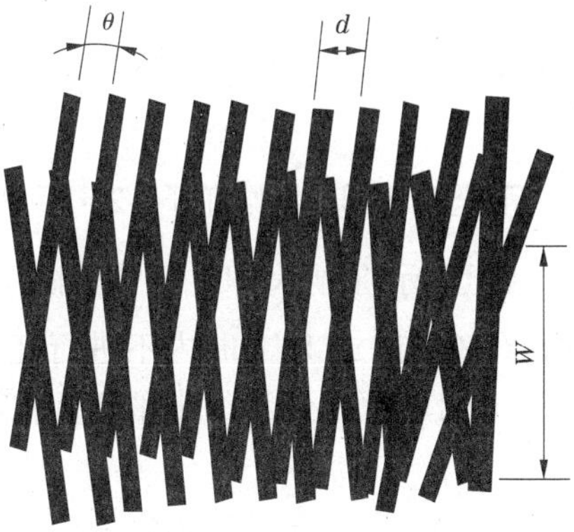

图 3-20　**光栅莫尔条纹**

3. 动态测角系统

动态测角系统是近年来研究使用的一种新技术。T2000 电子经纬仪采用这种测角系统，图 3-21 是其测角原理示意图。测角时度盘由马达带动以额定转速不停旋转，而后由光栅扫描产生电信号取得角值。度盘上刻有 1 024 个分划，每个分化间隔为 φ_0，其内含有一条黑色反射线和一个白色空隙，分别相当于不透光区与透光区。盘上装有两个指示光栅，其中 L_S 为固定光栅，安置在度盘外缘，相当于光学经纬仪度盘的零位；L_R 为可动光栅，安置在度盘内缘，可随照准部转动。φ 表示望远镜照准某方向后 L_S 和 L_R 之间的角度，记录通过两指示光栅间的分化信息，即可求得角值。为了提高测角精度，实际在度盘对径位置各配置了两个固定光栅和两个可动光栅，同时从度盘整个圆周上每个间隔获得

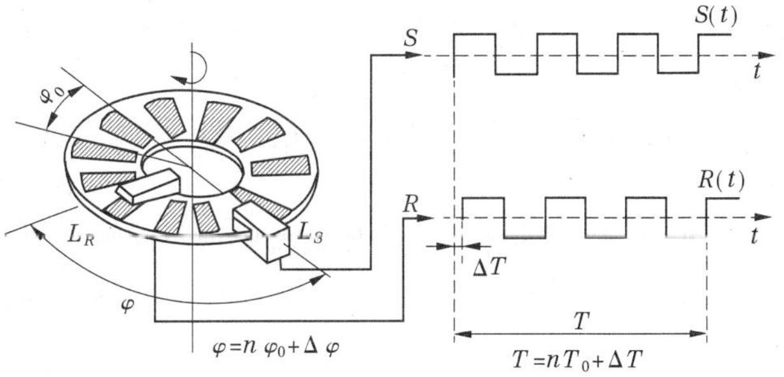

图 3-21　**动态测角原理**

分化信息并取平均值，以便消除度盘刻划误差和度盘偏心差。

由图 3-21 可知，$\varphi = n\varphi_0 + \Delta\varphi$，它是 n 个整分化间隔 φ_0 和不足整分化间隔 $\Delta\varphi$ 之和。其中的 n 和 $\Delta\varphi$ 是通过测定光电扫描的脉冲信息，$nT_0 + \Delta T = T$，分别由粗测和精测同时获得。

测角时，通过操作键盘上的指令，相应的度盘开始转动，达到规定转速时开始进行粗测和精测，并将测得的数据合成完整的观测结果，从显示器中显示出来。

二、电子经纬仪的基本操作

（一）仪器的安置与电源的开、关

1. 仪器的安置

电子经纬仪的安置包括对中、整平，方法同光学经纬仪。

2. 电源的开、关

按住 PWR 键至显示屏显示全部符号，电源打开。2 s 后显示出水平角值，即可开始测量水平角。按 PWR 键大于 2 s 至显示屏显示 OFF 符号后松开，显示内容消失，电源关闭。

若设置了“自动断电”功能，30 min 或 10 min 内不进行任何操作，仪器会自动关闭电源并将水平角自动存储起来。开启电源后显示的水平角为仪器内存的原角值，若不需要此值，可用“水平角置零”。

开启电源后如果显示屏显示“V　b”，这是提示仪器的竖轴不垂直；将仪器精确置平后，“b”消失。仪器精确置平后开启电源，若仪器显示“V 0SET”，提示应将竖盘指标归零。其方法是将望远镜在盘左水平位置上下转动 1 ~ 2 次，当望远镜通过水平视线时将指示竖盘指标归零，显示出竖盘角值，仪器可以进行水平角及竖直角测量。

（二）仪器的初始设置

电子经纬仪具有多种功能项目供选择，以适应不同作业性质对成果的需要。电子经纬仪出厂时对各种功能项目进行了初始设置，若这些设置不能满足作业需要，应在仪器使用前，对仪器采用的功能项目重新进行初始设置。

1. 设置项目

（1）角度测量单位：360°、400 gon、6 400 mil（出厂设为 360°）。

（2）竖直角零方向的位置：水平为 0°或天顶为 0°（出厂设天顶为 0°）。

（3）自动断电关机时间为：30 min 或 10 min（出厂设为 30 min）。

（4）角度最小显示单位：1″或 5″（出厂设为 1″）。

（5）竖盘指标零点补偿选择：自动补偿或不补偿（出厂设为自动补偿；无自动补偿的仪器此项无效）。

（6）水平角读数经过 0°、90°、180°、270°象限时蜂鸣或不蜂鸣（出厂设为蜂鸣）。

（7）选择不同类型的测距仪连接（出厂设为与科力达 ND 系列连接）。

2. 设置方法

（1）按住 CONS 键打开电源开关，至三声蜂鸣后松开 CONS 键。仪器进入初始设置模式状态，显示屏下行显示闪烁着的 8 个数位，它们分别表示初始设置的内容。8 个数位代表的设置内容见表 3-10。

表 3-10　电子经纬仪初始设置的内容

数位	数位代码	显示屏上行显示的表示设置内容的字符代码	设置内容
第 1、2 数位	11	359°59′59″	角度单位:360°
	01	399.99.99	角度单位:400 格(gon)
	00	6 399.99	角度单位:6 400 密位
	10	359°59′59″	角度单位:360°
第 3 数位	1	$HO_T=0$	竖直角水平为 0°
	0	$HO_T=90$	竖直角天顶为 0°
第 4 数位	1	30 OFF	自动关机时间 30 min
	0	10 OFF	自动关机时间 10 min
第 5 数位	1	STEP 1	角度最小显示单位 1″
	0	STEP 5	角度最小显示单位 5″
第 6 数位	1	TLT. ON	竖盘自动补偿器打开
	0	TLT. OFF	竖盘自动补偿器关闭
第 7 数位	1	90°BEEP	经过象限蜂鸣
	0	DIS. BEEP	经过象限不蜂鸣
第 8 数位	可与之连接的测距仪型号		
	0	S. 2L 2A	索佳 RED2L(A)系列
	1	ND3000	科力达、南方 ND 系列
	2	P. 20	宾得 MD20 系列
	3	DI1600	徕卡系列
	4	S. 2	索佳 MINI2 系列
	5	D3030	常州大地 D3030 系列
	6	TP. A5	拓普康 DM 系列

(2)按 MEAS 或 TRK 键使闪烁的光标向左或向右移动到要改变的数字位。

(3)按▲或▼键改变数字,该数字所代表的设置内容在显示器上行以字符代码的形式予以提示。

(4)重复(2)和(3)步操作进行其他项目的初始设置,直至全部完成。

(5)设置完成后按 CONS 键予以确认,仪器返回测量模式。

(三)水平角观测

设角顶点为 O,左、右目标分别为 A、B,观测 OA 与 OB 方向的水平角,方法如下:

(1)安置仪器于 O 点,对中、整平。以盘左位置转动照准部,瞄准目标 A;打开电源开关,先按R/L键设置水平角为右旋(HR)测量方式,再连续按两次0SET键,把显示屏下行显示的水平度盘读数设置为0°00′00″,即把 *OA* 作为水平角起算的零方向;顺时针转动照准部瞄准目标 *B*,读取显示屏下行显示的水平度盘读数。如显示屏下行显示为 HR　73°06′23″,则73°06′23″即是 *OA* 与 *OB* 方向的右旋水平角。

(2)倒镜,以盘右位置瞄准目标 *B*,按R/L键,设置水平角为左旋(HL)测量方式,再连续按两次0SET键,使水平度盘读数设置为0°00′00″,即把 *OB* 作为水平角起算的零方向;逆时针转动照准部瞄准目标 *A*,读取显示屏上水平度盘读数,如显示屏下行显示为 HL　73°06′25″,则水平度盘读数73°06′25″即是 *OB* 与 *OA* 方向的左旋水平角。

(3)若盘左、盘右测得的水平角值之差在误差允许范围之内,取其平均值作为 *OA* 与 *OB* 方向的水平角值。

(四)竖直角观测

用电子经纬仪观测竖直角的步骤同光学经纬仪,但在观测竖直角前应了解竖直角零方向的初始设置情况。若设置天顶方向为0°(仪器出厂时的设置),则盘左时显示屏上行显示的竖盘读数为天顶距,如显示为 V　93°20′30″,则视准轴方向的天顶距为93°20′30″。用测回法观测时,天顶距可用下式计算

$$天顶距 = \frac{盘左读数 - 盘右读数 + 360°}{2} \tag{3-11}$$

根据竖直角与天顶距的关系,可换算成竖直角。

若设置水平方向为0°,则盘左时显示屏上行显示的竖盘读数即为竖直角,如显示屏上行显示为 V　13°15′35″,则视准轴方向的竖直角为+13°15′35″(为俯角时,竖直角等于竖盘读数减360°)。

用测回法观测时,竖直角可用式(3-12)计算

$$竖直角 = \frac{盘左读数 - 盘右读数 \pm 180°}{2} \tag{3-12}$$

当所测角为仰角时用"+"号,为俯角时用"-"号。

第六节　光学经纬仪的检验与校正

一、角度测量的误差分析

(一)水平角测量误差

1. 仪器误差

(1)仪器制造加工不完善引起的误差。主要有度盘刻划不均匀误差、水平度盘偏心差(度盘旋转中心和分划中心不一致)、照准部偏心差(照准部旋转中心和水平度盘分划中心不一致)等,这类误差一般都很小,且大多可以在观测过程中采取相应的措施加以消除或削弱。如度盘分划不均匀误差,可通过增加测回数并用变换度盘起始位置的方法加以削弱。

(2)仪器的组装误差。主要是三轴误差,即视准轴误差、横轴误差和竖轴误差。三条轴线必须满足一定的几何条件,使用经纬仪前要对其进行检验校正,条件满足才能进行观测,否则将严重影响观测精度。仪器经检验校正后,还有一些残余误差,可通过盘左、盘右观测取平均值予以消除。但照准部水准管轴不垂直于竖轴的误差不能通过盘左、盘右观测消除。因此,除应认真检验校正照准部水准管外,还应仔细进行整平。

2. 观测误差

(1)对中误差。观测者对中不准确,使仪器中心偏离测站点中心,偏离的距离称为偏心距。根据推算得知,对中误差对水平角产生的影响与偏心距成正比,而与测站点到观测点的距离成反比。因此,测站点到观测点的距离越近,越要注意精确对中。

(2)整平误差。观测时照准部水准管气泡未严格居中,或在观测过程中气泡又发生偏离,这时竖轴就偏离铅垂位置。这项误差不能通过盘左、盘右观测消除,且照准目标时,望远镜视线倾斜越大对水平角的影响也越大。因此,在山区或望远镜视线倾斜较大时,要注意整平。同时,当阳光较强烈时,要打遮阳伞,避免照射水准管,影响仪器整平。

(3)标杆倾斜误差。当在目标点竖立的照准标杆倾斜且照准部位又高于地面点时,照准点与地面点不在同一铅垂线上,从而使观测结果产生误差。与仪器对中误差类似,照准点距地面越高,距测站点的水平距离越短,对观测结果的影响越大,因此观测时标杆要竖直,应尽量瞄准标杆的基部。

(4)瞄准误差。瞄准误差与人眼的分辨能力、望远镜的放大率有关,因此观测时一定要仔细做好调焦和消除视差的工作。

(5)读数误差。读数误差主要是估读产生的误差,它与仪器的读数设备、照明情况和观测员的经验有关。

3. 外界条件的影响

影响角度测量的外界条件有多种,如地面不坚实或刮风影响仪器的稳定性、大气折光影响瞄准目标的准确性、强光照影响仪器的整平、阴雨天光线不足影响读数等。

(二)竖直角测量误差

1. 仪器误差

仪器误差主要有竖盘刻划不均匀误差、竖盘偏心差及竖盘指标差。

(1)竖盘刻划不均匀误差。与水平盘刻划不均匀产生的误差不同,由于望远镜视线水平时竖盘读数是固定的90°或270°,竖盘刻划不均匀误差是不能通过改变竖盘起始位置的方法加以削减的。但在目前仪器制造工艺中,这项误差是很小的,一般不大于0.2″。

(2)竖盘偏心差。可采用对向观测取平均值的方法加以削减,即先以 A 点为测站观测 AB 的竖直角,再以 B 点为测站观测 BA 的竖直角;但要注意竖直角的正、负号。

(3)竖盘指标差。观测竖直角时,采用盘左、盘右观测取平均值的方法可以消除竖盘指标差的影响。

2. 观测误差

竖直角的观测误差主要有照准误差、读数误差和竖盘指标水准管整平误差。其中照准误差和读数误差与水平角测量误差相类似,而竖盘指标水准管的整平误差,除观测时认真整平外,还应注意打伞保护仪器,切忌仪器局部受热。

3. 外界条件对竖直角的影响

外界条件对竖直角的影响与水平角基本相同,但其中大气折光对竖直角的影响会更大。因此,测量布点时距离不要太远,观测时视线尽可能离地面高一点(应大于 1 m),并避免从水面通过。

二、光学经纬仪应满足的几何条件

经纬仪的主要轴线有 5 条,分别是照准部水准管轴 *LL*、仪器竖轴 *VV*、望远镜视准轴 *CC*、仪器横轴 *HH* 和竖盘水准管轴,如图 3-22 所示。根据经纬仪的测角原理,经纬仪的竖轴应垂直于水平度盘且过其中心,横轴应垂直于竖直度盘且过其中心。这两个条件仪器一般能较好地满足,使用经纬仪前通常不进行检验。

经纬仪的各轴线间还应满足:照准部水准管轴垂直于竖轴($LL \perp VV$)、视准轴垂直于横轴($CC \perp HH$)、横轴垂直于竖轴($HH \perp VV$)、十字丝竖丝垂直于横轴、竖盘指标水准管轴垂直于竖盘指标。

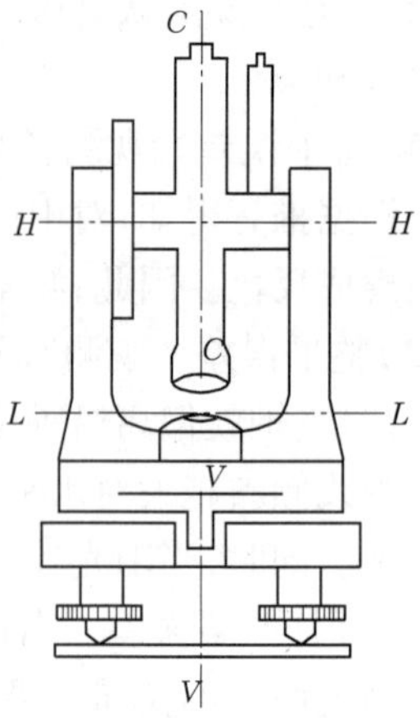

图 3-22　经纬仪的主要轴线

经纬仪在出厂时,上述条件一般都能满足,但在使用过程中由于受到震动、碰撞或磨损的影响,可能会破坏其内部的几何条件。因此,在使用前应对经纬仪进行检验、校正。

三、光学经纬仪的检验与校正方法

光学经纬仪的检验与校正是有一定顺序的,前一项校正要为后面的校正打基础,而后一项校正又不能破坏前面的校正。检验校正时应按下面的顺序进行。

(一)照准部水准管轴应垂直于竖轴

照准部水准管轴垂直于仪器竖轴时,水准管气泡居中,水准管轴水平,竖轴就处于铅直位置。

1. 检验方法

将仪器大致整平后,转动照准部,使水准管平行于两个脚螺旋的连线,调节这两个脚螺旋使水准管气泡居中。转动照准部 180°,此时水准管也转了 180°,若气泡仍居中,则说明照准部水准管轴垂直于竖轴,此条件满足。或虽不居中,但偏离量小于半格,可不必校正,否则需要进行校正。

2. 校正方法

水准管轴和竖轴不垂直主要是由于水准管两端的支架不等高引起的。若水准管轴不垂直于竖轴,当水准管气泡居中时,水准管轴水平,但竖轴偏离了铅垂线 θ 角,水平度盘也倾斜了 θ 角,如图 3-23(a)所示。转动照准部 180°后,由于竖轴方向不变,管水准器轴与水平度盘的夹角仍为 θ,但与水平面的夹角为 2θ,如图 3-23(b)所示。此时气泡偏移量 e 是水准管轴倾斜 2θ 造成的。

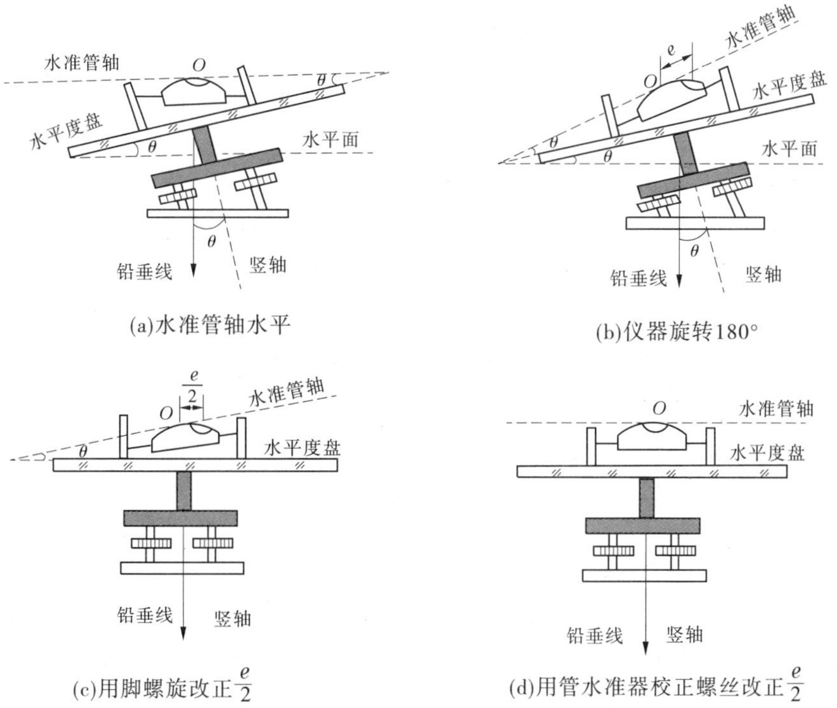

图 3-23　照准部水准管轴的检校

校正时，先调节脚螺旋使气泡退回偏离量的一半，即$\frac{e}{2}$，此时竖轴处于铅垂位置，水准管轴仍不水平，它与水平面的夹角为θ，如图 3-23(c)所示。再用校正针拨动水准管校正螺丝，升高或降低水准管一端，使气泡居中，此时水准管轴水平且与竖轴垂直，如图 3-23(d)所示。此项检验与校正需反复进行，直至照准部转到任何方位气泡都居中。

对于圆水准器的检验校正，可利用已校正好的水准管整平仪器，此时若圆水准器气泡偏离中心位置，则用校正针拨动校正螺丝使气泡居中即可。

(二)十字丝竖丝应垂直于横轴

十字丝竖丝垂直于仪器横轴时，当仪器整平后，竖丝处在竖直面内，横丝水平。

1. 检验方法

整平仪器后，用十字丝交点精确瞄准远处一清晰小点 P，如图 3-24 所示。旋紧照准部制动螺旋和望远镜制动螺旋，转动望远镜微动螺旋使望远镜上下微动，如果小点 P 始终在竖丝上移动，则条件满足；否则，应进行校正。

2. 校正方法

如图 3-25 所示，旋下十字丝分划板护罩，松开十字丝分划板的四个压环螺丝，慢慢转动十字丝分划板，直至望远镜上下转动时目标点 P 始终不偏离十字丝竖丝。这项检验校正也需要反复进行；条件满足后再拧紧压环螺丝，旋上护罩。

(三)视准轴应垂直于横轴

望远镜视准轴不垂直于横轴，主要是视准轴位置发生了变动。视准轴是十字丝交点

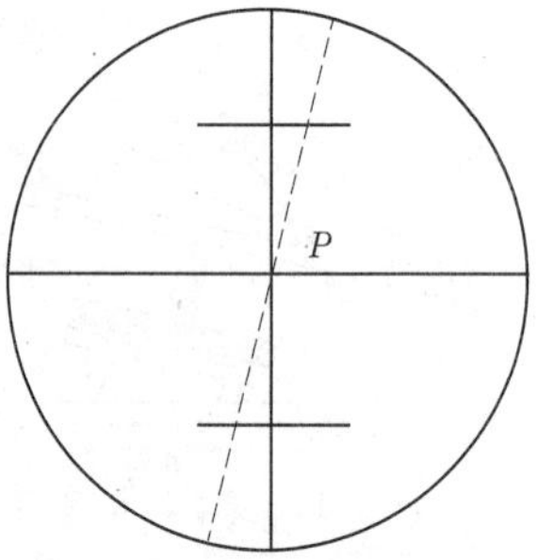

图 3-24　十字丝竖丝的检验

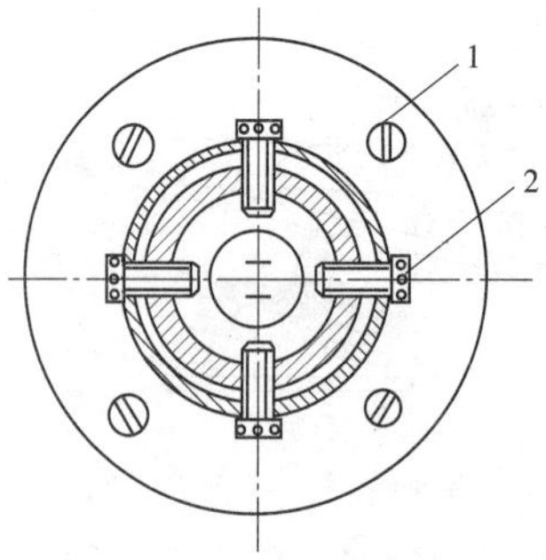

图 3-25　十字丝分划板校正设备

1—压环固定螺丝;2—十字丝校正螺丝

与物镜光心的连线,物镜光心不会发生变化,那么视准轴的变动就是由于十字丝分划板左右移动,使十字丝交点偏离正确位置引起的。视准轴不垂直于横轴时所偏离的角度称为视准误差,通常用 c 表示。

1. *检验方法*

整平仪器后,在较远处水平方向选一与仪器大致同高的明显目标点 A,以盘左位置瞄准目标 A,读取水平度盘读数 a_1,纵转望远镜以盘右位置瞄准目标点 A,读取水平度盘读数 a_2,若 a_1、a_2 相差 180°,即 $a_1 = a_2 \pm 180°$,则条件满足。若 $a_1 \neq a_2 \pm 180°$,那么它们的差值就是两倍视准误差,即 $2c = a_1 - (a_2 \pm 180°)$。若 $2c \neq 0$,当其绝对值较小时,可不必校正,能够通过盘左、盘右观测取平均值消除其影响;但当 $2c$ 绝对值大于 $2'$ 时,需要校正。

2. *校正方法*

计算出盘右位置瞄准目标点 A 时,水平度盘的正确读数

$$a = \frac{a_2 + (a_1 \pm 180°)}{2} \tag{3-13}$$

转动照准部微动螺旋,使盘右时水平度盘读数对准正确读数 a,此时望远镜十字丝交点已偏离目标点 A。旋下十字丝分划板护罩,用校正针拨动十字丝环左右两个校正螺丝,一松一紧,如图 3-25 所示,使十字丝环左右移动,直至十字丝交点对准 A 点。

(四)横轴应垂直于竖轴

横轴不垂直于竖轴时,仪器在整平后,纵转望远镜,视准轴划出的不是一个竖直面,而是一个倾斜面。这时观测同一竖直面内不同高度的目标时,会得到不同的水平度盘读数,从而产生测角误差。因此,横轴必须垂直于竖轴。

1. *检验方法*

选择一白色洁净的墙面,在距墙面 20 ~ 30 m 处安置仪器,在墙面高处选一固定点 P,视线正对墙面,仰角大于 30°。盘左瞄准 P 点,固定照准部,然后转动望远镜使视线水平,由十字丝交点在墙上定出一点 M,如图 3-26(a)所示;盘右再瞄准 P 点,同样使视线水平,在墙上又定出一点 N,如图 3-26(b)所示。若 M、N 两点重合,则条件满足,否则需要校正。

2. *校正方法*

此项校正一般由专业维修人员完成,其方法是:转动照准部,瞄准 M 与 N 连线的中点

O;转动望远镜,使视线抬高到与 P 点等高处,此时十字丝交点偏离 P 点而落到 P' 点。横轴不垂直于竖轴是由于横轴两端支架高度不等引起的。校正时,可拨动右支架上的偏心轴承板,如图 3-27 所示,使横轴的右端升高或降低,直至十字丝交点对准 P 点。

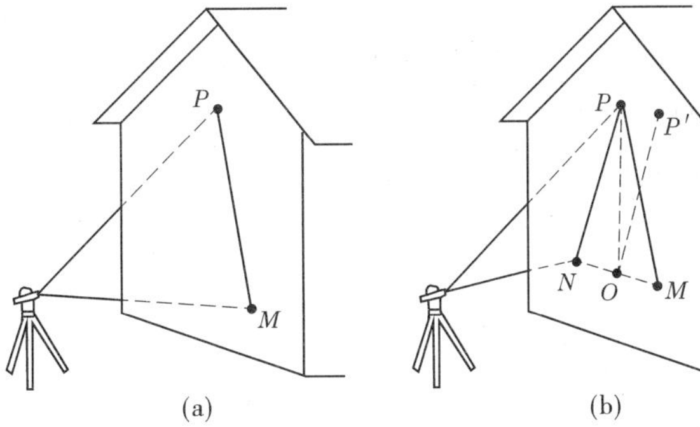

图 3-26　横轴垂直于竖轴的检验与校正

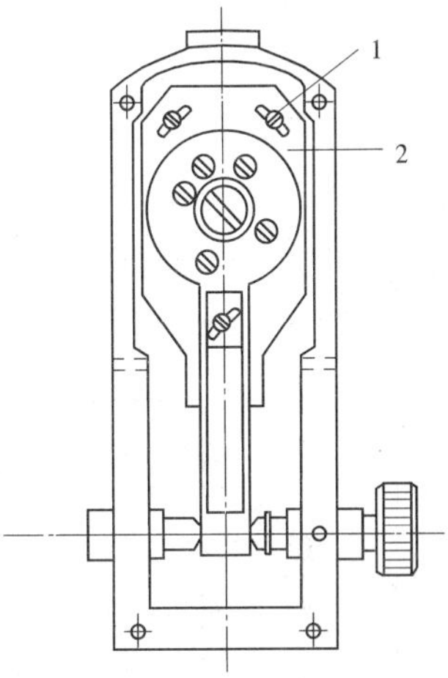

图 3-27　偏心轴承板校正

1—偏心轴承板校正螺丝;2—偏心轴承板

(五)竖盘指标水准管轴应垂直于竖盘指标

竖盘指标水准管轴不垂直于竖盘指标时,就会产生较大的指标差,影响测量成果的质量。

1. 检验方法

安置仪器后,分别用盘左、盘右照准同一目标点,使竖盘指标水准管气泡居中后,各自读取竖盘读数 L 和 R,计算竖盘指标差 x,若 $x=0$,则条件满足;若 $x\neq0$,但其绝对值较小,可通过盘左、盘右观测消除指标差的影响。若 $|x|>60''$,则应进行校正。

2. 校正方法

检验结束时,保持盘右位置和照准目标点不动,转动竖盘指标水准管微动螺旋,使竖盘读数指在正确读数"$R-x$"上,此时竖盘指标水准管气泡偏离居中位置。用校正针拨动竖盘指标水准管校正螺丝,使气泡居中即可。

复习与思考题

1. 地面有高低不同的三点 A、O、B,那么 $\angle AOB$ 是否为水平角?怎样才能表示出其水平角?

2. 怎样使用度盘变位手轮将某一方向水平度盘读数设置为 0°00′00″?怎样使用复测扳钮将某一方向水平度盘读数设置为 60°00′00″?

3. 用经纬仪测角时,采用盘左、盘右观测取平均值的方法可以消除哪些误差的影响?观测水平角时,为什么要改变每一测回的起始读数?

4. 用电子经纬仪观测竖直角,若盘左位置望远镜视线大致水平时竖盘读数为89°12′15″,

那么该读数是视线方向的天顶距还是竖直角？该仪器竖直角零方向是怎样设置的？

5. TDJ$_6$ 型光学经纬仪观测数据如表 3-11 所示，试完成测回法观测水平角的计算。

表 3-11　测回法观测水平角记录

测站	测回数	竖盘位置	目标	水平度盘读数 (° ′ ″)	半测回值 (° ′ ″)	测回值 (° ′ ″)	各测回平均值 (° ′ ″)	备注
O	1	盘左	A	0 00 24				
			B	45 32 36				
		盘右	A	180 00 36				
			B	225 32 42				
	2	盘左	A	90 00 12				
			B	135 32 18				
		盘右	A	270 00 18				
			B	315 32 36				

6. TDJ$_6$ 型光学经纬仪观测数据如表 3-12 所示，试完成全圆方向法观测水平角的计算。

表 3-12　全圆方向法观测水平角记录

测站	测回数	目标	水平度盘读数		平均读数 (° ′ ″)	一测回归零方向值 (° ′ ″)	各测回平均方向值 (° ′ ″)	水平角值 (° ′ ″)	备注
			盘左 (° ′ ″)	盘右 (° ′ ″)					
1	2	3	4	5	6	7	8	9	10
O	1	A	0 02 00	180 02 06					
		B	52 36 06	232 36 18					
		C	126 30 24	306 30 00					
		D	238 35 30	58 35 12					
		A	0 02 12	180 02 06					
	2	A	90 01 24	270 01 12					
		B	142 35 36	322 35 30					
		C	216 28 48	36 28 36					
		D	328 34 18	148 34 12					
		A	90 01 00	270 01 06					

第四章　距离测量与直线定向

本章提要

距离是地面上两点投影到水平面上的投影长度，按照使用仪器和施测方法的不同，距离测量分为钢尺量距、视距测量和电磁波测距等。确定一条直线与基本方向之间的夹角关系称为直线定向。本章主要讲述了钢尺量距的一般方法与精密方法、视距测量的原理与测距步骤、电磁波测距的原理与电磁波测距仪的基本操作、基本方向的种类及其相互关系、直线方向的表示方法、罗盘仪的基本构造与基本操作、测定直线磁方位角的方法等内容；另外，本章还对 NTS－320 系列电子全站仪的基本结构、键盘功能、操作使用、测量模式、数据采集与存储管理等作了较为详尽的介绍。

第一节　钢尺量距

地面两点间的水平距离是指地面两点沿铅垂线方向在水准面上的投影长度，在小区域范围内可看成是在水平面上的投影长度，即地面上 A、B 两点沿铅垂线方向投影到水平面上的投影点间的直线长度 D，如图 4-1 所示。

钢尺量距方法是利用具有标准长度的钢尺直接测量地面两点间的距离，又称为距离丈量。

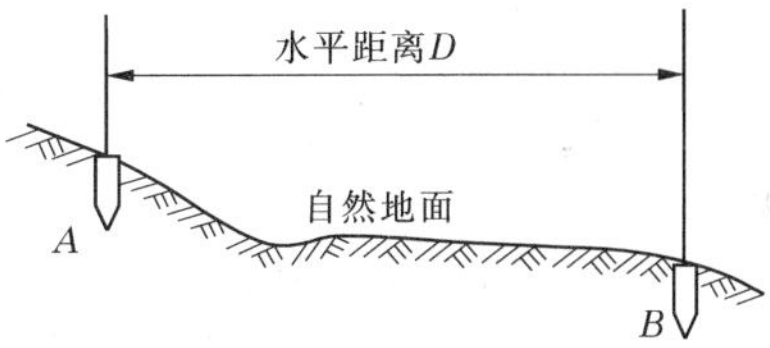

图 4-1　水平距离

一、丈量距离的工具

(一)钢尺及其种类

钢尺是由优质薄钢片制成的带状尺，一般卷放在金属架上，如图 4-2(a)所示；也可卷入金属圆盒内，故又称钢卷尺，如图 4-2 (b)所示。目前，钢尺尺面最小分划通常为毫米，并在米、分米、厘米处进行注字，一般尺宽 10～15 mm、厚 0.2～0.4 mm，常用的尺长有 20 m、30 m、50 m 等几种。由于“0 m”分划线位置不同，钢尺分为端点尺和刻线尺两种；端点尺是以尺的最外端点作为尺长的零点，如图 4-3(a)所示，当从建筑物墙边开始丈量时，较为方便。而刻线尺的零点刻在尺身前端的某一位置，如图 4-3(b)所示，此种尺丈量时，用零点分划线对准丈量的起始点位较为准确、便利。

由于钢尺抗拉强度高，使用时不易伸缩，故量距精度较高，多用于导线测量、工程测设等。

另外，粗略量距等精度要求较低的量距中，也常用皮尺作为丈量工具。皮尺多由麻线及细金属丝编织而成，亦成带状，卷放在圆盒内，一般尺长也为 20 m、30 m、50 m 等几种，最小分划为厘米，米、分米处有注记，两面涂有防腐油漆。

(二)量距的辅助工具

在距离丈量中，还需要标杆、测钎和垂球等辅助工具。

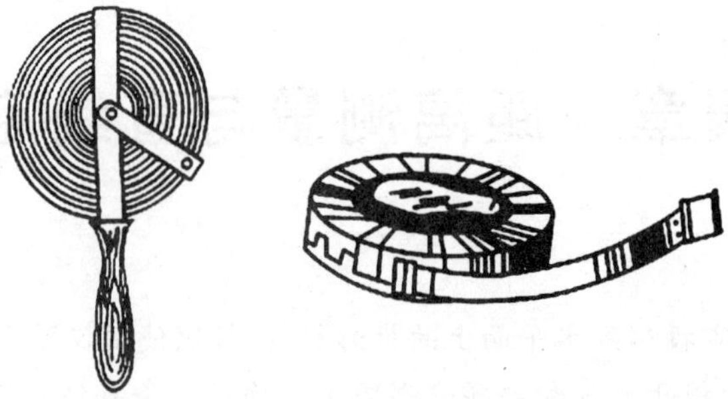

(a)　　　　(b)

图 4-2　钢尺

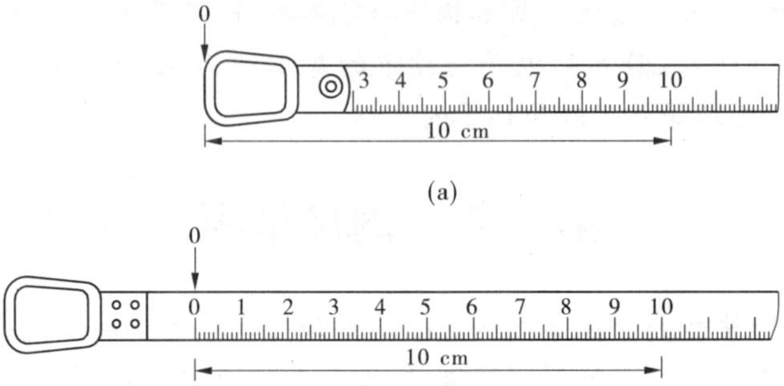

(a)　　(b)

图 4-3　端点尺和刻线尺

1. 标杆

标杆又称花杆，多由直径 3 ~ 4 cm 的木杆或铝合金制成，一般为 2 ~ 4 m，杆身涂有红白相间的 20 cm 色段，以便于远处清晰可见；杆底部装有铁脚，以便插在地面上或对准点位，用以标定直线点位或作为照准标志，如图 4-4(a)所示。

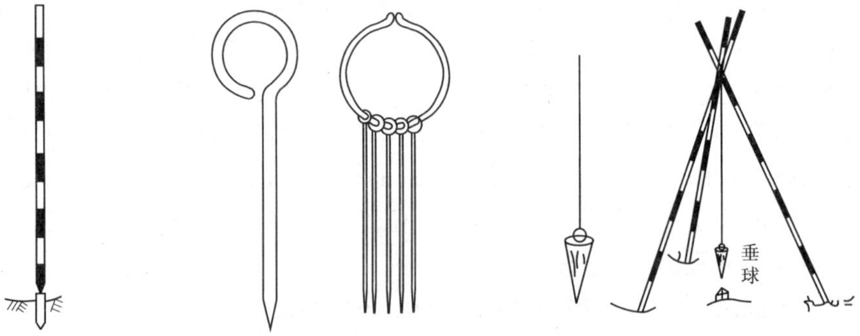

(a)　　　　(b)　　　　(c)

图 4-4　丈量辅助工具

2. 测钎

测钎用长 30 ~ 40 cm、直径 3 ~ 6 mm 的钢筋制成，下部磨削成尖锥状，上部弯一个小圈，可套入另一个大铁环内，6 ~ 11 根组成一组。钎上可用油漆涂成红白相间的色段；量距时，将测钎插入地面，用来标定所量尺段的起点、终点和计算已量过的整尺段数，也可作为近处目标的照准标志，如图4-4(b)所示。

3. 垂球

垂球是用钢或铁制成的金属锤，上大下尖，呈倒圆锥形，一般重为0.05～0.5 kg不等，上端系有细绳，常悬于由标杆组成的垂球架上，悬吊后，垂球尖与细绳在同一垂线上。它是测量工作中投影对点或检验物体是否铅垂的器具，也常用于在斜坡上丈量水平距离，如图4-4(c)所示。

钢尺精密量距时，还需配备温度计、弹簧秤等辅助工具，以测定温度和控制拉力。

二、直线定线

在丈量地面两点之间的距离时，如果距离大于一个钢尺的尺长或地势起伏较大，致使一个尺段不能完成测量工作，那么，就需要沿着直线的方向标定出若干个分段点，它既能标定直线，又可作为分段丈量的依据，这种在直线方向上标定点位的工作称为直线定线。钢尺的一般量距常采用目估法直线定线，但在距离较远、量距精度要求较高时，应利用经纬仪等仪器进行定线。

(一)平坦地面目估定线

如图4-5所示，设A、B为地面上相互通视的两点，若要在这两点的连线上定出分段点1、2等点，可由甲、乙、丙三人共同完成。首先在A、B两点上各竖立一根标杆，甲站在A点标杆后1～2 m处，通过A点标杆瞄准乙处的B点标杆；然后，丙将第三根标杆立于距B点大约一尺段长的1点附近，并按照甲的指挥左右移动标杆，直到甲从A点沿标杆的同一侧看到A、1、B三根标杆在同一条方向线上，即定出1点。同法可以依次定出直线上的2点等其他各点。

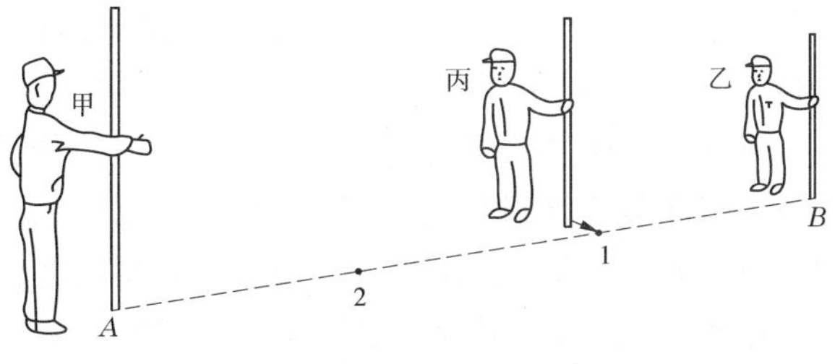

图4-5　平地目估定线

(二)过山头目估定线

如图4-6所示，地面上A、B两点位于一个山头的两侧，且互不通视，若要在A、B的连线上标定出C、D点，可采用逐渐趋近法进行目估定线。

直线定线时，甲、乙两人分别在A、B两点上竖立标杆，丙、丁两人各持一根标杆站于山顶部，且都能同时看到A、B两点。先由丙在C_1处立标杆，按照C_1B的方向，指挥丁在D_1点竖立标杆，使C_1、D_1、B三标杆在同一直线上；然后由丁按照D_1A的方向，指挥丙移动C_1点的标杆到C_2处，使D_1、C_2、A三标杆在同一直线上。这样互相指挥、逐渐趋近，直到C、D、B三标杆在一条直线上，同时D、C、A三标杆也在一条直线上，则A、B、C、D四点就会处在同一条直线上。

(三)过山谷目估定线

如图4-7所示,由于山谷地势低,甲由 A 点看乙处的 B 点时,不容易看到谷底处的一系列标杆,因此定线时可由谷顶逐渐向谷底进行作业。首先测量员甲、乙分别在 A、B 上竖立标杆,甲根据 AB 的方向定出1点;然后,由乙按照 BA 方向定出2点;最后,在 $A2$ 或 $B1$ 的方向上定出3点即可。

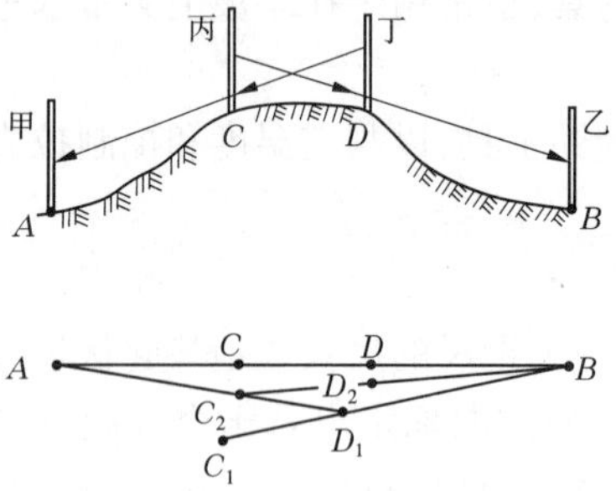

图4-6 过山头目估定线

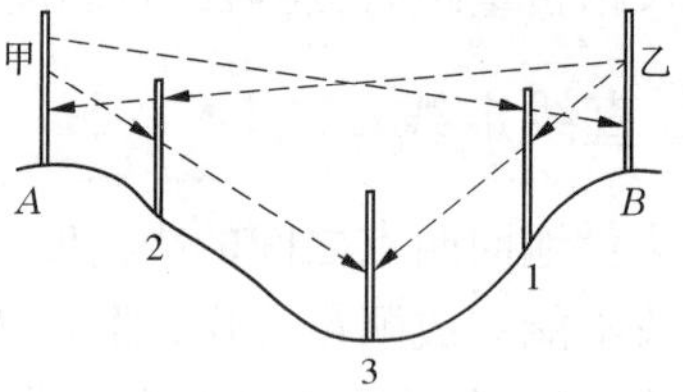

图4-7 过山谷目估定线

三、钢尺的一般量距

(一)平坦地面的量距

1. 丈量方法

距离丈量前,先将待测距离的两个端点 A、B 用木桩(桩顶钉一小钉)标志出来,清除直线上的障碍物后,至少由两人进行丈量,其中走在前面的测量员称为前司尺员,后面的称为后司尺员。如图4-8所示,丈量时,后司尺员手持钢尺的零端位于 A 点,并在 A 点上插一测钎,前司尺员手持钢尺的末端和一组测钎沿 AB 方向前行,当行至一整尺段处停下。后司尺员将钢尺的零点对准 A 点,前司尺员控制钢尺通过地面上的定线点,两人同时将钢尺拉直、拉平、拉稳后,前司尺员对准钢尺整尺段处(即1点)插入一根测钎,这样便量完了一个整尺段 l 的距离。随之后司尺员拔起 A 点上的测钎与前司尺员共同举尺前进,当后司尺员到达1点时,重复上述操作,按同样方法丈量第二尺段。如此继续丈量下去,直至最后不足一整尺段时,即当后司尺员到达4点时,前司尺员将钢尺某一整刻划对准 B 点,由后司尺员利用钢尺的前端部位读出毫米数,两人的前后读数差即为不足一整尺段的余长 q。因此,地面上 A、B 两点间的水平距离为

$$D = nl + q \tag{4-1}$$

式中 l——钢尺尺长;

n——整尺段数,即测钎数(不含量余长时的一根测钎);

q——不足一整尺段的余长。

2. 精度评定

在平坦地面,钢尺沿地面丈量的结果可视为水平距离。为了防止丈量错误和提高量距的精度,一段距离至少需要进行往、返丈量。如图4-8所示,由 A 点量到 B 点为往测,由 B 点量至 A 点为返测,两次丈量结果的差数称为较差。较差为绝对误差,其本身并不能说明丈量的精度,必须与所量长度联系起来一并考虑,一般采用相对误差 K 来衡量量距精

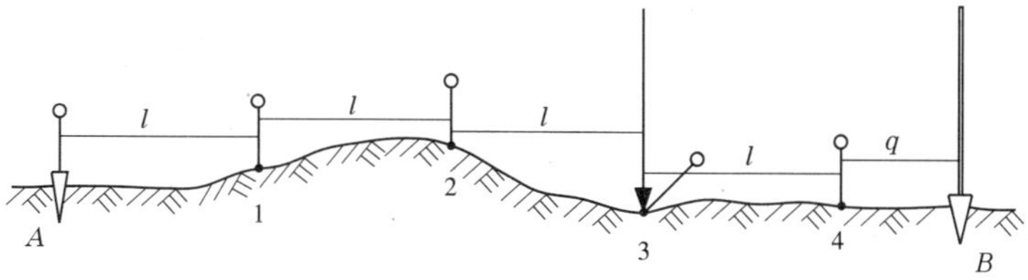

图 4-8　平坦地面距离丈量

度。相对误差为较差的绝对值与往、返丈量所得的平均长度之比，并化为分子为 1 的分数；相对误差的分母越大，说明量距的精度越高。即

$$K = \frac{|\Delta D|}{\overline{D}} = \frac{1}{\frac{\overline{D}}{|\Delta D|}} \tag{4-2}$$

式中　ΔD——往、返丈量的较差；

$\overline{D}$——往、返丈量的平均水平距离。

钢尺的一般量距，平坦地面要求相对误差 $K_{容} \leqslant 1/3\ 000$，一般情况下为 $K_{容} \leqslant 1/2\ 000$，在量距困难地区，要求 $K_{容} \leqslant 1/1\ 000$。如果量距相对误差达到要求，取往、返丈量的平均值作为最后的结果；否则应重新进行丈量。

【例 4-1】　如图 4-8 所示，在平坦地面用 30 m 长的钢尺往返丈量 A、B 两点间的水平距离，其中，往测 4 个整尺段，余长为 19.982 m；返测 4 个整尺段，余长为 20.022 m；当 $K_{容} \leqslant 1/3\ 000$时，求算 A、B 两点间的水平距离。

解：由式(4-1)可得

$$D_{AB} = 4 \times 30 + 19.982 = 139.982(\text{m})$$

$$D_{BA} = 4 \times 30 + 20.022 = 140.022\ (\text{m})$$

$$\overline{D} = \frac{139.982 + 140.022}{2} = 140.002\ (\text{m})$$

由式(4-2)可得

$$K = \frac{|139.982 - 140.022|}{140.002} = \frac{1}{3\ 500}$$

因　$$K = \frac{1}{3\ 500} < \frac{1}{3\ 000}$$

故 A、B 两点间的水平距离为 140.002 m。

(二)倾斜地面的量距

1. 平量法

当地面倾斜程度不大且起伏较频繁时，可将钢尺拉平，由高向低整尺段或分段丈量距离。如图 4-9 所示，丈量时，后司尺员将钢尺的零点对准地面 A 点，并指挥前司尺员根据直线定线结果，使钢尺在 AB 的方向线上目估抬平，把垂球绳紧靠钢尺上某一分划，用垂球尖投影于地面上，可得到 1 点，随即插上一根测钎，尺上的分划读数便为 A、1 两点间的水平距离。同法丈量 12、23、…各测段水平距离，直至 B 点，各测段丈量结果的总和即为 A、B 两点间的往测水平距离。

在实际测量工作中，由于从低处向高处测量不方便，所以返测也应由高向低丈量。当地面坡度较大，将钢尺抬平有困难时，测段可缩小到适当长度进行丈量。若精度符合要求，则取往、返测的平均值作为最后结果。

2. 斜量法

如图 4-10 所示，当地面倾斜均匀且坡度较大时，可以沿地面斜坡丈量出 A、B 两点间的斜距 L，用经纬仪等仪器测出直线 AB 的倾斜角 θ，或测量出 A、B 两点的高差 h，然后计算 AB 的水平距离 D。即

$$D = L\cos\theta \tag{4-3}$$

或

$$D = \sqrt{L^2 - h^2} \tag{4-4}$$

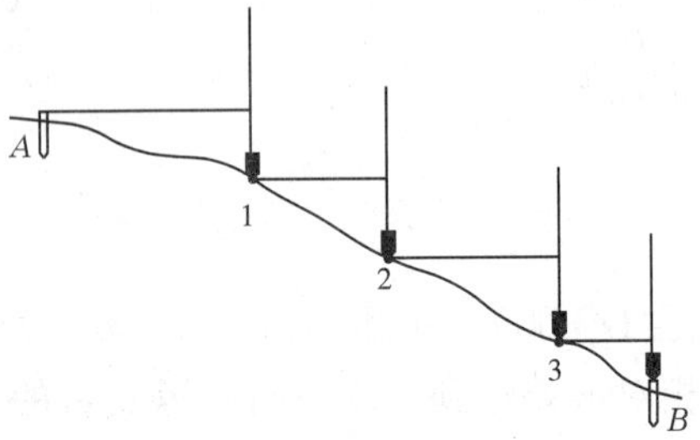

图 4-9　平量法

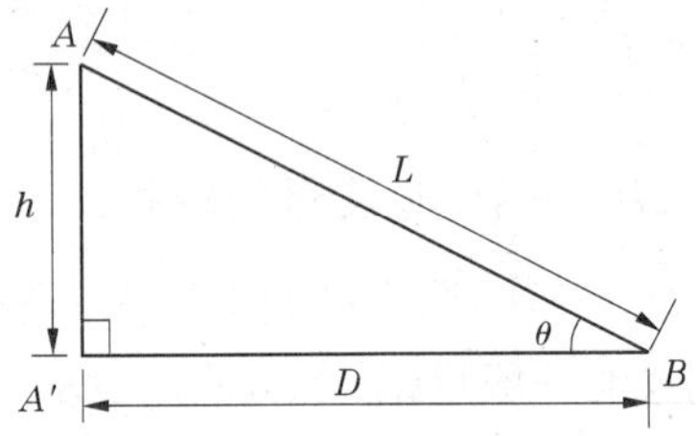

图 4-10　斜量法

四、钢尺的精密量距

钢尺一般量距的精度为 1/1 000 ~ 1/3 000，若量距精度要求在 1/10 000 以上，则应采用钢尺量距的精密方法，即在外界条件良好的情况下，用弹簧秤施加一定的拉力进行丈量，同时还要考虑尺长、温度和地面倾斜等对丈量结果的影响。

(一)精密量距

1. 经纬仪定线

如图 4-11 所示，欲精密丈量直线 AB 的距离，首先清除直线方向上影响丈量的障碍物，然后用经纬仪定线。直线定线时，一名测量员将经纬仪安置于 A 点，经对中、整平后，用望远镜瞄准 B 点，随即固定照准部水平制动螺旋，并通过上下转动望远镜指挥其他测量员沿 AB 方向用钢尺概量距离，在视线上按稍短于一个尺段长依次定出 A—1、1—2、2—3 等尺段。随着经纬仪的继续指挥，在各尺段端点 1、2、3 等点上钉设木桩，要求桩顶高出地面 5 ~ 10 cm，且在桩顶钉一小钉，使小钉在 AB 直线上；或在木桩顶上划十字线，使十字线的其中一条线在 AB 直线上，则小钉或十字线交点即为丈量时的标志。

2. 丈量相邻桩顶间的斜距

用检定过的钢尺丈量相邻两木桩之间的斜距。丈量工作一般由五人组成，两人拉尺，两人读数，一人指挥兼记录和测温度。如图 4-11 所示，丈量时，后司尺员将弹簧秤挂在钢尺起点的手环上，站于木桩 A 处；前司尺员执尺子的末端站于木桩 1 旁，两人同时拉伸钢尺置于 A、1 两木桩顶上，并使钢尺有刻划线一侧分别贴切于木桩顶十字线。两司尺员施加标准拉力(30 m 钢尺，标准拉力为 100 N；50 m 钢尺，标准拉力为 150 N)拉紧、拉稳后，前司尺员以尺上某一整分划对准木桩 1 上十字线交点时，发出读数口令“预备”，后司尺

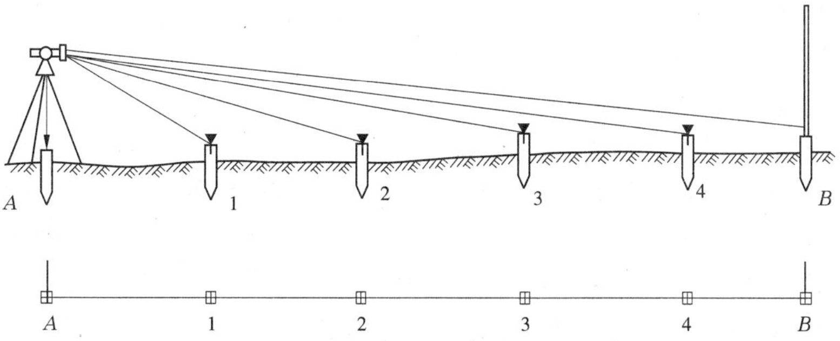

图 4-11　经纬仪定线

员回答“好”;在喊“好”的同一瞬间,前、后两端的读尺员同时根据 A、1 两木桩桩顶的十字交点读取钢尺读数,估读到 0.5 mm,记录员把数据依次记入表 4-1 中。钢尺的前、后两端读数之差即为所测线段 $A1$ 的名义斜距。

每尺段要求前、后移动钢尺一段尺位,同法丈量三次,读取三组读数,三次测得结果的较差一般不得超过 ±2 mm,否则应重测。如在限差以内,则取三次结果的平均值,作为该尺段的观测成果。同时,每量一尺段都要读记温度一次,估读到 0.5 ℃。如此继续丈量至终点,即完成往测工作,往测完毕后应立即进行返测。

3. 测量相邻桩顶间的高差

为了将所测桩顶间的倾斜距离改算成水平距离,需要用水准测量的方法测出相邻桩顶间的高差。水准测量一般在量距前或量距后往、返观测各一次,以便检核。往、返尺段高差较差根据量距精度要求不同而异,一般高差较差不应超过 ±10 mm,若符合要求,取其平均值作为观测结果。

(二)成果计算

1. 钢尺检定

由于制造上的误差和长期使用的变形以及丈量时受温度、拉力等因素的影响,钢尺的实际长度往往不等于尺上所标注的长度(名义长度),因此精密量距前应对钢尺进行检定。

(1)尺长方程式。通过钢尺检定,求出在标准拉力下,钢尺实际长度随温度变化的函数关系式,称为尺长方程式。即

$$l_t = l_0 + \Delta l + \alpha(t - t_0)l_0 \qquad (4\text{-}5)$$

式中　l_t——在标准拉力和温度为 t 时钢尺的实际长度;

l_0——钢尺的名义长度;

α——钢尺膨胀系数,一般取值 $1.15\times10^{-5}\sim1.25\times10^{-5}$/℃;

t——钢尺量距时的温度;

t_0——钢尺检定时的标准温度,通常为 20 ℃;

Δl——在标准拉力和标准温度下,钢尺名义长度的改正数。

(2)钢尺检定的方法。钢尺检定的方法有两种,一般是在已经测定过精确长度的基线场上进行比较;当精度要求不高时,也可用检定过的钢尺作为标准尺与被检定钢尺进行比较。

与已知精确长度的基线相比较时，可按精密量距的作业方法进行丈量，要求每尺段错动尺位三次读数，并估读至0.5 mm。当基线长为120 m时，应往、返丈量各3次；当用240 m长的基线检定时，应往、返丈量各两次。

与标准尺进行比较时，应将被检定钢尺和标准钢尺并排放在平坦地面上，同时给两根钢尺施加标准拉力，然后将两尺的末端刻划对齐，并在零分划附近读出两尺的差数。如此多次比较，求出差数的平均值，就能根据标准尺的尺长方程式计算出被检定钢尺的尺长方程式。该法认为被检定钢尺和标准钢尺的膨胀系数相同；另外，检定应选在阴天或背阴的地方进行，这样可使气温与钢尺温度基本一致。

【例4-2】 已知标准钢尺甲的尺长方程式为 $l_{t甲}=30\ \text{m}+0.004\ \text{m}+1.25\times10^{-5}/℃\times(t-20\ ℃)\times30\ \text{m}$，被检定钢尺乙的名义长度是30 m，比较时的温度为24 ℃，当两尺的末端刻划对齐并施加标准拉力后，钢尺乙比标准尺甲短了0.007 m，试确定被检钢尺乙的尺长方程式。

解：

$$\begin{aligned} l_{t乙} &= l_{t甲}-0.007 \\ &= 30+0.004+1.25\times10^{-5}\times(24-20)\times30-0.007 \\ &= 30-0.002 \end{aligned}$$

故钢尺乙的尺长方程式为

$$l_{t乙}=30-0.002+1.25\times10^{-5}\times(t-24)\times30$$

由于可以不考虑尺长改正数 Δl 随温度升高而引起的变化，因此钢尺乙的尺长方程式亦可表示为

$$\begin{aligned} l_{t乙} &= l_{t甲}-0.007 \\ &= 30+0.004+1.25\times10^{-5}\times(t-20)\times30-0.007 \end{aligned}$$

即
$$l_{t乙}=30-0.003+1.25\times10^{-5}\times(t-20)\times30$$

2. 计算各尺段水平距离

在钢尺精密量距中，对于每一实测的尺段长度，都需要进行尺长改正、温度改正和倾斜改正，然后求出改正后的尺段水平距离。

(1)尺长改正。对于量取的尺段 D' 的尺长改正数 ΔD_l 为

$$\Delta D_l=\frac{\Delta l}{l_0}D' \tag{4-6}$$

(2)温度改正。根据式(4-5)，两相邻桩顶间实量斜距 D' 的温度改正数 ΔD_t 为

$$\Delta D_t=\alpha(t-t_0)D' \tag{4-7}$$

(3)倾斜改正。如图4-12所示，设 D' 为实量斜距，h 为尺段两端桩顶间的高差，现将 D' 改算成水平距离 D，此时倾斜改正值 ΔD_h 为

$$\begin{aligned} \Delta D_h &= D-D'=\sqrt{D'^2-h^2}-D' \\ &= D'\sqrt{1-\frac{h^2}{D'^2}}-D' \\ &= D'\left[\left(1-\frac{h^2}{D'^2}\right)^{\frac{1}{2}}-1\right] \end{aligned}$$

将上式用级数展开得

$$\Delta D_h = D'[(1-\frac{h^2}{2D'^2}-\frac{h^4}{8D'^4}-\cdots)-1] = -\frac{h^2}{2D'}-\frac{h^4}{8D'^3}-\cdots$$

当高差 h 较小时，可只取第一项，即

$$\Delta D_h = -\frac{h^2}{2D'} \tag{4-8}$$

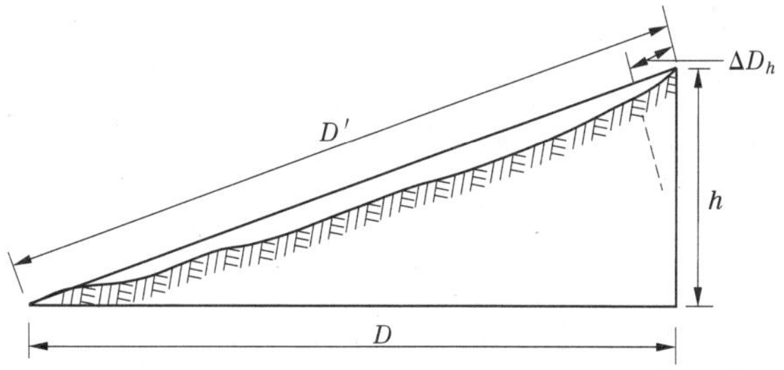

图 4-12　倾斜改正

因斜距总是比水平距离长，故倾斜改正数 ΔD_h 恒为负值。综上所述，每一尺段改正后的水平距离为

$$D = D' + \Delta D_l + \Delta D_t + \Delta D_h \tag{4-9}$$

式中　D——尺段改正后的水平距离；

D'——尺段的观测结果；

ΔD_l——尺段的尺长改正数；

ΔD_t——尺段的温度改正数；

ΔD_h——尺段的倾斜改正数。

【例 4-3】　如表 4-1 所示，已知钢尺的名义长度 $l_0 = 30$ m，钢尺的实际长度 $l' = 30.005$ m，钢尺检定时温度 $t_0 = 20$ ℃，钢尺的膨胀系数 $\alpha = 1.25 \times 10^{-5}$/℃；若丈量 A—1 尺段时，温度 $t = 25.5$ ℃，高差 $h_{A1} = 0.36$ m，该尺段的观测结果 $D' = 29.393\ 0$ m，试计算 A—1 尺段改正后的水平距离。

解：

$$\Delta l = l' - l_0 = 30.005 - 30 = +0.005(\mathrm{m})$$

分别由式(4-6)～式(4-9)得

$$\Delta D_l = \frac{\Delta l}{l_0}D' = \frac{+0.005}{30} \times 29.393\ 0 = +0.004\ 9(\mathrm{m}) = +4.9\ \mathrm{mm}$$

$$\Delta D_t = \alpha(t-t_0)D' = 1.25 \times 10^{-5} \times (25.5-20) \times 29.393\ 0 = +0.002\ 0(\mathrm{m}) = +2.0\ \mathrm{mm}$$

$$\Delta D_h = -\frac{h^2}{2D'} = -\frac{0.36^2}{2 \times 29.393\ 0} = -0.002\ 2(\mathrm{m}) = -2.2\ \mathrm{mm}$$

$$D_{A1} = D' + \Delta D_l + \Delta D_t + \Delta D_h = 29.393\ 0 + 0.004\ 9 + 0.002\ 0 + (-0.002\ 2) = 29.397\ 7(\mathrm{m})$$

同理，可求出图 4-11 中尺段 1—2、2—3、3—4、4—B 改正后的水平距离，具体结果见表 4-1。

表 4-1　精密量距记录与计算表

钢尺号码：No. 6　　钢尺膨胀系数 α：1.25×10^{-5}/℃　　钢尺检定时温度 t_0：+20 ℃

钢尺名义长度 l_0：30 m　　钢尺检定长度 l'：30.005 m　　钢尺检定时拉力：100 N

尺段编号	实测次数	前尺读数(m)	后尺读数(m)	尺段长度(m)	温度(℃)	高差(m)	温度改正数(mm)	倾斜改正数(mm)	尺长改正数(mm)	改正后尺段平距(m)
A—1	1	29.435 0	0.041 0	29.394 0	+25.5	+0.36	+2.0	−2.2	+4.9	29.397 7
	2	29.451 0	0.058 0	29.393 0						
	3	29.402 5	0.010 5	29.392 0						
	平均			29.393 0						
1—2	1	29.936 0	0.070 0	29.866 0	+26.0	+0.25	+2.2	−1.0	+5.0	29.871 4
	2	29.940 0	0.075 5	29.864 5						
	3	29.950 0	0.085 0	29.865 0						
	平均			29.865 2						
2—3	1	29.923 0	0.017 5	29.905 5	+26.5	−0.66	+2.4	−7.3	+5.0	29.905 8
	2	29.930 0	0.025 0	29.905 0						
	3	29.938 0	0.031 5	29.906 5						
	平均			29.905 7						
3—4	1	29.923 5	0.018 5	29.905 0	+27.0	−0.54	+2.6	−4.9	+5.0	29.908 4
	2	29.930 5	0.025 5	29.905 0						
	3	29.938 0	0.031 0	29.907 0						
	平均			29.905 7						
4—*B*	1	15.975 5	0.076 5	15.899 0	+27.5	+0.42	+1.5	−5.5	+2.6	15.897 6
	2	15.954 0	0.055 5	15.898 5						
	3	15.980 5	0.081 0	15.899 5						
	平均			15.899 0						
总和(Σ)				134.968 6			+10.7	−20.9	+22.5	134.980 9

3. 计算全长

将上述各个尺段改正后的水平距离相加，便得到 *AB* 的往测水平距离；如表 4-1 所示，*AB* 的往测水平距离 D_{AB} 为 134.980 9 m。同样，进行返测记录、计算，可得到返测的水平距离 D_{BA}。

当算出往、返总距离后，若精度符合要求，便可取其平均值作为丈量的最后结果；若相对误差超限，则应返工重测。

实训 4-1　钢尺的一般量距方法

一、实训目的

(1)学会用目估法进行直线定线。

(2)掌握钢尺在平坦地面丈量距离的一般操作方法。

二、实训内容

(1)在平坦地面采用目估法进行直线定线。

(2)在平坦地面进行钢尺一般量距,并计算丈量精度。

三、仪器与工具

钢尺 1 副、标杆 3 根、测钎 1 组(6 ~ 11 根)、木桩及小钉各 4 ~ 6 个、斧头 1 把、记录板 1 块(含相关记录表格);自备铅笔、橡皮、小刀、计算器等。

四、方法提示

(一)直线定线

(1)在平坦地面选择一条 150 ~ 200 m 的线段,然后分别在两端点 A、B 上钉设木桩,并在各桩顶钉一小钉表示点位。

(2)在 A、B 两点上竖立标杆,用目估法进行两点间直线定线。

(二)距离丈量

(1)测量。后司尺员持一根测钎在 A 点处,并拿钢尺的零端,前司尺员拿其余测钎和钢尺的末端向 B 方向前进;当前司尺员行至整尺距离附近时,后司尺员将钢尺零点对准 A 点,前司尺员沿地面定线点位拉紧钢尺,并在整尺终点分划处插入一根测钎于地面,丈量出第一尺段。依次向 B 方向丈量,直至量出不足一整尺的余数。同理,从 B 点向 A 点进行返测。

(2)计算。求出往、返丈量的相对误差,如 $K \leq 1/3\ 000$,取平均值作为最后结果。

五、注意事项

(1)在丈量之前,应注意查看钢尺的零点、分划及注记,以防出现差错。

(2)钢尺性脆,易折断,易生锈,使用时不得在地面上拖行,更不能被车辆辗压或行人践踏;拉尺时,尺子不能打结或有扭折;钢尺用完后,应擦净并上油,以防受潮生锈。

六、实训报告

每小组上交钢尺量距记录与计算表一份,格式如表 4-2 所示。

表 4-2　一般量距记录与计算表

班组________　观测者________　记录者________　日期________

直线编号	测量方向	整尺段长 $n \times l$ (m)	余长 q (m)	全长 D (m)	往、返平均值 $\overline{D}$ (m)	相对误差 K	备注
	往						
	返						
	往						
	返						

第二节　视距测量

一、视距测量的原理

视距测量是按光学和几何学原理，利用望远镜内十字丝分划板上的两条视距丝在视距尺（水准尺）上截取的长度，以及测定的竖直角、中丝读数和仪器高，求算测站与测点之间水平距离和高差的测量方法。虽然视距测量的精度仅为 1/300，但由于该方法具有操作简便、不受地形起伏限制等优点，因此被广泛应用于园林测量。

（一）视线水平时的视距测量原理

如图 4-13 所示，欲测地面 A、B 两点之间的水平距离和高差，可安置经纬仪于 A 点，并在 B 点上竖立视距尺；调整仪器使望远镜视线水平，且瞄准 B 点所立的视距尺，此时水平视线与视距尺垂直。

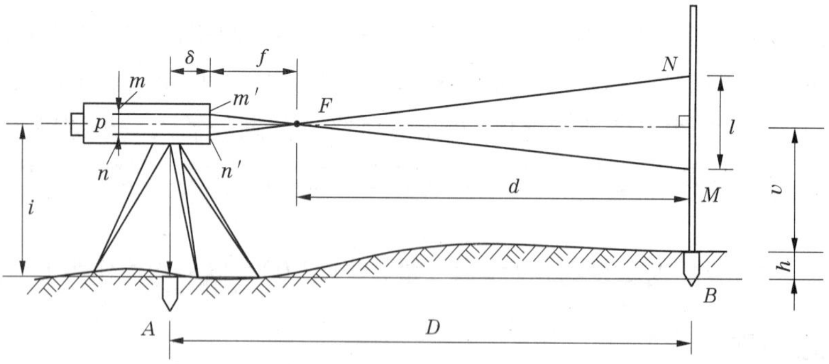

图 4-13　视线水平时视距原理

根据成像原理，从视距丝 m、n 发出的平行于望远镜视准轴的光线，经过 m'、n'和物镜焦点 F 后，分别截于视距尺上的 M、N 处，M 和 N 间的长度称为尺间隔，用 l 表示。设 P 为两视距丝在分划板上的间距，f 为物镜焦距，δ 为物镜至仪器旋转中心的距离，那么，A、B 两点之间的水平距离为

$$D = d + \delta + f$$

由图 4-13 可知，$\triangle m'Fn' \backsim \triangle MFN$，则

$$\frac{d}{f} = \frac{MN}{m'n'} = \frac{l}{p}$$

$$d = \frac{f}{p}l$$

故 A、B 之间的水平距离为

$$D = \frac{f}{p}l + \delta + f$$

令 $K = \frac{f}{p}$，$C = \delta + f$，则

$$D = Kl + C \tag{4-10}$$

式中　K——视距乘常数，通常为 100；

C——视距加常数，外对光望远镜的 C 一般为 0.3 m，内对光望远镜 $C \approx 0$。

DJ_6 光学经纬仪的望远镜为内对光式，因此

$$D = Kl \tag{4-11}$$

由图 4-13 还可看出，当仪器安置高度为 i，望远镜中丝在视距尺上的读数为 v 时，A、B 两点之间的高差为

$$h = i - v \tag{4-12}$$

（二）视线倾斜时的视距测量原理

由于地形起伏和通视条件的影响，在视距测量中往往必须使望远镜视线倾斜，才能读取尺间隔。如图 4-14 所示，将经纬仪安置在 A 点，视距尺竖立于 B 点，望远镜倾斜瞄准视距尺，两视距丝截尺于 M、N 点，并测得竖直角为 θ。由于视线不垂直于视距尺，所以不能直接用式(4-11)、式(4-12)求取水平距离和高差。

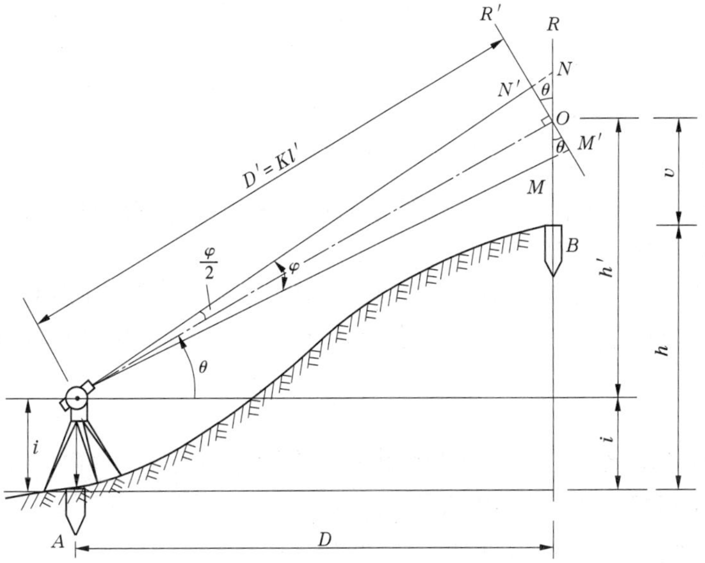

图 4-14　视线倾斜时视距原理

如图 4-14 所示，假设将竖直的视距尺 R 绕 O 点旋转 θ 角变成视距尺 R'，使其与视准轴垂直并交于 O 点，此时视距丝将截尺于 M'、N' 两点，则由式(4-11)求得 A、B 之间的斜

距为

$$D' = Kl' = KM'N'$$

因通过视距丝的两条光线间的夹角 φ 很小(约为 34′),故 $\angle MM'O$ 和 $\angle NN'O$ 可近似视为直角,那么,由 $\triangle MM'O$ 和 $\triangle NN'O$ 可得

$$OM' = OM\cos\theta, \quad ON' = ON\cos\theta$$

因

$$\begin{aligned} M'N' &= OM' + ON' \\ &= (OM + ON)\cos\theta \\ &= MN\cos\theta \\ &= l\cos\theta \end{aligned}$$

所以

$$D' = KM'N' = Kl\cos\theta$$

在图 4-14 中,A、B 两点之间的水平距离为

$$D = D'\cos\theta$$

则

$$D = Kl\cos^2\theta \tag{4-13}$$

从图 4-14 中可看出,A、B 两点之间的高差 h 为

$$h = h' + i - v$$

由于

$$h' = D'\sin\theta = Kl\cos\theta\sin\theta$$

故

$$h = \frac{1}{2}Kl\sin2\theta + i - v \tag{4-14}$$

二、视距测量的方法

(一)观测

(1)如图 4-14 所示,安置经纬仪于测站点 A,对中、整平;量取仪器安置高度 i,读至厘米。

(2)在测点 B 上竖立视距尺。

(3)用经纬仪盘左位置瞄准视距尺上某一高度,消除视差后,分别读取上、下丝读数至毫米,读取中丝读数至厘米;然后调节竖盘指标水准管微动螺旋,使竖盘指标水准管气泡居中,读取竖盘读数。

(二)计算

利用电子计算器,首先根据上、下丝读数和竖盘读数,计算出尺间隔 l 和竖直角 θ,然后由式(4-13)、式(4-14)计算水平距离和高差,并根据测站 A 的已知高程推算测点 B 的高程。

【例 4-4】 如图 4-14 所示,将 DJ_6 光学经纬仪安置于测站点 A,并在盘左位置观测 B 点,测得上丝读数、下丝读数、中丝读数分别为 2.030 m、1.000 m 和 1.520 m,竖盘读数为 75°39′00″,若已知测站点 A 的高程为 80.35 m,仪器高为 1.54 m,且望远镜在盘左位置上倾时竖盘读数减小,试求算水平距离 D_{AB}、高差 h_{AB} 和 B 点的高程 H_B 各为多少?

解：

$$l=2.030-1.000=1.030(\text{m})$$

$$\theta=90^\circ-75^\circ39'00''=+14^\circ21'00''$$

由式(4-13)、式(4-14)可得

$$D_{AB}=Kl\cos^2\theta=100\times1.030\times\cos^2 14^\circ21'00''=96.67(\text{m})$$

$$\begin{aligned}h_{AB}&=\frac{1}{2}Kl\sin2\theta+i-v\\&=\frac{1}{2}\times100\times1.030\times\sin(2\times14^\circ21'00'')+1.54-1.52\\&=+24.75(\text{m})\end{aligned}$$

故

$$H_B=H_A+h_{AB}=80.35+24.75=105.10(\text{m})$$

三、视距常数的测定

为了保证视距测量成果的精度，应经常对仪器的视距常数进行检测。由于 DJ_6 光学经纬仪的加常数 C 约为零，因此在视距测量中一般仅测定乘常数 K。

如图 4-15 所示，首先在平坦地面上选择一条直线，在 A 点打一木桩，并从该点开始，沿直线方向用钢尺依次量取 30 m、60 m、90 m、120 m，分别在地面上得 A_1、A_2、A_3、A_4 各点，同时在相应点位上打木桩进行标记；然后，安置经纬仪于 A 点，在盘左或盘右时调节望远镜视线水平，并依次照准 A_1、A_2、A_3、A_4 各点上的视距尺，消除视差后读取各点的上、下丝读数，分别计算出尺间隔 l_1、l_2、l_3、l_4。

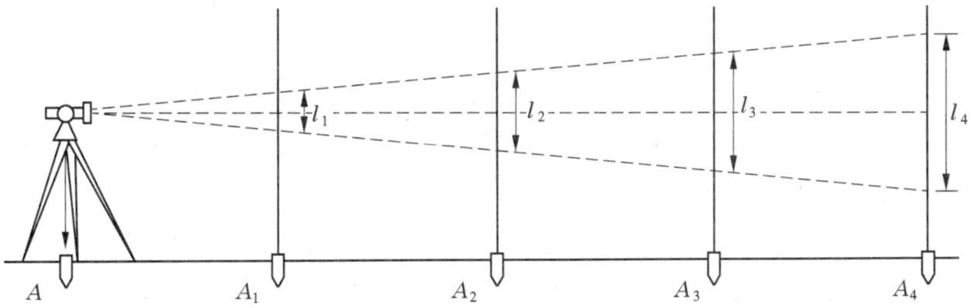

图 4-15　视距常数测定

根据测量出的尺间隔和已知距离，便可计算仪器观测各立尺点时的 K 值，即

$$K_1=\frac{30}{l_1},\quad K_2=\frac{60}{l_2},\quad K_3=\frac{90}{l_3},\quad K_4=\frac{120}{l_4}$$

乘常数 K 的平均值为

$$\overline{K}=\frac{K_1+K_2+K_3+K_4}{4}$$

乘常数 K 的精度为

$$精度=\frac{|\overline{K}-100|}{100}=\frac{1}{\dfrac{100}{|\overline{K}-100|}}$$

若求出的精度高于 1/1 000，计算水平距离和高差时 K 值仍取 100；否则 K 值应为实测值。

实训 4-2　视距测量的方法

一、实训目的

掌握视距测量的观测与计算方法。

二、实训内容

使用 DJ_6 经纬仪以视距法观测两点间的水平距离和高差。

三、仪器与工具

DJ_6 经纬仪 1 台、视距尺(水准尺)2 根、2 m 钢卷尺 1 副、木桩 2 ~ 3 个、斧头 1 把、记录板 1 块(含相关记录表格);自备铅笔、橡皮、小刀、计算器等。

四、方法提示

(1)在地面上选择具有一定高差且距离为 80 ~ 100 m 的 A、B 两点,打入木桩进行定位。

(2)将经纬仪安置于 A 点,对中、整平后量取仪器高,精确到 0.01 m。

(3)用盘左位置瞄准 B 点上的视距尺,使十字丝中丝读数对准所量仪器高;先读取上丝和下丝的读数,然后旋转竖盘指标水准管微动螺旋,使竖盘指标水准管气泡居中,读取竖盘读数。

(4)根据视距测量公式,计算出 A、B 两点之间的水平距离和高差。

(5)将仪器搬至 B 点安置,瞄准 A 点上的视距尺,同法观测、计算出 B 至 A 的水平距离和高差。

(6)若往、返测距离的相对误差 $K \leq 1/300$,取其平均值作为量距的结果;A、B 两点间高差为往、返高差绝对值的平均数,符号取往测符号。

五、注意事项

(1)每次读取竖盘读数前,必须使竖盘指标水准管气泡居中。

(2)读取上、中、下三丝读数时,要注意消除视差,视距尺应竖直并保持稳定。

六、实训报告

每小组上交视距测量记录与计算表一份,具体格式如表 4-3 所示。

表 4-3　视距测量记录与计算表

仪器型号________　班组________　观测者________　记录者________　日期________

测站	目标	仪器高(m)	视距尺读数(m)			尺间隔(m)	竖盘读数(° ′ ″)	竖直角(° ′ ″)	水平距离(m)	高差(m)
			下丝	上丝	中丝					

第三节　电磁波测距

随着微电子技术和光电技术的迅猛发展,用电磁波作为载波传输信号来测量两点间距离的测距仪竞相出现,已在测量工作中得到广泛应用。

一、电磁波测距仪的分类

电磁波测距仪是通过测量光波在待测距离上往、返一次所经过的时间,确定两点间距离的一种精密测距仪器。它具有测程远、受地形限制小以及作业效率高等优点,测距相对误差可达 1/10 000 ~ 1/1 000 000。

(一)按测距精度分类

测距仪的精度是指其出厂的标称精度,即仪器说明书中技术规格所载明的测距标准差的绝对值。当距离为 1 km 时,测距中误差不超过 ±5 mm 的为Ⅰ级测距仪;测距中误差不超过 ±(5 ~ 10)mm 的为Ⅱ级测距仪;测距中误差不超过 ±(10 ~ 20)mm 的为Ⅲ级测距仪。

(二)按测程大小分类

测程为测距仪一次所能测量的最远距离。测程在 3 km 以内的测距仪为短程测距仪,主要用于工程测量;测程在 3 ~ 15 km 的测距仪为中程测距仪,通常用于一般等级控制测量;测程超过 15 km 的测距仪为远程测距仪,一般用于国家三角网及特级导线。

(三)按所使用的光源分类

按测距仪所使用的光源可分为激光光源和红外光源两类。激光测距仪是利用激光对目标的距离进行准确测定的仪器,而采用红外线波段作为载波的测距仪称为红外测距仪。由于红外测距仪是以砷化镓(GaAs)发光二极管所发的荧光作为载波源,其发出的红外线强度能随注入电信号的强度而变化,这种光称为调制光。砷化镓发光二极管兼有载波源和调制器的双重功能,因此减小了仪器的重量和体积,降低了功耗,目前在中、短程测距仪中被广泛采用。

二、电磁波测距的基本原理

如图 4-16 所示,欲测定 A、B 两点间的距离 D,可在 A 点安置能发射和接收光波的电磁波测距仪,在 B 点安置反射棱镜。电磁波测距仪发出的光束由 A 到达 B,经反射棱镜反射后,又返回到测距仪。通过测定光束在 A、B 之间往、返传播的时间 t_{2D},根据光波在大气中的传播速度 c,距离 D 可由式(4-15)求出

$$D = \frac{1}{2}ct_{2D} \tag{4-15}$$

式中　c——光波在大气中的传播速度,$c = \dfrac{c_0}{n}$;

c_0——真空中的光速值,其值为 299 792 458 m/s;

n——大气折射率,它与测距仪所用光源的波长,测线上的气温、气压和湿度有关;

t_{2D}——光波在所测距离 D 间的往、返传播时间。

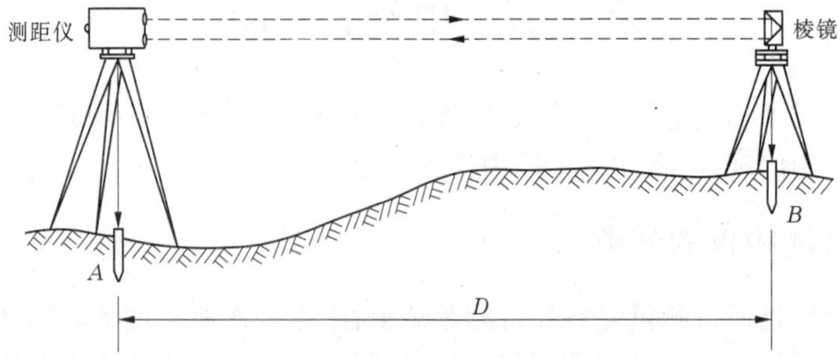

图 4-16　电磁波测距基本原理

测定距离 D 的精度，主要取决于测定时间 t_{2D} 的精度。根据测定时间 t_{2D} 的方式不同，电磁波测距仪又可分为脉冲式测距法和相位式测距法两种。

（一）脉冲式测距法

由测距仪的发射系统发出的光脉冲，经被测目标反射后，再由测距仪的接收系统接收，根据发射和接收光脉冲的时间差，直接测定时间 t_{2D}，求出距离 D 的方法，称为脉冲式测距。因激光脉冲发射的瞬时功率很大，所以测程远，但目前由于受激光器脉冲宽度等电子技术的制约，脉冲式测距精度较低，一般只能达到米级，在短距离测距中不被采用。

（二）相位式测距法

由测距仪的发射系统发射一种连续的调制光波，经安置在被测地点的反射棱镜反射后，再返回到测距仪的接收系统，然后用相位计将发射信号与接收信号进行相位比较，以测定调制光波在待测距离上往、返传播所产生的相位差，间接地测定时间 t_{2D}，计算出距离 D，称为相位式测距。相位式测距的精度高，可以达到毫米级，其应用范围较为广泛。

三、电磁波测距仪及其使用

（一）仪器的结构

电磁波测距仪的型号较多，但其基本结构相似，主要由照准头、微处理系统、电源等组成。照准头一般包括光源系统、发射系统和接收系统，光源系统发出光波，并经过调制变为调制波，由发射系统发射至待测目标后，又被反射回到接收系统；接收系统将收到的信号转换成电信号，最后送到微处理系统进行处理，并由显示器输出测量结果。

图 4-17 所示为 DCH_3-1 型红外测距仪，其主机通过连接装置安置在经纬仪上部，并利用光轴调节螺旋，使主机的发射与接收器光轴和经纬仪视准轴位于同一竖直面内。另外，测距仪横轴到经纬仪横轴的高度与觇牌黄色靶心到反射棱镜的高度一致，从而使经纬仪瞄准觇牌中心的视线与测距仪瞄准反射棱镜中心的视线保持平行。

反射棱镜的作用是使由主机发出的测距信号经棱镜反射后回到接收系统；棱镜安置在专用的三脚架上，并由光学对中器和水准管进行对中、整平。根据所测距离的远近，可选用单棱镜或三棱镜，如图 4-18 所示。

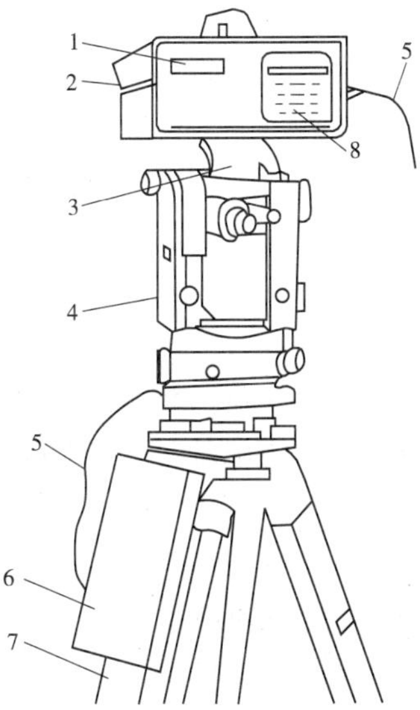

图 4-17　DCH_3-1 型测距仪

1—显示屏;2—测距仪;3—连接装置;4—光学经纬仪;
5—电线;6—电池;7—三脚架;8—键盘

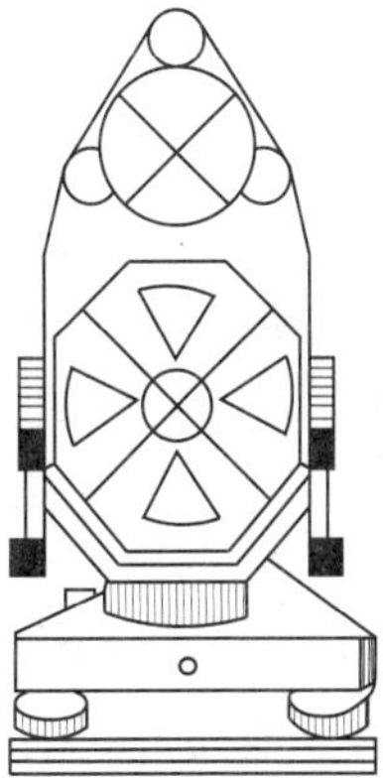

图 4-18　单棱镜

(二)DCH_3-1 型测距仪主要技术指标及功能

1. 技术指标

(1)测程。在标准大气和 $-20 \sim +50$ ℃温度条件下,利用单棱镜时,最大测程为 1 000 m;三棱镜时,最大测程为 3 000 m;最短测程小于等于 0.2 m。

(2)测距误差。测距误差分为两部分,一部分是与距离成比例的比例误差,即光速值误差、大气折射率误差和测距频率误差;另一部分是与距离无关的固定误差,即测相误差、加常数误差、对中误差。测距中误差的表达式为

$$m_D = \pm (a + bD) \tag{4-16}$$

式中　m_D——测距中误差,mm;

a——固定误差,mm;

b——比例误差,$\times 10^{-6}$;

D——距离,km。

DCH_3-1 型测距仪的测距中误差为 $\pm(3\ \text{mm} + 2\times 10^{-6} \times D)$,即当距离为 1 km 时,测距精度是 ±5 mm。

(3)测量时间。单次测量所需时间为 10 s,跟踪测量所需时间为 0.5 s。

2. 仪器的功能

(1)自检功能。仪器启动后自检,测距功能正常、精度符合要求时,显示"⊿ 0.000 m";否则显示"ERROR"。

(2)测距方式选择。共有五种测距方式供选择,即单次测量、跟踪用单棱镜倾斜误差自动修正单次测量(按 SP 键)、平均值测量(按 M 键)、跟踪用单棱镜倾斜误差自动修正

平均值测量(按 SM 键)、跟踪测量(按 Tr 键)。

(3)置数功能。可置入和校验各种参数及单位转换。

(4)读数选择。根据测得的斜距和置入的角度值(水平角、竖直角、方位角),按需要取出和显示计算的结果,如斜距值⊿、平距值⊿等。

(5)具有挡光停测、通光续测控制电路。只要通光积累时间达到一次测量所需的时间,便能得到一次完整的正确测量结果,适用于车多人繁的市区作业。

(三)DCH_3 -1 型测距仪的基本操作

1. 安置仪器

在测站上安置经纬仪,用光学对中器对中(误差不大于 1 mm)、整平后,再将测距仪主机安装在经纬仪支架上,并用连接装置固定螺丝锁紧,然后将电池挂于三脚架腿上;在目标点安置反射棱镜,对中、整平,并目估使棱镜面朝向主机。

2. 观测竖直角、气温和气压

用经纬仪十字丝横丝照准反射棱镜的黄色靶心,进行竖直角测量,读、记天顶距;同时,将温度计置于地面 1 m 以上的通风处,并打开气压表,然后观测和记录温度、气压。观测竖直角、气温和气压,目的是对测距仪测量出的斜距进行倾斜改正、温度改正和气压改正,以得到正确的水平距离。

3. 测距准备

按压测距仪操作面板上的"ON"键开机,仪器主机进行自检,显示"BOLF　CHINA",并依次显示 "0000000,1111111,…,9999999,0000000";然后,进行内部校验,自检合格后显示"⊿0.000 m",这时仪器处于待测状态;若仪器工作不正常,则显示"ERROR"。

4. 距离测量

瞄准反射棱镜后按"SIG"键,有回光信号时,显示屏上出现横道线"- - - - - - -",同时听到蜂鸣器音响信号,回光信号越强,出现的横道线越多,蜂鸣器声音越高;按"STA"状态键,选择测距方式;按"SET"置数键,输入天顶距、水平角、温度、气压值等;按"MEAS"键,启动测量,显示最后一瞬的测量结果;按"FUC"功能键,根据测得的斜距和置入的角度,自动计算其结果,显示⊿| 和高差值、⊿及水平距离值、x 和 x 增量值、y 和 y 增量值。

5. 仪器充电

DCH_3 -1 型测距仪的功耗为 6 W,需要充电时,应将充电器接入 220 V 电源,一次给电池充电时间为 10 ~ 14 h,充满后为 10 ~ 11 V。

第四节　电子全站仪测量

电子全站仪即全站型电子速测仪,它由电子经纬仪、电磁波测距仪和电子记录装置三部分组成,是集水平角测量、距离测量、高差测量等功能于一身的测量仪器,能够在测站上同时观测和显示水平角、竖直角、距离等。

一、电子全站仪的基本结构

电子全站仪按其结构形式可分为组合式和整体式两种。组合式全站仪是用一些连接器将测距部分、电子经纬仪部分和电子记录装置部分连接成一个组合体，它的优点是能通过不同的构件进行灵活多样的组合；整体式全站仪是在一个仪器内装配测距、测角和电子记录三部分，其优点是测距和测角共用一个光学望远镜，方向和距离测量只需一次照准，使用较为方便。

目前，电子全站仪的种类很多，但一般均由控制系统、测角系统、测距系统、记录系统和通信系统等组成。现以 NTS－320 系列国产电子全站仪为例，介绍全站仪的功能和使用方法，其主机的外观及各部件名称如图 4-19 所示。

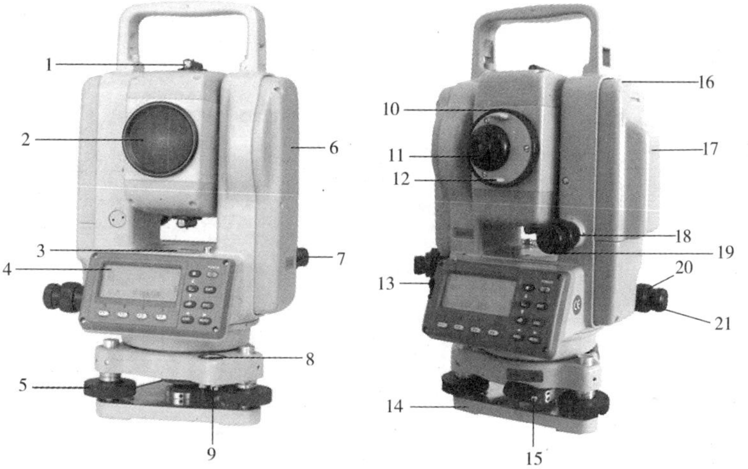

图 4-19　NTS－320 系列全站仪

1—粗瞄器；2—物镜；3—管水准器；4—显示屏；5—整平脚螺旋；6—仪器中心标志；7—光学对中器；8—圆水准器；9—圆水准器校正螺丝；10—望远镜调焦螺旋；11—目镜；12—望远镜把手；13—数据通信接口；14—底板；15—基座固定钮；16—电池锁紧杆；17—电池；18—垂直制动螺旋；19—垂直微动螺旋；20—水平制动螺旋；21—水平微动螺旋

电子全站仪在进行测量距离等作业时，须在目标处放置反射棱镜及有关组合件。反射棱镜有单棱镜和三棱镜组，可通过基座连接器将棱镜组连接在基座上并安置到三脚架上，也可直接安置在对中杆上。图 4-20 所示为全站仪测量时所需的反射棱镜及有关组合件，其中图 4-20(a)为单棱镜和基座连接器，图 4-20(b)为三棱镜组和基座连接器，图 4-20(c)为单棱镜和对中杆。

二、电子全站仪的键盘功能与基本操作

(一)操作键的名称

显示屏以及操作键的名称见图 4-21。

(二)操作键的功能

操作键位于显示屏的右侧与下方，其功能见表 4-4。

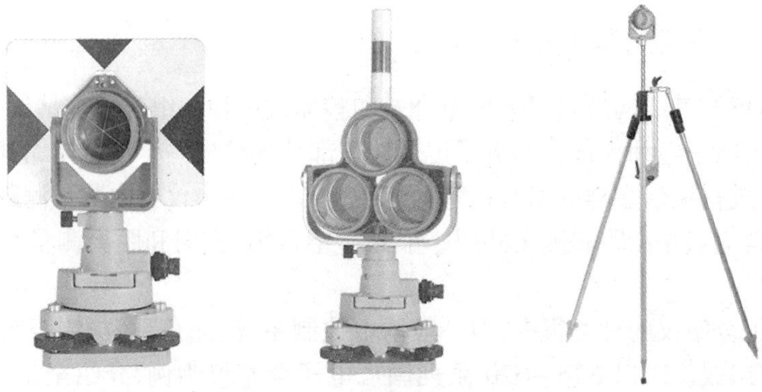

(a)　　(b)　　(c)

图 4-20　反射棱镜及有关组合件

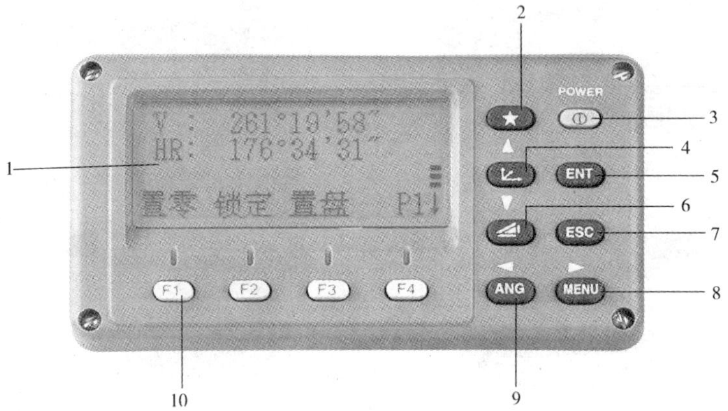

图 4-21　NTS－320 系列全站仪操作面板

1—显示屏；2—星键；3—电源开关键；4—坐标测量键（上移键）；5—回车键；
6—距离测量键（下移键）；7—退出键；8—菜单键（右移键）；
9—角度测量键（左移键）；10—功能键（F1 ~ F4）

表 4-4　NTS－320 系列全站仪操作键的功能

按键	名称	功能
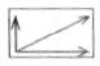	坐标测量键	进入坐标测量模式（▲上移键）
	距离测量键	进入距离测量模式（▼下移键）
ANG	角度测量键	进入角度测量模式（◀左移键）
MENU	菜单键	在菜单模式和测量模式间进行切换（▶右移键）
ESC	退出键	返回上一级状态或返回测量模式
POWER	电源开关键	开关电源
F1 ~ F4	软键（功能键）	对应于显示的软键信息
ENT	回车键	确认
★	星键	进入星键模式

(三)屏幕显示符号的含义

显示屏上显示的符号及其含义见表4-5。

表4-5　NTS－320系列全站仪屏幕显示情况

显示符号	符号的含义	显示符号	符号的含义
V%	垂直角(坡度显示)	E	东向坐标(y)
HR	水平角(右角)	Z	高程(H)
HL	水平角(左角)	*	EDM(电子测距)正在进行
HD	水平距离	m	以米为单位
VD	高差	ft	以英尺为单位
SD	倾斜距离	fi	以英寸为单位
N	北向坐标(x)		

(四)电子全站仪的基本操作

1. 仪器的开箱与存放

将仪器箱放置于地面,使箱盖朝上,打开锁栓并开盖,然后轻轻地取出仪器。使用完毕后,应盖好望远镜的镜盖,使照准部的垂直制动螺旋以及基座的圆水准器朝上,随后将仪器平放在箱内,再轻轻旋紧垂直制动螺旋,盖好箱盖并上锁存放。

2. 仪器安置

打开三脚架并调整到适当高度,拧紧三个固定螺旋。将仪器小心地安置到三脚架上,松开中心连接螺旋,在架头上轻移仪器,直到垂球对准测站点标志中心,然后轻轻拧紧连接螺旋。同时旋转任意两个脚螺旋,使圆水准器气泡移到与这两个脚螺旋连线相垂直的一条直线上,再旋转第三个脚螺旋,使圆水准器气泡居中,使仪器粗平。松开水平制动螺旋,转动仪器使管水准器平行于任一对脚螺旋的连线,再旋转这两个脚螺旋,使管水准器气泡居中;将仪器绕竖轴旋转90°,再旋转第三个脚螺旋,使管水准器气泡居中,此时仪器被精平。再次松开中心连接螺旋,轻移仪器,将光学对中器的中心标志对准测站点,然后拧紧连接螺旋;再次精确整平,直到仪器旋转到任何位置时管水准气泡始终居中。

3. 开机与充电

确认仪器已经精确整平后,打开电源开关(POWER键)。仪器开机时应确认棱镜常数值(PSM)和大气改正值(PPM),并通过按[F1](↓)或[F2](↑)键调节对比度;为了在关机后保存设置值,可按[F4](回车)键。确认显示窗中有足够的电池电量,当显示"电池电量不足"时,应及时关闭电源并更换电池或对电池进行充电;但在进行测量的过程中,切记不能不关机而拔下电池,否则测量数据将会丢失。

三、电子全站仪的测量模式

全站仪的测量模式一般有两种:一是各种全站仪都基本相同的"基本测量模式",包括角度测量模式、距离测量模式和坐标测量模式等；二是各种全站仪差别较大的“特殊测量模式”，可进行悬高测量、偏心测量、对边测量、距离放样、坐标放样、面积计算等。现仅介绍电子全站仪的基本测量模式。

（一）角度测量模式

1. 功能键在角度测量模式中的功能

角度测量模式有 3 页菜单，具体如下：

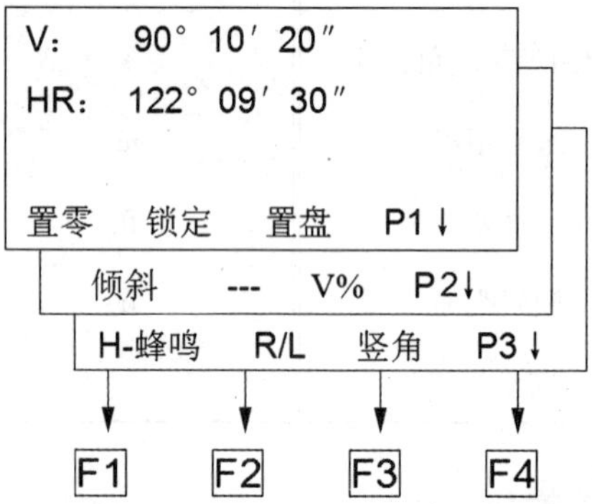

其各键和显示符号的功能见表 4-6。

表 4-6　角度测量模式的菜单说明

页数	软键	显示符号	功能
第 1 页（P1）	F1	置零	将当前视线方向的水平度盘读数设置为 0°00′00″
	F2	锁定	将当前视线方向的水平度盘读数锁定
	F3	置盘	将当前视线方向的水平度盘读数设置为输入值
	F4	P1↓	显示第 2 页软键功能
第 2 页（P2）	F1	倾斜	设置倾斜改正开或关，若选择开，则显示倾斜改正的角度值
	F2	---	---------------------------
	F3	V%	竖直角与百分比坡度的切换
	F4	P2↓	显示第 3 页软键功能
第 3 页（P3）	F1	H-蜂鸣	仪器转动至水平度盘读数分别为 0°、90°、180°、270°时，是否设置蜂鸣
	F2	R/L	水平度盘读数按右或左方向计数的转换
	F3	竖角	竖直角显示格式（高度角或天顶距）的切换
	F4	P3↓	显示第 1 页软键功能

2. 水平角（右角）和垂直角测量

在角度测量模式下，若某角的顶点为 O，左目标为 A，右目标为 B，则测量 $\angle AOB$ 的过程见表 4-7。

表 4-7　水平角(右角)和垂直角的测量

操作步骤或按键说明	操作	显示
①安置仪器于角顶点 *O*,开机后照准第一个目标 *A*	照准 *A*	V:　82° 09′ 30″ HR:　90° 09′ 30″ 置零　锁定　置盘　P1↓
②设置目标 *A* 的水平角读数为 0°00′00″,按 [F1] (置零)键和 [F3] (是)键	[F1]	水平角置零 >OK? ---　---　[是]　[否]
	[F3]	V:　82° 09′ 30″ HR:　0° 00′ 00″ 置零　锁定　置盘　P1↓
③照准第二个目标 *B*,显示目标 *B* 的 V/H	照准 *B*	V:　92° 09′ 30″ HR:　67° 09′ 30″ 置零　锁定　置盘　P1↓

3. 水平角(右角/左角)切换

在角度测量模式下,水平角(右角/左角)的切换操作过程如表 4-8 所示。

表 4-8　水平角(右角/左角)的切换

操作步骤或按键说明	操作	显示
①按 [F4] (↓)键两次,转到第 3 页功能	[F4] 两次	V:　122° 09′ 30″ HR:　90° 09′ 30″ 置零　锁定　置盘　P1↓ 倾斜　---　V%　P2↓ H-蜂鸣　R/L　竖角　P3↓
②按 [F2] (R/L)键,右角模式(HR)切换到左角模式(HL);以左角模式(HL)进行测量	[F2]	V:　122° 09′ 30″ HL:　269° 50′ 30″ H-蜂鸣　R/L　竖角　P3↓

注:每次按 [F2] (R/L)键,HR/HL 两种模式交替切换。

(二)距离测量模式

1. 功能键在距离测量模式中的功能

距离测量模式有2页菜单,具体如下:

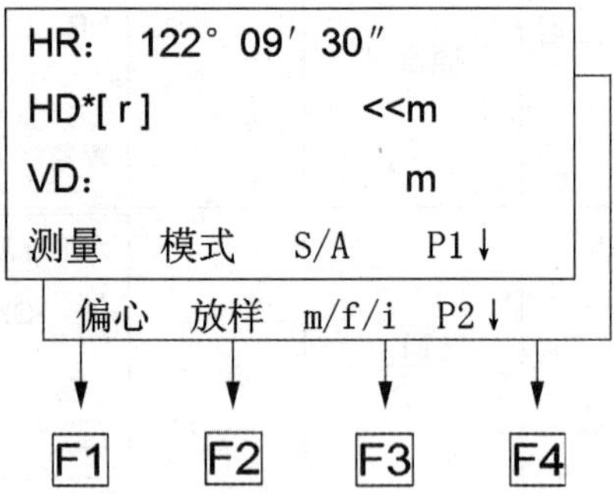

上面菜单各键和显示符号的功能见表4-9。

表4-9　距离测量模式的菜单说明

页数	软键	显示符号	功能
第1页(P1)	F1	测量	启动距离测量
	F2	模式	设置测距模式为精测/跟踪/…
	F3	S/A	温度、气压、棱镜常数等设置
	F4	P1↓	显示第2页软键功能
第2页(P2)	F1	偏心	偏心测量模式
	F2	放样	距离放样模式
	F3	m/f/i	距离单位的设置,米/英尺/英寸
	F4	P2↓	显示第1页软键功能

2. 距离测量

在进行距离测量前,应在现场对影响测距精度的温度、气压、大气改正值和棱镜常数进行设置。NTS-320系列全站仪的距离测量模式有连续测量模式、*N*次测量/单次测量模式、精测模式和跟踪模式,它们都是在角度测量模式下进行的。其操作过程见表4-10~表4-12。

表4-10　距离测量(连续测量模式)

操作步骤或按键说明	操作	显示
①照准棱镜中心	照准	V: 90° 10′ 20″ HR: 170° 30′ 20″ H-蜂鸣　R/L　竖角　P3↓

续表 4-10

操作步骤或按键说明	操作	显示
②按键，距离测量开始；当电磁波测距正在工作时，“ * ”标志就会出现在显示窗		HR:　170° 30′ 20″ HD*[r]　　<<m VD:　　m 测量　模式　S/A　P1↓ HR:　170° 30′ 20″ HD*　　235.343m VD:　　36.551m 测量　模式　S/A　P1↓
③显示测量的距离，单位表示为“m”(米)或“ft”(英尺)、“fi”(英寸)，并随着蜂鸣声在每次距离数据更新时出现；再次按键，显示变为水平角(HR)、垂直角(V)和斜距(SD)		V:　90° 10′ 20″ HR:　170° 30′ 20″ SD*　　241.551m 测量　模式　S/A　P1↓

注：如果测量结果受到大气抖动的影响，仪器可以自动重复测量工作；要从距离测量模式返回正常的角度测量模式，可按[ANG]键；对于距离测量，初始模式可以选择显示顺序(HR,HD,VD)或(V,HR,SD)。

表 4-11　距离测量(*N* 次测量/单次测量模式)

操作步骤或按键说明	操作	显示
①照准棱镜中心	照准	V:　122° 09′ 30″ HR:　90° 09′ 30″ 置零　锁定　置盘　P1↓
②按键，连续测量开始(在仪器开机时，测量模式可设置为 *N* 次测量模式或者连续测量模式)		HR:　170° 30′ 20″ HD*[r]　　<<m VD:　　m 测量　模式　S/A　P1↓
③当连续测量不再需要时，可按[F1](测量)键，测量模式为 *N* 次测量；当电磁波测距(EDM)正在工作时，再按[F1](测量)键，模式转变为连续测量模式	[F1]	HR:　170° 30′ 20″ HD*[n]　　<<m VD:　　m 测量　模式　S/A　P1↓ HR:　170° 30′ 20″ HD:　　566.346m VD:　　89.678m 测量　模式　S/A　P1↓

注：当输入测量次数后，仪器就按设置的次数进行测量，并显示出距离平均值；当输入测量次数为 1 时，因为是单次测量，仪器不显示距离平均值。

表 4-12　距离测量(精测模式/跟踪模式)

操作步骤或按键说明	操作	显示
①在距离测量模式下按 F2 (模式)键,设置模式的首字符(F/T);要取消设置,按 ESC 键	F2	HR:　170° 30′ 20″ HD:　566.346m VD:　89.678m 测量　模式　S/A　P1↓
②按 F1 (精测)键精测,按 F2 (跟踪)键跟踪测量	F1 – F2	HR:　170° 30′ 20″ HD:　566.346m VD:　89.678m 精测　跟踪　---　F HR:　170° 30′ 20″ HD:　566.346m VD:　89.678m 测量　模式　S/A　P1↓

(三)坐标测量模式

1. 功能键在坐标测量模式中的功能

坐标测量模式有 3 页菜单,具体如下:

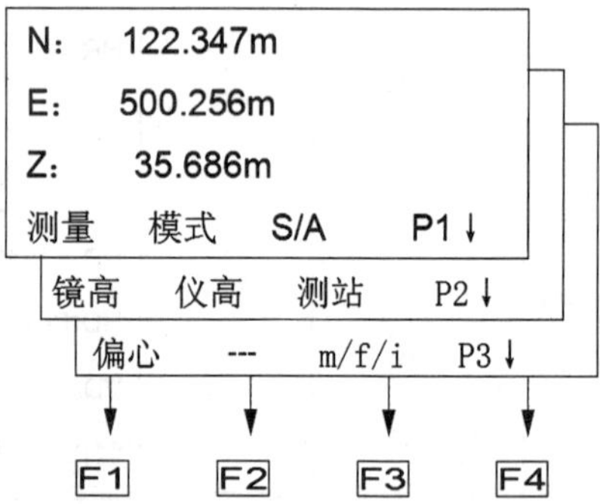

以上菜单中各键和显示符号的功能见表 4-13。

表 4-13　坐标测量模式的菜单说明

页数	软键	显示符号	功能
第 1 页(P1)	F1	测量	启动坐标测量
	F2	模式	设置测距模式为精测/跟踪
	F3	S/A	温度、气压、棱镜常数等设置
	F4	P1↓	显示第 2 页软键功能

续表 4-13

页数	软键	显示符号	功能
第 2 页（P2）	F1	镜高	设置棱镜高度
	F2	仪高	设置仪器高度
	F3	测站	设置测站坐标
	F4	P2↓	显示第 3 页软键功能
第 3 页（P3）	F1	偏心	偏心测量模式
	F2	---	--------------------
	F3	m/f/i	距离单位的设置，米/英尺/英寸
	F4	P3↓	显示第 1 页软键功能

2. 坐标测量

当测站点坐标、仪器高和棱镜高的设置完成后，再设置后视方位角，便可测定未知点的坐标。其操作步骤如表 4-14 所示。

（四）星键模式

按下星键★进入星键模式，可以对以下项目进行设置。

1. 对比度调节

按星键后，通过按［▲］或［▼］键，可以调节液晶显示屏的对比度。

2. 照明

按星键后，通过按 F1 键选择“照明”，按 F1 键或 F2 键选择开关背景光。

表 4-14　坐标测量

操作步骤或按键说明	操作	显示
①设置已知点 *A* 的方向角	设置方向角	V:　122°09′30″ HR:　90°09′30″ 置零　锁定　置盘　P1↓
②照准目标 *B*，按键	照准棱镜	N:　<<　m E:　m Z:　m 测量　模式　S/A　P1↓
③按 F1（测量）键，开始测量	F1	N*:　286.245 m E:　76.233 m Z:　14.568 m 测量　模式　S/A　P1↓

注：在测站点的坐标未输入的情况下，(0,0,0)作为缺省的测站点坐标；当仪器高未输入时，仪器高以 0 计算；当棱镜高未输入时，棱镜高以 0 计算。

3. 倾斜

按星键后，通过按 F2 键选择“倾斜”，按 F1 键或 F2 键选择开关倾斜改正。

4. S/A

按星键后，通过按 F3 键选择“S/A”，可以对棱镜常数、温度和气压进行设置。

四、电子全站仪的数据采集

在正常测量模式下，按 MENU 键进入“主菜单”模式，该模式的界面共有如下 3 页菜单：

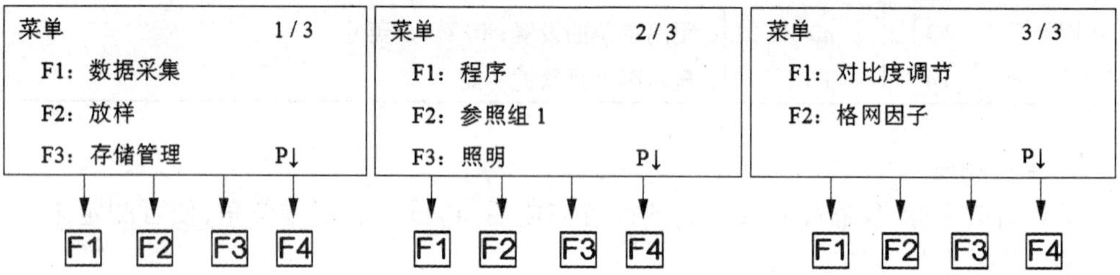

而“数据采集”菜单又有如下 2 页子菜单：

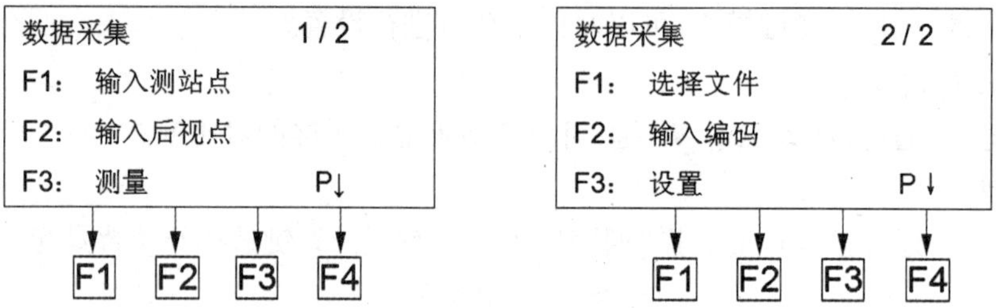

(一) 数据采集文件的选择

选择数据采集文件，使其所采集数据存储在该文件中，具体操作见表 4-15。

表 4-15　数据采集文件的选择

操作步骤或按键说明	操作	显示
①由“主菜单”模式的“菜单 1/3”，按 F1 (数据采集)键	F1	选择文件 FN: ________ 输入　调用　---　回车
②按 F2 (调用)键，显示文件目录	F2	→ SOUDATA　/M0123 *LIFDATA　/M0234 DIEDATA　/M0355 ---　查找　---　回车
③按[▲]或[▼]键，使文件表向上或向下滚动，选定一个文件	[▲]或[▼]	LIFDATA　/M0234 DIEDATA　/M0355 → KLSDATA　/M0038 ---　查找　---　回车

续表 4-15

操作步骤或按键说明	操作	显示
④按[F4]（回车）键，文件即被确认，显示“数据采集　1/2”菜单	[F4]	数据采集　1/2 F1：输入测站点 F2：输入后视点 F3：测量　P↓

注：选择文件也可由“数据采集 2/2”菜单，按上述同样方法进行。

（二）选择坐标数据文件

若需调用坐标数据文件中的坐标作为测站点或后视点坐标用，则预先应由“数据采集　2/2”菜单选择一个坐标文件，具体操作见表 4-16。

表 4-16　坐标数据文件的选择

操作步骤或按键说明	操作	显示
①由“数据采集　2/2”菜单，按[F1]（选择文件）键	[F1]	数据采集　2/2 F1：选择文件 F2：输入编码 F3：设置　P↓
②按[F2]（坐标文件）键	[F2]	选择文件 F1：测量文件 F2：坐标文件
③选择一个坐标文件		选择文件 FN：________ 输入　调用　---　回车

（三）输入测站点

利用内存中的坐标数据来设置测站点，其操作步骤如表 4-17 所示。

表 4-17　测站点的输入

操作步骤或按键说明	操作	显示
①由“数据采集　1/2”菜单，按[F1]（输入测站点）键，即显示原有数据	[F1]	点号 →　PT-01______ 标识符：________ 仪高：　0.000　m 输入　查找　记录　测站
②按[F4]（测站）键	[F4]	测站点 点号：　PT-01______ 输入　调用　坐标　回车

续表 4-17

操作步骤或按键说明	操作	显示
③按 F1 (输入)键	F1	测站点 点号：　PT-01 ______ 1234　5678　90.-　[ENT]
④输入点号,按 F4 键	输入点号 F4	点号 →　PT-11 ______ 标识符：______ 仪高：　0.0　m 输入　查找　记录　测站
⑤输入标识符、仪器高	输入标识符 输入仪器高	点号：　PT-11 ______ 标识符：______ 仪高：　1.235　m 输入　查找　记录　测站
⑥按 F3 (记录)键	F3	点号：　PT-11 ______ 标识符：______ 仪高　→　1.235　m 输入　查找　记录　测站 >记录?　　[是]　[否]
⑦按 F3 (是)键,显示屏返回"数据采集　1/2"菜单	F3	数据采集　　1/2 F1：　输入测站点 F2：　输入后视点 F3：　测量　　P↓

(四)输入后视点

按表 4-18 的操作,输入点号设置后视点,通过测量后视点进行定向,确定方位角,并将后视定向角数据存入仪器内。

表 4-18　后视点的输入

操作步骤或按键说明	操作	显示
①由"数据采集　1/2"菜单,按 F2 (输入后视点)键,即显示原有数据	F2	后视点　→　______ 编码：______ 镜高：　0.000　m 输入　置零　测量　后视
②按 F4 (后视)键	F4	后视点 点号：______ 输入　调用　NE/AZ　[回车]

续表 4-18

操作步骤或按键说明	操作	显示
③按[F1]（输入）键	[F1]	后视点 点号：__________ 1234　5678　90.－　[ENT]
④输入点号，按[F4]（ENT）键；按同样方法，输入点编码、反射镜高	输入 PT # [F4]	后视点　→PT-09 编码：__________ 镜高：　0.000　m 输入　置零　测量　后视
⑤按[F3]（测量）键	[F3]	后视点　→PT-09 编码：__________ 镜高：　1.200　m 角度　*斜距　坐标　---
⑥照准后视点，选择一种测量模式并按相应的软键，如[F2]（斜距）键，进行斜距测量；根据定向角计算结果设置水平度盘读数，测量结果被存入，显示屏返回到“数据采集　1/2”菜单	照准 [F2]	V:　90° 00′ 00″ HR:　0° 00′ 00″ SD*　<<<　m >测量… 数据采集　1/2 F1：输入测站点 F2：输入后视点 F3：测量　P↓

（五）待测点的测量

置入待测点的棱镜高，进行待测点的测量，并存储数据，操作见表 4-19。

表 4-19　待测点的测量

操作步骤或按键说明	操作	显示
①由“数据采集　1/2”菜单，按[F3]（测量）键，进入待测点测量	[F3]	数据采集　1/2 F1：测站点输入 F2：输入后视 F3：测量　P↓ 点号　，　PT-12 ______ 编码：__________ 镜高：　0.000　m 输入　查找　测量　同前

续表 4-19

操作步骤或按键说明	操作	显示
②按 [F1]（输入）键，输入点号后，按 [F4] 键确认	[F1] 输入点号 [F4]	点号＝　PT-23 ______ 编码：　__________ 镜高：　0.000　m 1234　5678　90.－　[ENT] 点号：　PT-23 ______ 编码　→　__________ 镜高：　0.000　m 输入　查找　测量　同前
③按同样方法输入编码、棱镜高	[F1] 输入编码 [F4] [F1] 输入棱镜高 [F4]	点号：　PT-23 ______ 编码　→　SOUTH ______ 镜高：　1.200　m 输入　查找　测量　同前 角度　*斜距　坐标　偏心
④按 [F3]（测量）键	[F3]	
⑤照准目标点	照准	
⑥按 [F1] 到 [F3] 中的一个键，如 [F2]（斜距）键，开始测量，数据被存储	[F2]	V：　90° 00′ 00″ HR：　0° 00′ 00″ SD* [n]　<<<　m >测量… < 完成>
⑦输入下一个镜点数据并照准该点	照准	点号→　PT-24 ______ 编码：　SOUTH ______ 镜高：　1.200　m 输入　查找　测量　同前
⑧按 [F4]（同前）键，按照上一个镜点的测量方式进行测量，数据被存储；按同样方式继续测量，按 [ESC] 键即可结束数据采集	[F4]	V：　90° 00′ 00″ HR：　0° 00′ 00″ SD* [n]　<<<　m >测量… < 完成> 点号 →　->PT-25 ______ 编码：　SOUTH ______ 镜高：　1.200　m 输入　查找　测量　同前

五、电子全站仪的存储管理

在“主菜单”模式的“菜单　1/3”中按 F3 键，进入“存储管理”菜单，该菜单有如下 3 页子菜单：

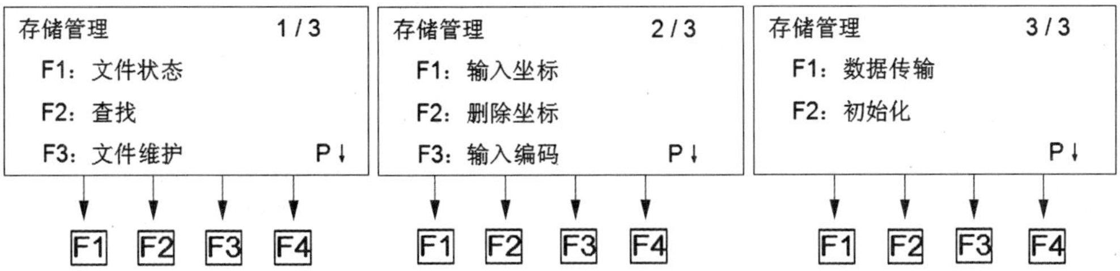

(一)文件状态

全站仪中的数据是采用文件方式管理的，文件分为数据文件和坐标文件，数据文件保存的是测量的原始观测数据，而坐标文件保存的是点的坐标和高程。仪器当前存储状态的检查操作见表 4-20。

表 4-20　内存状态的检查操作

操作步骤或按键说明	操作	显示
①由“存储管理　1/3”菜单，按 F1 键，显示测量数据文件和坐标数据文件总数	F1	文件状态　1/2 测量文件：　3 坐标文件：　6 剩余空间：　85%　P↓
②按 F4 (P↓)键，显示全部文件中测量数据和坐标数据总数	F4	文件状态　2/2 测量数据：　580 坐标数据：　170 剩余空间：　85%　P↓

注：每个坐标文件都有一个说明工作区的附加数据，按 F4 (P↓)键可交替显示文件或数据状态(FILE / DATA STATUS)；按 ESC 键可返回到存储管理菜单。

(二)查找

在“存储管理　1/3”菜单中，按 F2 键进入“查找”菜单，即可进行测量数据、坐标数据和编码库的查找。表 4-21 所示为查找测量数据的操作。

表 4-21　测量数据的查找操作

操作步骤或按键说明	操作	显示
①按 F2 (查找)键	F2	查找 F1：测量数据 F2：坐标数据 F3：编码库

续表 4-21

操作步骤或按键说明	操作	显示
②按[F1](测量数据)键	[9F1]	选择文件 FN: ________ 输入 调用 --- 回车
③按[F1](输入)键,输入文件名;按[F4](回车)键	[F1] 输入 FN [F4]	测量数据查找 F1: 第一个数据 F2: 最后一个数据 F3: 按点号查找
④按[F3](点号 DATA)键	[F3]	测量点名查找 点号: ________ 输入 --- --- 回车
⑤按[F1](输入)键,输入点号;按[F4](回车)键	[F1] 输入点号 [F4]	点号 SOUTH - 104 1/2 V: 90° 26′ 05″ HR: 134° 30′ 20″ 倾斜 0° 00′ 00″ P↓
⑥按[F4](↓)键,上下卷动数据选择待查询的点	[F4]	点号 SOUTH - 104 2/2 编码: ________ 镜高: 1.300 m 编辑 P↓

注:按[F2](调用)键,显示文件目录;按[▲]或[▼]键,显示上一个或下一个点。

(三)文件维护

如表 4-22 所示,在“存储管理 1/3”菜单中,按[F3]键进入“文件维护”菜单,便可实施更改文件名、查找文件中的数据、删除文件的操作。

表 4-22 文件维护

操作步骤或按键说明	操作	显示
按[F3](文件维护)键	[F3]	→@DATA /C0123 DATA0102 /M0220 &SOUDATA /C0010 改名 查找 删除 ---

(四)输入坐标

在“存储管理 1/3”菜单下,按[F4]键进入“存储管理 2/3”菜单,可进行输入坐标的操作,如表 4-23 所示。控制点的坐标数据可直接由键盘输入,并可存入内存中的一个文件内。

表 4-23　输入坐标的操作

操作步骤或按键说明	操作	显示
①按[F4](P↓)键	[F4]	存储管理　2/3 F1：输入坐标 F2：删除坐标 F3：输入编码　P↓
②按[F1](输入坐标)键	[F1]	选择文件 FN：________ 输入　调用　---　回车
③按[F1](输入)键，输入欲设置的文件名，按[F4](ENT)键	[F1] 输入 PN [F4]	输入坐标数据 点号：________ 输入　调用　---　回车
④按[F1](输入)键，输入点号，按[F4]键	[F1] 输入点号 [F4]	N:　12.322 m E:　34.286 m Z:　1.5772 m 输入　---　---　回车
⑤同法输入坐标数据，进入下一个点输入	[F1] 输入坐标 [F4]	输入坐标数据 点号：SOUTH－100 输入　调用　---　回车

(五)删除坐标

在“存储管理　2/3”菜单中，按表 4-24 的操作步骤，可以删除文件中的坐标数据。

表 4-24　删除坐标的操作

操作步骤或按键说明	操作	显示
①按[F4](P↓)键	[F4]	存储管理　2/3 F1：坐标输入 F2：删除坐标 F3：输入编码　P↓
②按[F2](删除坐标)键	[F2]	选择文件 FN：________ 输入　调用　---　回车
③按[F1](输入)键，输入文件名，按[F4](ENT)键	[F1] 输入 PN [F4]	删除数据 点号：________ 输入　调用　---　回车

续表 4-24

操作步骤或按键说明	操作	显示
④按[F1](输入)键,输入点号,按[F4]键	[F1] 输入点号 [F4]	N: 12.322 m E: 34.286 m Z: 1.5772 m >删除 ? [是] [否]
⑤确认待删除的数据,按[F3](是)键,显示屏返回到"存储管理 2/3"菜单	[F3]	

(六)输入编码

在"存储管理 2/3"菜单中,按表 4-25 的操作步骤,可以将编码数据输入到编码库中。

表 4-25 编码的输入

操作步骤或按键说明	操作	显示
①按[F4](P↓)键	[F4]	存储管理 2/3 F1: 坐标输入 F2: 删除坐标 F3: 编码输入 P↓
②按[F3](输入编码)键	[F3]	→001 : SOUTH 002 :DSAIK 编辑 --- 清除 ---
③按下[▲]或[▼]光标键,可使编码号增加或减少	[▲]、[▼]	001: SOUTH →002: DSAIK 003: LISS 编辑 --- 清除 ---
④按[F1](编辑)键	[F1]	001 : SOUTH →002:______ 003: LISS 1234 5678 90.- 回车
⑤输入编码,按[F4](ENT)键	输入编码 [F4]	001: SOUTH →002: DSAIK 003: LISS 编辑 --- 清除 ---

(七)数据传输

在"存储管理 3/3"菜单中,按[F1]键进入如下"数据传输"菜单:

数据传输
F1: 发送数据
F2: 接收数据
F3: 通讯参数

F1 F2 F3 F4

此时,可直接将内存中的数据文件下传到计算机,也可以从计算机将坐标数据文件和编码库数据直接上传至仪器内存。

(八)数据初始化

在“存储管理 3/3”菜单中,按 F2 键进入如下“初始化”菜单:

初始化
F1: 文件区
F2: 编码表
F3: 所有数据

F1 F2 F3 F4

选择“文件区”,将删除全部测量数据和坐标数据文件;选择“编码表”,将删除编码库数据;选择“所有数据”,将删除文件数据和编码数据。

第五节 直线定向

一条直线的方向,是用该直线与基本方向线之间所夹的水平角来表示的,因此确定一条直线与基本方向间夹角关系的工作称为直线定向。

一、基本方向的种类

(一)真子午线方向

通过地球表面某点的真子午线的切线方向,称为该点的真子午线方向,即真南北方向;真子午线北端所指的方向为真北方向。真子午线方向是用天文测量方法测定的。

(二)磁子午线方向

地球表面某点上的磁针在地球磁场作用下,自由静止时其轴线所指的方向,称为该点的磁子午线方向,即磁南北方向;磁针北端所指的方向为磁北方向。在小范围测图中,常采用磁子午线方向作为基本方向,可用罗盘仪测定。

(三)坐标纵轴方向

通过地面上某点,且平行于该点所在的平面直角坐标系纵轴的方向,称为坐标纵轴方向;坐标纵轴北端所指的方向为坐标北方向。

以上三个基本方向的北方向,合称为三北方向;一般情况下,三北方向是不一致的,如图 4-22 所示。

因为地磁南、北极偏离地球南、北极，所以地面上某一点的磁子午线方向和真子午线方向并不一致，存在一个偏离角度，这个角度称为磁偏角，用 δ 来表示。凡是磁子午线北方向偏在真子午线北方向以东者称为东偏，其角值为正；偏在真子午线北方向以西者称为西偏，其角值为负，如图 4-23 所示。我国西北地区磁偏角在 +6°左右，东北地区磁偏角为 -10°左右。

地球表面某点的真子午线方向与坐标纵轴方向之间的夹角，称为子午线收敛角，用 γ 表示，如图 4-24 所示。凡坐标纵轴北端在真子午线北端以东者，γ 为正值；偏在以西者，γ 为负值。

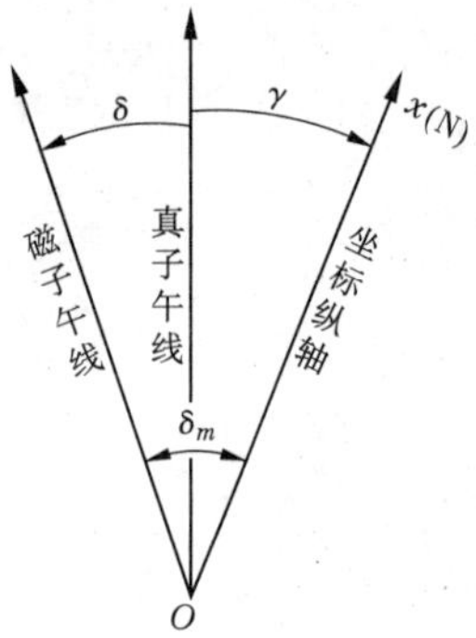

图 4-22　三北方向

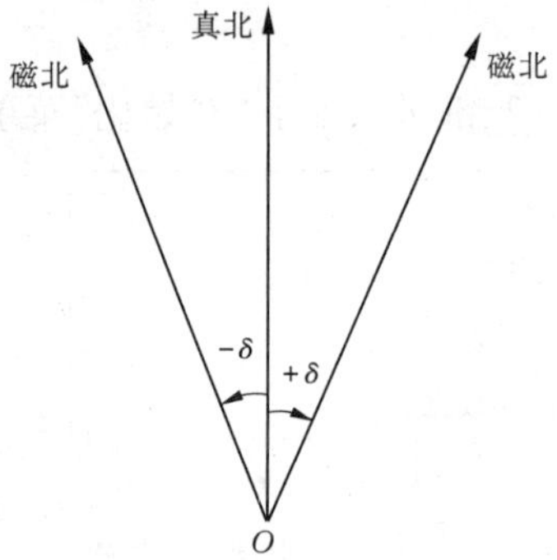

图 4-23　磁偏角的正负

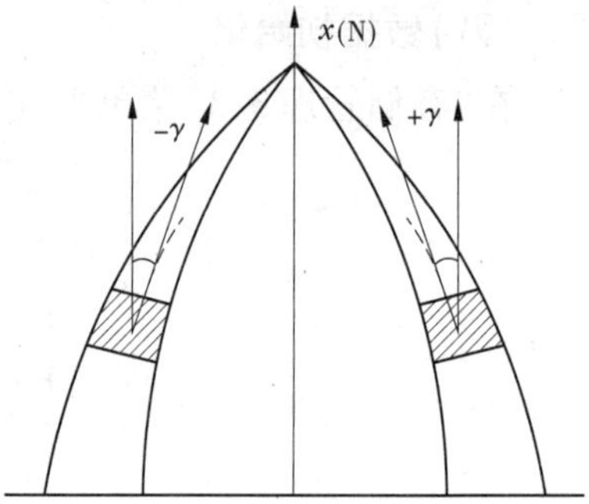

图 4-24　子午线收敛角及其正负

地面上某点的坐标纵轴方向与磁子午线方向间的夹角称为磁坐偏角，以 δ_m 表示。磁子午线北端在坐标纵轴北端以东者，δ_m 取正值；偏在以西者，δ_m 取负值。

二、直线方向的表示方法

（一）方位角

由基本方向的北端起，沿顺时针方向到某一直线的水平夹角，称为该直线的方位角，其角值在 0° ~ 360°之间。如图 4-25 所示，直线 OA、OB、OC、OD 的方位角分别为 30°、150°、210°、330°。

如图 4-26 所示，根据基本方向的不同，方位角可分为真方位角 $\alpha_{真}$、磁方位角 $\alpha_{磁}$ 和坐标方位角 $\alpha_{坐}$，三种方位角之间的关系为

$$\left.\begin{aligned}\alpha_{真} &= \alpha_{磁} + \delta \\ \alpha_{坐} &= \alpha_{真} - \gamma\end{aligned}\right\} \tag{4-17}$$

【例 4-5】　如图 4-26 所示，已知直线 OP 的磁方位角 $\alpha_{磁} = 243°30'$，O 点的磁偏角 δ 为西偏 3°01′，子午线收敛角 γ 为东偏 3°02′，求直线 OP 的坐标方位角 $\alpha_{坐}$ 和真方位角 $\alpha_{真}$。

解：由式（4-17）可得

$$\alpha_{真} = \alpha_{磁} + \delta = 243°30' + (-3°01') = 240°29'$$
$$\alpha_{坐} = \alpha_{真} - \gamma = 240°29' - (+3°02') = 237°27'$$

在直线定向中，将直线的前进方向称为正方向，反之，叫反方向。如图 4-27 所示，A 为线段的起点，B 为线段的终点，通过 A 点的坐标纵轴北方向与直线 AB 所夹的方位角 α_{AB} 称为正

坐标方位角,而 BA 直线的坐标方位角 α_{BA} 称为反坐标方位角。因通过点 A、B 的纵坐标轴相互平行,所以直线 AB 的正坐标方位角 α_{AB} 与反坐标方位角 α_{BA} 相差 ±180°,即

$$\alpha_{AB} = \alpha_{BA} \pm 180° \tag{4-18}$$

式中,当 $\alpha_{BA} > 180°$ 时,取"-"号;若 $\alpha_{BA} < 180°$,取"+"号。

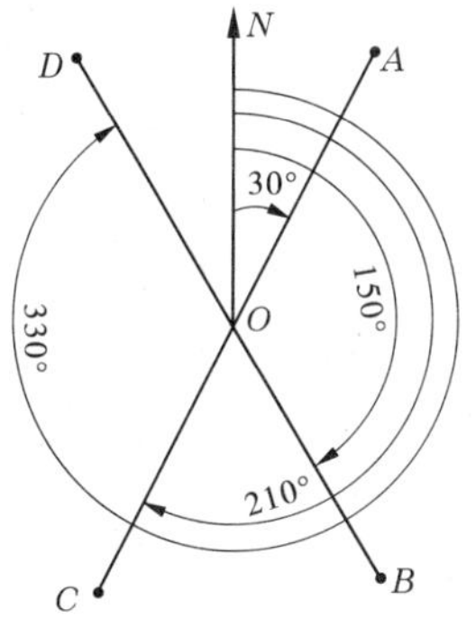

图 4-25 方位角

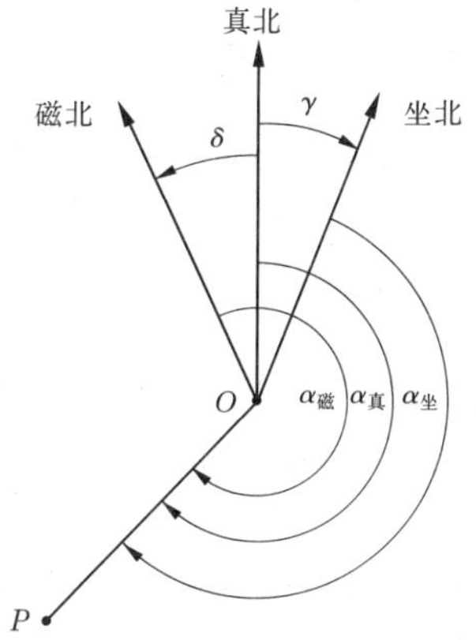

图 4-26 三种方位角的关系

由于真子午线之间或磁子午线之间互不平行,所以正、反真方位角或正、反磁方位角不存在式(4-18)的关系。但在小范围内,当地面两点之间距离不远时,通过两点的子午线可视为是平行的,此时,同一直线的正、反真(或磁)方位角也可以认为相差 ±180°。

(二)象限角

由基本方向的北端或南端起,顺时针或逆时针到某一直线所夹的水平锐角,称为该直线的象限角,以 R 来表示。象限角的角值在 0°~90°之间,不但要写出角值大小,还应注明所在象限的名称。如图 4-28 所示,直线 OA、OB、OC、OD 的象限角分别为 NE60°、SE60°、SW60°、NW60°。

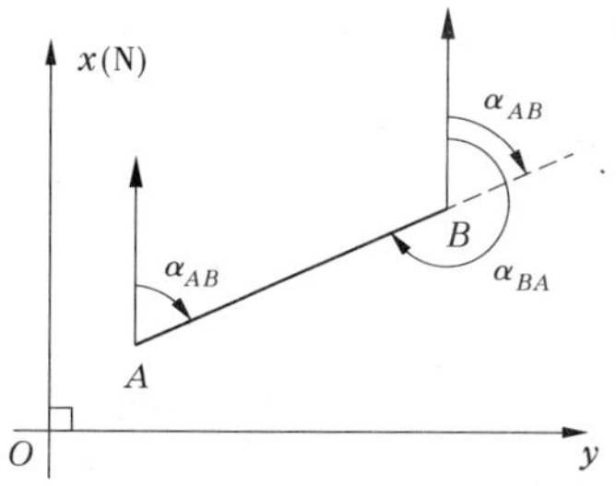

图 4-27 正、反方位角

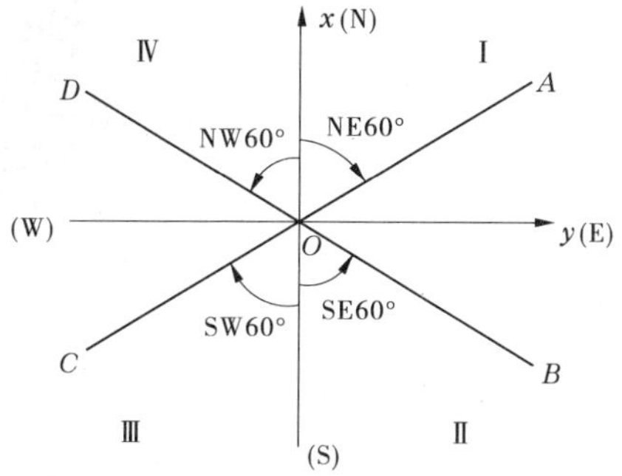

图 4-28 象限角

(三)方位角与象限角的换算

同一条直线的方位角和象限角的换算关系见表 4-26。

表 4-26　方位角与象限角的换算关系

象限		根据方位角 α,求象限角 R	根据象限角 R,求方位角 α
编 号	名 称		
Ⅰ	北东(NE)	$R=\alpha$	$\alpha=R$
Ⅱ	南东(SE)	$R=180°-\alpha$	$\alpha=180°-R$
Ⅲ	南西(SW)	$R=\alpha-180°$	$\alpha=180°+R$
Ⅳ	北西(NW)	$R=360°-\alpha$	$\alpha=360°-R$

三、夹角的求算

如图 4-29 所示,已知 OA、OB 两直线的方位角分别为 α_{OA} 和 α_{OB},则这两条直线间的水平夹角为

$$\beta=\alpha_{OB}-\alpha_{OA} \tag{4-19}$$

即两方向间的夹角等于右侧直线的方位角减去左侧直线的方位角,当不够减时,应加上 360°再减。

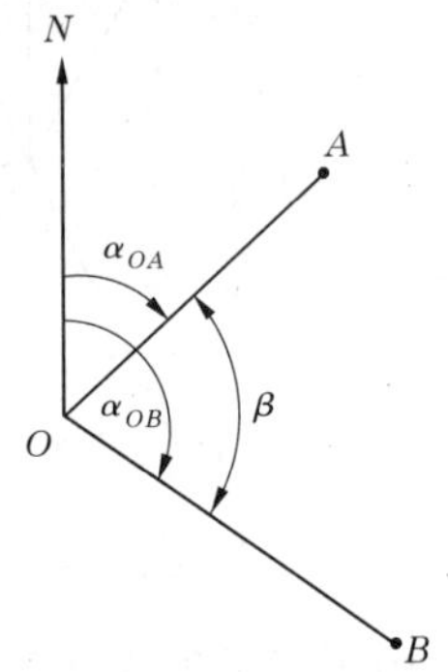

图 4-29　水平夹角的计算

四、罗盘仪的构造

罗盘仪是观测直线磁方位角或磁象限角的仪器,主要由罗盘、望远镜和水准器等部分组成,如图 4-30 所示。

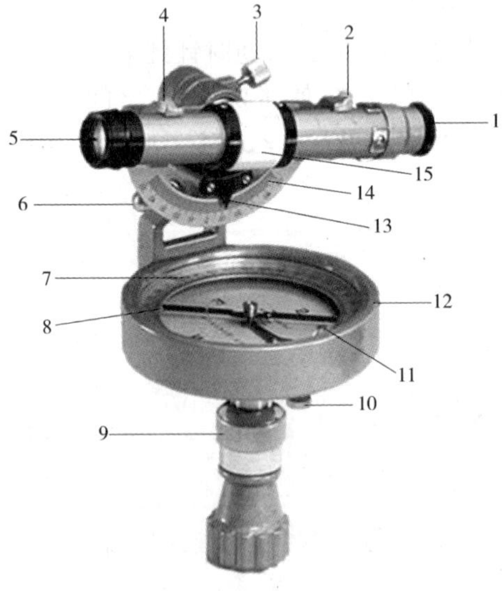

图 4-30　罗盘仪

1—目镜;2—照门;3—望远镜制动螺旋;4—准星;5—物镜;6—望远镜微动螺旋;7—水平刻度盘;8—磁针;9—球臼;10—磁针制动螺旋;11—水准器;12—罗盘盒;13—竖直度盘指针;14—竖直度盘;15—对光螺旋

(一)罗盘

罗盘包括磁针和刻度盘。如图 4-31 所示,磁针是一个长条形的人造磁铁,置于圆形罗盘盒的中央顶针上,可以自由转动;不用时应旋紧磁针制动螺旋,将磁针抬起压在罗盘盒的玻璃盖上,以避免磁针帽与顶针的磨损。另外,由于磁针两端受到地球南、北磁极引力的不同,造成磁针在自由静止时不能保持水平,磁针的北端会向下倾斜与水平面形成一个角度,该角称为磁倾角。为了消除磁倾角的影响,常在磁针南端缠绕铜丝以达到磁针的平衡,这也是磁针南端的标志。

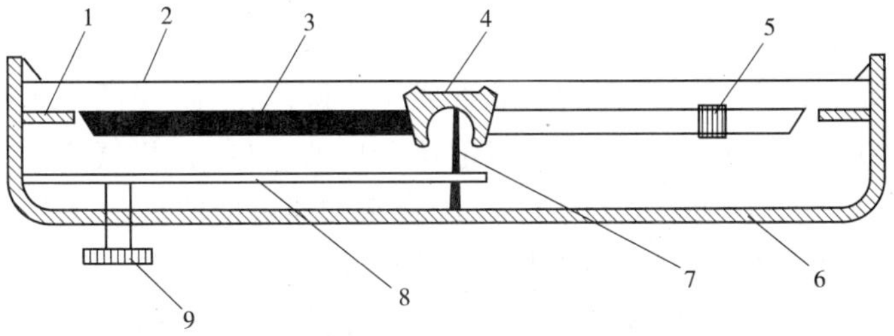

图 4-31　罗盘盒剖面

1—刻度盘;2—玻璃盖;3—磁针;4—磁针帽;
5—铜丝;6—罗盘盒;7—顶针;8—杠杆;9—磁针制动螺旋

刻度盘为一铝或铜制的圆环,装在罗盘盒的内缘。盘上最小分划为 1°或 30′,并每隔 10°作一注记。刻度盘的注记形式有两种,一是将 0° ~360°按逆时针方向注记,可以直接测出磁方位角,称为方位式刻度盘,如图 4-32(a)所示;另一种则是由 0°直径的两端起,分别对称地向左右两边各注记到 90°,能直接测出磁象限角,称为象限式刻度盘,如图 4-32(b)所示。用罗盘仪测定磁方位角时,刻度盘随着瞄准设备一起转动,而磁针是静止不动的,为了能直接读出与实地相符合的方位角,罗盘仪需按逆时针顺序注记,并调整东西方向的注字与实地相反。

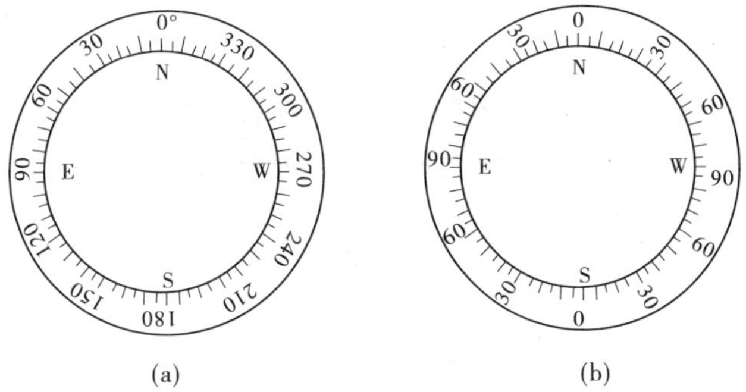

图 4-32　刻度盘及注记

(二)望远镜

罗盘仪的望远镜为外对光式,是仪器的照准设备。图 4-33 为外对光式望远镜的剖面图。十字丝装在十字丝环上,用四个校正螺丝将十字丝环固定在望远镜筒内;对光螺旋用以调节物镜焦距,使被观测目标的影像清晰。在望远镜的左侧安装有竖直度盘,可测量倾斜角,同时还附有控制望远镜转动的制动螺旋和微动螺旋。

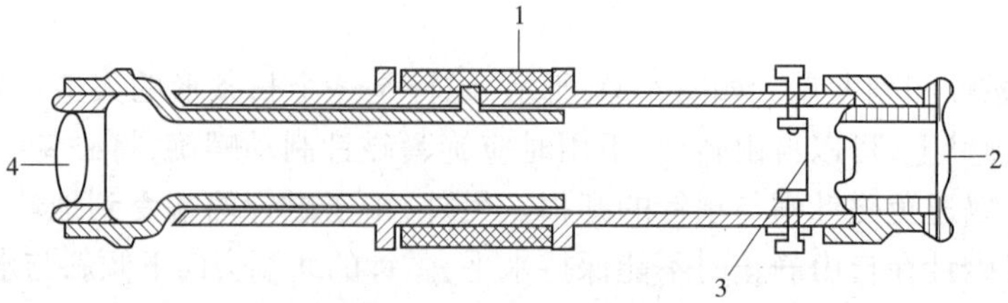

图 4-33　外对光式望远镜剖面

1—对光螺旋;2—目镜;3—十字丝分划板;4—物镜

(三)水准器和球臼

在罗盘盒内装有两个互相垂直的水准管或一个圆水准器,当两个水准管内的气泡同时被其上标志横线平分或圆水准器内的气泡位于中心位置时,称气泡居中,此时,罗盘盒处于水平状态。球臼螺旋在罗盘盒的下方,配合水准器可使罗盘盒处于水平状态;在球臼与罗盘盒间的连接轴上安装有水平制动螺旋,用于控制罗盘的水平转动。

罗盘仪还配有专用三脚架,架头上附有对中用的垂球帽,旋下垂球帽就会露出连接仪器的螺杆;架头中心的下面带有小钩,用于悬挂垂球。

五、罗盘仪测定磁方位角

(一)对中

将罗盘仪安置于待测直线的一个端点上,在三脚架下方悬挂一垂球,移动三脚架使垂球尖对准地面点的中心,目的是使罗盘仪水平度盘的中心与地面点在同一条铅垂线上。对中容许误差为 2 cm。

(二)整平

松开球臼螺旋,用手前后、左右摆动罗盘盒,使水准器气泡居中,然后拧紧球臼螺旋,此时罗盘仪刻度盘处于水平状态。仪器整平后,松磁针制动螺旋,使磁针在顶针上自由转动。

(三)瞄准目标

松开水平制动螺旋和望远镜制动螺旋,转动罗盘仪并粗略瞄准直线末端竖立的标杆后,再将水平制动螺旋和望远镜制动螺旋拧紧;转动望远镜目镜使十字丝清晰,调节对光螺旋使物像清晰,最后转动望远镜微动螺旋并水平微动罗盘盒,使十字丝交点精确瞄准目标。

(四)读数

待磁针自由静止后,由上向下正对磁针并沿注记增大方向直接读取直线的磁方位角,读数读至 1°,估至 30′。当望远镜的物镜在度盘的 0°刻划线一端时,应读磁针北端所指的读数,如图 4-34(a)所示;当望远镜的物镜在度盘的 180°刻划线一端时,则读磁针南端所指的读数,如图 4-34(b)所示。

为了提高观测成果的精度和防止错误,在测得直线的正磁方位角之后,往往还要测出反磁方位角。在小范围内,若测得正磁方位角 $\alpha_{正}$、反磁方位角 $\alpha_{反}$ 两者差值的绝对值在 180° ±1°之内,可取其平均值作为所测直线的磁方位角,即

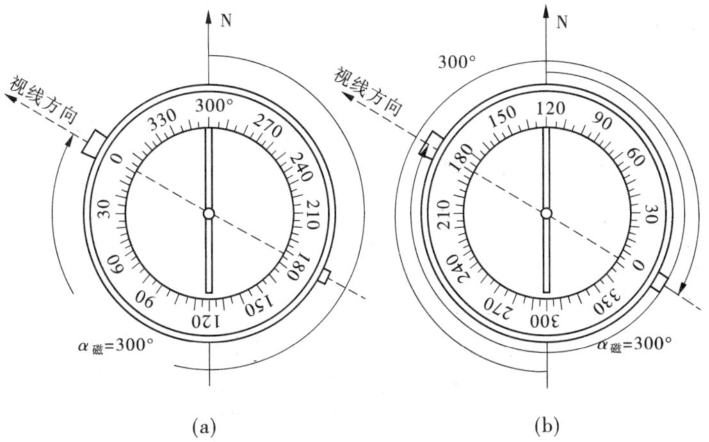

图 4-34　测定磁方位角

$$\alpha_{平均} = \frac{1}{2} \times [\alpha_{正} + (\alpha_{反} \pm 180°)] \tag{4-20}$$

式中，当 $\alpha_{反} > 180°$时，取"－"号；若 $\alpha_{反} < 180°$，取"＋"号。

实训 4-3　罗盘仪观测磁方位角

一、实训目的

掌握罗盘仪观测磁方位角的方法步骤。

二、实训内容

(1)熟悉罗盘仪的构造。

(2)使用罗盘仪观测任一直线的磁方位角。

三、仪器与工具

罗盘仪 1 台、标杆 2 根、木桩 2～3 个、斧头 1 把、记录板 1 块(含相关记录表格)；自备铅笔、橡皮、小刀、计算器等。

四、方法提示

(1)对照实物，熟悉罗盘仪各部件的名称及其作用。

(2)在地面上选择相距 80～100 m 远的 *A*、*B* 两点，分别钉入木桩。

(3)在 *A* 点安置罗盘仪，在 *B* 点竖立标杆；罗盘仪对中、整平后，松开磁针制动螺旋，用望远镜瞄准目标 *B*，读取磁针北端在刻度盘上的读数，即为直线 *AB* 的正磁方位角。

(4)将罗盘仪安置在 *B* 点，在 *A* 点竖立标杆，用望远镜瞄准 *A* 点，测出 *AB* 方向的反磁方位角。

(5)若直线 *AB* 正、反磁方位角差值的绝对值在 180° ± 1°之内，取其平均值作为最后结果;否则应查明原因,重新观测。

五、注意事项

(1)选点以及观测时,要避免仪器接近铁塔、高压线、钢尺等导磁物体。

(2)读数时,要认清磁针的北端和南端,眼睛要从磁针上方垂直向下看,并按注记由小到大读取方位角。

六、实训报告

每小组上交罗盘仪测量磁方位角记录一份,具体格式见表4-27。

表4-27　罗盘仪测量磁方位角记录

测站	目标	磁方位角(°　′)			备注
		正方位角	反方位角	平均方位角	

复习与思考题

1. 简述平坦地面钢尺一般量距的步骤。

2. 某钢尺的尺长方程式为 $l_t = 30\ \text{m} + 0.005\ \text{m} + 1.25 \times 10^{-5}/℃ \times (t - 20\ ℃) \times 30\ \text{m}$,用该钢尺量得 A、B 间的尺段长为 29.903 6 m,若丈量时的温度为 25 ℃,A、B 两点间高差为 +0.85 m,试求 A、B 两点间的水平距离。

3. 用 DJ_6 型光学经纬仪进行视距测量,已知测站 A 的高程为 120.68 m,仪器高为 1.45 m,视距乘常数为 100,试根据表4-28中的观测数据,计算测站 A 至各测点的水平距离、高差,并求出各测点的高程。

表4-28　视距测量观测记录

测点	尺间隔(m)	中丝读数(m)	盘左竖盘读数	竖直角	水平距离(m)	高差(m)	测点高程(m)	备注
1	0.852	1.42	83°25′					盘左时竖盘注记 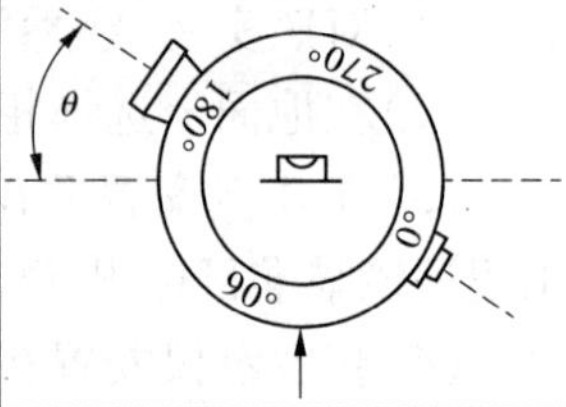
2	1.231	1.42	97°32′					
3	1.543	1.50	85°48′					
4	1.292	2.80	92°12′					

4. 电磁波测距仪如何分类?简述电磁波测距的基本原理。

5. 电子全站仪由哪几个系统组成？电子全站仪有哪些测量模式？

6. 解释直线定向、基本方向、方位角、象限角的含义。

7. 在某园林工程施工图上，已知直线 *AB* 的坐标方位角为 67°15′，过 *A* 点的子午线收敛角为 +1°02′，磁偏角为西偏 1°13′，求 *AB* 的磁方位角、真方位角各为多少？并绘图说明。

第五章　测量误差的基本知识

本章提要

测量所得的观测值与其真实值之间的差异称为测量误差。本章主要讲述了测量误差及其来源、误差的种类与衡量测量精度的指标、误差的传播定律、算术平均值及其中误差等内容。

第一节　测量误差概述

在测量工作中，对某一量进行多次观测，各次观测的结果并不相等，会存在一些差异。因此，有必要分析误差产生的原因及其规律，采取适当方法或措施尽量减少误差对观测结果的影响，提高观测质量。

一、测量误差的来源

（一）仪器工具

测量工作是借助测量仪器进行的，由于每一种测量仪器都具有一定的精密度，因此会使观测结果受到一定的影响。例如，在角度测量中，由于水平度盘的分划不均匀，会对观测的结果造成误差。同样，测量工具也会产生影响。例如，用只有厘米分划的水准尺进行水准测量时，就难以保证厘米以下估读时的正确性。

（二）观测者

由于观测者感觉器官的鉴别能力有一定的局限性，所以在操作仪器的过程中会产生误差。例如，在角度测量中，仪器的对中、整平、照准和读数等方面都会产生误差。

（三）外界环境

测量工作都是在一定的外界环境下进行的，而外界环境时刻都在发生变化，因此也会对观测结果产生直接影响。例如，温度等外界条件的改变，会使观测结果产生误差。

测量误差产生的原因有很多，而上述三个方面的因素是误差产生的主要来源，通常将其综合起来称为观测条件。在相同观测条件下进行的观测，认为其观测质量是一致的，称为等精度观测。观测条件的好坏与观测成果的质量密切相关，观测条件好，观测质量就好，观测成果的精度也就高。

在测量工作中，如果能改善仪器的性能，选择良好的观测条件，认真细致地按操作规程作业，无疑可提高测量结果的精度，但并不能消除观测误差的来源，所以误差是不可避免的，任何观测结果中都会含有测量误差。

二、测量误差的种类

根据误差对观测结果影响性质的不同，测量误差分为系统误差和偶然误差两类。

(一)系统误差

在相同的观测条件下,对某量进行一系列的观测,如果观测误差的正负符号和数值大小固定不变,或按一定的规律变化,那么这一类误差就称为系统误差。例如,用一副名义长度为 30.000 m,而实际长度为 30.002 m 的钢尺进行量距时,每丈量一尺段就会产生 0.002 m 的误差,由于尺长误差是一个定值,由尺长误差所引起的距离误差会随着所测距离的长度成正比例增加,即随着尺段数的增加而呈现出累积性,这是由于仪器工具的不完善所产生的系统误差。

系统误差对于观测结果的影响一般具有累积的作用,对成果质量有特别显著的影响,因此在测量过程中,应采用各种方法减弱或消除系统误差对观测结果的影响。

1. 加入改正数的方法

例如,在钢尺量距前,对钢尺进行检定,求出尺长误差的大小,再对丈量的距离进行尺长改正,可以消除由于尺长误差引起的距离误差。

2. 采用适当的观测方法

例如,在水准测量时,保持前后视距相等,可以消除由于视准轴与水准管轴不平行而产生的系统误差。

(二)偶然误差

在相同的观测条件下,对某一量进行了一系列观测,如果误差在大小和符号上都表现出偶然性,即从单个误差来看,误差的大小和符号没有规律,但就大量误差的总体而言,则具有一定的统计规律,这一类误差就称为偶然误差。例如,在水准测量中,视差的存在导致估读的数据不准确,气温的变化对观测结果的影响等都属于偶然误差。

在测量过程中,除系统误差、偶然误差外,还可能发生错误,错误也称粗差。例如,读错、听错、记错等。粗差不属于误差范畴,在测量计算时,粗差是不允许存在的。

系统误差和偶然误差在测量过程中总是同时产生的,当通过适当的方法消除或减弱了系统误差,并剔除了观测结果中的粗差后,则在观测结果中主要存在偶然误差,可见,偶然误差的存在是测量中所不可避免的,因此偶然误差就成了测量误差理论研究的主要对象,必须了解偶然误差的特性。

由偶然误差的定义知,对偶然误差而言,从单个误差来看,其出现的符号和大小没有规律性,呈现出偶然性,但就其总体而言,却具有一定的统计规律,并随着观测次数的增加,规律性越来越明显。

例如,在相同的观测条件下,对某一三角形的三个内角进行了 256 组观测,由于观测值存在误差,则观测得到的三角形内角和 l_i 不等于真值 180°,若真值用 x 表示,其与观测值之差称为真误差,即

$$\Delta_i = x - l_i = 180° - l_i \tag{5-1}$$

式中 l_i——第 i 组观测得到的三角形内角之和;

Δ_i——真误差。

由式(5-1)可计算得到每组观测值的真误差,根据这些计算所得真误差的正、负号和大小,并按一定的误差区间进行统计,列入表 5-1 中。

表 5-1　偶然误差统计表

误差区间 (″)	负误差		正误差		总计	
	个数	频率	个数	频率	个数	频率
0 ~ 3	36	0.141	37	0.145	73	0.285
3 ~ 6	28	0.109	27	0.105	55	0.214
6 ~ 9	23	0.090	23	0.090	46	0.180
9 ~ 12	17	0.066	17	0.066	34	0.133
12 ~ 15	12	0.047	11	0.043	23	0.090
15 ~ 18	6	0.023	7	0.027	13	0.051
18 ~ 21	4	0.016	4	0.016	8	0.031
21 ~ 24	2	0.008	1	0.004	3	0.012
24 ~ 27	0	0.000	1	0.004	1	0.004
27 以上	0	0.000	0	0.000	0	0.000
总计	128	0.500	128	0.500	256	1.000

从表 5-1 可以看出，偶然误差的分布具有如下特性：

(1)在一定的观测条件下，偶然误差的绝对值不会超过一定的限值。

(2)绝对值小的误差比绝对值大的误差出现的频率高。

(3)绝对值相等的正、负误差出现的频率相同。

(4)偶然误差的平均值随观测次数的增加而趋近于零，即

$$\lim_{n\to\infty}\frac{[\Delta]}{n}=0 \tag{5-2}$$

式中　$[\Delta]=\Delta_1+\Delta_2+\cdots+\Delta_n$；

n——观测次数。

第二节　衡量观测值精度的指标

精度是指误差分布的密集或离散的程度。在相同的观测条件下，对某一量进行了一系列观测，如果误差分布较为密集，即离散度较小，则该组观测质量较好，精度较高；反之，该组观测质量较差，精度较低。测量中常用的衡量精度的指标有以下几种。

一、中误差

在相同的观测条件下，对某一量进行了 n 次同精度观测，观测值分别为 $l_1,l_2,\cdots,l_n$，若观测量的真值为 x，可得观测值真误差分别为 $\Delta_1,\Delta_2,\cdots,\Delta_n$，则中误差 m 为

$$m=\pm\sqrt{\frac{[\Delta\Delta]}{n}} \tag{5-3}$$

式中　m——观测值的中误差；

$[\Delta\Delta] = \Delta_1^2 + \Delta_2^2 + \cdots + \Delta_n^2$。

【例 5-1】　有甲、乙两个小组，分别对某一三角形的三个内角进行了 10 次等精度观测，各自得到三角形内角和的真误差为：甲组，$-4''$、$+3''$、$-3''$、$-2''$、$+1''$、$0''$、$-1''$、$+2''$、$+3''$、$+3''$；乙组，$-3''$、$+5''$、$-7''$、$+4''$、$-2''$、$0''$、$+6''$、$+4''$、$-5''$、$-1''$。若甲、乙小组观测值的中误差分别用 m_1 和 m_2 表示，试问哪一组的观测精度较高？

解：根据式(5-3)得

$$m_1 = \pm\sqrt{\frac{(-4)^2 + 3^2 + (-3)^2 + (-2)^2 + 1^2 + 0^2 + (-1)^2 + 2^2 + 3^2 + 3^2}{10}}$$

$$= \pm 2.5''$$

$$m_2 = \pm\sqrt{\frac{(-3)^2 + 5^2 + (-7)^2 + 4^2 + (-2)^2 + 0^2 + 6^2 + 4^2 + (-5)^2 + (-1)^2}{10}}$$

$$= \pm 4.2''$$

因 $|m_1| < |m_2|$，所以甲组的观测精度高于乙组的观测精度。

二、容许误差

容许误差又称极限误差。在一定的观测条件下，由于偶然误差的绝对值不会超过一定的限值，因此可以用这一限值作为判断粗差是否存在的依据，来衡量观测值是否达到了精度标准。大量的数理统计实践证明：在一组大量的等精度观测的误差中，绝对值大于一倍中误差的偶然误差出现的频率为 31.7%；大于二倍中误差的偶然误差出现的频率为 4.5%；大于三倍中误差的偶然误差出现的频率仅为 0.3%，因而通常采用三倍中误差作为偶然误差的容许误差，即

$$\Delta_{容} = 3m \tag{5-4}$$

式中　m——观测值的中误差。

在现行的测量规范中，为了对观测提出更严格的要求，一般采用二倍中误差作为偶然误差的容许误差，即

$$\Delta_{容} = 2m \tag{5-5}$$

在测量工作中，如果某观测值的误差超过了容许误差，就认为该观测值存在粗差，应舍去。

三、相对误差

真误差、中误差、容许误差都是表示误差本身的大小，称为绝对误差。在测量工作中，对衡量精度来说，有时只用绝对误差是很难判断观测值精度高低的。

相对误差是观测值中误差的绝对值与观测值之比，通常用 K 来表示，并把它转化成分子为 1，分母为一个整数的分数，即

$$K = \frac{|m|}{L} = \frac{1}{\frac{L}{|m|}} \tag{5-6}$$

式中 L——观测值；

m——观测值的中误差。

【例 5-2】 用同一钢尺分别丈量了甲、乙两段距离，其长度分别为 200. 000 m 和 500. 000 m，它们的中误差都是 ±0. 010 m，试问哪一段距离的观测精度较高？

解：由式(5-6)可知

$$K_{甲} = \frac{|\pm 0.010|}{200.000} = \frac{1}{20\,000}$$

$$K_{乙} = \frac{|\pm 0.010|}{500.000} = \frac{1}{50\,000}$$

显然，$K_{乙} < K_{甲}$，距离乙的丈量精度高于距离甲。

第三节 误差传播定律

在测量工作中，往往会遇到某些量并不是直接观测得到的，而是由观测值通过一定的函数关系式计算出来的。例如，在水准测量中，通过观测得到后视读数和前视读数，可以计算出一个测站的高差，即高差可表示成后视读数和前视读数的函数，由于后视读数和前视读数均含有误差，则高差也必然含有误差，那么，如何由后视读数的中误差和前视读数的中误差计算高差的中误差呢？阐述观测值的中误差与观测值函数的中误差之间关系的公式，称为误差传播定律。

一、倍函数的中误差

设有函数

$$z = kx \tag{5-7}$$

式中 k——非零常数，无误差；

x——测量观测值，设它的中误差为 m_x；

z——观测值的函数，设它的中误差为 m_z。

当观测值 x 存在真误差 Δ_x 时，函数 z 也存在真误差 Δ_z，即

$$z + \Delta_z = k(x + \Delta_x) \tag{5-8}$$

将式(5-8)和式(5-7)相减，得误差函数式

$$\Delta_z = k\Delta_x \tag{5-9}$$

设对 x 进行了 n 次观测，则存在 n 个误差函数式，即

$$\begin{cases} \Delta_{z_1} = k\Delta_{x_1} \\ \Delta_{z_2} = k\Delta_{x_2} \\ \quad \vdots \\ \Delta_{z_n} = k\Delta_{x_n} \end{cases}$$

将上列 n 个函数式等号两边同时平方并分别相加后，再除以 n 得

$$\frac{[\Delta_z\Delta_z]}{n} = k^2 \frac{[\Delta_x\Delta_x]}{n}$$

由中误差的定义可知

$$m_z^2 = k^2 m_x^2 \tag{5-10}$$

或

$$m_z = k m_x \tag{5-11}$$

即倍函数的中误差等于观测值的中误差与倍数的乘积。

【例5-3】　在1∶1 000比例尺的地形图上量得A、B两点之间的图距$d = 86.3$ mm，图上量距的中误差$m_d = \pm 0.1$ mm，求A、B两点之间的实地距离D_{AB}及其中误差m_D各为多少？

解：由题意知

$$D = 1\ 000d = 1\ 000 \times 86.3 = 86\ 300(\text{mm}) = 86.3\ \text{m}$$

根据式(5-11)得

$$m_D = 1\ 000 m_d = 1\ 000 \times (\pm 0.1) = \pm 0.1(\text{m})$$

故$D_{AB} = 86.3\ \text{m} \pm 0.1\ \text{m}$。

二、和差函数的中误差

设有函数

$$z = x \pm y \tag{5-12}$$

式中　x,y——独立观测值，设它们的中误差分别为m_x和m_y；

z——x、y的和或差的函数，设它的中误差为m_z。

当对x和y均进行了n次观测时，则存在n个误差函数式，即

$$\begin{cases} \Delta_{z_1} = \Delta_{x_1} \pm \Delta_{y_1} \\ \Delta_{z_2} = \Delta_{x_2} \pm \Delta_{y_2} \\ \qquad \vdots \\ \Delta_{z_n} = \Delta_{x_n} \pm \Delta_{y_n} \end{cases}$$

将上列n个函数式等号两边同时平方并分别相加后，再除以n得

$$\frac{[\Delta_z \Delta_z]}{n} = \frac{[\Delta_x \Delta_x]}{n} + \frac{[\Delta_y \Delta_y]}{n} \pm 2\frac{[\Delta_x \Delta_y]}{n}$$

由于Δ_x和Δ_y是相互独立的偶然误差，且其值很小，则乘积$\Delta_x \Delta_y$也呈现出偶然性，而且会更小；根据偶然误差的特性，当观测次数n趋于无穷大时，$\frac{[\Delta_x \Delta_y]}{n} = 0$，那么

$$\frac{[\Delta_z \Delta_z]}{n} = \frac{[\Delta_x \Delta_x]}{n} + \frac{[\Delta_y \Delta_y]}{n}$$

由中误差的定义知

$$m_z^2 = m_x^2 + m_y^2 \tag{5-13}$$

或

$$m_z = \pm \sqrt{m_x^2 + m_y^2} \tag{5-14}$$

即和差函数的中误差等于观测值中误差平方和的平方根。

若有n个观测值的代数和为$Z = x_1 \pm x_2 \pm \cdots \pm x_n$，则同样可得

$$m_z = \pm\sqrt{m_{x_1}^2 + m_{x_2}^2 + \cdots + m_{x_n}^2} \tag{5-15}$$

【例 5-4】 在水准测量中,已知一测站后视读数 a 的中误差 $m_a = \pm 1$ mm,前视读数 b 的中误差 $m_b = \pm 1$ mm,求该测站高差 h 的中误差 m_h。

解:由水准测量原理知

$$h = a - b$$

根据式(5-14)得

$$m_h = \pm\sqrt{m_a^2 + m_b^2} = \pm\sqrt{(\pm 1)^2 + (\pm 1)^2} = \pm 1.4(\mathrm{mm})$$

三、线性函数的中误差

设有线性函数

$$Z = K_1 x_1 \pm K_2 x_2 \pm \cdots \pm K_n x_n \tag{5-16}$$

式中　$K_1, K_2, \cdots, K_n$——常数;

$x_1, x_2, \cdots, x_n$——独立观测值,设它们相应的中误差分别为 $m_1, m_2, \cdots, m_n$;

Z——线性函数,设它的中误差为 m_z。

根据式(5-11)和式(5-15)得

$$m_z = \pm\sqrt{K_1^2 m_1^2 + K_2^2 m_2^2 + \cdots + K_n^2 m_n^2} \tag{5-17}$$

即线性函数的中误差等于各常数与相应观测值中误差乘积平方和的平方根。

【例 5-5】 量得地面上一矩形的长 $a = 60.00$ m ± 0.02 m,其宽 $b = 40.00$ m ± 0.03 m,求该矩形的周长及其中误差 m_p。

解:由题意可知

$$p = 2a + 2b = 2 \times 60.00 + 2 \times 40.00 = 200.00(\mathrm{m})$$

根据式(5-17)得

$$m_p = \pm\sqrt{2^2 \times m_a^2 + 2^2 \times m_b^2} = \pm\sqrt{2^2 \times (\pm 0.02)^2 + 2^2 \times (\pm 0.03)^2} = \pm 0.07(\mathrm{m})$$

故周长为 200.00 m ±0.07 m。

四、一般函数的中误差

设有一般函数

$$Z = f(x_1, x_2, \cdots, x_n) \tag{5-18}$$

式中　$x_1, x_2, \cdots, x_n$——互相独立的观测值,设它们相应的中误差分别为 $m_1, m_2, \cdots, m_n$;

Z——一般函数,设它的中误差为 m_z。

当观测值 $x_1, x_2, \cdots, x_n$ 分别具有真误差 $\Delta x_1, \Delta x_2, \cdots, \Delta x_n$ 时,则函数 Z 也必然随之产生真误差 Δz;因误差 Δ 是微小数量,变量的误差与函数误差之间的关系,可以近似地用函数的全微分来表达。对 $Z = f(x_1, x_2, \cdots, x_n)$ 取全微分得

$$\mathrm{d}z = \frac{\partial f}{\partial x_1}\mathrm{d}x_1 + \frac{\partial f}{\partial x_2}\mathrm{d}x_2 + \cdots + \frac{\partial f}{\partial x_n}\mathrm{d}x_n$$

若用真误差“Δ”来代替微分量,则得

$$\Delta z = \frac{\partial f}{\partial x_1}\Delta x_1 + \frac{\partial f}{\partial x_2}\Delta x_2 + \cdots + \frac{\partial f}{\partial x_n}\Delta x_n \tag{5-19}$$

式中 $\frac{\partial f}{\partial x_i}$——函数对于各个变量所取的偏导数($i=1,2,\cdots,n$),可将观测值代入求得,这些数值都是常数。

根据式(5-17)可得

$$m_z = \pm\sqrt{\left(\frac{\partial f}{\partial x_1}\right)^2 m_1^2 + \left(\frac{\partial f}{\partial x_2}\right)^2 m_2^2 + \cdots + \left(\frac{\partial f}{\partial x_n}\right)^2 m_n^2} \tag{5-20}$$

即一般函数的中误差,等于该函数对各观测值所求得的偏导数值与相应观测值中误差乘积平方和的平方根。

【例 5-6】 今有高差函数 $h=D\tan\alpha$,已知 $D=86.96\ \text{m}\pm0.04\ \text{m}$,$\alpha=10°32'00''\pm30''$,求高差及其中误差 m_h。

解:由题意可知

$$h = D\tan\alpha = 86.96\times\tan10°32'00'' = 16.17(\text{m})$$

对函数式 $h=D\tan\alpha$ 取全微分得

$$\mathrm{d}h = \tan\alpha\cdot\mathrm{d}D + (D\cdot\sec^2\alpha)\frac{\mathrm{d}\alpha}{\rho}$$

则由式(5-20)得

$$\begin{aligned} m_h &= \pm\sqrt{(\tan\alpha)^2 m_D^2 + \left(\frac{D\sec^2\alpha}{\rho}\right)^2 m_\alpha^2} \\ &= \pm\sqrt{\tan^2 10°32'00''\times(\pm0.04)^2 + \left(\frac{86.96\times\sec^2 10°32'00''}{206\ 265''}\right)^2\times(\pm30)^2} \\ &= \pm0.02(\text{m}) \end{aligned}$$

故高差为 16.17 m ±0.02 m。

第四节　算术平均值及其中误差

一、算术平均值的中误差

(一)算术平均值

在相同的观测条件下,对某一量进行了 n 次观测,观测值分别为 $l_1,l_2,\cdots,l_n$,若观测量的真值为 x,则观测值的真误差可分别表示为 $\Delta_1,\Delta_2,\cdots,\Delta_n$,即

$$\begin{cases} \Delta_1 = x - l_1 \\ \Delta_2 = x - l_2 \\ \quad\vdots \\ \Delta_n = x - l_n \end{cases} \tag{5-21}$$

将上列 n 个函数式等号两边分别相加后,再除以 n 得

$$\frac{[\Delta]}{n} = x - \frac{[l]}{n}$$

由偶然误差的特性可知

$$\lim_{n\to\infty}\frac{[\Delta]}{n}=0$$

则可得

$$x=\lim_{n\to\infty}\frac{[l]}{n}$$

在实际测量工作中，观测次数 n 总是有限的，因此观测量的算术平均值最接近于观测量的真值，也称为最或是值，即

$$L=\frac{[l]}{n}=\frac{l_1+l_2+\cdots+l_n}{n}\approx x \tag{5-22}$$

式中　L——观测量的算术平均值。

（二）算术平均值的中误差

由式(5-22)可知

$$L=\frac{[l]}{n}=\frac{1}{n}l_1+\frac{1}{n}l_2+\cdots+\frac{1}{n}l_n$$

当观测为等精度独立观测时，则 $l_1,l_2,\cdots,l_n$ 的中误差相同，即 $m_1=m_2=\cdots=m_n=m$。由式(5-17)知，算术平均值的中误差为

$$m_L=\pm\sqrt{\left(\frac{1}{n}m_1\right)^2+\left(\frac{1}{n}m_2\right)^2+\cdots+\left(\frac{1}{n}m_n\right)^2}=\pm\frac{1}{\sqrt{n}}m \tag{5-23}$$

即算术平均值的中误差等于等精度独立观测值中误差的$\frac{1}{\sqrt{n}}$倍，因此增加观测次数可以提高算术平均值的精度。

二、观测值的中误差

由式(5-3)可知，为了计算观测量的中误差，必须知道观测量的真值，但在实际的测量工作中，观测量的真值 x 往往是未知的，因此无法直接使用式(5-3)计算观测量的中误差。由于观测量的算术平均值可代替观测量的真值，所以可以利用算术平均值计算观测值的改正数，再计算观测值的中误差。

（一）观测值的改正数

观测值的改正数等于观测值的算术平均值与观测值之差，也称似真误差，若以 v 表示，则

$$v=L-l \tag{5-24}$$

当进行了 n 次等精度独立观测时，可得 n 个改正数函数式，即

$$\begin{cases}v_1=L-l_1\\v_2=L-l_2\\\quad\vdots\\v_n=L-l_n\end{cases} \tag{5-25}$$

将上列 n 个函数式等号两边同时分别相加得

$$[v]=nL-[l]$$

根据式(5-22)得

$$[v] = n\frac{[l]}{n} - [l] = 0 \tag{5-26}$$

即一组同精度观测值的改正数之和恒等于零,这一结论可以用于测量计算的校核。

(二)观测值的中误差

将式(5-21)和式(5-25)中的对应各式分别相减并整理,得

$$\begin{cases}\Delta_1 = v_1 + (x - L)\\ \Delta_2 = v_2 + (x - L)\\ \quad\vdots\\ \Delta_n = v_n + (x - L)\end{cases}$$

将上列 n 个函数式等号两边平方后分别相加得

$$[\Delta\Delta] = [vv] + n(x - L)^2 + 2(x - L)[v]$$

由式(5-26)可知

$$2(x - L)[v] = 0$$

则可得

$$[\Delta\Delta] = [vv] + n(x - L)^2 \tag{5-27}$$

将式(5-27)中右边的第二项取出,并根据式(5-22)得

$$\begin{aligned}n(x-L)^2 &= n\left(x - \frac{[l]}{n}\right)^2 = n\left(\frac{\Delta_1 + \Delta_2 + \cdots + \Delta_n}{n}\right)^2\\ &= \frac{1}{n}(\Delta_1^2 + \Delta_2^2 + \cdots + \Delta_n^2 + 2\Delta_1\Delta_2 + 2\Delta_1\Delta_3 + \cdots + 2\Delta_{n-1}\Delta_n)\\ &= \frac{[\Delta\Delta]}{n} + 2\frac{(\Delta_1\Delta_2 + \Delta_1\Delta_3 + \cdots + \Delta_{n-1}\Delta_n)}{n}\end{aligned}$$

由于真误差 $\Delta_1,\Delta_2,\cdots,\Delta_n$ 为偶然误差,且其值很小,其积则更小,也呈现出偶然性。根据偶然误差的特性可知,当观测次数 n 趋于无穷大时,$\frac{\Delta_1\Delta_2 + \Delta_1\Delta_3 + \cdots + \Delta_{n-1}\Delta_n}{n} = 0$,故式(5-27)可整理成

$$[\Delta\Delta] = [vv] + \frac{[\Delta\Delta]}{n} \tag{5-28}$$

将式(5-28)移项整理,得

$$\frac{[\Delta\Delta]}{n} = \frac{[vv]}{n-1}$$

由式(5-3)可知

$$m = \pm\sqrt{\frac{[vv]}{n-1}} \tag{5-29}$$

式(5-29)即为用观测值改正数计算观测值中误差的公式。

如将式(5-29)代入式(5-23),则算术平均值的中误差为

$$m_L = \pm\sqrt{\frac{[vv]}{n(n-1)}} \tag{5-30}$$

【例 5-7】 对某一水平角进行了 6 次等精度观测，各观测值列于表 5-2 中，试求该水平角的算术平均值 L、观测值的中误差 m 及其算术平均值的中误差 m_L。

表 5-2　角度观测值及其改正数

观测次序	角度观测值 l (° ′ ″)	改正数 v (″)	改正数的平方 vv (″²)
1	58 46 35	0	0
2	58 46 38	−3	9
3	58 46 30	+5	25
4	58 46 34	+1	1
5	58 46 40	−5	25
6	58 46 33	+2	4
Σ		$[v]=0$	$[vv]=64$

解：根据式(5-22)得

$$L=\frac{l_1+l_2+l_3+l_4+l_5+l_6}{6}=58°46'35''$$

由式(5-29)可知

$$m=\pm\sqrt{\frac{[vv]}{n-1}}=\pm\sqrt{\frac{64}{6-1}}=\pm 3.6''$$

根据式(5-30)得

$$m_L=\pm\sqrt{\frac{[vv]}{n(n-1)}}=\pm\sqrt{\frac{64}{6\times(6-1)}}=\pm 1.5''$$

复习与思考题

1. 系统误差和偶然误差有何不同？偶然误差具有哪些特性？

2. 在三角形 ABC 中，用经纬仪直接观测了 $\angle A$、$\angle B$，它们的中误差分别是 $\pm 4''$ 和 $\pm 5''$，求 $\angle C$ 的中误差 m_c。

3. 有一矩形场地，量得其长 $a=78.36\ \text{m}\pm 0.05\ \text{m}$，其宽 $b=45.35\ \text{m}\pm 0.04\ \text{m}$，求该矩形的面积 p 及其中误差 m_p。

4. 在测量工作中，量得某斜距为 128.64 m，它的中误差是 ±0.01 m，又测得竖直角 $\alpha=12°36'$，它的中误差 $m_\alpha=\pm 1'$，求该斜距的水平距离 D 及其中误差 m_D。

5. 在相同的观测条件下，对某段距离进行了 6 次丈量，观测值分别是：156.444 m、156.426 m、156.455 m、156.434 m、156.433 m、156.412 m，试计算该组量距数据的算术平均值、观测值的中误差、算术平均值的中误差及其相对误差。

第六章　小区域控制测量

本章提要

测定控制点平面坐标和高程的工作称为控制测量，它具有控制全局和限制测量误差传播及累积的重要作用；小区域控制测量的测区范围较小，可以不考虑地球曲率对水平角和水平距离测量的影响。本章主要讲述控制网的分类与建立方法、导线测量的外业工作步骤、经纬仪闭合导线与附合导线的内业计算方法、支导线法与前方交会法加密图根控制点、四等水准测量和三角高程测量等内容；另外，本章还对 GPS 全球定位系统的组成与定位原理、GPS 定位的方法与测量工作等作了简要介绍。

第一节　控制测量概述

测量工作必须遵循“从整体到局部，由高级到低级，先控制后碎部”的原则。在测区范围内选择若干具有控制意义的点称为控制点，按一定的规律和要求将控制点相互连接而形成的网状几何图形，称为测量控制网，简称控制网；控制网分为平面控制网和高程控制网。用精密的测量仪器、工具和相应的方法，准确地测定出各控制点位置的工作，称为控制测量。

控制测量包括平面控制测量和高程控制测量。测定控制点平面位置的工作，称为平面控制测量，它的任务是获取控制点的平面直角坐标(x,y)，常用导线测量、三角测量等方法。测定控制点高程的工作，称为高程控制测量，它的任务是获取控制点的绝对高程(H)，常用的方法有水准测量和三角高程测量。

根据不同的用途和范围，测量控制网可分为国家控制网、城市控制网、小区域控制网和图根控制网等形式。

一、国家控制网

国家控制网是为了统一全国各地区、各单位的地形测量工作而在全国范围内建立的控制网，它一方面为地形测图和大型工程建设提供基本控制，另一方面也为研究地球整体的形状和大小提供资料。国家控制网分为国家平面控制网和国家高程控制网，依照施测精度，国家平面控制网和高程控制网均按一、二、三、四等四个等级布设，低级点受高级点逐级控制。

（一）国家平面控制网的布设

国家平面控制网是确定地物、地貌平面位置的坐标体系，按控制等级和施测精度分为一、二、三、四等网。目前提供使用的国家平面控制网含三角点、导线点共 154 348 个，构成 1954 年北京坐标系、1980 年西安坐标系两套系统。国家平面控制网主要布设成三角网，采用三角测量的方法建立。

1. 布设原则

(1)分级布网、逐级控制。由于我国幅员辽阔,地形复杂,不可能用最高精度和较大密度的控制网一次布满全国。为了适时地保障国家经济建设和国防建设用图的需要,根据主次缓急而采用分级布网、逐级控制的原则是十分必要的。即先以精度高而稀疏的一等三角锁尽可能沿经纬线方向纵横交叉地迅速布满全国,形成统一的骨干大地控制网,然后在一等锁环内逐级(或同时)布设二、三、四等控制网。

(2)应有足够的精度。控制网的精度应根据需要和可能来确定,作为国家大地控制网骨干的一等控制网,应力求精度更高些才有利于为科学研究提供可靠的资料。

为了保证国家控制网的精度,必须对起算数据和观测元素的精度、网中图形角度的大小等,提出适当的要求和规定。这些要求和规定,均列于国家三角测量和精密导线测量规范中。

(3)应有足够的密度。控制点的密度(每个点的控制面积),主要根据测图方法及测图比例尺的大小而定。例如,用航测方法成图时,密度要求的经验数值见表6-1。

表6-1　航测成图时对平面控制点的密度要求

测图比例尺	每幅图要求点数	每个三角点控制面积(km^2)	三角网平均边长(km)	等级
1:50 000	3	约150	13	二等
1:25 000	2～3	约50	8	三等
1:10 000	1	约20	2～6	四等

由于控制网的边长与点的密度有关,所以在布设控制网时,对点的密度要求是通过规定控制网的边长而体现出来的。

(4)应有统一的规格。由于我国三角锁网的规模巨大,必须有大量的测量单位和作业人员分区同时进行作业,为此,必须由国家制定统一的大地测量法式和作业规范,作为建立全国统一技术规格的控制网的依据。

2. 布设方案

我国采用传统的三角网作为平面控制网的基本形式,只是在青藏高原特殊地区布设了一等电磁波测距导线。

(1)一等三角锁。一等三角锁是国家大地控制网的骨干,其主要作用是控制二等以下各级三角测量,并为地球科学研究提供资料。

一等三角锁尽可能沿经纬线、边境线和海岸线方向布设成纵横交叉的网状图形,如图6-1所示。在一等锁交叉处设置起算边,以获得精确的起算边长,并可控制锁中边长误差的积累。多数起算边的长度是采用基线测量的方法求得的,随着电磁波测距技术的发展,少数起算边的测定已被电磁波测距法所代替。

一等锁在起算边两端点上精密测定了天文经纬度和天文方位角,作为起算方位角,用来控制锁、网中方位角误差的积累。一等锁两起算边之间的锁段长度一般为200 km左右,锁段内的三角形个数一般为16～17个。角度观测的精度,按一锁段三角形闭合差计算所得的测角中误差应不超过$\pm 0.7''$。

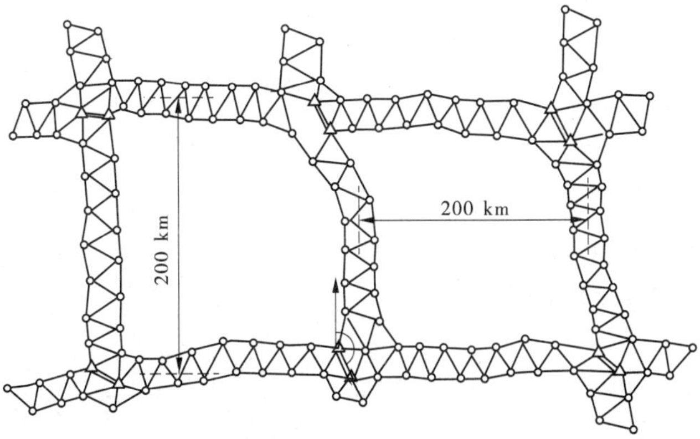

图 6-1　一等三角锁

一等锁一般采用单三角锁。根据地形条件，也可组成大地四边形或中点多边形，但对于不能显著提高精度的长对角线应尽量避免。在山区，一等锁的平均边长一般约为 25 km，平原区一般约为 20 km。

（2）二等三角锁、网。二等三角网布设于一等三角锁环内，它是国家三角网的全面基础，同时又是地形测图的基本控制，因此必须兼顾精度和密度两个方面的要求。

20 世纪 60 年代以前，我国二等三角网曾采用二等基本锁和二等补充网的布置方案，即在一等锁环内，先布设沿经纬线纵横交叉的二等基本锁，将一等锁环分为大致相等的 4 个区域，如图 6-2 所示。二等基本锁平均边长为 15 ~ 20 km，按三角形闭合差计算所得的测角中误差不超过 ±1.2″；在一等三角锁和二等基本锁控制下，布设平均边长约为 13 km 的二等补充网，按三角形闭合差计算所得的测角中误差不超过 ±2.5″。

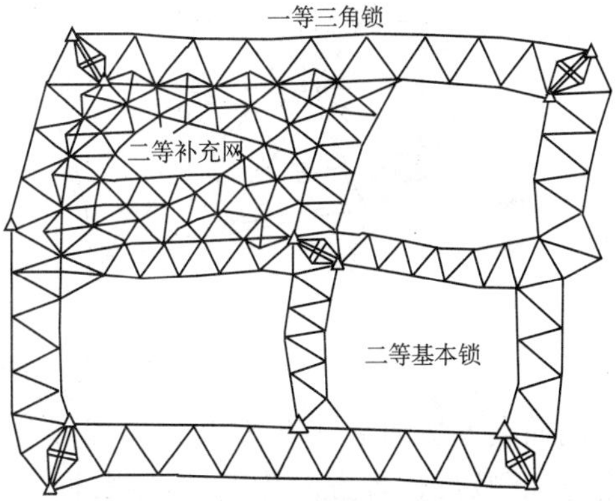

图 6-2　二等基本锁与二等补充网

20 世纪 60 年代以来，二等网以全面三角网的形式布设在一等锁环内，四周与一等锁衔接，如图 6-3 所示。

为了控制边长和角度误差的积累，以保证二等网的精度，在二等网中央处测定了起算边及其两端点的天文经纬度和方位角，测定的精度与一等点相同。二等网的平均边长为 13 km，由三角形闭合差计算所得的测角中误差不超过 ±1.0″。

（3）三、四等三角网。为了加密控制点，以满足测图和工程建设的需要，在一、二等网控制下布设三、四等三角网。三、四等点以高等级三角点为基础，尽可能采用插网方法布设，但也可用插点方法布设，或越级布网。

三等网的平均边长为 8 km，四等网的边长在 2 ~ 6 km 范围内。由三角形闭合差计算所得的测角中误差，三等为 ±1.8″，四等为 ±2.5″。

三、四等插网的图形结构如图 6-4 所示。图 6-4(a)中的三、四等插网边长较长,与高级网接边的图形大部分为直接相接,适用于测图比例尺较小、要求控制点密度不大的情况;图 6-4(b)中的三、四等插网边长较短,低级网只附合于高级点而不直接与高级边相接,适用于大比例尺测图,要求控制点的密度较大。

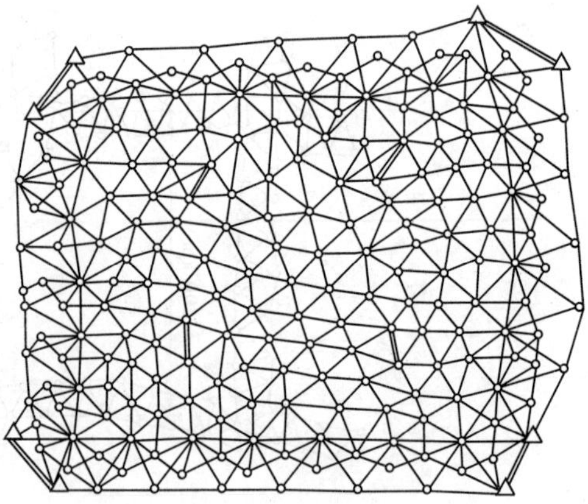

图 6-3　全面三角网

三、四等三角点又可采用插点的形式加密,其图形结构如图 6-5 所示。其中,插入 A 点的图形称为三角形内插一点的典型图形;插入 B、C 两点的图形叫做三角形内外各插一点的典型图形。

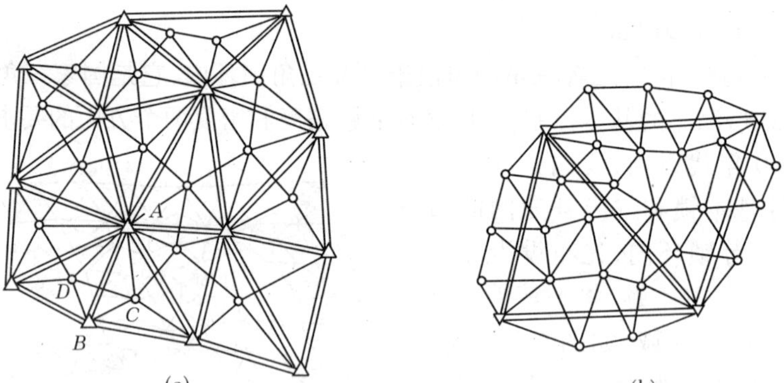

(a)　　(b)

图 6-4　三、四等插网的图形结构

用插点方法加密三角点时,每一插点至少应由三个方向测定,且各方向均双向观测,同时要注意待定点的点位,因为点位对精度影响很大。采用插网法(或插点法)布设三、四等网时,因故未联测的相邻点间的距离(例如,图 6-5 中的 AB 边),三等应大于 5 km,四等应大于 2 km,否则必须联测。

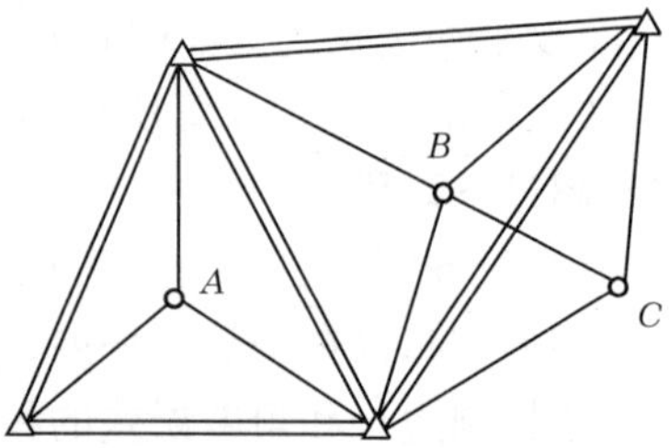

图 6-5　三、四等插点的图形结构

3. 国家三角锁、网的布设规格及其精度

国家三角锁、网的布设规格及其精度见表 6-2,表中所列推算元素的精度,是在最不利的情况下三角网应达到的最低精度。

(二)国家高程控制网的布设

国家高程控制网是确定地物、地貌海拔的坐标系统,按控制等级和施测精度分为一、二、三、四等网。目前,提供使用的 1985 年国家高程系统共有水准点成果 114 041 个,水准路线长度为 416 619.1 km。国家高程控制网以大地水准面为基准面,以水准原点为全国统一起算点,采用精密水准测量的方法建立。

表 6-2　国家三角锁、网布设规格及其精度

等级	边长		图形强度限制				测角中误差	三角形最大闭合差	起算元素精度		最弱边长相对中误差 $\frac{m_s}{s}$
	边长范围（km）	平均边长（km）	单三角形任意角	中点多边形任意角	大地四边形任意角	个别最小角			起算边长相对中误差 $\frac{m_b}{b}$	天文观测	
一	15 ~ 45	平原 20 山区 25	40°	30°	30°		±0.7″	2.5″	1:350 000	m_α 不超过 ±0.5″ m_λ 不超过 ±0.02″ m_φ 不超过 ±0.3″	1:150 000
二	10 ~ 18	13	30°	30°		25°	±1.0″	3.5″	1:350 000		1:150 000
三		8	30°	30°		25°	±1.8″	7.0″			1:80 000
四	2 ~ 6	4	30°	30°		25°	±2.5″	9.0″			1:40 000

1. 布设原则与布设方案

国家水准网是全国范围内施测各种比例尺地形图和各类工程建设的高程控制基础，并为地壳垂直运动、平均海面倾斜及其变化和大地水准面形状等地球科学研究提供精确的高程数据。国家水准网的布设采用由高级到低级、从整体到局部、逐级控制、逐级加密的原则。

如图 6-6 所示，国家水准网分四个等级布设，各等级水准测量路线必须自行闭合或闭合于高等级的水准路线上，与其构成环形或附合路线，以便控制水准测量系统误差的积累和便于在高等级的水准环中布设低等级的水准路线。

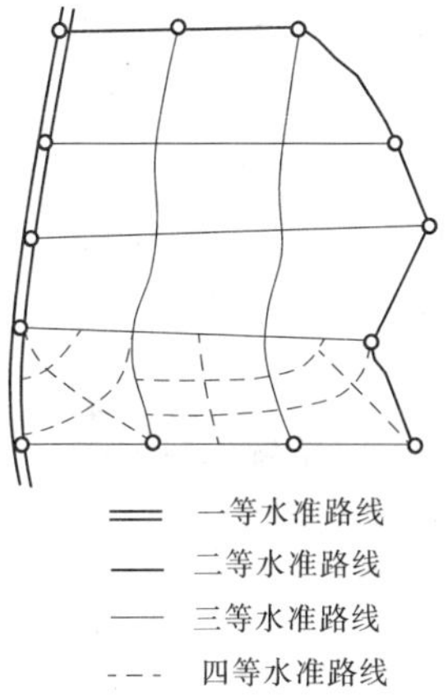

图 6-6　国家高程控制网

（1）一等水准网。一等水准测量路线构成的一等水准网是国家高程控制网的骨干，同时也是研究地壳和地面垂直运动以及有关科学问题的主要依据，每隔 15 ~ 20 年沿相同的路线重复观测一次。构成一等水准网的环线周长，在平原和丘陵地区为 1 000 ~ 1 500 km，山区一般为 2 000 km 左右；在一等水准环内布设的二等水准网是国家高程控制的全面基础，其环线周长在平原地区为 500 ~ 750 km，在山区一般不超过 1 000 km。我国一等水准网由 289 条路线组成，其中 284 条路线构成 100 个闭合环，共计埋设各类标石 2 万余座。

（2）二等水准网。二等水准网布设于一等水准环内，是国家高程控制网的全面基础。我国已有 1 138 条二等水准测量路线，总长为 13.7 万 km，构成 793 个二等环。一、二等水准测量路线是国家的精密高程控制网，一、二等水准测量统称为精密水准测量。

（3）三、四等水准网。三、四等水准网为国家高程控制网的进一步加密，三、四等水准测量直接提供地形测图和各种工程建设所必需的高程控制点。三等水准测量路线一般可根据需要在高级水准网内加密，布设附合路线，并尽可能互相交叉，构成闭合环。单独的附合路线长度应不超过 200 km；环线周长应不超过 300 km。四等水准测量路线一般以附合路线布设于高级水准点之间,附合路线的长度应不超过 80 km。

2. 国家水准网的布设精度

各等级水准测量的精度,是用每千米高差中数的偶然中误差 M_{Δ} 和每千米高差中数的全中误差 M_W 来表示的,其应达到的精度值如表 6-3 所示。

表 6-3 各级水准测量应达到的精度 (单位:mm)

水准测量等级	一等	二等	三等	四等
M_{Δ} 的限值	不超过 ±0.45	不超过 ±1.0	不超过 ±3.0	不超过 ±5.0
M_W 的限值	不超过 ±1.0	不超过 ±2.0	不超过 ±6.0	不超过 ±10.0

3. 水准路线的设计、选点和埋石

(1)技术设计。水准网的布设应力求做到经济合理,技术设计是根据任务要求和测区情况,在小比例尺地图上,拟定最合理的水准网或水准路线的布设方案。一等水准路线应沿路面坡度平缓、地质构造稳定、交通不太繁忙的交通路线布设成环状,各闭合环再相互连接成网状;二等水准路线在一等水准环内,尽量沿公路、铁路和河流布设,沿线交通较为方便;三、四等水准网,可根据实际情况在高级控制网中建立闭合环或附合水准路线。水准路线应避开土质松软的地段和磁场甚强的地段,若与高压输电线或地下电缆平行,则应使水准路线在输电线或电缆 50 m 以外布设,并应尽量避免通过大的河流、湖泊等障碍物。

(2)选点。图上设计完成后,必须进行实地选线,其目的在于使设计方案符合实际情况,以确定切实可行的水准路线和水准点的具体位置。选定水准点时,要保证点位地基稳定、安全僻静,并利于标石长期保存与观测使用。水准点应尽可能选在路线附近的机关、学校、公园内。不宜在易于淹没和土质松软的地域埋设水准标石,也不宜在易受震动和地势隐蔽而不易观测的地方埋石。水准点点位选定后,应填绘点之记,绘制水准路线图及结点接测图,并办理托管手续。

(3)埋石。按用途区分,水准标石有基岩水准标石、基本水准标石和普通水准标石三种类型。各类水准标石的制作材料和埋设规格及其埋设方法等在《国家一、二等水准测量规范》(GB/T 12897—2006)中都有具体的规定和说明。各类型水准标石的分布密度如表 6-4 所示。

二、城市控制网

在城市范围内,为测绘大比例尺地形图、进行市政工程和建筑工程施工放样,在国家控制网的控制下建立的控制网称为城市控制网。城市控制网属于区域控制网,它是国家控制网的发展和延伸,为城市规划、地籍管理、市政建设和城市管理等提供基本控制点。

(一)城市平面控制网

城市平面控制网的类型有导线网、GPS 网、三角网和边角网,其中 GPS 网、三角网和边角网的精度等级依次为一、二、三、四等和一、二级;导线网的精度等级依次为三、四等和一、二、三级。在城市平面控制网的基础上,可布设直接为测绘大比例尺地形图所用的图根小三角和图根导线。

表 6-4　水准点的分布密度

水准标石类型	间距(km)			布设具体要求
	一般地区	经济发达地区	荒漠地区	
基岩水准标石	500			只设于一等水准路线上，大城市和断裂带附近应增设，基岩较深地区可适当放宽，每省(市、自治区)至少两座
基本水准标石	40	20～30	60	设于一、二等水准路线上和交叉处，以及大、中城市两侧和县城附近；尽量设置在坚固岩层上
普通水准标石	4～8	2～4	10	设于各等级水准路线上，以及山区水准路线高程变换点附近，长度超过 300 m 的隧道与跨河水准测量的两岸标尺附近

(二)城市高程控制网

城市高程控制网主要是水准网，等级依次分为二、三、四等，在四等以下再布设直接为测绘大比例尺地形图用的图根水准测量。城市首级高程控制网不应低于三等水准，应布设成闭合环线；加密网可布设成附合路线、结点网和闭合环，一般不允许布设水准支线。电磁波测距三角高程测量可代替四等水准测量；经纬仪三角高程测量主要用于山区的图根控制及位于高层建筑物上平面控制点的高程测定。

三、小区域控制网

在面积小于 15 km^2 时，为测绘大比例尺地形图而建立的控制网称为小区域控制网；在这个范围内，不考虑地球曲率对水平角和水平距离的影响，因而采用直角坐标系统。建立小区域控制网时，应尽量与国家或城市已建立的高级控制网联测，将高级控制点的坐标和高程作为小区域控制网的起算和校核数据。如果周围没有国家或城市控制点，或附近的国家控制点不能满足联测的需要，可以建立独立控制网。此时，控制网的起算坐标和高程可自行假定，坐标方位角可用测区中央的磁方位角代替。

小区域平面控制网，应根据测区面积的大小按精度要求分级建立。在全测区范围内建立的精度最高的控制网，称为首级控制网；直接为测图而建立的控制网，称为图根控制网。首级控制网和图根控制网的关系见表 6-5。

表 6-5　首级控制网和图根控制网的关系

测区面积(km^2)	首级控制网	图根控制网
1～10	一级小三角或一级导线	两级图根
0.5～2	二级小三角或二级导线	两级图根
0.5 以下	图根控制	

小区域高程控制网也应根据测区面积大小和工程要求采用分级的方法建立。在全测区范围内建立三、四等水准路线和水准网，再以三、四等水准点为基础，测定图根点的高程。

四、图根控制网

图根控制网中的控制点称为图根控制点，简称图根点。测定图根点位置的工作称为图根控制测量。图根平面控制网一般应在测区的首级控制网或上一级控制网下，采用图根三角锁（网）、图根导线的方法布设，但不宜超过两次附合；局部地区可采用交会定点法等加密图根点，亦可采用 GPS 测量方法布设。图根高程控制网采用水准测量和三角高程测量的方法布设。

图根控制点的密度（包括高级控制点），取决于测图比例尺和地形的复杂程度。平坦开阔地区图根点的密度一般不低于表 6-6 的规定；地形复杂地区、城市建筑密集区和山区，还应适当加大图根点的密度。

表 6-6　图根点的密度

测图比例尺	1∶500	1∶1 000	1∶2 000	1∶5 000
1 km^2 图根点的点数	150	50	15	5
每幅图（50 cm×50 cm）的图根点个数	8～10	12	15	20

第二节　导线测量

一、导线测量概述

导线测量是建立小区域平面控制网的常用方法之一。在测区范围内选择若干个控制点，依相邻次序连接各控制点而形成的连续折线，称为导线；构成导线的控制点，称为导线点。测量导线边长及相邻导线边之间的水平夹角（转折角），再根据起算边方位角和起点坐标推算各导线点平面坐标的工作称为导线测量。其中，用经纬仪观测转折角，用钢尺丈量导线边长的导线测量，称为经纬仪导线测量；若用电磁波测距仪测定导线边长，则称为经纬仪电磁波测距导线；当用普通视距测量的方法测定导线边长时，则称为经纬仪视距导线。

导线测量布设较灵活，精度均匀，边长便于测定，容易克服地形障碍，只要求两相邻导线点间通视即可，故可降低觇标高度，造标费用少且便于组织观测。导线测量适宜布设在建筑物密集、视野不甚开阔的地区，如城市区、厂矿区等，也适于用做铁路、公路、渠道等狭长地带的控制测量。但是，导线结构简单，没有三角网那样多的检核条件，不易发现粗差，可靠性不高。随着电磁波测距仪和全站仪的普及，测距更加方便，测量精度和自动化程度均得到很大提高，从而使导线测量的应用日益广泛，已成为中、小城市等地区建立平面控制网的主要方法。其等级与主要技术要求见表 6-7。

根据测区自然地形条件、已知点的分布情况以及测量工作的实际需要，通常可将导线布设成以下三种形式。

表 6-7　导线的等级与主要技术要求

测距方式	导线等级	导线长度（m）	平均边长（m）	边长测量相对误差或中误差（mm）	测角中误差（″）	DJ_6 测回数	方位角闭合差（″）	导线全长相对闭合差	备注
钢尺量距	一级	2 500	250	≤1/20 000	≤5	4	$\pm 10''\sqrt{n}$	≤1/10 000	①n 为测站数；②M 为测图比例尺分母
	二级	1 800	180	≤1/15 000	≤8	3	$\pm 16''\sqrt{n}$	≤1/7 000	
	三级	1 200	120	≤1/10 000	≤12	2	$\pm 24''\sqrt{n}$	≤1/5 000	
	图根	$1\times 1M$	≤1.5 倍测图最大视距	≤1/3 000	≤20	1	$\pm 40''\sqrt{n}$	≤1/2 000	
电磁波测距	一级	3 600	300	不超过 ±15	≤5	4	$\pm 10''\sqrt{n}$	≤1/14 000	
	二级	2 400	200	不超过 ±15	≤8	3	$\pm 16''\sqrt{n}$	≤1/10 000	
	三级	1 500	120	不超过 ±15	≤12	2	$\pm 24''\sqrt{n}$	≤1/6 000	
	图根	$1.5\times 1M$		不超过 ±15	≤20	1	$\pm 40''\sqrt{n}$	≤1/4 000	

（一）闭合导线

由某一已知高级控制点出发，经过若干点的连续折线后仍回至起点，形成一个闭合多边形的导线，称为闭合导线。如图 6-7 所示，从控制点 P_1 出发，经导线点 P_2、P_3、P_4、P_5、P_6、P_7，再回到 P_1 点形成一个闭合多边形。闭合导线布点时应尽量与高级控制点相连接，如图 6-7 中 P_1、A 两个点为已知点，这样根据它们求算出的坐标便纳入到国家统一的坐标系统内，其本身存在着严密的几何条件，具有检核作用。如果确实无法与高级控制网连接，在不影响园林工程需要的前提下，也可采用假定的独立坐标系统。闭合导线一般适合在面积较宽阔的独立块状地区布设。

（二）附合导线

自某一已知高级控制点出发，经过若干点的连续折线后，附合到另一个已知高级控制点上的导线，称为附合导线。如图 6-8 所示，从一个已知控制点 P_1 出发，经导线点 P_2、P_3、P_4 点后，附合到了另一个已知控制点 P_5 上。导线的这种布设形式，具有检核观测成果的作用，适用于带状测区布设，如园林道路、管道、渠道等的勘测工作。

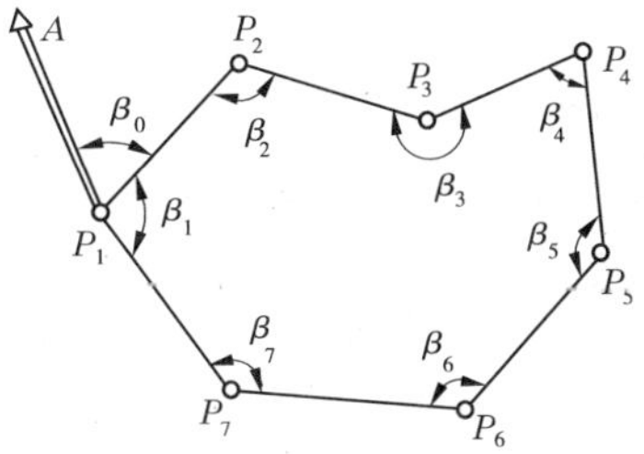

图 6-7　闭合导线

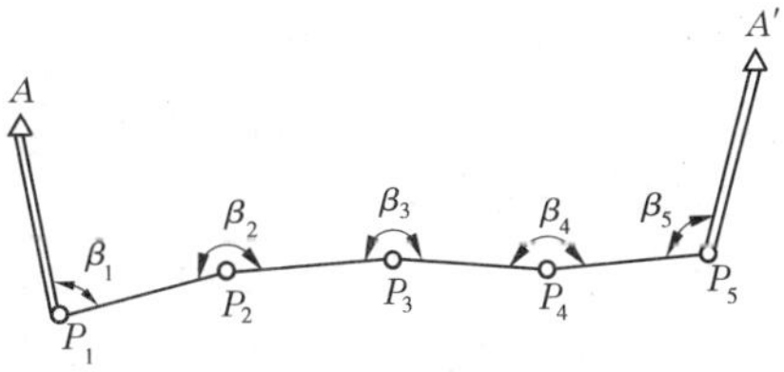

图 6-8　附合导线

（三）支导线

从一个已知控制点出发，经过若干转折后，既不附合到另一已知控制点，也不闭合到原起点的单一导线称为支导线。如图 6-9 所示，从已知控制点 P_1 出发，经过 P_2，终止于未知点 P_3。由于支导线缺乏校核条件，不易发现测算中的错误，所以当导线点的数目不能满足测图需要时，一般只允许布设 2 ~ 3 个点组成支导线，仅适用于局部图根控制点的加密。

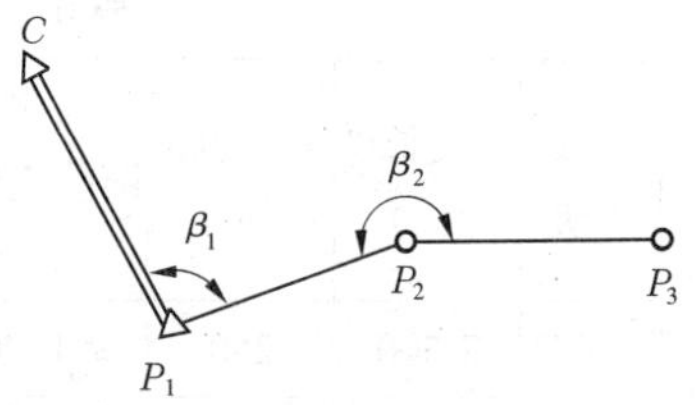

图 6-9　支导线

二、导线测量的外业观测

导线测量的工作分外业和内业，外业工作一般包括选点、测角和量边。

（一）踏勘与选点

导线点位置的选择，除满足导线的等级、用途及园林工程的特殊要求外，选点前应进行实地踏勘，尽可能多地收集测区及附近已有的高级控制点、水准点和地形图等成果资料，并在图上大致拟定导线走向及点位；然后到实地了解测区范围大小、地形条件等实际情况，考虑导线的图形，选定导线点的位置，解决如何与高级控制点连接等问题，确定导线测量方案。选定导线点时，还应注意下列几点：

（1）导线点应选在土质坚实、便于保存测量标志和安置仪器的地方。

（2）相邻两导线点间应相互通视，且地势平坦或坡度较均匀（电磁波测距导线和视距导线可放宽要求），以便于测量水平角和丈量距离。

（3）导线点应选在地势较高、视野开阔处，以利于施测周围地形。

（4）为便于控制，导线点在整个测区应均匀分布，导线边长要选得大致相等，相邻导线边长不应悬殊过大。

导线点位置选好后，要在地面上标定下来。一般方法是打一木桩并在桩顶中心钉一小铁钉；对于需要长期保存的导线点，则应埋入石桩或混凝土桩，桩顶刻凿十字或浇入具有十字的钢筋作标志。

（二）观测转折角

导线的水平角即转折角，在导线前进方向左侧的转折角称为左角，右侧的转折角则称为右角。闭合导线应测内角（左角或右角），如图 6-7 中的 β_1、β_2、…；附合导线一般测量左角，如图 6-8 中的 β_1、β_2、…；支导线应分别观测左角和右角。在经纬仪导线测量中，转折角测量按测回法施测，一般用 DJ_6 经纬仪观测一个测回，当上半测回和下半测回角值的较差不超过 $\pm 40''$时，取其平均值作为测角结果。

（三）测量水平距离

目前各级导线边长基本上都可以采用全站仪或电磁波测距仪测定，全站仪可直接获得平距，若采用电磁波测距仪测距，要同时观测竖直角，以供倾斜改正使用。对一、二、三级导线，应在导线边一端测两个测回，或在两端各测一个测回，取其中值并进行气象改正；对于图根导线，只需在各导线边的一个端点上安置仪器测定一个测回，并无需进行气象改正。在没有全站仪的条件下，也可采用钢尺量距，测量前应对钢尺进行检定，当尺长改正大于 1/10 000、量距时的平均尺温与检定时温度相比超过 ±10 ℃、相对坡度大于 2% 时，应分别进行尺长改正、温度改正和坡度改正。对于图根导线，则采用钢尺一般量距方法，往返丈量取其平均值，要求往返丈量的精度在平坦测区不低于 1/3 000，特别困难的测区不得低于 1/1 000。

（四）进行联系测量

导线与国家三角点进行联测，可使所测导线点与国家三角点形成一个整体，从而取得导线坐标计算的起算点坐标和起算边方位角，也可检查导线测量成果是否符合精度要求。因此，布设的导线应尽可能与测区内或测区附近的高级平面控制点联测，使导线点的坐标纳入国家坐标系统或该地区的统一坐标系统中。高级控制点与导线点的连线叫连接边，连接边与高级控制网的一条边的夹角以及连接边与相邻导线边的夹角称连接角。测量连接边和连接角的工作称为连接测量，也叫联系测量。

如果测区附近无高级控制点，则应使用罗盘仪测定导线起算边的磁方位角，并假定起始点的坐标作为起算数据，建立独立坐标系统。

三、导线测量的内业计算

导线测量的内业工作，就是根据已知的起算数据和外业观测成果，经过计算求得各导线点的平面直角坐标(x,y)，作为地形测量的基础。导线计算之前，应先全面检查外业测量记录是否齐全、有无记错或算错、成果是否符合精度要求、起算数据是否准确等。当确认外业数据信息无误后，绘制导线略图，将各导线点的编号、转折角的角值、导线边的边长、起始边与高级控制网的连接角、连接边或起始边的方位角等数据标于导线略图上，如图 6-10 所示。

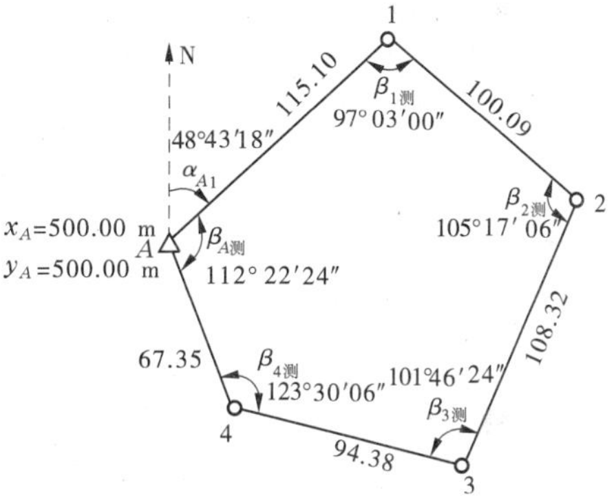

图 6-10　闭合导线略图

（一）闭合导线的内业

1. 计算与调整角度闭合差

（1）角度闭合差的计算。闭合导线在几何上是一个闭合多边形，若其边数为 n，则内角之和在理论上为

$$\sum \beta_{理} = (n-2) \times 180° \qquad (6\text{-}1)$$

由于在角度测量的过程中不可避免地存在误差，因此实际测得的闭合导线内角之和 $\sum\beta_{测}$ 与理论值 $\sum\beta_{理}$ 往往不相等，它们之间的差值称为角度闭合差，以 f_β 表示，即

$$f_\beta = \sum \beta_{测} - \sum \beta_{理} = \sum \beta_{测} - (n-2) \times 180° \qquad (6\text{-}2)$$

式中　n——闭合导线的转折角数；

$\sum\beta_{测}$——观测角的角值总和。

（2）角度闭合差的调整。角度闭合差的大小反映了水平角观测的质量，各级导线角度闭合差的容许值在表 6-7 中均有明确规定，由于园林测量中多采用图根控制，因此导线

角度闭合差的容许值$f_{\beta容}$为

$$f_{\beta容} = \pm 40'' \sqrt{n} \tag{6-3}$$

如果$|f_\beta| > |f_{\beta容}|$,说明所测水平角不符合精度要求,应分析原因,予以改正或重测;若$|f_\beta| \leqslant |f_{\beta容}|$,则表明观测成果符合精度要求,可对所测水平角进行平差计算。

由于角度观测是在同等条件下进行的,可以认为每个转折角所产生的误差是相等的,因此将角度闭合差按"符号相反,平均分配"的原则调整到各观测角。各角得到的闭合差分配值称为改正数,以v_β表示,即

$$v_\beta = -\frac{f_\beta}{n} \tag{6-4}$$

改正数分配值取至整数秒,如有余数部分,应酌情凑整,并以秒为单位分配给导线中短边相邻的角上,这是因为在短边测角时由于仪器对中、照准所引起的误差较大。分配结束后,改正数之和必须与角度闭合差大小相等,符号相反,改正之后的内角之和必须等于理论值,否则一定存在计算错误,需要查找并改正。

2. 推算坐标方位角

根据高级控制网中已知边的坐标方位角和测得的连接角,可以计算出导线起算边的坐标方位角,进而就能依次推算其余各导线边的坐标方位角。

闭合导线的内角分为左角(逆时针)和右角(顺时针)两种情况。如图 6-11(a)所示,已知导线起算边 A—1 的坐标方位角为 α_{A1},各内角为右角(顺时针),调整角度闭合差后分别为β_A、β_1、β_2、β_3、β_4,则其余各导线边的方位角推算为

$$\begin{aligned}
\alpha_{12} &= \alpha_{A1} + (180^\circ - \beta_1) \\
\alpha_{23} &= \alpha_{12} + (180^\circ - \beta_2) \\
\alpha_{34} &= \alpha_{23} + (180^\circ - \beta_3) \\
&\vdots \\
\alpha_{A1} &= \alpha_{4A} + (180^\circ - \beta_A)\text{(校核)}
\end{aligned}$$

由此,可以归纳出按导线后面一边的已知方位角 $\alpha_{后}$和导线右角$\beta_{右}$,推算前进方向一边的方位角 $\alpha_{前}$的一般公式为

$$\alpha_{前} = \alpha_{后} + (180^\circ - \beta_{右}) \tag{6-5}$$

式中　$\alpha_{前}$、$\alpha_{后}$——相邻导线边中前、后边的坐标方位角;

$\beta_{右}$——相邻两导线边所夹的右转折角。

在图 6-11(b)中,导线点是按逆时针方向编号的,其内角为左角,根据导线起算边 A—1的坐标方位角 α_{A1}和调整角度闭合差后的左角值β_A、β_1、β_2、β_3、β_4,同理可推算出其余各导线边的方位角,即

$$\begin{aligned}
\alpha_{12} &= \alpha_{A1} - (180^\circ - \beta_1) \\
\alpha_{23} &= \alpha_{12} - (180^\circ - \beta_2) \\
\alpha_{34} &= \alpha_{23} - (180^\circ - \beta_3) \\
&\vdots \\
\alpha_{A1} &= \alpha_{4A} - (180^\circ - \beta_A)\text{(校核)}
\end{aligned}$$

由此,也可归纳出按导线后面一边的已知方位角 $\alpha_{后}$ 和导线左角 $\beta_{左}$,推算前进方向

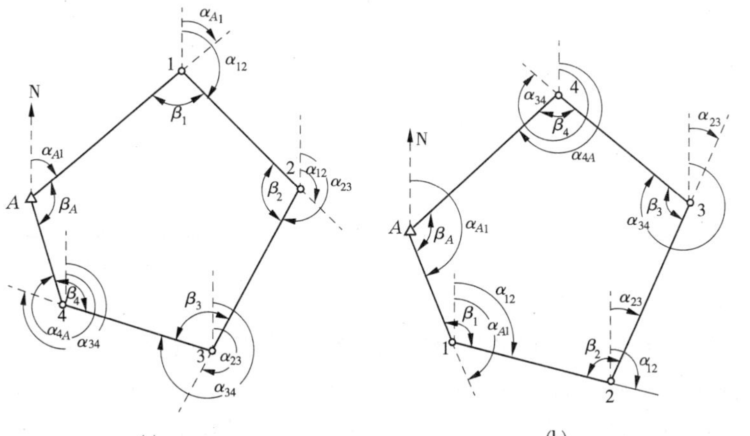

图 6-11　闭合导线坐标方位角的推算

一边的方位角 $\alpha_{前}$ 的一般公式为

$$\alpha_{前} = \alpha_{后} - (180° - \beta_{左}) \tag{6-6}$$

式中　$\beta_{左}$——相邻两导线边所夹的左转折角。

因为方位角的取值范围是 0°～360°，因此若使用式(6-5)或式(6-6)推算出的坐标方位角 $\alpha_{前} > 360°$ 或 $\alpha_{前} < 0°$，则其应减去 360°或加上 360°。最后推算起算边的坐标方位角，其计算结果应该与原值相等，若不相等，说明计算有误，应重新检查计算。

3. 计算坐标增量

坐标增量是指导线边的终点坐标值与起点坐标值之差。如图 6-12 所示，导线边 A—1 的起点为 $A(x_A, y_A)$，终点为 $1(x_1, y_1)$，A、1 之间的水平距离为 D_{A1}，坐标方位角为 α_{A1}，若用 Δx_{A1} 表示纵坐标增量，用 Δy_{A1} 表示横坐标增量，则 A 点到 1 点的坐标增量为

$$\Delta x_{A1} = D_{A1}\cos\alpha_{A1}$$
$$\Delta y_{A1} = D_{A1}\sin\alpha_{A1}$$

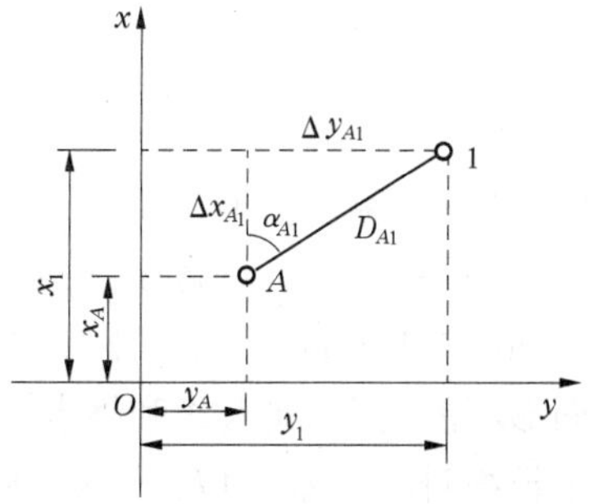

图 6-12　导线点间的坐标增量

由此，可得坐标增量的一般公式为

$$\left.\begin{aligned}\Delta x &= D\cos\alpha \\ \Delta y &= D\sin\alpha\end{aligned}\right\} \tag{6-7}$$

根据式(6-7)，可以依次算出各导线边的坐标增量。坐标增量有正有负，其符号由坐标方位角所在象限的正弦和余弦值的符号决定，具体见表 6-8。

在已知导线边长和坐标方位角的情况下，利用式(6-7)推算坐标增量进而求出导线点的坐标称为坐标正算；反之，若已知 A 点和 1 点的坐标分别为 (x_A, y_A)、(x_1, y_1)，根据公式计算出两点间的坐标方位角和水平距离，则称为坐标反算，公式为

$$\left.\begin{aligned}D_{A1} &= \sqrt{(x_1 - x_A)^2 + (y_1 - y_A)^2} \\ \alpha_{A1} &= \arctan\frac{y_1 - y_A}{x_1 - x_A}\end{aligned}\right\} \tag{6-8}$$

表 6-8　坐标增量的符号

坐标方位角所在象限	增量的符号	
	Δx	Δy
Ⅰ	+	+
Ⅱ	−	+
Ⅲ	−	−
Ⅳ	+	−

4. 计算与调整坐标增量闭合差

(1)坐标增量闭合差。如图 6-13(a)所示,导线边的坐标增量可以看成是在坐标轴上的投影线段。从理论上讲,闭合多边形各边在 x 轴上的投影,其"$+\Delta x$"的总和与"$-\Delta x$"的总和应相等,即各边纵坐标增量的代数和应等于零;同样在 y 轴上的投影,其"$+\Delta y$"的总和与"$-\Delta y$"的总和也应相等,即各边横坐标量的代数和也应等于零。也就是说,闭合导线各边纵坐标增量之和 $\sum\Delta x$ 以及各边横坐标增量之和 $\sum\Delta y$ 的理论值都应等于零,即

$$\left.\begin{aligned}\sum\Delta x_{理} &= 0\\ \sum\Delta y_{理} &= 0\end{aligned}\right\}\tag{6-9}$$

因为导线边长的测量和导线内角的测量都存在误差,由这些带有误差的数据推算而来的坐标增量也必然带有误差,所以计算出来的纵坐标增量之和 $\sum\Delta x_{测}$ 与横坐标增量之和 $\sum\Delta y_{测}$ 通常不会等于零,而等于某一个数值 f_x、f_y,即

$$\left.\begin{aligned}f_x &= \sum\Delta x_{测}\\ f_y &= \sum\Delta y_{测}\end{aligned}\right\}\tag{6-10}$$

式中　f_x——纵坐标增量闭合差;

　　f_y——横坐标增量闭合差。

如图 6-13(b)所示,由于存在坐标增量闭合差 f_x、f_y,因此由坐标增量绘制出的闭合导线图形不能闭合,起点 A 和终点 A' 没有重合,而产生一个缺口,则 A、A' 之间的距离称为导线全长绝对闭合差,用 f_D 表示。从图 6-13(b)可以看出,f_x 和 f_y 正好是 f_D 在纵、横坐标轴上的投影长度,f_D 与 f_x、f_y 构成了直角三角形,所以

$$f_D = \sqrt{f_x^2 + f_y^2}\tag{6-11}$$

(2)导线精度的衡量。导线全长闭合差 f_D 的产生,是由于测角和量距中有误差存在,所以可用其衡量导线的观测精度,且必须采用相对闭合差来衡量。设导线的总长为 $\sum D$,则 f_D 与 $\sum D$ 之比称为导线全长相对闭合差,其比值为 K,通常用分子为 1 的分数形式来表示,即

$$K = \frac{f_D}{\sum D} = \frac{1}{\dfrac{\sum D}{f_D}}\tag{6-12}$$

导线全长相对闭合差 K 值越小,说明导线精度越高;如果 K 值过大,则说明导线测量结果不满足精度要求,应首先检查内业计算有无错误,若无错误,则应再检查外业观测数

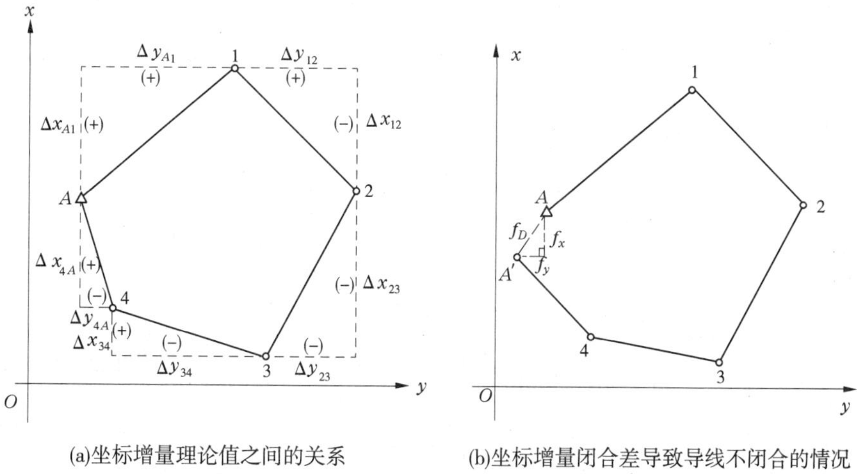

图 6-13　闭合导线的闭合差

据,并对明显错误或可疑数据进行重测。

在园林测量中,不同等级的导线其全长相对闭合差的容许值不同,对于图根钢尺量距导线,一般要求不超过 1/2 000,即 $K_{容} \leqslant 1/2\ 000$。

(3)坐标增量闭合差的调整。如果导线全长相对闭合差小于或等于容许值,即 $K \leqslant K_{容}$,表明导线的精度符合要求,可对坐标增量闭合差进行调整,使改正后的坐标增量满足理论值。由于是等精度观测,所以增量闭合差的调整原则是将 f_x、f_y 的值按与边长成正比例分配在各边的坐标增量中,其符号则与坐标增量闭合差相反,即

$$\left.\begin{aligned} v_{xi} &= -\frac{f_x}{\sum D}D_i \\ v_{yi} &= -\frac{f_y}{\sum D}D_i \end{aligned}\right\} \tag{6-13}$$

式中　v_{xi}、v_{yi}——纵、横坐标增量闭合差的改正数;

D_i——改正数所对应的某导线边边长 ($i=1,2,\cdots,n$)。

改正数的最小单位通常为厘米,其总和应分别等于"$-f_x$"和"$-f_y$",并以此进行校核。实际计算中,由于四舍五入的原因会产生凑整误差,可将差数酌情分配给某边;改正后的坐标增量等于坐标增量的计算值加上其改正数。

5. 计算导线点的坐标

参照图 6-13(a),根据导线起始点的已知坐标和调整闭合差后的坐标增量,便可依次推算出其余各导线点的坐标,即

$$\left.\begin{aligned} x_1 &= x_A + \Delta x_{A1} & y_1 &= y_A + \Delta y_{A1} \\ x_2 &= x_1 + \Delta x_{12} & y_2 &= y_1 + \Delta y_{12} \\ &\vdots & &\vdots \\ x_n &= x_{n-1} + \Delta x_{(n-1)n} & y_n &= y_{n-1} + \Delta y_{(n-1)n} \\ x_A &= x_n + \Delta x_{nA}(\text{校核}) & y_A &= y_n + \Delta y_{nA}(\text{校核}) \end{aligned}\right\} \tag{6-14}$$

【例 6-1】 图 6-10 所示为一经纬仪闭合导线略图，各导线点的内角观测值、导线边长、起始边方位角、起始点坐标等数据已在图上标出，试计算导线点 1、2、3、4 的坐标各为多少？

解：内业计算过程及其结果见表 6-9。

表 6-9　经纬仪闭合导线内业计算

点号	转折角 β(右角)		坐标方位角 (° ′ ″)	边长 (m)	增量计算值		改正后增量		坐标	
	观测值 (° ′ ″)	改正后值 (° ′ ″)			Δx (m)	Δy (m)	Δx′ (m)	Δy′ (m)	x (m)	y (m)
A									500.00	500.00
			48 43 18	115.10	+0.03 +75.93	+0.01 +86.50	+75.96	+86.51		
1	+12 97 03 00	97 03 12							575.96	586.51
			131 40 06	100.09	+0.03 −66.54	0.00 +74.77	−66.51	+74.77		
2	+12 105 17 06	105 17 18							509.45	661.28
			206 22 48	108.32	+0.03 −97.04	0.00 −48.13	−97.01	−48.13		
3	+12 101 46 24	101 46 36							412.44	613.15
			284 36 12	94.38	+0.02 +23.80	0.00 −91.33	+23.82	−91.33		
4	+12 123 30 06	123 30 18							436.26	521.82
			341 05 54	67.35	+0.02 +63.72	0.00 −21.82	+63.74	−21.82		
A	+12 112 22 24	112 22 36							500.00	500.00
			48 43 18						（检核）	
1			（检核）							
Σ	539 59 00	540 00 00		485.24	−0.13	−0.01	0	0		

辅助计算

$\sum\beta_{理} = (n-2)\times180° = 540°$

$f_\beta = \sum\beta_{测} - \sum\beta_{理} = 539°59'00'' - 540° = -60''$

$f_{\beta容} = \pm40''\sqrt{5} \approx \pm89''$

因 $|f_\beta| < |f_{\beta容}|$，故可对所测水平角进行平差；

$v_\beta = -\dfrac{f_\beta}{n} = -\dfrac{-60''}{5} = +12''$

$f_x = \sum\Delta x_{测} - \sum\Delta x_{理} = -0.13(\text{m})$

$f_y = \sum\Delta y_{测} - \sum\Delta y_{理} = -0.01(\text{m})$

$f_D = \sqrt{f_x^2+f_y^2} = 0.13(\text{m})$

$K = \dfrac{f_D}{\sum D} = \dfrac{0.13}{485.24} = \dfrac{1}{3\,732}$

要求 $K_{容} = \dfrac{1}{2\,000}$，由于 $K < K_{容}$，所以符合精度要求

导线略图

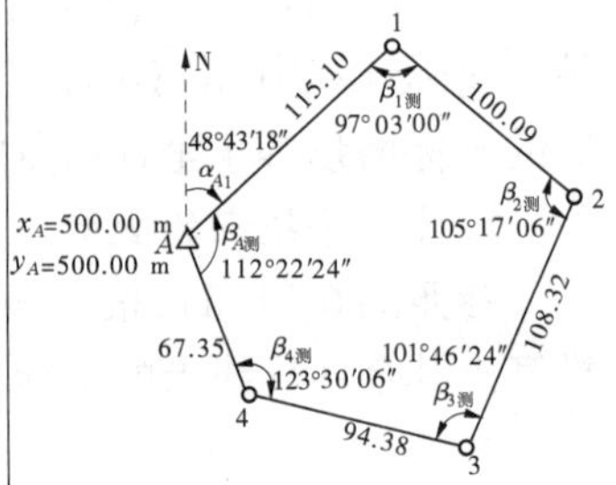

（二）附合导线的内业

附合导线的坐标计算步骤与闭合导线基本相同，只是在角度闭合差以及坐标增量闭合差的计算上稍有不同，下面仅介绍附合导线的内业计算与闭合导线不同之处。

1. 计算与调整角度闭合差

（1）角度闭合差的计算。如图 6-14 所示，附合导线连接在高级控制点 A、B(1) 和 C(5)、D 上，它们的坐标均已知，其坐标方位角分别是 α_{AB}、α_{CD}。从已知边 AB 出发，根据实际测得的转折角（左角或右角）推算至另一条已知边 CD，推算所得到的 CD 边方位角 α'_{CD} 与已知的 CD 边方位角 α_{CD} 之差称为附合导线的角度闭合差，用 f_β 表示。

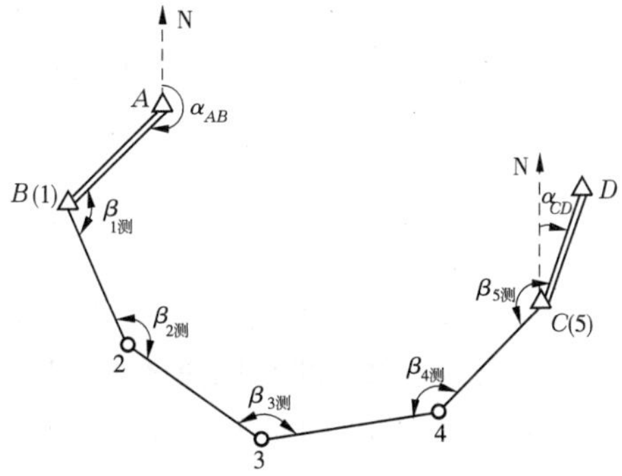

图 6-14　附合导线略图

根据式(6-6)，图 6-14 中附合导线（左角）各边的坐标方位角为

$$\left.\begin{aligned}\alpha_{B2} &= \alpha_{AB} - (180^\circ - \beta_{1测})\\ \alpha_{23} &= \alpha_{B2} - (180^\circ - \beta_{2测})\\ \alpha_{34} &= \alpha_{23} - (180^\circ - \beta_{3测})\\ \alpha_{4C} &= \alpha_{34} - (180^\circ - \beta_{4测})\\ \alpha'_{CD} &= \alpha_{4C} - (180^\circ - \beta_{5测})\end{aligned}\right\} \tag{6-15}$$

整理公式(6-15)可得

$$\alpha'_{CD} = \alpha_{AB} + \sum\beta_{左} - n\times180^\circ$$

若所测角为导线的右角，则 $\alpha'_{CD} = \alpha_{AB} - \sum\beta_{右} + n\times180^\circ$。

上述计算中，每条边的方位角都应在 0°～360°，若小于 0°，应加上 360°；若大于 360°，则应减去 360°。

附合导线的角度闭合差 f_β 为

$$f_\beta = \alpha'_{CD} - \alpha_{CD} = \alpha_{AB} + \sum\beta_{左} - n\times180^\circ - \alpha_{CD}$$

即

$$f_\beta = \alpha_{始} - \alpha_{终} + \sum\beta_{左} - n\times180^\circ \tag{6-16}$$

式中　n——观测角 $\beta_{左}$ 的个数。

若转折角为右角，则

$$f_\beta = \alpha_{始} - \alpha_{终} - \sum\beta_{右} + n\times180^\circ \tag{6-17}$$

式中　n——观测角 $\beta_{右}$ 的个数。

（2）角度闭合差的调整。当角度闭合差在容许范围内时，若观测的是左角，则把角度闭合差以相反的符号平均分配到各左角上；如果观测的是右角，则应把角度闭合差以相同的符号平均分配到各右角上。另外，在调整角度闭合差的过程中，转折角的个数应包括连接角。

2. 计算与调整坐标增量闭合差

如图 6-14 所示，坐标增量的计算应从已知点 $B(1)$ 开始，根据外业测得的各边边长和推算所得的各边方位角，由式(6-7)算出各边的坐标增量，直到已知点 $C(5)$ 结束。

理论上的各边纵、横坐标增量之和 $\sum\Delta x_{理}$、$\sum\Delta y_{理}$ 应分别等于两已知点 $C(5)$ 和 $B(1)$ 的纵、横坐标之差，但由于测角和量边都存在误差，计算出的 $\sum\Delta x_{测}$、$\sum\Delta y_{测}$ 与 $\sum\Delta x_{理}$、$\sum\Delta y_{理}$ 不相等，即 $\sum\Delta x_{测}\neq\sum\Delta x_{理}$、$\sum\Delta y_{测}\neq\sum\Delta y_{理}$，从而产生坐标增量闭合差。其计算公式为

$$\left.\begin{aligned} f_x &= \sum\Delta x_{测} - \sum\Delta x_{理} = \sum\Delta x_{测} - (x_C - x_B) \\ f_y &= \sum\Delta y_{测} - \sum\Delta y_{理} = \sum\Delta y_{测} - (y_C - y_B) \end{aligned}\right\} \tag{6-18}$$

计算出附合导线的坐标增量闭合差后，再计算出导线的绝对闭合差 f_D 和相对闭合差 K，如果满足精度要求，则对坐标增量闭合差进行调整。调整后，图 6-14 所示附合导线的纵、横坐标增量总和的理论值应等于 $C(5)$、$B(1)$ 两点的已知坐标值之差。最后，便可根据控制点 $B(1)$ 的坐标以及调整改正后的坐标增量，逐点计算出其余各导线点的坐标。

【例 6-2】　图 6-14 为一经纬仪附合导线略图，各导线点的转折角观测值、连接角的观测值、导线边长、起始点及控制点坐标等数据已列于表 6-10 中，试计算导线点 2、3、4 的坐标各为多少？

解：内业计算过程及其结果见表 6-10。

表 6-10　附合导线内业计算

测站	转折角β(左角) 观测值 (°　′　″)	转折角β(左角) 改正后值 (°　′　″)	方位角 (°　′　″)	边长 (m)	增量计算值 Δx (m)	增量计算值 Δy (m)	改正后增量 Δx′ (m)	改正后增量 Δy′ (m)	坐标 x (m)	坐标 y (m)
A									843.40	1 264.29
			224　02　52							
B (1)	−2 114　17　00	114　16　58							640.93	1 068.44
			158　19　50	82.17	0.00 −76.36	+0.01 +30.34	−76.36	+30.35		
2	−2 146　59　30	146　59　28							564.57	1 098.79
			125　19　18	77.28	0.00 −44.68	+0.01 +63.05	−44.68	+63.06		
3	−2 135　11　30	135　11　28							519.89	1 161.85
			80　30　46	89.64	0.00 +14.77	+0.02 +88.41	+14.77	+88.43		
4	−2 145　38　30	145　38　28							534.66	1 250.28
			46　09　14	79.84	0.00 +55.31	+0.01 +57.58	+55.31	+57.59		
C (5)	−2 158　00　00	157　59　58							589.97	1 307.87
			24　09　12							
D									793.61	1 399.19
Σ	700　06　30	700　06　20	(检核)	328.93	−50.96	+239.38	−50.96	+239.43	(检核)	(检核)

续表 6-10

测站	转折角 β(左角) 观测值 (° ′ ″)	转折角 β(左角) 改正后值 (° ′ ″)	方位角 (° ′ ″)	边长 (m)	增量计算值 Δx (m)	增量计算值 Δy (m)	改正后增量 Δx′ (m)	改正后增量 Δy′ (m)	坐标 x (m)	坐标 y (m)

辅助计算：

①计算方位角

$$\alpha_{AB} = 180° + \arctan\frac{y_B - y_A}{x_B - x_A} = 180° + \arctan\frac{1\,068.44 - 1\,264.29}{640.93 - 843.40} = 180° + \arctan\frac{-195.85}{-202.47} = 224°02'52''$$

$$\alpha_{CD} = \arctan\frac{y_D - y_C}{x_D - x_C} = \arctan\frac{1\,399.19 - 1\,307.87}{793.61 - 589.97} = \arctan\frac{91.32}{203.64} = 24°09'12''$$

②计算角度闭合差

$$\alpha'_{CD} = 224°02'52'' + 700°06'30'' - 5 \times 180° = 24°09'22''$$

$$f_\beta = \alpha'_{CD} - \alpha_{CD} = 24°09'22'' - 24°09'12'' = +10''$$

$$f_{\beta容} = \pm 40''\sqrt{5} \approx \pm 89''$$

因 $|f_\beta| < |f_{\beta容}|$，导线观测角又为左角，则 $v_\beta = -\frac{f_\beta}{n} = -\frac{+10''}{5} = -2''$

③计算坐标增量闭合差

$$f_x = \sum \Delta x_{测} - (x_C - x_B) = -50.96 - (589.97 - 640.93) = 0.00\ (\text{m})$$

$$f_y = \sum \Delta y_{测} - (y_C - y_B) = 239.38 - (1\,307.87 - 1\,068.44) = -0.05\ (\text{m})$$

$$f_D = \sqrt{f_x^2 + f_y^2} = 0.05(\text{m})$$

因 $K = \frac{0.05}{328.93} = \frac{1}{6\,578} < K_{容} = \frac{1}{2\,000}$，所以符合精度要求

四、导线测量错误的检查

如果计算所得的导线全长闭合差超出容许值较多，而且原始记录和计算过程都没有发现错误，则可以根据如下方法进行检查。

（一）导线测角错误的查找方法

如图 6-15 所示，如果导线为附合导线，并假设导线中只有一个角值错误，则可用角度的实际观测值分别从导线两端的已知点 A 和 B 开始，计算出两套导线点坐标值；若大部分点的两套坐标不相等，而只有一点的两套坐标近似相等，如图 6-15 中的导线点 3(3′)，则该点的角度观测值可能有错误。对于闭合导线，则分别沿顺时针或逆时针方向，用实测值按支导线计算出两套坐标值，同理，如果大部分点的两套坐标不相等，而只有一点的两套坐标近似相等，则该点的角度观测值可能有错误。

（二）导线边量距错误的查找方法

如果导线角度闭合差不超限，但相对闭合差的值超限较多，而且导线闭合差的方位角

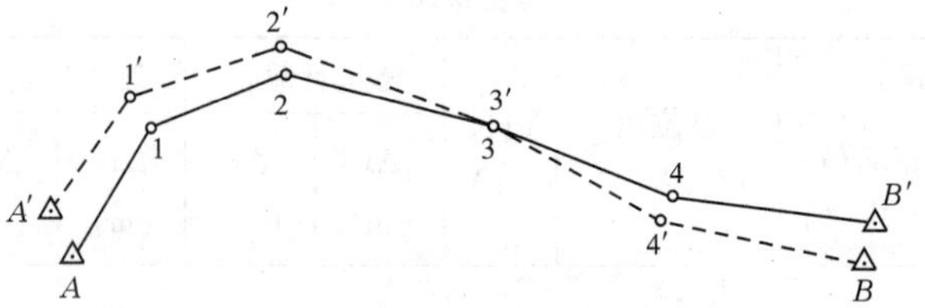

图 6-15　测角错误的查找

与某条导线边的方位角很接近，即闭合差方向与该边近似平行，则这条导线边的距离观测值可能有错误。如图 6-16 所示的附合导线，若导线边 1—2 的距离多出了 2—2′，从已知点 A 出发，用实测数据直接计算出各导线点的坐标，直到 B 点结束；根据计算所得的坐标值在坐标纸上绘制得到 1、2′、3′、4′、B'各点，同时，根据已知的 B 点坐标将 B 点也绘到坐标纸上；连接 B 和 B'便得到导线的绝对闭合差 f_D。从图 6-16 中可以看出，闭合差 f_D 的方向与导线边 1—2 最为接近，则可判断出导线边 1—2 的距离测量结果有误。

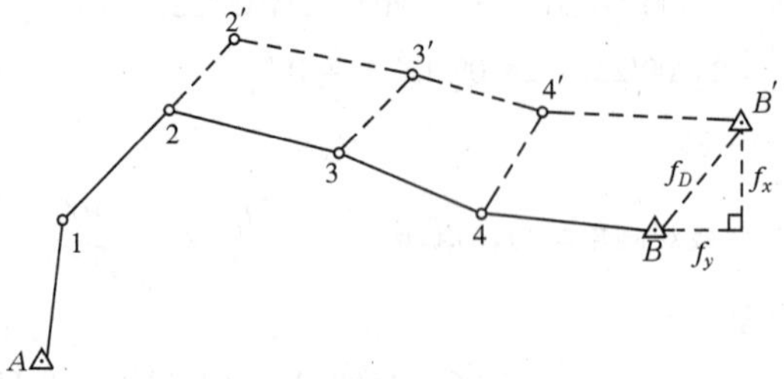

图 6-16　测距错误的查找

第三节　图根控制点的加密

虽然图根控制点的位置、数量在选点时已经得到全面考虑，但在具体园林测量中，还是会经常遇到图根控制点数量不足的问题。当需要加密的点数不多且位置选择合适时，一般采用支导线法和前方交会法加密控制点，其精度可以满足地形测图的要求。

一、支导线法加密控制点

支导线法是利用经纬仪测出导线的转折角，并使用钢尺丈量出导线边的水平距离，然后根据已知边的方位角和已知点的坐标计算未知点坐标的方法，如图 6-17 所示。

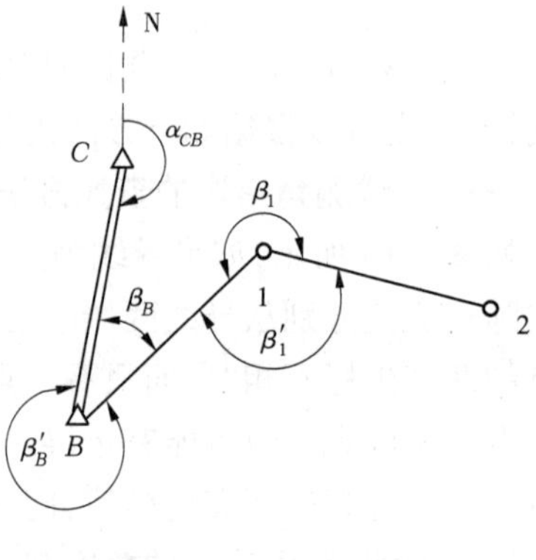

图 6-17　支导线略图

（一）支导线的外业测量

1. 选定加密点

如图 6-17 所示，C、B 为已知控制点，根据测区的实际情况，并考虑选点的有关问题，选定加密的导线点 1、2。

2. 测量导线边长

在图 6-17 中，用钢尺测量导线边 B—1、1—2 的边长。要求采用往、返丈量的方法，当导线边长的精度不低于 1/2 000 时，取平均值作为最后结果。

3. 观测转折角

如图 6-17 所示，用经纬仪测回法观测支导线的左角 β_B、β_1，当上、下半测回角度不符值不超过 ±40″时，求其平均值。在园林测量中，通常还应用同样的方法观测出支导线的右角，如图 6-17中的 β_B'、β_1'，当左角、右角之和与 360°之差不超过 ±40″时，用左角作为所测转折角的结果。

（二）支导线的内业计算

如图 6-17 所示，支导线测量的内业无需进行角度闭合差及坐标增量闭合差的调整，内业计算步骤如下。

（1）根据已知点 C、B 的坐标，反算出已知边的方位角 α_{CB}。

（2）根据观测的转折角（左角）β_B、β_1，采用式（6-6）推算导线边 B—1、1—2 的方位角 α_{B1} 和 α_{12}。

（3）根据导线边的方位角 α_{B1}、α_{12} 和边长 D_{B1}、D_{12}，采用式（6-7）计算坐标增量。

（4）根据起点的已知坐标和导线边的坐标增量，计算未知点 1、2 的坐标。

【例 6-3】　图 6-17 为一经纬仪支导线略图，其连接角的观测值、转折角的观测值、导线边长、起始点及控制点坐标等数据已列于表 6-11 中，试计算导线点 1、2 的坐标各为多少？

解：内业计算过程及其结果见表 6-11。

表 6-11　支导线内业计算表

点号	转折角β（左角）（°　′　″）	坐标方位角（°　′　″）	边长（m）	坐标增量		坐标	
				Δx（m）	Δy（m）	x（m）	y（m）
C						650.70	287.68
		182　51　37					
B	33　16　36					513.20	280.81
		36　08　13	45.25	36.54	26.68		
1	220　42　12					549.74	307.49
		76　50　25	54.36	12.38	52.93		
2						562.12	360.42
辅助计算	$\alpha_{CB}=180°+\arctan\frac{y_B-y_C}{x_B-x_C}=180°+\arctan\frac{280.81-287.68}{513.20-650.70}=182°51'37''$						

二、前方交会法加密控制点

如图 6-18 所示，分别在两个已知控制点 A、B 上安置经纬仪，测出水平角 α、β，然后根据已知点的坐标求算未知点 P 的坐标,此法称为前方交会,它是测角交会法的一种。

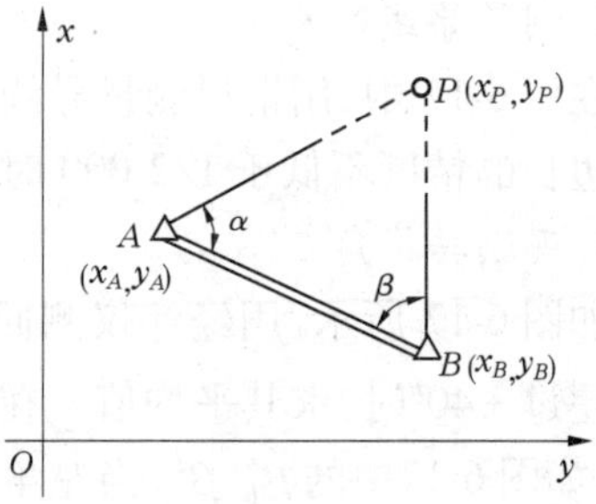

图 6-18　前方交会

(一)前方交会的测量与计算

在图 6-18 中,△ABP 中的 A、B、P 点是按逆时针方向编号的,若已测出水平角 α、β,则可由 A、B 的坐标求算 P 点的坐标,公式为

$$\left.\begin{aligned} x_P &= \frac{x_A\cot\beta + x_B\cot\alpha - y_A + y_B}{\cot\alpha + \cot\beta} \\ y_P &= \frac{y_A\cot\beta + y_B\cot\alpha + x_A - x_B}{\cot\alpha + \cot\beta} \end{aligned}\right\} \quad (6\text{-}19)$$

为检核计算结果是否正确,可将求得的 P 点坐标值代入式(6-20),推算出已知点 B 的坐标,并与其已知坐标值相比较,即

$$\left.\begin{aligned} x_B &= \frac{x_P\cot\alpha - x_A\cot(\alpha+\beta) - y_P + y_A}{\cot\alpha - \cot(\alpha+\beta)} \\ y_B &= \frac{y_P\cot\alpha - y_A\cot(\alpha+\beta) + x_P - x_A}{\cot\alpha - \cot(\alpha+\beta)} \end{aligned}\right\} \quad (6\text{-}20)$$

(二)前方交会的注意事项

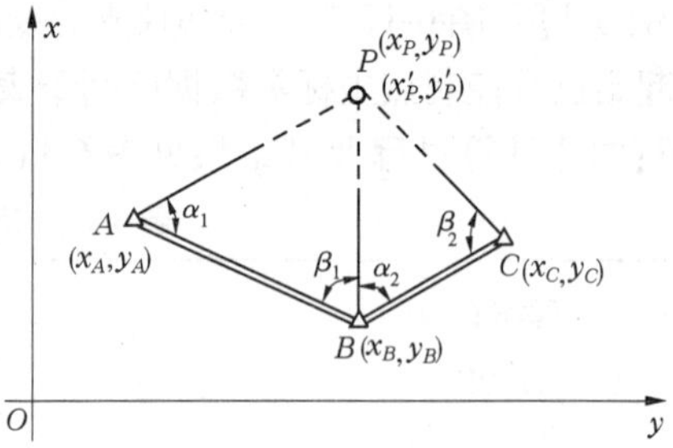

图 6-19　有三个已知点的前方交会

在前方交会的图形中,由未知点至相邻两起始点间方向的夹角称为交会角,为了提高 P 点坐标的计算精度,一般要求交会角在 30°～150°,并要求布设有三个已知点的前方交会,如图 6-19 所示。根据所观测的 α_1、β_1 和 α_2、β_2,分两组各自计算 P 点的坐标,即在△ABP 中求算 P 点的坐标(x_P,y_P),在△BCP 中求算 P 点的坐标(x'_P,y'_P)。当 P 点的点位误差在限差范围内时,取其平均值作为最终结果。

在园林测量中,一般规定两组计算得到的点位误差不大于两倍的比例尺精度,即

$$f_D = \sqrt{f_x^2 + f_y^2} \leqslant 2 \times 0.1M \quad (f_x = x_P - x'_P, f_y = y_P - y'_P) \qquad (6\text{-}21)$$

式中　f_D——点位误差限差,mm;

M——测图比例尺分母。

第四节　高程控制测量

高程控制测量就是测定控制点的高程。小区域高程控制测量,根据情况可采用四等水准测量或电磁波测距三角高程测量等。

一、四等水准测量

(一)四等水准测量的技术要求

四等水准测量的精度要求高于普通水准测量,测量方法和技术要求也有所不同。四等水准网的建立是在一、二等水准网的基础上加密而成,以一、二等水准点为起止点建立附合水准路线或闭合水准路线,并尽可能相互交叉形成结点。四等水准路线一般以附合水准路线布设于高级水准点之间,长度不大于 80 km;布设成闭合水准路线时,不大于 200 km;其他技术指标见表 6-12。

表 6-12　四等水准测量的技术要求

等级	使用仪器	高差闭合差限差(mm)	视线长度(m)	前后视距差(m)	前后视距累积差(m)	黑红面读数差(mm)	黑红面高差之差(mm)	视线高度	备注
四等	DS_3	$\pm 20\sqrt{L}$	≤100	≤3.0	≤10.0	≤3.0	≤5.0	三丝均能读数	L 为附合路线或环线的长度,单位为 km

(二)四等水准测量的观测方法

四等水准测量主要采用双面水准尺观测法,每一测站上,首先安置仪器,调整圆水准器使气泡居中,分别瞄准后、前视尺,估读视距,使前后视距差不超过表 6-12 中规定的限值;如超限,则需移动前视尺或水准仪,以满足要求。然后按下列顺序进行观测,并将结果记录于表 6-13 中。

(1)读取后视尺黑面读数:下丝、上丝、中丝,分别填入表 6-13 中(1)、(2)、(3)的位置上。

(2)读取前视尺黑面读数:中丝、下丝、上丝,分别填入表 6-13 中(4)、(5)、(6)的位置上。

(3)读取前视尺红面读数:中丝,填入表 6-13 中(7)位置上。

(4)读取后视尺红面读数:中丝,填入表 6-13 中(8)位置上。

这样的观测顺序称为"后 - 前 - 前 - 后",或者称为"黑 - 黑 - 红 - 红",主要是为了抵消水准仪与水准尺下沉产生的误差;在地面坚硬的测区,也可采用"后 - 后 - 前 - 前",即"黑 - 红 - 黑 - 红"的观测步骤。

(三)四等水准测量的计算与校核

1. 视距部分

后视距离(9) = [(1) - (2)] × 100

前视距离(10) = [(5) - (6)] × 100

后、前视距差(11) = (9) - (10)

后、前视距累积差(12) = 本站的(11) + 前站的(12)

视距差和累积差的绝对值不得超过表 6-12 中规定的限值。

2. 高差部分

后视尺黑、红面读数差(13) = K_1 + (3) - (8)

前视尺黑、红面读数差(14) = K_2 + (4) - (7)

上两式中的 K_1、K_2 分别为两水准尺的黑、红面的起点差，又称尺常数；1 号水准尺尺常数为 K_1，2 号水准尺尺常数为 K_2，两水准尺交替前进，因此下一站要交换 K_1 和 K_2 在公式中的位置。读数差的绝对值不应超过表 6-12 中规定的限值。

表 6-13　四等水准测量手簿

测站编号	点号	后尺 下丝 / 上丝 / 后视距离(m) / 前后视距差 d(m)	前尺 下丝 / 上丝 / 前视距离(m) / 累积差 $\sum d$	方向及尺号	中丝水准尺读数(m) 黑面	中丝水准尺读数(m) 红面	K 加黑面读数减红面读数(mm)	高差中数(m)	备注
		(1)	(5)	后	(3)	(8)	(13)		
		(2)	(6)	前	(4)	(7)	(14)	(18)	
		(9)	(10)	后 - 前	(16)	(17)	(15)		
		(11)	(12)						
1	$A \sim TP_1$	1.614	0.774	后 1	1.384	6.171	0		
		1.156	0.326	前 2	0.551	5.239	-1	+0.832 5	
		45.8	44.8	后 - 前	+0.833	+0.932	+1		1 号尺
		+1.0	+1.0						$K_1 = 4\ 787$
2	$TP_1 \sim TP_2$	2.188	2.252	后 2	1.934	6.622	-1		
		1.682	1.758	前 1	2.008	6.796	-1	-0.074 0	
		50.6	49.4	后 - 前	-0.074	-0.174	0		
		+1.2	+2.2						
3	$TP_2 \sim TP_3$	1.922	2.066	后 1	1.726	6.512	+1		2 号尺
		1.529	1.668	前 2	1.866	6.554	-1	-0.141 0	$K_2 = 4\ 687$
		39.3	39.8	后 - 前	-0.140	-0.042	+2		
		-0.5	+1.7						
4	$TP_3 \sim B$	2.041	2.220	后 2	1.832	6.520	-1		
		1.622	1.790	前 1	2.007	6.793	+1	-0.174 0	
		41.9	43.0	后 - 前	-0.175	-0.273	-2		
		-1.1	+0.6						
校核	$\sum(9) = 177.6$ $\sum(10) = 177.0$ $\sum d = \sum(9) - \sum(10) = +0.6$ $\sum D = \sum(9) + \sum(10) = 354.6$			$\sum(3) = 6.876$ $\sum(4) = 6.432$ $\sum(16) = \sum(3) - \sum(4) = +0.444$ $\sum(8) = 25.825$ $\sum(7) = 25.382$ $\sum(17) = \sum(8) - \sum(7) = +0.443$ $\sum(18) = [\sum(16) + \sum(17)]/2$ $= +0.443\ 5$				$\sum(18) =$ $+0.443\ 5$	

黑面高差(16) = (3) - (4)

红面高差(17) = (8) - (7)

黑、红面高差之差(15) = (16) - (17) ±0.100 = (13) - (14)，其绝对值也不得超过表 6-12 中规定的限值。

高差中数(18) = $\frac{1}{2}$ × [(16) + (17) ±0.100]，以此作为该两点测得的高差。

3. 每页计算的总检核

当整个水准路线测量完毕后，应逐页校核计算有无错误。校核时，首先分别计算出 Σ(3)、Σ(4)、Σ(7)、Σ(8)、Σ(9)、Σ(10)、Σ(16)、Σ(17)、Σ(18)，然后进行以下检查。

检查视距差：Σ(9) - Σ(10) = 末站(12)

检查高差：Σ(16) = Σ(3) - Σ(4)

Σ(17) = Σ(8) - Σ(7)

当测站总数为奇数时，Σ(18) = $\frac{1}{2}$ × [Σ(16) + Σ(17) ±0.100]

当测站总数为偶数时，Σ(18) = $\frac{1}{2}$ × [Σ(16) + Σ(17)]

最后算出水准路线总长度：ΣD = Σ(9) + Σ(10)。

4. 成果整理

根据四等水准测量高差闭合差的限差要求，采用普通水准测量的闭合差调整及高程计算方法，计算各水准点的高程。

(四)四等水准测量的注意事项

除了遵守普通水准测量的一般要求，还应注意以下几点。

(1)用于水准测量的水准仪、水准尺要经常检验与校正，确保处于良好状态，能满足四等水准测量的需要，以保证测量成果的质量。

(2)四等水准测量的观测应在通视良好、成像清晰稳定的情况下进行。

(3)每一站上仪器和前、后视水准尺应尽量在一条直线上。

(4)同一测站上观测，不得两次调焦，微倾螺旋最后旋转方向应为旋进。

(5)四等水准测量采用双面尺中丝读数法进行单程观测，但支线必须往返观测，使用尺垫作转点。

(6)为保证前、后视距大致相等，最好用皮尺确定仪器或标尺的位置。

二、三角高程测量

当地面两点间的地形起伏较大而不便于施测时，可应用三角高程测量的方法测定两点间的高差，再求得高程。该法较水准测量精度低，但简便灵活、速度快，常用做山区各种比例尺测图的高程控制。如果用电磁波测距仪直接测定边长，用 DJ_6 光学经纬仪测定竖直角，再辅以相应的削弱观测误差的措施，其成果精度亦可达到四等水准测量的要求。

(一)三角高程测量的原理

如图 6-20 所示，A 点的高程 H_A 已知，欲求 B 点的高程 H_B。在 A 点安置经纬仪，在 B

点竖立觇标，量得仪器高 i 和觇标高（棱镜高）v，用经纬仪望远镜的中丝照准觇标顶部，观测竖直角 θ。

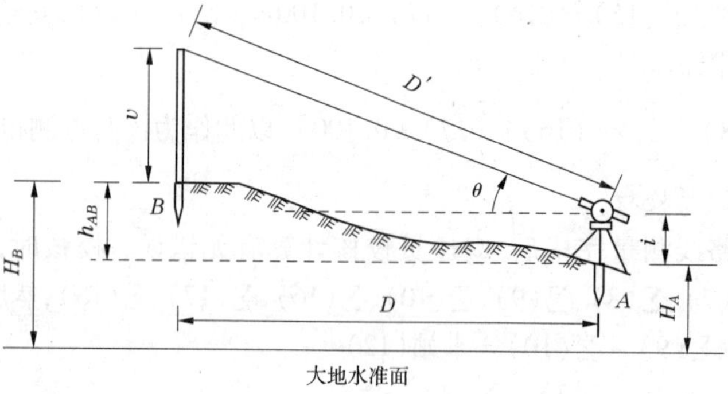

图 6-20　三角高程测量原理

若已知 A、B 两点间的水平距离为 D，则高差 h_{AB} 为

$$h_{AB} = D\tan\theta + i - v \tag{6-22}$$

如果测得 A、B 两点间的斜距 D'，则高差 h_{AB} 为

$$h_{AB} = D'\sin\theta + i - v \tag{6-23}$$

根据 A 点的已知高程 H_A，可求出 B 点的高程 H_B 为

$$H_B = H_A + h_{AB} = H_A + D\tan\theta + i - v \tag{6-24a}$$

或

$$H_B = H_A + h_{AB} = H_A + D'\sin\theta + i - v \tag{6-24b}$$

当 A、B 两点距离大于 300 m 时，应考虑地球曲率和大气折光对高差的影响，也称为两差改正或球气差改正，用 f 表示，其值为

$$f = \frac{0.43D^2}{R} \tag{6-25}$$

式中　D——两点间水平距离，m；

R——地球半径，取平均值 6 371 km。

考虑两差改正后，高程的计算公式为

$$H_B = H_A + h_{AB} + f = H_A + D\tan\theta + i - v + f \tag{6-26}$$

为了提高观测精度，三角高程测量应进行往、返观测，即对向观测。图根控制测量中，经纬仪三角高程测量往、返测高差绝对值之差不大于限差时，可取平均值作为两点间的高差，高差符号取往测符号。限差为

$$f_{h容} = \pm 0.4D \tag{6-27}$$

式中　$f_{h容}$——高差限差，m；

D——两点间水平距离，km。

（二）三角高程测量的方法

1. 外业观测与记录

如图 6-21 所示，在测区内选定 6 个点组成闭合导线，并按 1、2、3、4、5、6 的顺序编号，以进行三角高程测量。若已知基本等高距为 1 m，H_1 = 150.00 m，

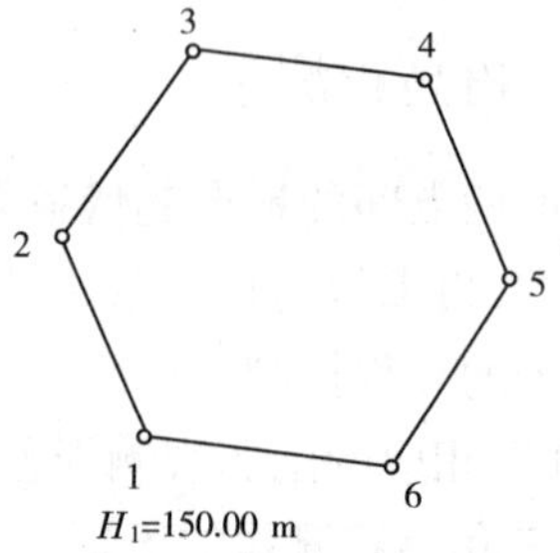

图 6-21　三角高程测量导线图

则其余各导线点高程的外业测量步骤如下。

(1)安置经纬仪于高程已知的测站 1 上,量取仪高 i 和目标 2 的觇标高 v。

(2)用盘左和盘右读取竖直度盘读数,测量出竖直角 θ。

(3)测出各导线边的水平距离 D,电磁波测距仪也可测出斜距 D'。

(4)仪器搬站到 2 点,瞄准 1 点,同法进行返测;观测记录见表 6-14。

表 6-14　三角高程测量记录

仪器号________班组________观测者________记录者________日期________

测站	测点	仪器高 i(m)	觇标高 v(m)	竖直度盘读数		竖直角 θ	指标差	备注
				盘左	盘右			
1	2	1.57	1.50	90°08′48″	269°51′24″	−0°08′42″	+6″	盘左时竖盘注记 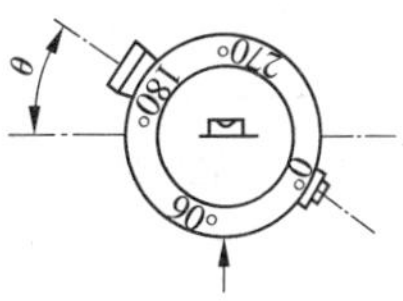
2	1	1.47	1.50	89°52′06″	270°08′06″	+0°08′00″	+6″	
2	3	1.52	1.50	90°12′48″	269°46′48″	−0°13′00″	−12″	
3	2	1.45	1.50	89°46′12″	270°14′00″	+0°13′54″	+6″	
3	4	1.49	1.50	89°45′48″	270°14′06″	+0°14′09″	−3″	
4	3	1.53	1.50	90°14′36″	269°45′00″	−0°14′48″	−12″	
4	5	1.57	1.50	89°45′06″	270°14′30″	+0°14′42″	−12″	
5	4	1.45	1.50	90°14′24″	269°45′24″	−0°14′30″	−6″	
5	6	1.47	1.50	90°15′42″	269°44′06″	−0°15′48″	−6″	
6	5	1.54	1.50	89°44′30″	270°15′42″	+0°15′36″	+6″	
6	1	1.51	1.50	89°43′42″	270°16′24″	+0°16′21″	+3″	
1	6	1.48	1.50	90°16′18″	269°43′54″	−0°16′12″	+6″	

2. 内业整理与计算

内业计算时,应首先整理、检查外业观测数据,在确认合格后方可进行计算,最终求出各待测导线点的高程。

(1)计算高差。根据式(6-22)或式(6-23)计算往测、返测的高差,然后计算两者较差,若不超出容许值,则取平均值作为最终高差值,符号与往测高差符号相同,具体结果见表 6-15。

表 6-15　三角高程测量高差计算

测站	1	2	2	3	3	4	4	5	5	6	6	1
觇点	2	1	3	2	4	3	5	4	6	5	1	6
觇法	往	返	往	返	往	返	往	返	往	返	往	返
θ (° ′ ″)	−0 08 42	+0 08 00	−0 13 00	+0 13 54	+0 14 09	−0 14 48	+0 14 42	−0 14 30	−0 15 48	+0 15 36	+0 16 21	−0 16 12
D (m)	149.20	149.20	137.71	137.71	106.53	106.53	77.34	77.34	77.95	77.95	110.95	110.95
i (m)	1.57	1.47	1.52	1.45	1.49	1.53	1.57	1.45	1.47	1.54	1.51	1.48
v (m)	1.50	1.50	1.50	1.50	1.50	1.50	1.50	1.50	1.50	1.50	1.50	1.50
h (m)	−0.31	+0.32	−0.50	+0.51	+0.43	−0.43	+0.40	−0.38	−0.39	+0.39	+0.54	−0.54
$h_{平均}$ (m)	−0.32		−0.51		+0.43		+0.39		−0.39		+0.54	

（2）计算高程。首先计算高差闭合差 $f_h=\sum h-(H_{终}-H_{始})$，再计算高差闭合差容许值 $f_{h容}$，即

$$f_{h容}=\pm 0.1H_d\sqrt{n} \tag{6-28}$$

式中　$f_{h容}$——高差闭合差容许值，m；

H_d——测图时所用基本等高距；

n——测站数。

当 $|f_h|\leqslant|f_{h容}|$ 时，说明精度达到要求，可进行高差闭合差的调整，高差改正数为

$$v_{hi}=-\frac{f_h}{\sum D}D_i \tag{6-29}$$

式中　D_i——第 i 边的水平长度，$i=1,2,3,\cdots$。

将各边的高差加上改正数，便得改正后高差；根据起点 1 的已知高程，就可逐点推算出图 6-21 中各待求导线点的高程。具体计算见表 6-16。

表 6-16　三角高程测量高程计算

点号	水平距离(m)	高差(m)	改正数(m)	改正后高差(m)	高程(m)	备注
1					150.00	高程已知
	149.20	-0.32	-0.03	-0.35		
2					149.65	
	137.71	-0.51	-0.03	-0.54		
3					149.11	
	106.53	+0.43	-0.02	+0.41		
4					149.52	
	77.34	+0.39	-0.02	+0.37		
5					149.89	
	77.95	-0.39	-0.02	-0.41		
6					149.48	
	110.95	+0.54	-0.02	+0.52		
1					150.00	计算检核
Σ	659.68	+0.14	-0.14	0.00		
辅助计算	$f_h=\sum h=+0.14$ m 当测图用基本等高距 $H_d=1$ m 时，$f_{h容}=\pm 0.1H_d\sqrt{n}=\pm 0.1\times 1\times\sqrt{6}=\pm 0.24$(m) 因 $|f_h|<|f_{h容}|$，说明符合精度要求					

实训 6-1　经纬仪闭合导线测量与成果整理

一、实训目的

(1)掌握经纬仪钢尺导线的外业观测和内业计算。

(2)掌握图根三角高程测量的方法步骤。

二、实训内容

(1)完成一条由 4 ~ 5 点组成的闭合导线的外业观测和内业计算。

(2)在导线边长和起点高程已知的情况下,利用经纬仪图根三角高程测量法观测高差,求算其余各导线点的高程。

三、仪器与工具

DJ_6 经纬仪 1 台、罗盘仪 1 台、标杆 3 根、水准尺 1 根、钢尺 1 副、测钎 1 组、斧子 1 把、木桩及小钉若干、记录板 1 块(含记录表格);自备铅笔、小刀、计算器等。

四、方法提示

(一)导线测量

(1)选点。根据选点注意事项,在测区内选定 4 ~ 5 个点组成闭合导线,并在各导线点上打入木桩,绘出导线略图。

(2)量距。用钢尺往、返丈量各导线边的边长,读数至毫米,若相对误差不大于 1/2 000,则取其平均值至厘米。

(3)测角。采用经纬仪测回法观测闭合导线各内角,每角观测一个测回,若上、下半测回角值差不超过 ±40″,则取平均值;若为独立测区,则需要用罗盘仪观测起始边的磁方位角。

(4)角度闭合差的计算和调整。$f_\beta = \sum\beta_{测} - (n-2) \times 180°$,限差为 $f_{\beta容} = \pm 40''\sqrt{n}$。

(5)推算坐标方位角。采用 $\alpha_{前} = \alpha_{后} + (180° - \beta_{右})$ 或 $\alpha_{前} = \alpha_{后} - (180° - \beta_{左})$ 进行推算。

(6)计算坐标增量。根据 $\Delta x = D\cos\alpha$ 和 $\Delta y = D\sin\alpha$ 进行计算。

(7)坐标增量闭合差的计算和调整。由 $f_x = \sum \Delta x_{测}$ 和 $f_y = \sum \Delta y_{测}$ 计算出 $f_D = \sqrt{f_x^2 + f_y^2}$,然后得到 $K = \frac{f_D}{\sum D} = \frac{1}{\frac{\sum D}{f_D}}$;若 $K \leqslant \frac{1}{2\,000}$,则将 f_x 和 f_y 按符号相反、边长成正比的原则分配给各导线边。

(8)坐标计算。根据导线起始点的已知坐标和调整闭合差后的坐标增量,依次推算出各待测导线点的坐标。

(二)高程测量

(1)测高差。利用经纬仪图根三角高程测量法,往、返观测各相邻导线点间的高差。

(2)高差闭合差的计算与调整。计算闭合差 $f_h = \sum h - (H_{终} - H_{始})$ 和限差 $f_{h容} = \pm 0.1 H_d \sqrt{n}$,若 $|f_h| \leq |f_{h容}|$,则利用公式 $v_{hi} = -\frac{f_h}{\sum D} D_i$,对高差闭合差进行调整。

(3)高程计算。根据起点的已知高程或假定高程以及改正后高差,便可计算出各待求导线点的高程。

五、注意事项

(1)导线边长以 70 ~ 100 m 为宜,若边长较短,则测角时应特别注意提高对中和瞄准的精度。

(2)若所布设的导线未与国家控制网联测,则起点坐标及高程均可假定,但要注意不使其他点位出现负值。

六、实训报告

每组上交钢尺量距记录计算、水平角观测记录计算、起始边磁方位角观测记录计算、三角高程观测记录计算各一份;每人上交经纬仪导线内业计算表和图根点三角高程计算表各一份。

第五节 全球定位系统(GPS)

一、GPS 的组成

GPS 是英文"Navigation Satellite Timing And Ranging/Global Positioning System"的缩写,即"卫星测时测距导航/全球定位系统"的简称。GPS(全球定位系统)由空间星座部分、地面控制部分和用户设备部分构成,三者有各自独立的功能和作用,但又是有机地配合而缺一不可的整体系统。其组成及相互关系如图 6-22 所示。

(一)空间星座部分

GPS 卫星星座由 21 颗工作卫星和 3 颗在轨备用卫星组成,记作(21 +3)GPS 星座。GPS 卫星的核心部件包括高精度的时钟、导航电文存储器、双频发射和接收机以及微处理机。如图 6-23 所示,24 颗卫星均匀分布在 6 个轨道平面内,轨道倾角为 55°,各个轨道平面之间夹角为 60°,即轨道的升交点赤经各相差 60°;每个轨道平面内各颗卫星之间的升交角相差 90°,一轨道平面上的卫星比西边相邻轨道平面上的相应卫星超前 30°;轨道平均高度为 20 200 km,卫星运行周期为 11 h 58 min。用 GPS 信号导航定位时,为了解算测站的三维坐标,必须观测 4 颗卫星,称为定位星座;GPS 卫星的空间分布保证了在地球上的任何地点、任何时刻至少可同时观测到 4 颗卫星,加上 GPS 卫星信号的传播和接收不受天气影响,故 GPS 是一种高精度、全球性、全天候的连续实时定位系统。

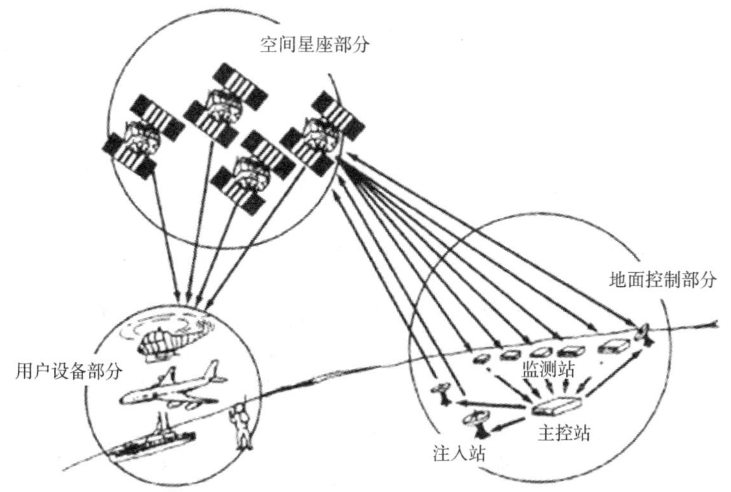

图 6-22　GPS 的组成及其相互关系

（二）地面控制部分

GPS工作卫星的地面控制系统包括1个主控站、3个注入站和5个监测站，如图6-24所示。主控站设在美国科罗拉多（Colorado），其任务是收集、处理本站和监测站收到的全部资料，编算出每颗卫星的星历和GPS时间系统，将预测的卫星星历、钟差、状态数据以及大气传播改正等，编制成导航电文传送到注入站；主控站还负责纠正卫星的轨道偏离，必要时调度卫星，让备用卫星取代失效的工作卫星；另外，还负责整个地面监测系统的工作，检验注入给卫星的导航电文，监测卫星是否将导航电文发给了用户。3个注入站分别设在大西洋的阿松森岛（Ascencion）、印度洋的狄哥伽西亚（Diego Garcia）和太平洋的卡瓦加兰（Kwajalein），其任务是将主控站发来的导航电文注入相应的卫星存储器；此外，注入站能自动向主控站发射信号，每分钟报告一次自己的工作状态。监测站共有5个，除主控站和注入站这4个站外，还在夏威夷（Hawaii）设立了1个监测站，它们的主要任务是为主控站提供卫星的观测数据，监测卫星的工作状态。

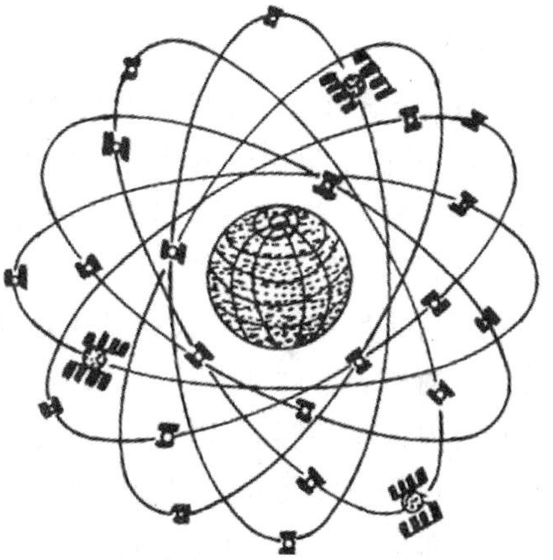

图 6-23　GPS 卫星星座

（三）用户设备部分

该部分主要包括GPS卫星信号接收机硬件、数据处理软件和微处理机及其终端设备等，而GPS接收机是GPS导航卫星的用户关键设备。

1. GPS 接收机的基本结构

GPS接收机是一种能够接收、跟踪、变换和测量GPS卫星导航定位信号的无线电接收设备，它既具有常用无线电接收设备的共性，又具有捕获、跟踪和处理卫星微弱信号的特性，能够测出GPS信号从卫星到接收机天线的传播时间，解译出导航电文，实时计算测站的三维坐标。

图 6-24　GPS 卫星的地面控制系统

GPS 接收机一般由天线单元、接收单元和电源三部分组成。

(1)天线单元。由接收天线和前置放大器两个部件组成,其基本功能是接收 GPS 卫星信号,并把卫星信号的能量转化为相应的电流量,经过前置放大器,将微弱的 GPS 信号电流予以放大,送入频率变换器进行频率变换。

(2)接收单元。主要由信号通道单元、存储单元、计算和显示控制单元等部分组成,其主要功能是对经过放大和变频处理的信号电源进行跟踪、处理和测量。信号通道是接收单元的核心部件,能跟踪、处理和量测卫星信号,以获得导航定位所需要的数据和信息。接收机内设有存储器,以存储卫星星历、卫星历书、接收机采集到的码相位伪距观测值、载波相位观测值以及人工测量数据。显控器通常包括一个视屏显示窗和一组控制键盘,它是人机对话的窗口,可对接收机进行配置,调用存储在接收机里的数据信息和功能,也可输入一些必要的信息,如测站名、天线高、点的坐标等;接收机内的处理软件是实现 GPS 定位数据采集和通道自校检测自动化的重要组成部分,主要用于信号捕获、环路跟踪和点位计算。

(3)电源。GPS 接收机的电源有两种:一种是内电源,一般采用锂电池,主要用于为 RAM 存储器供电,以防止数据丢失;另一种为外接电源,这种电源常采用可充电的 12 V 直流镉镍电池组或锂电池。当采用交流电时,需经过稳压电源或专用电流交换器。

2. GPS 接收机的类型

GPS 接收机可根据工作原理、作业模式、接收频率、用途、结构等的不同进行分类。若按接收机的结构不同,GPS 接收机可分为手持式、整体式和分体式三种。

(1)手持式接收机。接收机的主机、天线、控制器、电源各单元全部高度集成一体化,接收机系统根据手持特点设计封装,具有功耗小、质量轻、价格低廉等特点,应用十分广泛,如图 6-25(a)所示。

(2)整体式接收机。所谓整体式是将组成接收机的接收机主机、天线、控制器、电台、电源各单元在制造过程中全部或部分集成为一个整体,或各单元之间模块化集成,无电缆连接,如图 6-25(b)所示。

(3)分体式接收机。所谓分体式是将组成接收机的接收机主机、天线、控制器、电台、电源各单元全部或部分设计为独立的整体,它们之间需利用电缆或蓝牙技术进行数据通信,但从仪器基本结构分析,则可概括为天线单元和接收单元两大部分,如图 6-25(c)所示;将图示的两个单元分别安装成两个独立的部件,以便天线单元安设在测站上,接收单元置于测站点附近的适当位置,用电缆将两者联系成一个整体。

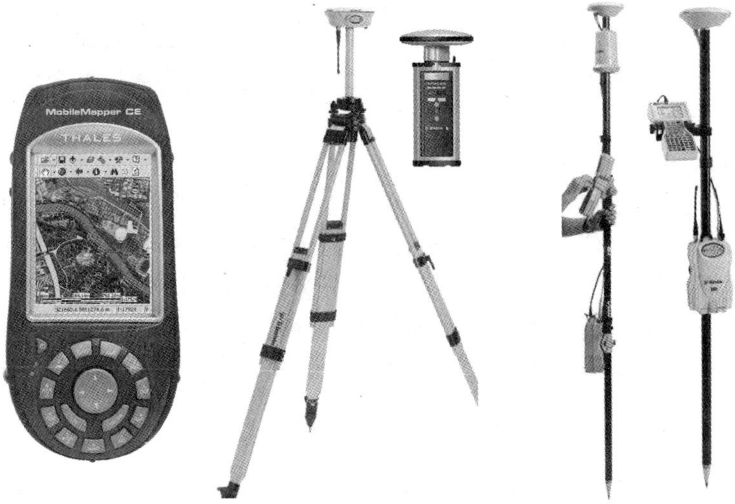

(a)手持式　　　　(b)整体式　　　　(c)分体式

图 6-25　接收机的类型

GPS 导航与定位技术的迅速发展及其应用领域的不断开拓,使得世界各国对 GPS 接收机的研制与生产极为重视。目前,世界上 GPS 接收机的生产厂家有数十家,接收机的型号已上百种,而国内通常使用的 GPS 接收机主要代表产品有:美国 Trimble 公司的 5700/5800(R7/R8)系列、法国 THALES 公司的 Z－MAX 系列、欧洲 Leica 公司的 GPS1200 系列和日本 TOPCON 公司的 Hipper 系列产品。随着 GPS 定位技术的迅速发展与 GPS 接收机集成化的提高,GPS 接收机总趋势是从分体式结构向一体式结构发展。

二、GPS 定位的基本原理

应用无线电测距交会的原理,可由三个以上地面已知点(控制站)交会出卫星的位置,反之,利用 3 颗以上卫星的已知空间位置又可交会出地面未知点(用户接收机)的位置,这便是 GPS 卫星定位的基本原理。

(一)伪距法定位原理

伪距就是卫星发射的信号到达 GPS 接收机的传播时间乘以光速所得出的量测距离。由于卫星钟、接收机钟的误差以及无线电信号经过电离层和对流层的延迟,实测出的距离与卫星到接收机的几何距离有一定差值,因此一般称量测出的距离为伪距。伪距法虽然定位精度不高,但定位速度快,且无多值性,是 GPS 定位系统中最基本的方法。

(二)载波相位定位测量

利用卫星发射的载波为测距信号,由于载波的波长比测距码波长短很多,因而就会得到较高的测量定位精度。载波相位测量是目前大地测量和工程测量中的主要测量方法。由于载波信号是一种周期性的正弦信号,相位测量只能测定不足一个波长的部分,因此存在着整周数不确定的问题,从而使得载波相位测量的解算过程比较复杂。

三、GPS 定位的方法

利用 GPS 进行定位,就是把卫星视为“动态”控制点,在已知其瞬间坐标的条件下,以 GPS 卫星和用户接收机天线之间的距离为观测量,通过空间距离后方交会,从而确定接收机所处的位置。

(一)绝对定位法

该定位也叫单点定位,是采用一台接收机进行定位的模式,即利用 GPS 卫星和用户接收机之间的距离观测值,直接确定用户接收机天线在 WGS - 84 坐标系中相对于坐标系原点(地球质心)的绝对位置。绝对定位又可分为静态绝对定位和动态绝对定位。由于受卫星轨道误差、钟差、信号传播误差等因素的影响,静态绝对定位的精度约为米级,动态绝对定位的精度一般为 10 ~ 40 m。此精度只能满足一般的导航定位,而不能满足大地测量精密定位的要求。

(二)相对定位法

GPS 相对定位是利用两台 GPS 接收机,将其安置在基线的两端,同步观测相同的 GPS 卫星,从而确定基线端点在 WGS - 84 坐标系中的相对位置(坐标差)。由于观测过程中的重复观测,取得了多余观测数据,故提高了 GPS 的定位精度。相对定位法是目前 GPS 测量中精度最高的定位方法,常应用于大地测量、精密导航等高精度测量工作。

四、GPS 控制测量

GPS 技术具有精度高、速度快、费用低、全天候、操作简便等优点,因此被广泛应用于大地测量领域。应用 GPS 定位技术建立的测量控制网称为 GPS 网,其控制点称为 GPS 点。GPS 网一般可分为两大类:一类是全球或全国性的高精度 GPS 控制网;另一类是区域性的 GPS 控制网,包括国家 C、D、E 级 GPS 网或专为工程项目而建立的各类工程 GPS 网,这类 GPS 网的控制面积不大,边长也较短。

(一)GPS 网的技术设计

GPS 网布测前应进行技术设计,以得到最优的布测方案。技术设计是依据 GPS 测量的用途及用户的要求,按照国家及行业主管部门颁布的 GPS 测量规范(规程),对网形、基准、精度及作业纲要(如观测的时段数、每个时段的长度、采样间隔、截止高度角、接收机的类型及数量、数据处理的方案)等所作出的具体规定和要求。技术设计是 GPS 测量中一项非常重要的基础性工作,是项目实施过程中以及检查验收时的技术依据。

1. 技术设计依据

(1)测量任务书或测量合同书。测量任务书是测量单位的上级事业性单位主管部门下达的具有强制约束力的文件,常用于下达计划指令性任务;测量合同书则是由业主方

(或上级主管部门)与测量实施单位所签订的合同,经双方协商同意并签订后便具有法律效力。测量单位必须按照测量任务书或测量合同书中所规定的用途、范围、精度、密度等进行施测,并在规定时间内提交合格的成果及相关资料;上级主管部门及业主方也应按测量任务书或测量合同书中的规定及时拨(支)付作业费用,并在资料、场地等方面给予必要的协助和照顾。

(2)GPS 测量规范(规程)。国家质量监督检验检疫总局以及有关行业主管部门等单位,根据 GPS 测量的实际情况,制定了一些 GPS 测量规范(规程)。目前,我国作为 GPS 网技术设计依据的部分测量规范(规程)见表 6-17。

表 6-17　GPS 测量规范(规程)

名称	编号	发布单位	实施日期(年-月-日)
《全球定位系统(GPS)测量规范》	GB/T 18314—2009	国家质量监督检验检疫总局 中国国家标准化管理委员会	2009-06-01
《差分全球定位系统(DGPS)技术要求》	GB/T 17424—1998	国家质量技术监督局	1999-05-01
《测绘技术设计规定》	CH/T 1004—2005	国家测绘局	2006-01-01
《测绘技术总结编写规定》	CH/T 1001—2005	国家测绘局	2006-01-01
《全球定位系统(GPS)测量型接收机检定规程》	CH 8016—1995	国家测绘局	1995-07-01
《全球定位系统城市测量技术规程》	CJJ73—97	中华人民共和国建设部	1997-10-01
《城市测量规范》	CJJ8—99	中华人民共和国建设部	1999-07-01
《混凝土结构设计规范》	GB 50010—2002	中华人民共和国建设部	2002-04-01
《工程测量规范》	GB 50026—2007	中华人民共和国建设部	2008-05-01

2. GPS 测量的级别划分和测量精度

对 GPS 网的精度要求主要取决于测区大小、网的用途以及定位技术所能达到的精度,各级 GPS 网测量采用中误差作为衡量精度的技术指标。在《全球定位系统(GPS)测量规范》(GB/T 18314—2009)中, GPS 测量按照精度和用途分为 A 级、B 级、C 级、D 级和 E 级。

(1)A 级 GPS 网由卫星定位连续运行基准站(由卫星定位系统接收机、计算机、气象设备、通信设备及电源设备、观测墩等构成的观测系统)构成,其精度应不低于表 6-18 的要求。

表 6-18　A 级 GPS 网的精度与用途

级别	坐标年变化率中误差		相对精度	地心坐标各分量年平均中误差（mm）	用途
	水平分量（mm）	垂直分量（mm）			
A	2	3	1×10^{-8}	0.5	用于建立国家一等大地控制网，进行全球性的地球动力学研究、地壳形变测量和精密定轨等的 GPS 测量

（2）B、C、D 和 E 级 GPS 网的精度应不低于表 6-19 的要求。

表 6-19　B、C、D 和 E 级 GPS 网的精度与用途

<table>
<tr><th rowspan="2">级别</th><th colspan="2">相邻点基线分量中误差</th><th rowspan="2">相邻点间平均距离（km）</th><th rowspan="2" colspan="2">用途</th></tr>
<tr><th>水平分量（mm）</th><th>垂直分量（mm）</th></tr>
<tr><td>B</td><td>5</td><td>10</td><td>50</td><td colspan="2">用于建立国家二等大地控制网，建立地方或城市坐标基准框架、区域性的地球动力学研究、地壳形变测量、局部形变监测和各种精密工程测量等的 GPS 测量</td></tr>
<tr><td>C</td><td>10</td><td>20</td><td>20</td><td colspan="2">用于建立三等大地控制网，以及建立区域、城市及工程测量的基本控制网等的 GPS 测量</td></tr>
<tr><td>D</td><td>20</td><td>40</td><td>5</td><td>用于建立四等大地控制网的 GPS 测量</td><td rowspan="2">用于中小城市、城镇以及测图、地籍、土地信息、房产、物探、勘测、建筑施工的控制测量等的 GPS 测量</td></tr>
<tr><td>E</td><td>20</td><td>40</td><td>3</td><td></td></tr>
</table>

此外，用于建立国家二等大地控制网和三、四等大地控制网的 GPS 测量，在满足表 6-19规定的 B、C 和 D 级精度要求的基础上，其相对精度应分别不低于 1×10^{-7}、1×10^{-6}、1×10^{-5}。各级 GPS 网点相邻点的 GPS 测量大地高差的精度，应不低于表 6-19 规定的各级相邻点基线垂直分量的要求。

3. GPS 网布设的基本原则

各级 GPS 网一般逐级布设，在保证精度、密度等技术要求时可跨级布设。布设时，应根据其布设目的、精度要求、卫星状况、接收机类型和数量、测区已有的资料、测区地形和交通状况以及作业效率等因素综合考虑，并按照优化设计原则进行。

（1）两台或两台以上接收机同时对同一组卫星进行的观测称为同步观测，三台或三台以上接收机同步观测所获得的基线向量构成的闭合环称为同步观测环，而由非同步观测获得的基线向量构成的闭合环称异步观测环；对于 B、C、D、E 级 GPS 网最简异步观测环或附合路线的边数，应分别不大于 6 条、6 条、8 条和 10 条。

（2）各级 GPS 网点位应均匀分布，相邻点间距离最大不宜超过该网平均点间距的 2 倍；新布设的 GPS 网应与附近已有的国家高等级 GPS 点进行联测，联测点数不应少于 3 个。

（3）为求定 GPS 点在某一参考坐标系中的坐标，应与该参考坐标系中的原有控制点联测，联测的总点数不应少于 3 点；在需用常规测量方法加密控制网的地区，D、E 级网点应有 1 ~2 个方向通视。

（4）A 、B 级网应逐点联测高程，C 级网应根据区域似大地水准面精化要求联测高程，D、E 级网可依具体情况联测高程；A 、B 级网点的高程联测精度应不低于二等水准测量精度，C 级网点的高程联测精度应不低于三等水准测量精度，D、E 级网点按四等水准测量或与其精度相当的方法进行高程联测。

（5）B、C、D、E 级网布设时，测区内高于施测级别的 GPS 网点均应作为本级别 GPS 网的控制点（或框架点），并在观测时纳入相应级别的 GPS 网中一并施测。

（6）在局部补充、加密低等级的 GPS 网点时，采用的高等级 GPS 网点数应不少于 4 个。

（7）各级 GPS 网按观测方法可采用基于 A 级点、区域卫星连续运行基准站网、临时连续运行基准站网等的点观测模式，或以多个同步观测环为基本组成的网观测模式；网观测模式中的同步环之间，应以边连接或点连接的方式进行网的构建。

（8）用于国家一等大地控制网时，其点位应均匀分布，覆盖我国国土，在满足条件的情况下，点位宜布设在国家一等水准路线附近或国家一等水准网的结点处；用于国家二等大地控制网时，应综合考虑应用服务和对国家一、二等水准网的大尺度稳定性监测等因素，布设成连续网，点位应尽可能与国家一、二等水准网的结点、已有国家高等级 GPS 点、地壳形变监测网点、基本验潮站等重合；用于三等大地控制网布测时，应满足国家基本比例尺测图的基本需求，并结合水准测量、重力测量技术，精化区域似大地水准面。

（二）选点与建立标志

由于 GPS 测量观测站之间不一定要求相互通视，而且网的图形结构也比较灵活，所以选点工作比常规控制测量的选点要简便；但为了保证观测工作的顺利进行和保证测量结果的可靠性，在选点工作开始前，应收集了解有关布网任务、测区的地理情况、原有测量控制点的分布及完好状况等，以决定其适宜的点位。一般情况下，点位应设在交通方便、易于安装接收机、基础稳定、视野开阔的较高点上，视场内障碍物的高度角不宜超过 15°，以免 GPS 信号被遮挡或吸收；为避免磁场对 GPS 信号的干扰，点位应远离大功率无线电发射源，其距离不得小于 200 m，还应远离高压输电线和微波无线电输送通道，其距离不得小于 50 m；点位附近不应有大面积水域或强烈干扰卫星信号接收的物体，以减弱多路径效应的影响；另外，在利用原有点时，应检查该点的稳定性和完好性，符合要求时方可使用。

各级 GPS 点均应埋设固定的标石或标志，各种类型的标石应设有中心标志，以精确标定点位。点的标石和标志必须稳定、坚固，能够长期保存和利用。标石埋设结束后，应填写 GPS 点之记，并提交选点网图、土地占用批准文件和测量标志委托保管书、选点与埋石工作技术总结等资料。

（三）外业观测

外业观测是指利用 GPS 接收机采集来自 GPS 卫星的电磁波信号，作业过程分为天线安置、接收机操作、数据记录等几个环节。

1. 天线安置

在测站上,首先连接基座和脚架,然后将 GPS 天线、天线连接器与基座相连。进行对中、整平、定向,在确认各部件连接妥当后,量取天线斜高,上至天线槽口,下到测站中心。

2. 接收机操作

天线安置完成后,在离开天线适当位置的地面上安放 GPS 接收机,接通 GPS 接收机与电源、GPS 天线、控制器的连接电缆,经过预热和静置,启动接收机进行观测。

(1)按照作业时间开机或提前开机。按电源开关键开机,待所有指示灯发亮时,松开按键,此时 A 电池或 B 电池状态灯只有一个长亮;当电源灯快速闪烁或不亮时,说明电量不足。

(2)当卫星状况显示灯快速闪烁时,说明接收机在搜索、跟踪卫星或者卫星的颗数少于 4 颗;当卫星状况显示灯一秒闪烁一次时,说明观测卫星达到 4 颗或超过 4 颗。

(3)用接收机捕获 GPS 信号,对其进行跟踪、接收和处理,获取所需的定位观测数据。

3. 数据记录

当接收机有关显示正常并经过自检后,按照仪器的使用手册进行输入和查询工作。

(1)按记录键开关。当卫星达到 4 颗或 4 颗以上时,按记录开关键,记录灯长亮,表明正在记录数据;当记录灯一秒闪烁一次时,说明快速静态测量数据已经足够;当记录灯快速闪烁时,表明接收机内存已满。

(2)在观测记录簿上记录点名、天线类型、天线高、观测时段和卫星状况。

4. 关机

(1)检查卫星状况后,按住数据记录开关,直到指示灯熄灭,停止记录。

(2)按住电源开关,直到无指示灯闪烁;然后拆天线,并装箱搬站。

5. 仪器初始化

当机器不能正常工作时,可将其进行初始化,即按住电源开关 15 s,直到所有显示灯都熄灭又都全亮,这样可恢复厂家缺省设置;然后按住电源开关 30 s,消除接收机存储的所有文件,并格式化数据卡。

(四)成果检核与数据处理

首先对野外观测资料进行复查,内容包括成果是否符合调度命令和规范要求、观测数据的质量分析是否符合实际等,然后利用计算机软件,分基线向量解算和 GPS 网平差两个阶段进行 GPS 测量数据的处理,并根据两测点同步观测的载波相位观测值,进行相对定位解算,算出两点间的坐标差。

1. 基线向量解算

基线向量解算的过程包括数据传输、按顺序输入点名和天线高。基线解算方案:根据外业施测的精度要求和实际情况、软件的功能和精度,可采用多基线解或单基线解;应根据测量已知点的情况确定坐标起算点,每个同步观测图形应至少选定一个起算点。基线解算出来后,还应检查基线闭合差是否在规范要求的范围内。

2. GPS 网平差

在各项质量经检核并符合要求后,即可利用相关软件进行 GPS 网平差。GPS 网平差包括 A、B 级 GPS 网无约束平差,A、B 级 GPS 网整体平差,C、D、E 级 GPS 网无约束平差,

C、D、E 级 GPS 网约束平差等。

五、GPS 技术在园林工作中的应用

GPS 技术在园林工作中的应用非常广泛，例如，可利用 GPS 的测量功能进行园林绿地面积测量、统计，利用 GPS 的导航功能可以为城市绿地管理、执法过程提供便利条件；对城市重点植物（古树名木）进行空间位置测量定位，并结合植物地理信息系统（GIS），对园林植物进行动态管理；在园林地形改造过程中，高程控制有一定的难度，如果利用 GPS 设备，就可以直接反映正在施工的高程及位置与设计要求间的关系；园林绿地中地下管网较多，埋设时利用 GPS 设备记录下它们的空间坐标，可以为日后的管理提供方便；GPS 可以作为园林施工放线等的重要手段，从而大大加快了工作进度，同时也方便了设计人员在现场准确调整方案等。

复习与思考题

1. 导线的形式主要有哪几种？各在什么情况下采用？

2. 经纬仪闭合导线与附合导线的内业计算有何异同点？

3. 导线测量的目的是什么？其外业工作如何进行？

4. 图 6-26 为一闭合导线，已知起始边坐标方位角 $\alpha_{12}=45°56'30''$，1 点的平面直角坐标 $x_1=600.00$ m、$y_1=800.00$ m，各内角观测值和导线边长数据如表 6-20 所示，若要求 $f_{\beta容}=\pm 40''\sqrt{n}$、$K_{容}=\frac{1}{2\ 000}$，试求闭合导线点 2、3、4 的坐标。

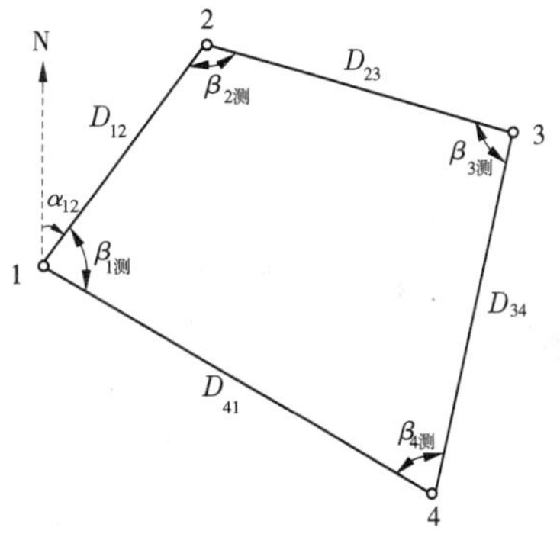

图 6-26 经纬仪闭合导线

表 6-20 导线角度观测值和导线边长

导线点号	内角观测值 (° ′ ″)	导线边长 (m)
1	87 22 17	
		143.13
2	113 53 45	
		154.32
3	92 08 12	
		217.09
4	66 35 01	
		236.75
1		

5. 在经纬仪附合导线测量中，AB、CD 边的坐标方位角和 B、C 点的坐标值已知，其数据与各转折角的观测值、各导线边长量距结果如表 6-21 所示，若要求 $f_{\beta容} = \pm 40''\sqrt{n}$、$K_{容} = \frac{1}{2\,000}$，试求导线点 1、2、3 的坐标。

表 6-21　经纬仪附合导线内业计算

点号	转折角 β(左角)		坐标方位角 (° ′ ″)	边长 (m)	增量计算值		改正后增量值		坐标值	
	角度观测值 (° ′ ″)	改正后角值 (° ′ ″)			Δx (m)	Δy (m)	$\Delta x'$ (m)	$\Delta y'$ (m)	x (m)	y (m)
A										
			150　35　18							
B	110　32　18								1 523.680	2 134.740
				137.581						
1	205　13　36									
				157.642						
2	155　37　24									
				128.572						
3	217　38　06									
				145.260						
C	120　17　12								1 446.880	2 675.740
			59　53　24							
D										
Σ										
辅助计算										

6. 简述 GPS 的组成及其相互关系。

7. 简述 GPS 测量的级别以及 GPS 网布设的基本原则。

第七章　大比例尺地形图测绘

本章提要

依据“从整体到局部，由高级到低级，先控制后碎部”的测量原则，在控制测量工作结束以后，便应以控制点为基础，按一定要求和规则，将地面上的地物、地貌测绘成地形图。本章主要讲述测图比例尺及其精度、地物与地貌在地形图上的表示方法、平面坐标格网的绘制与控制点的展绘、碎部点的选择与经纬仪测绘大比例尺地形图的方法、地物的绘制与地貌的勾绘、地形图的拼接与整饰等内容；另外，还对数字化测图作了简要介绍。

第一节　比例尺及其精度

一、测图比例尺

（一）比例尺的概念

地形图上任意一条线段的长度 d 与地面上相应线段的实际水平距离 D 之比，称为地形图的比例尺，通常用分子为 1 的分数表示，即

$$\frac{d}{D}=\frac{1}{M} \tag{7-1}$$

式中　D——两点间实地水平距离；

d——两点间图上线段长度；

M——比例尺的分母，通常取整数。

利用比例尺，便可以根据量得的图上长度求出相应的实地水平距离；同样，根据地面上量出的水平距离可以求出在图上的相应长度，即

$$D=dM \tag{7-2}$$

或

$$d=\frac{D}{M} \tag{7-3}$$

【例 7-1】　在 1∶1 000 的比例尺地形图上，量得图上两点间的长度 $d=1.2$ cm，求地面上相应水平距离 D。

解：　由式（7-2）可得

$$D=dM=1.2\times 1\,000=1\,200(\text{cm})=12\text{ m}$$

【例 7-2】　已知地面两点平距 $D=126$ m，求其在 1∶1 000 比例尺地形图上的图距 d 是多少？

解：　由式（7-3）可得

$$d=\frac{D}{M}=\frac{126}{1\,000}=0.126(\text{m})=12.6\text{ cm}$$

比例尺的大小取决于分数值的大小，即分母愈大，比例尺愈小；分母愈小，比例尺愈大。通常称 1∶1 000 000、1∶500 000、1∶200 000 的地形图为小比例尺地形图；1∶100 000、1∶50 000和 1∶25 000 的地形图为中比例尺地形图；1∶10 000、1∶5 000、1∶2 000、1∶1 000 和 1∶500 的地形图为大比例尺地形图。园林工程中通常使用大比例尺地形图。按照规定，比例尺应书写在图幅正下方。

（二）比例尺的种类

由于测图和用图的不同需要，比例尺的表示方法有所不同，可分为以下两种。

1. 数字比例尺

数字比例尺就是用分子为 1 的分数或数字比例的形式表示。如：$\frac{1}{1\ 000}$、$\frac{1}{2\ 000}$、$\frac{1}{5\ 000}$；也可以写成 1∶1 000、1∶2 000、1∶5 000。

2. 图示比例尺

为了用图方便，以及减弱由于图纸伸缩而引起的误差，在绘制地形图时，常在图上绘制图示比例尺。图示比例尺的种类有直线比例尺和复式比例尺，而直线比例尺较为常用，如图 7-1 所示。

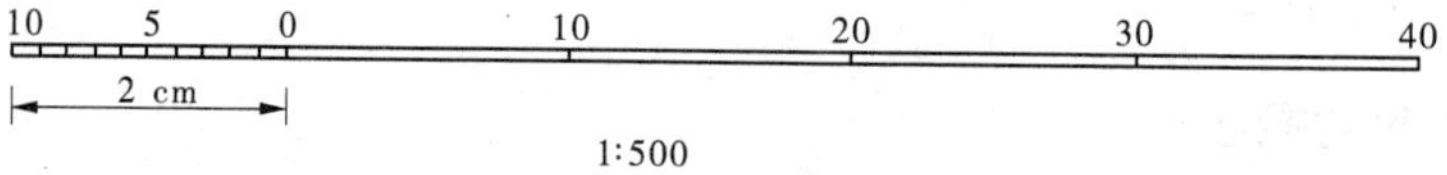

图 7-1　直线比例尺

直线比例尺是直接画在图上的，绘制时先在图上绘两条平行线，再把它等分成若干个 2 cm（或 1 cm）长的线段，称为比例尺的基本单位；将左端的一个基本单位再分成十等份，对于 1∶500 的比例尺，每等份的长度相当于实地 1 m；而每一基本单位所代表的实地长度为 10 m。在从左起第一个基本单位的右端点上注记“0”，其他各端点上注记相应的实际水平距离。

二、比例尺精度

（一）比例尺精度的定义

由于人的肉眼能分辨的图上两点之间的最小距离是 0.1 mm（人眼分辨率），因此通常把图上 0.1 mm 所表示的实地水平长度称为比例尺精度。地形图的比例尺不同，比例尺精度也不同，表 7-1 所示是常用的几种比例尺的精度。

表 7-1　比例尺精度

测图比例尺	1∶500	1∶1 000	1∶2 000	1∶5 000	1∶10 000
比例尺精度（m）	0.05	0.1	0.2	0.5	1.0

（二）比例尺精度的作用

（1）利用比例尺精度，可以推算出测图时量距应精确到什么程度。例如，1∶2 000 地形图的比例尺精度为 0.2 m，测图时，实地量距的精度只需精确到 0.2 m 即可，因为小于 0.2 m 的实地水平距离在图上表示不出来。

(2)根据用图的要求,确定选用测图比例尺的大小。例如,要求在图上能反映地面上0.1 m的最短线段长度,则测图比例尺不能小于1∶1 000。

比例尺愈大,精度要求就愈高,采集的数据信息愈详细,但测图的工作量往往成倍增加;比例尺愈小,精度要求愈低,采集的数据信息量愈简略。因此,使用多大比例尺测图,应从实际需要出发。

第二节　地形图图式

地物是指地球表面上具有明显轮廓的各种固定物体,包括自然地物与人工地物两大类;如河流、森林、湖泊等为自然地物,而房屋、公路、铁路、桥梁等为人工地物。地貌是指地面上高低起伏的形态,按其起伏变化的程度分为平地(地面倾角2°以下)、丘陵地(地面倾角2°~6°)、山地(地面倾角6°~25°)、高山地(地面倾角25°以上)等。

为了便于测图和用图,需要将实地的地物和地貌用各种符号在图上表示出来,这些符号总称为地形图图式。地形图图式不仅包含地物符号,还有专门的地貌符号和注记符号等,是测绘和使用地形图的重要依据与标准,有助于在有限的图面上反映更多、更重要的信息。

表7-2所示是中华人民共和国国家质量监督检验检疫总局和中国国家标准化管理委员会发布的《国家基本比例尺地图图式第1部分》(GB/T 20257.1—2007)中1∶500、1∶1 000和1∶2 000地形图图式的节选。

表7-2　地形图图式节选

符号名称	符号式样			符号细部图
	1∶500	1∶1 000	1∶2 000	
三角点 a. 土堆上的 张湾岭、黄土岗——点名 156.718、203.623——高程 5.0——比高	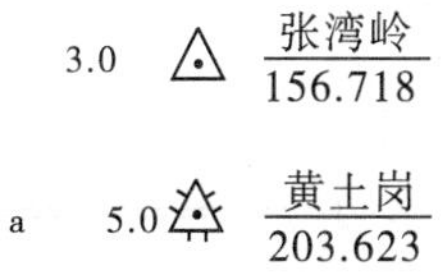			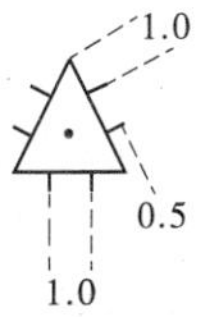
导线点 a. 土堆上的 Ⅰ16、Ⅰ23——等级、点号 84.46、94.40——高程 2.4——比高	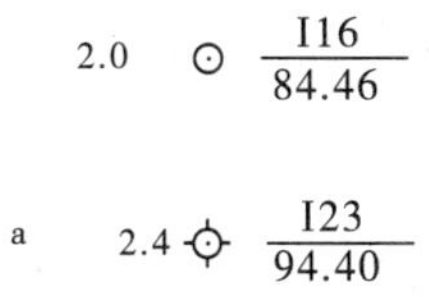			
埋石图根点 a. 土堆上的 12、16——点号 275.46、175.64——高程 2.5——比高	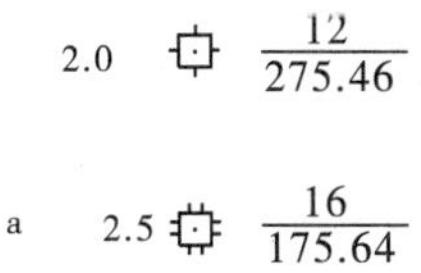			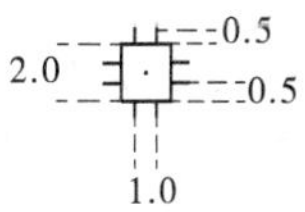

续表 7-2

符号名称	符号式样			符号细部图
	1:500	1:1 000	1:2 000	
不埋石图根点 19——点号 84.47——高程	2.0 ⊡ $\frac{19}{84.47}$			
水准点 Ⅱ——等级 京石5——点名、点号 32.805——高程	2.0 ⊗ $\frac{\text{Ⅱ京石5}}{32.805}$			
卫星定位等级点 B——等级 14——点号 495.263——高程	3.0 △ $\frac{B14}{495.263}$			
地面河流 a. 岸线 b. 高水位岸线 清江——河流名称	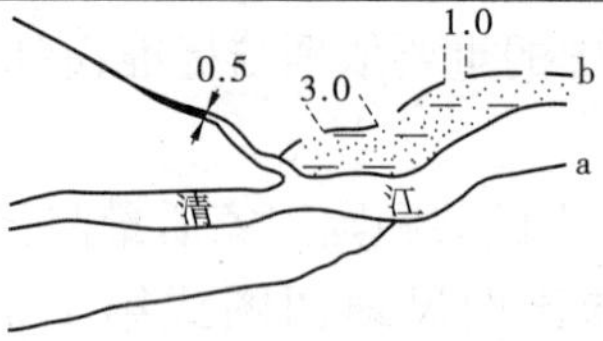			
池塘	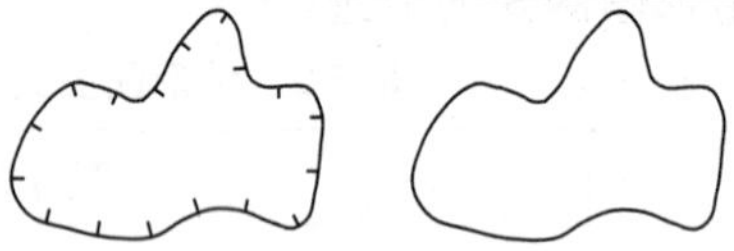			
堤 a. 堤顶宽依比例尺 24.5——坝顶高程 b. 堤顶宽不依比例尺 2.5——比高	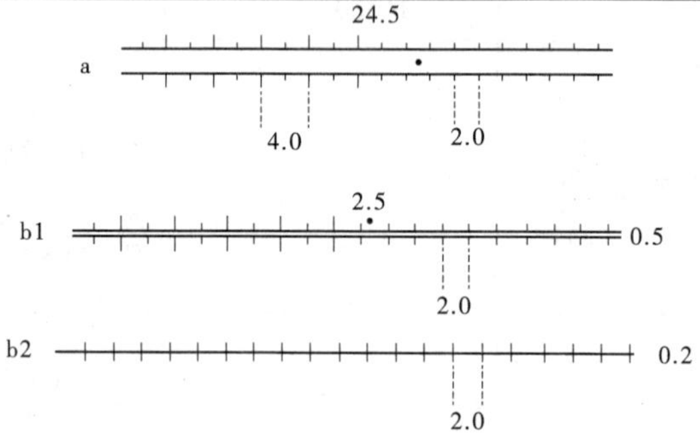			
单幢房屋 a. 一般房屋 b. 有地下室的房屋 c. 突出房屋 d. 简易房屋 混、钢——房屋结构 1、3、28——房屋层数 -2——地下房屋层数	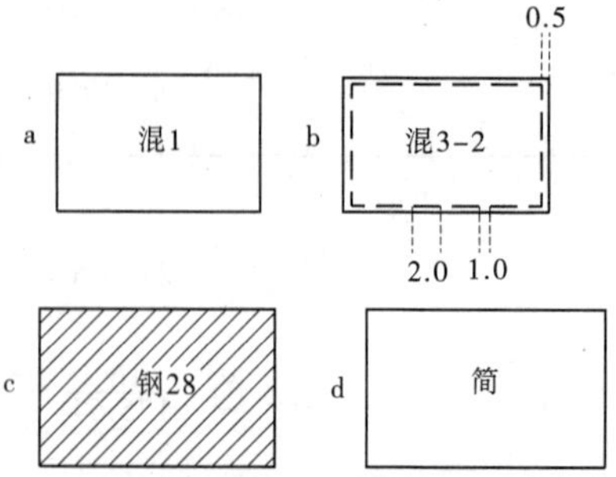		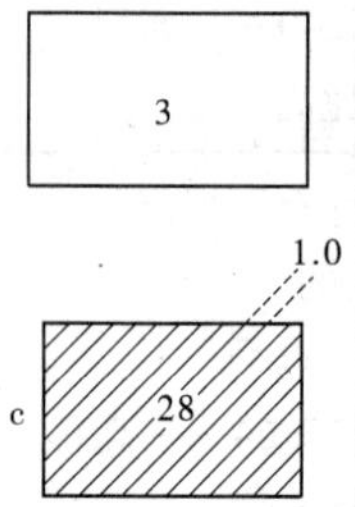	

续表 7-2

符号名称	符号式样 1:500	符号式样 1:1 000	符号式样 1:2 000	符号细部图
架空的管道 a. 依比例尺的墩架 b. 不依比例尺的墩架	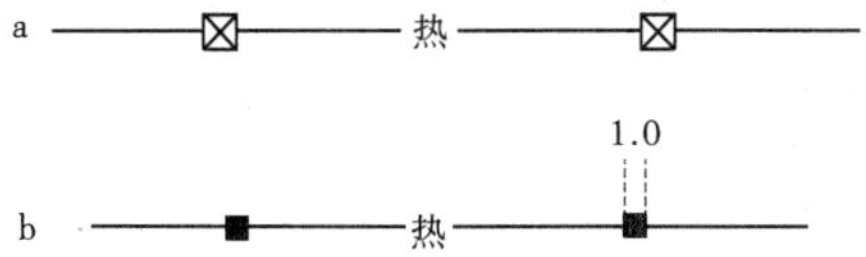			
县级行政区界限 a. 已定界和界标 b. 未定界	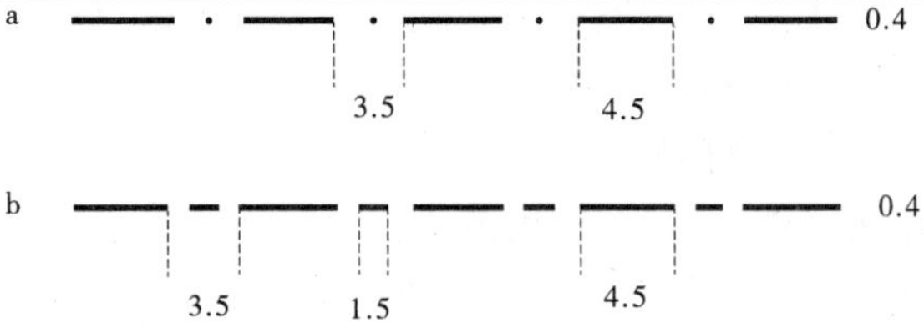			
等高线及其注记 a. 首曲线 b. 计曲线 c. 间曲线 25——高程	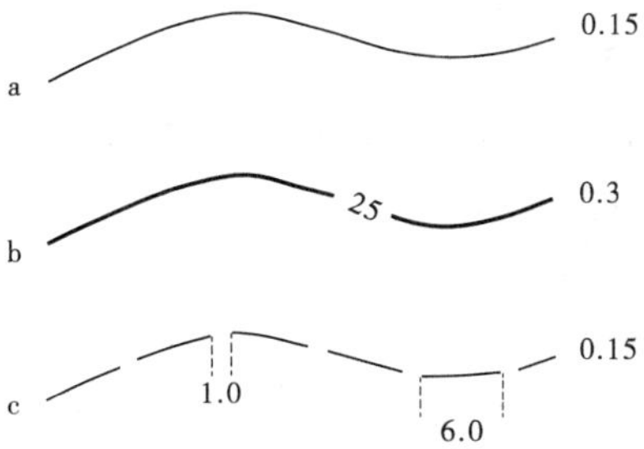			
示坡线	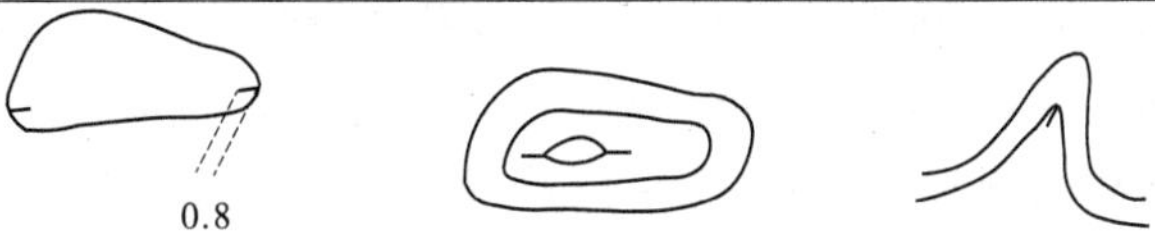			
高程点及其注记 1 520. 3、-15. 3——高程	0.5 • 1 520.3		• -15.3	
冲沟 3. 4、4. 5——比高	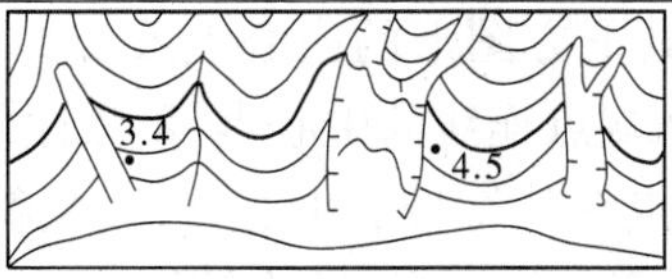			
人工陡坎 a. 未加固的 b. 已加固的	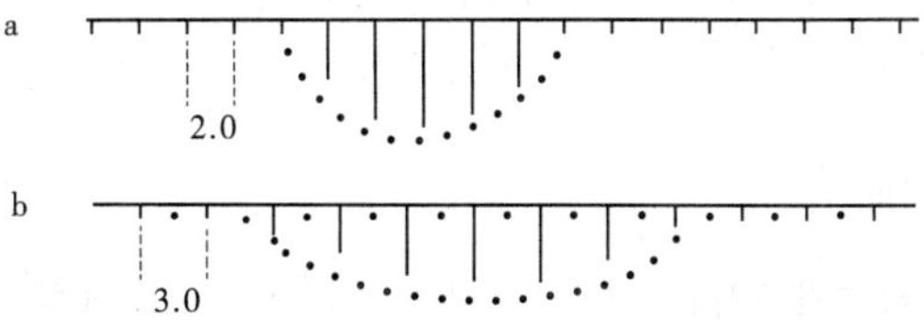			
幼林、苗圃	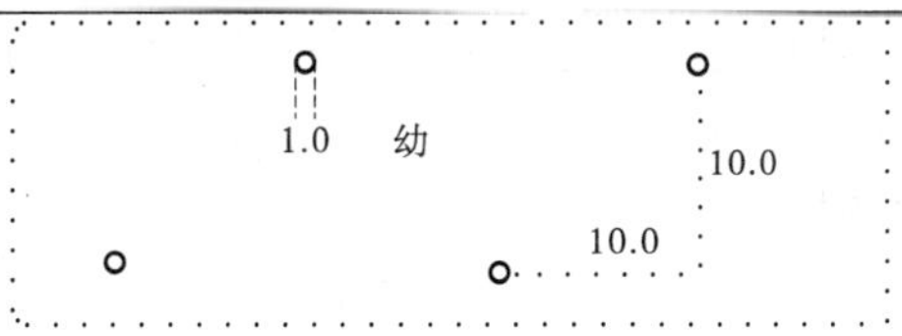			

一、地物符号

在地形图上，用来表示房屋、道路、湖泊等固定物体的符号称为地物符号。地物符号按特性、大小和在图上描绘的方法不同，可以分为依比例尺符号、半依比例尺符号、不依比例尺符号。

（一）依比例尺符号

地物依比例尺缩小后，其长度和宽度能依比例尺表示的地物符号称依比例尺符号。有些地物的轮廓较大，如房屋、池塘、湖泊等，它们的形状和大小可以按测图比例尺缩小，并用规定的符号绘在图纸上。

（二）半依比例尺符号

地物依比例尺缩小后，其长度能依比例尺而宽度不能依比例尺表示的地物符号称半依比例尺符号。对于一些线状或带状地物，如道路、通信线、管道、垣栅等，其长度可按比例尺缩绘，而宽度无法按比例尺表示。

（三）不依比例尺符号

地物依比例尺缩小后，其长度和宽度不能依比例尺表示的地物符号称不依比例尺符号。有些地物，如三角点、水准点、独立树和里程碑等，它们的轮廓较小，在图上无法将其形状和大小按比例绘制，但其又很重要，必须采用特定的符号来表示。

一种地物要用哪种符号表示，取决于测图比例尺大小。同一地物在大比例尺地形图上，可以用依比例尺符号表示；在小比例尺地形图上，只能用不依比例尺符号或半依比例尺符号表示。如 10 m 宽的道路，在 1∶1 000 比例尺地图上可以按比例绘出，而在 1∶100 000 比例尺地图上其宽度不能按比例绘出，只能用半依比例尺符号表示。

在测图和用图时，还要注意定位符号的定位点和定位线会随不同的地物而异。符号图形中有一个点的，该点为地物的实地中心位置；圆形、正方形、长方形等符号，定位点在其几何图形中心；宽底符号（蒙古包、烟囱、水塔等）定位点在其底线中心；底部为直角的符号（风车、路标、独立树等）定位点在其直角的顶点；几种图形组成的符号（敖包、教堂、气象站等）定位点在其下方图形的中心点或交叉点；下方没有底线的符号（窑、亭、山洞等）定位点在其下方两端点连线的中心点；不依比例尺表示的其他符号（桥梁、水闸、拦水坝、岩溶漏斗等）定位点在其符号的中心点；线状符号（道路、河流等）定位线在其符号的中轴线，依比例尺表示时，在两侧线的中轴线。

另外，各种符号除简要说明中规定按真实方向表示者外，均垂直于南图廓线。

二、地貌符号

地形图上表示地貌的方法有多种，目前最常用的是等高线法，因为用等高线表示地貌，不仅能表示地面的起伏形态，而且能表示出地面的坡度和地面点的高程。对陡崖、冲沟、梯田等特殊地貌，不便用等高线表示时，则用特定符号来表示。

（一）等高线的概念

等高线是地面上高程相等的各相邻点所连成的闭合曲线。如图 7-2 所示，设想有一座山头，用高程分别为 50 m、55 m、60 m 的水平面去截山头，则各截面与山头表面的交线就是等高线。将这些等高线垂直投影到同一个水平面上，再按比例尺缩小画在图纸上，就得到这座山头的等高线图。显然，每条等高线都是闭合曲线，且每条曲线上各点的高程都相等。

(二)等高距和等高线平距

相邻等高线之间的高差称为等高距，常以 h 表示。在同一幅地形图上，等高距只能选择一种，又称基本等高距。相邻等高线之间的水平距离称为等高线平距，常以 d 表示。等高距 h 与等高线平距 d 的比值，就是该段地面的坡度，用 i 表示，即 $i = h/d$。因为同一幅地形图内等高距是相同的，所以等高线平距的大小可以反映地面坡度的缓、陡。等高线平距越小，地面坡度就越陡；平距越大，则坡度越缓；平距相等，则坡度相同。因此，可以根据地形图上等高线的密、疏来判断地面坡度的陡、缓。

如图 7-3 所示，地面上 CD 段的坡度大于 BC 段，其等高线平距 cd 比 bc 小，即 cd 之间的等高线比 bc 之间的等高线密集；当地面为均匀坡时，如图 7-3 中的 AB 段，等高线平距就相等，图上的等高线显得均匀。另外，同一比例尺的地形图，等高距选的越大，显示的地貌就越简略；等高距选的越小，显示的地貌就越详细。但等高距过小，不仅使测绘工作量变大，而且会因为等高线过密而影响地形图的清晰度。因此，测图时要根据地貌类型、比例尺大小选择合适的等高距。

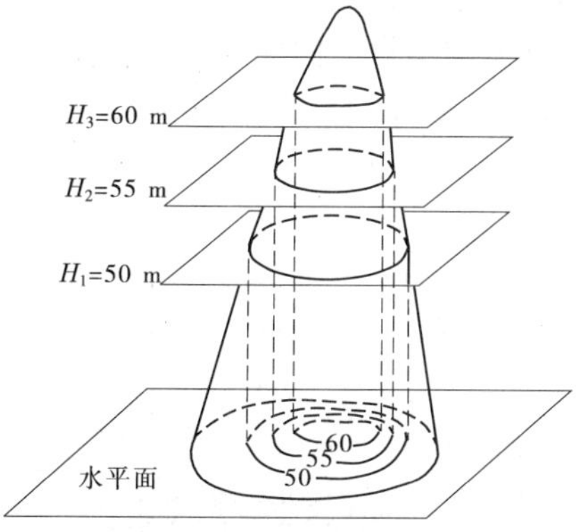

图 7-2　用等高线表示地貌

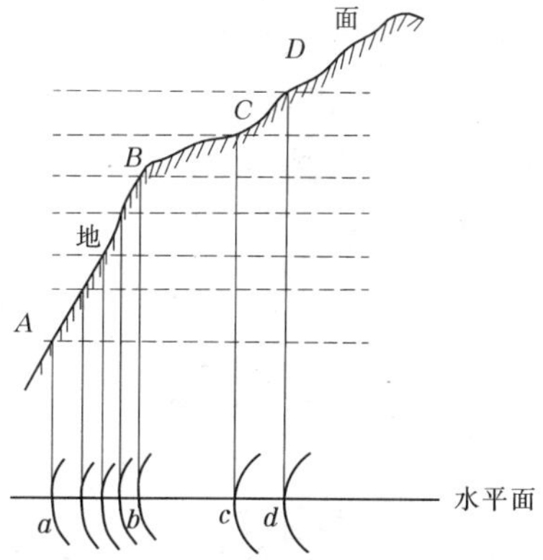

图 7-3　地面坡度与等高线平距的关系

表 7-3 所示是不同地貌类型、不同比例尺常用的基本等高距参考值。

表 7-3　地形图的基本等高距　（单位：m）

地形类别	比例尺		
	1∶500	1∶1 000	1∶2 000
平地	0.5	0.5	0.5 或 1
丘陵	0.5	0.5 或 1	1
山地	0.5 或 1	1	2
高山地	1	1 或 2	2

(三)典型地貌的等高线

地面上的地貌形态是多样的,不同的地貌有不同形状的等高线图。经过分析发现,复杂的地形都是由几种典型地貌组成的组合体。

1. 山丘和洼地(盆地)

凡是中间凸出且高于四周的地形叫山,大的称山岭,小的称山丘,山岭和山丘的最高部分称山头。中间比周围地面低,且经常无水的地形称为凹地,面积较小的称为洼地,较大的称为盆地。山丘和洼地的等高线都是一组闭合曲线,如图 7-4 所示。区别它们的方法有两种:一种方法是看高程注记,内圈等高线的高程注记大于外圈的为山丘,如图 7-4(a)所示;内圈等高线的高程注记小于外圈的为洼地,如图 7-4(b)所示。另一种方法是看示坡线,示坡线是正交于等高线的短线,用以指示坡度下降的方向。示坡线从内圈指向外圈,说明中间高、四周低,为山丘,如图 7-4(a)所示;示坡线从外圈指向内圈,说明四周高、中间低,故为洼地,如图 7-4(b)所示。

2. 山脊和山谷

山的最高点称为山顶,由山顶向一个方向延伸的凸棱部分,称为山脊。山脊的最高棱线称为山脊线。山脊的等高线是一组凸向低处的曲线,如图 7-5 所示。

山谷是沿着一个方向延伸的洼地,位于两山脊之间。贯穿山谷最低点的连线称为山谷线。山谷的等高线是一组凸向高处的曲线,如图 7-5 所示。

山脊附近的雨水必然以山脊线为分界线,分别流向山脊的两侧,因此山脊线又称分水线。而在山谷中,雨水必然由两侧山坡流向谷底,向山谷线汇集,因此山谷线又称集水线。山脊线和山谷线合称为地性线。

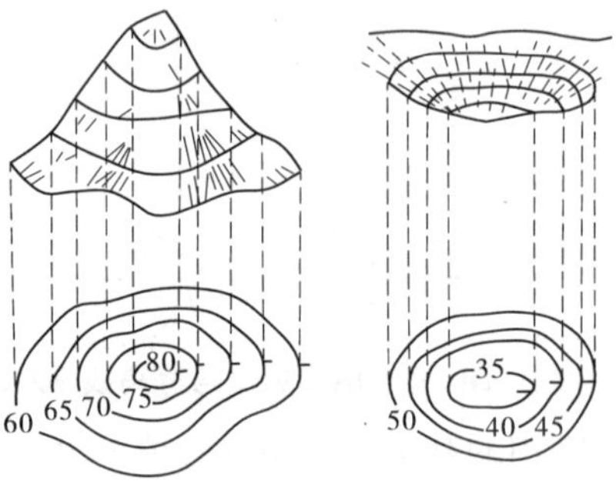

(a)　　(b)

图 7-4　山丘和洼地

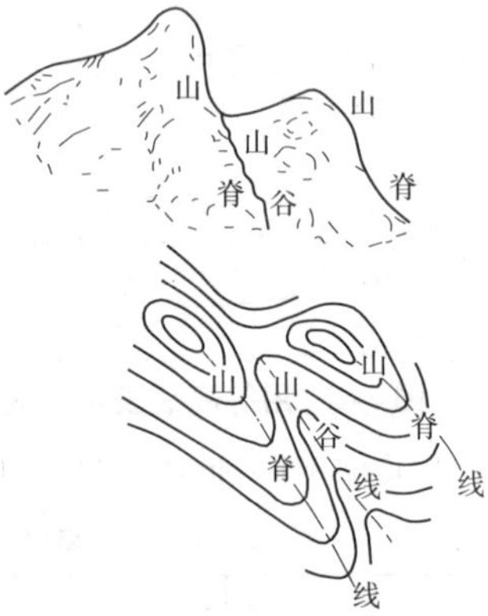

图 7-5　山脊和山谷

3. 鞍部

鞍部是相邻两山头之间较平坦的部分,呈马鞍形,如图 7-6 所示。鞍部往往是山区道路通过的地方,也是两个山脊与两个山谷会合的地方。鞍部等高线的特点是在一圈大的闭合曲线内,套有两组小的闭合曲线。

4. 陡崖和悬崖

陡崖是坡度在 70°以上的陡峭崖壁,等高线在此处非常密集或重合成一条线,因此采用陡崖符号来表示,如图 7-7(a)所示。悬崖是上部突出、下部凹进的陡崖,这种地貌的等高线出现相交的情况；下部凹进的等高线用虚线表示，如图 7-7(b)所示。

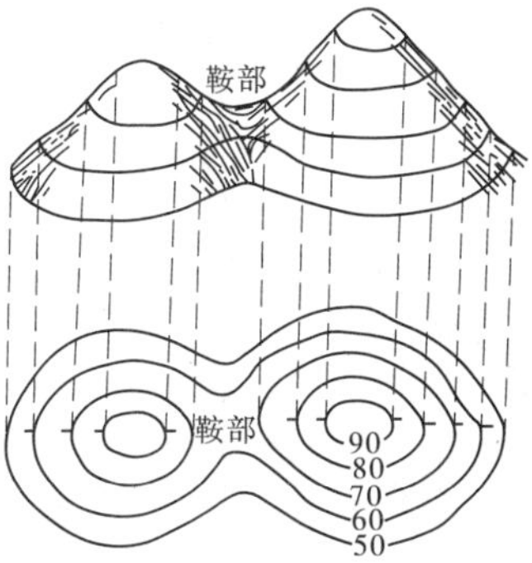

图 7-6　鞍部

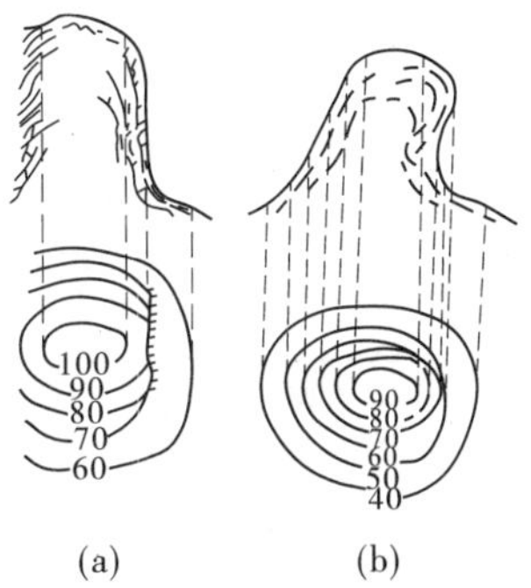

图 7-7　陡崖和悬崖

认识了上述典型地貌的等高线，就能识别出地形图上用等高线表示的复杂地貌，或者将复杂地貌用等高线表示出来。图 7-8 所示为某测区实地景观图与用等高线表示的地形图的对照。

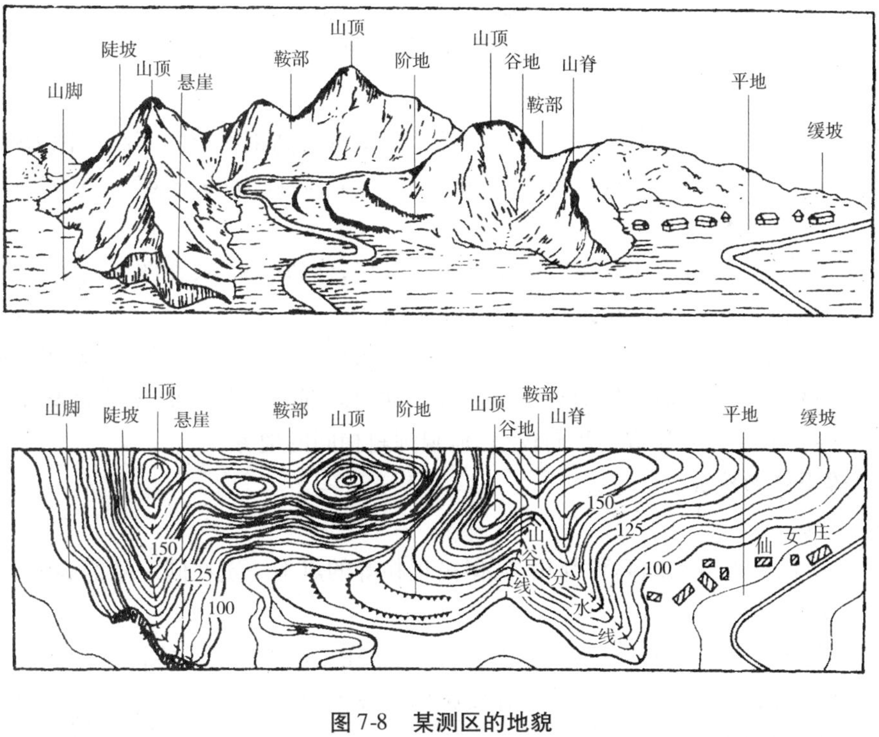

图 7-8　某测区的地貌

(四)等高线的种类

1. 首曲线

从高程基准面起算，按基本等高距测绘的等高线称为首曲线，又称基本等高线。如图 7-9所示，高程为 38 m、40 m、42 m、44 m、46 m、48 m、50 m、52 m 的等高线均为首曲线。

2. 计曲线

为了读图、用图方便，从高程基准面起算，每隔四条首曲线加粗一条的等高线称为计曲线，又称加粗等高线。计曲线上注有高程值，是辨认等高线高程的依据。如图 7-9 所示，高程为 40 m、50 m 的等高线是计曲线。

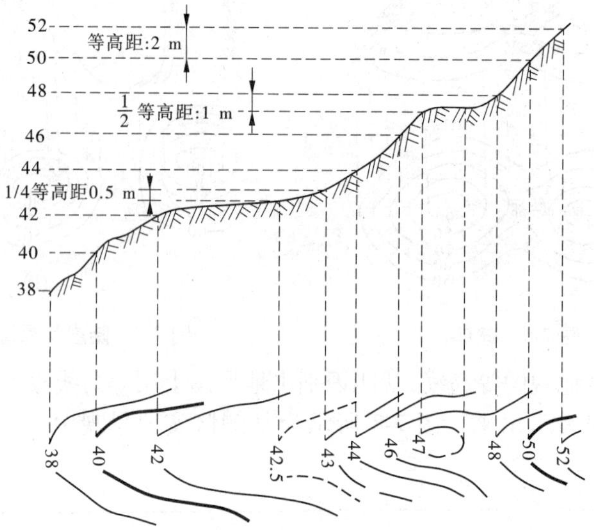

图 7-9　等高线的种类

3. 间曲线

当首曲线不能显示局部地貌的特征时，按 1/2 基本等高距测绘的等高线称为间曲线，又称半距等高线，在图上用长虚线表示。如图 7-9 所示，高程为 43 m、47 m 的等高线是间曲线。

另外，有时还可以按 1/4 基本等高距加绘等高线，称为助曲线，在图上用短虚线表示。如图 7-9 所示，高程为 42. 5 m 的等高线是助曲线。

间曲线和助曲线都是用于表示平缓的山头、鞍部等局部地貌，或者在一幅图内坡度变化很大时，用来表示平坦地区的地貌。间曲线和助曲线都是辅助性曲线，在图幅中可不自行闭合，但应表示至基本等高线间隔较小、地貌倾斜相同的地方。

（五）等高线的特性

1. 等高性

同一条等高线上各点的高程都相等，但高程相等的点不一定在同一条等高线上。

2. 闭合性

等高线是闭合曲线，如不在本图幅内闭合，则必在图框外闭合。在图幅内只有遇到符号或数字时才能断开，间曲线和助曲线在图幅内可以不闭合。

3. 不相交、不重叠性

等高线一般不能相交，也不能重叠。只有悬崖、陡崖处的等高线才可能出现相交或重叠。

4. 疏密性

在同一幅图内，等高线的密、疏与地面坡度的大小有关。等高线密集、平距小，表示地面坡度陡；等高线稀疏、平距大，表示地面坡度缓；等高线均匀、平距相等，则地面坡度均匀一致。

5. 正交性

等高线与山脊线、山谷线等地性线成正交。与山脊线相交时，等高线由高处向低处凸出；与山谷线相交时，等高线由低处向高处凸出。

三、注记符号

为了便于读图、用图，有些地物和地貌需用文字、数字或特定符号加以说明，如房屋的结构和层数、地名、道路名、机关单位名、等高线高程以及河流的水深、流速等，这些文字、数字或特定符号，统称为注记符号。

第三节　测图前的准备工作

测图前要做的准备工作很多，有基础资料准备，如抄录要用的控制点坐标、高程等数据成果；仪器准备，要根据测图方法来确定仪器种类，领到仪器要进行检验、校正，以确保测图精度。另外，还有图纸准备，包括划分图幅、绘制坐标方格网、展绘控制点等。

一、图幅的划分

当一个测区较大，一张图幅不能全部测完时，要把整个测区划分成几个图幅进行施测。大比例尺地形测图的正规分幅大小是 50 cm×50 cm。具体分幅前，最好根据测区控制点坐标，展绘一张测区控制点图。展绘控制点图可在方格纸上进行，比例尺应较测图比例尺小一些，以保证把测区内所有的控制点在图纸上完全绘出来。控制点图西南角的坐标是根据控制点最小的坐标值 x、y 来确定的。如图 7-10 所示，图根控制点中坐标值最小的是第 1 点，其纵坐标为 850 m，横坐标为 650 m，因此该图西南角的纵坐标可定为 500 m，横坐标也定为 500 m；然后根据控制点坐标按规定的比例尺展绘到图上，并根据边缘控制点的坐标估计出测区边界。这样就可按规定的图幅大小在控制点图上进行分幅。分幅较多时，为了使用和接图的方便，要适当进行编号。在图 7-10 中，把整个测区按从左到右，从上到下分成 6 个图幅，分别用 A、B、C、D、E、F 表示。

二、平面坐标格网的绘制

(一)图纸准备

为保证测图的质量，应选择优质绘图纸。一般临时性测图，可直接将图纸固定在图板上进行测绘；需要长期保存的地形图，为减少图纸的伸缩变形，通常将图纸裱糊在锌板、铝板或胶合板上。目前各测绘部门大多采用聚酯薄膜代替绘图纸。聚酯薄膜的厚度为 0. 07 ~0. 1 mm，它具有透明度好、伸缩性小、不怕潮湿、牢固耐用等特点，可直接在底图上着墨晒蓝图，如果表面不清洁，还可用水洗涤，因而方便和简化了成图的工序。但聚酯薄膜也有易燃、易折和易老化等缺点，故在使用保管过程中应注意防火、防折。

(二)绘制坐标格网

为了准确地将控制点展绘在图纸上，首先要在图纸上绘制直角坐标方格网。绘制坐

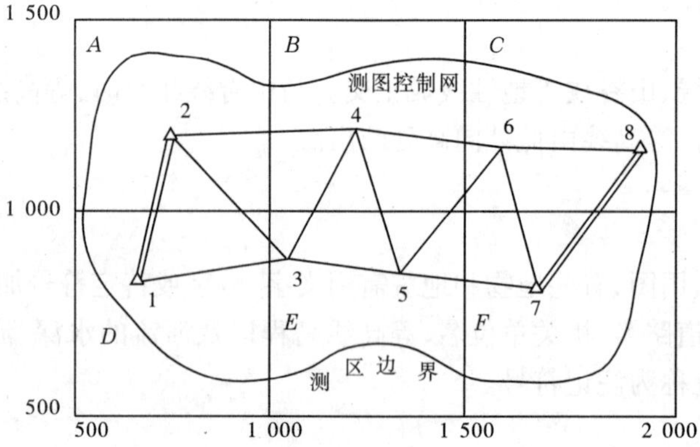

图 7-10　图幅的划分

标格网的工具和方法很多,如对角线法、坐标格网尺法、坐标仪法、AutoCAD 法等。坐标仪是专门用于展绘控制点和绘制坐标格网的仪器;坐标格网尺是专门用于绘制格网的金属尺;手工绘图常用对角线法。

对角线法绘制 50 cm×50 cm 的方格网,步骤如图 7-11 所示。先用直尺在图纸上绘出两条对角线交于 O 点,然后从 O 点沿对角线量取等长线段,得 a、b、c、d 四点,用直线按顺序连接四点,得矩形 $abcd$。再从 a、d 两点起各沿 ab、dc 方向每隔 10 cm 定一点,得 1、2、3、4、5 点;从 d、c 两点起各沿 da、cb 方向每隔 10 cm 定一点,得 1′、2′、3′、4′、5′点,连接矩形对边上的相应点,即得坐标格网。坐标格网是测绘地形图的基础,每一个方格的边长都应该准确,纵横格网线应严格垂直。因此,坐标格网绘好后,要进行格网边长和垂直度的检查。小方格的边长检查,可用比例尺量取,其值与 10 cm 的误差不应超过图上 0.2 mm;小方格对角线长度与 14.14 cm 的误差不应超过图上 0.3 mm。方格网垂直度的检查,可用直尺检查格网的交点是否在同一直线上(如图 7-11 中的直线 mn),其偏离值不应超过 0.2 mm。如检查值超过限差,应重新绘制方格网。

三、控制点的展绘

展绘控制点前,首先要按图的分幅位置,确定坐标格网线的坐标值,也可根据测图控制点的最大和最小坐标值来确定,使控制点定在图纸上的适当位置。坐标值要注在相应格网边线的外侧,如图 7-12 所示。

展绘控制点时,先要根据其坐标确定所在的方格。例如,控制点 A 的坐标为 x_A = 1 346.40 m,y_A = 544.29 m,根据格网坐标值可知 A 点位于 $hijk$ 方格内。从 k、j 两点依比例尺沿 kh、ji 方向分别量取 46.40 m 得 a、b 两点;再从 h、k 两点沿 hi、kj 方向分别量取 44.29 m 得 d、c 两点;连接 ab、cd,其交点即为 A 点在图上的位置。同法,可将图幅内所有控制点展绘在图纸上,最后用比例尺量取各相邻控制点间的距离作为检查,其距离与相应实地距离的误差不应超过图上 0.3 mm。在图纸上的控制点要注记点名和高程,一般以分数形式注明,分子为点名,分母为高程;如图 7-12 中,A 点的高程为 50.00 m。

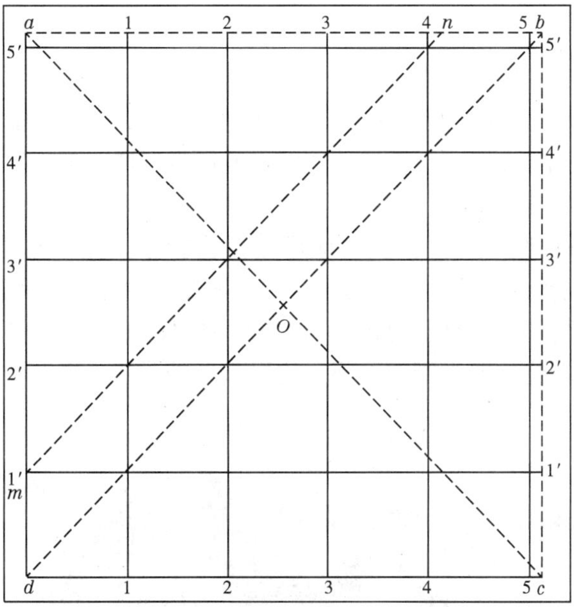

图 7-11 对角线法绘制坐标方格网

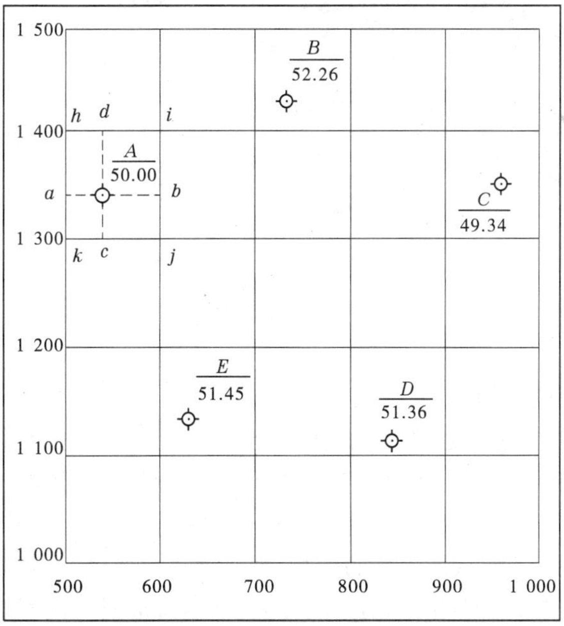

图 7-12 控制点的展绘

第四节 碎部测量的方法

地物和地貌总称为地形。要把地面上的地物、地貌测绘到图纸上,关键在于测定地物特征点和地貌特征点的位置;地物特征点和地貌特征点统称碎部点,测定碎部点的平面位置和高程的工作称碎部测量。

一、碎部点的选择

碎部点是指地物和地貌上的特殊点位，即地物特征点和地貌特征点。测图时，先测出地物特征点和地貌特征点的位置，再把绘到图上的这些点按要求连接起来，就得到地物和地貌的轮廓线。碎部点选择的数量多少、合适与否，直接影响到测量工作的进度和地形图的质量。一般来说，碎部点选择的越多，地形图就越准确，但工作量也越大；若选择的太少，地形图精度就不能得到保证。在实测中，应根据测图的比例尺和地形的复杂程度，以表现地形全貌和主要特征为原则，对碎部点进行综合取舍。如图 7-13 所示，图中的短竖线为标尺，标尺的底端位置即为所选碎部点位置。

图 7-13　碎部点的选择

（一）地物特征点的选择

地物特征点，是指能反映地物特征的点，如轮廓的转折点或中心点。能用依比例尺符号表示的地物，其特征点一般选在地物轮廓线的转折点或弯曲点上，如房角、道路或河流的起点、终点、转折点或交叉点、河岸水涯线或水渠的转弯点等，连接这些特征点，就能得到地物的相似形状。对于形状不规则的地物，通常要进行取舍，一般规定主要地物凹凸部分在地形图上大于 0.4 mm 时均应测定出来；小于 0.4 mm 时可用直线连接。一些用不依比例尺符号表示的地物，如独立树、纪念碑和电线杆等独立地物，其特征点则应选在中心点位置。

1. 居民地

对于集中分布的居民区，其外部轮廓要准确测绘，内部主要街道和较大空地要描绘出来，次要街道、较小空地可以根据比例尺大小综合取舍。对于散列式、独立的房屋应逐个测绘在图上。

测绘居民地的房屋，只要测出其特征点的位置，如房角，然后把特征点按其实际形状连接起来即可。当房角是90°时，只需测出两个房角的位置，然后由实测的房屋的长、宽，用三角板根据墙体的垂直、平行关系即可绘出。若房屋有凹凸部分，应根据比例尺进行取舍，在图上小于0.4 mm的凹凸点可以舍去。

2. 道路

道路包括铁路、各级公路、大车路、小路等，它们都属于线状地物，一般由直线和曲线组成。其特征点主要是直线和曲线的连接点和曲线部分的方向变化点。直线部分可少选点，曲线部分要适当增加特征点，弯曲部分在图上小于0.4 mm的，可以直接绘成直线。

铁路和公路一般是测其中心线位置，故其特征点一般沿中心线选择，也可以沿路线一侧选点。若道路宽度可以按比例绘出，则依比例绘制，否则应根据中心线的位置用符号表示。铁路、公路除在图上表示其平面位置外，还要测出一些点的高程，如铁路的轨面高，因此坡度变化点也是其特征点；一般沿道路中心线在图上每隔10～20 cm选择一个高程点。

大车路因为路宽不均匀，特征点应选在道路中心线上，按平均路宽绘出。小路视其重要程度测绘，若需测绘，应沿中心线选点。

3. 管线与垣栅

管线包括各种管道、电力线、通信线等。各种管线应测出其起点、转折点、交点和终点的位置。架空管线的支架杆在转折处应测出位置，直线部分可以根据档距长度求出。垣栅包括城墙、围墙、篱笆等，应测出其起点、转折点、终点位置。

4. 水系

水系是江、河、湖、海、井、泉、水库、池塘、沟渠等自然和人工水体及连通体系的总称。各种水系应测出其岸边的界线和水涯线（水面与地面的交线），水涯线应测出常年水位线或测图时的水位线，并适当注记高程，必要时加注测图日期。

当河流、沟渠的宽度在图上小于0.5 mm时，在其转折点、弯曲点、汇合点、分叉点、起点、终点上立尺，测出其位置，用单线表示；宽度在图上大于0.5 mm时，可在河岸的一边立尺，量取河宽用双线表示；当宽度较大时，可在河岸两侧立尺，以实宽双线表示，并注明流向、河流名称。

水井、泉源应测出其中心位置，并用相应符号表示；水井应测井台高程并注记，泉源应注记高程和类别，如“温”、“矿”等。

各种水系附属建筑，如水闸、水坝等应按比例实测，用相应符号表示，并适当注记高程。

5. 植被

植被是地表各种植物的总称，包括森林、草地、苗圃、花圃、果园和生长作物的耕地等。植被的测绘应测出植被外围轮廓线上特征点的位置。按实地形状依比例描绘，并在其范围内加注符号和说明。当植被的地类界线与地面上的实物线状符号如道路、河流重合时，可以省略不绘；与地面上非实物线状符号如电力线、境界等重合时，地类界应移位绘出。

（二）地貌特征点的选择

地貌可以看做是带有无数棱线的多面体，棱线一旦被确定，则地貌的形状也就确定了。这些棱线在地形测量中称为地貌特征线。能代表地貌的形状和位置的点称为地貌特征点，简称地貌点。地貌特征点通常选在最能反映地貌特征的山脊线、山谷线上，如山顶点、山脚点、鞍部中心点、坡度变化点、谷口点等。

由此可见，测绘地形图就是测定地物特征点和地貌特征点的位置与高程，然后根据这些特征点描绘地物和地貌。

为了真实反映地物、地貌的形态特征，除选择地物、地貌明显的特征点进行观测外，还要兼顾特征点选择的密度问题。一般相邻碎部点的最大间距及测站点到碎部点的最大视距不能超过表 7-4 中的规定。

表 7-4　碎部点的最大间距和最大视距

测图比例尺	地物、地貌点最大间距(m)	最大视距(m)			
		主要地物点		次要地物点和地貌点	
		一般地区	城市建筑区	一般地区	城市建筑区
1∶500	15	60	50	100	70
1∶1 000	30	100	80	150	120
1∶2 000	50	180	120	250	200
1∶5 000	100	300	—	350	—

二、经纬仪测绘法

经纬仪测图一般采用极坐标法测量碎部点，然后用量角器和三棱比例尺进行展绘点位。该方法操作简单、灵活，适用于各种类型的测区。

(一)安置仪器

如图 7-14 所示，在测站点(控制点)A 上安置仪器，对中、整平后，量取仪器高 i，填入碎部测量记录表 7-5 中。

(二)定向

施测前，观测员将望远镜调到盘左位置，然后瞄准另外一个控制点 B，以 AB 为起始方向，并配置水平度盘读数为 0°00′00″，如图 7-14 所示。为防止出现错误，可用视距法检查测站点到 B 点的平距和高差是否与图上一致。

(三)跑尺

立尺员按一定路线在各碎部点上竖立标尺的工作称为跑尺。立尺线路选择得是否合适，直接影响着测图的速度和质量。因此，立尺前立尺员应弄清实测范围和实地情况，并与观测员、绘图员共同商定立尺点及跑尺路线，尽量做到不遗漏、不重复、便于测绘，这能降低劳动强度，提高测图效率。

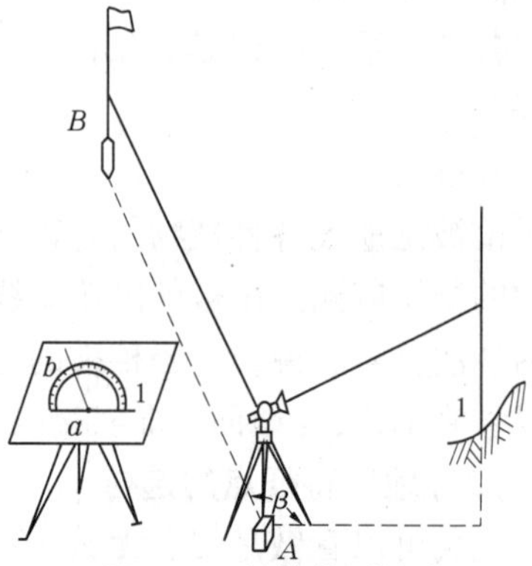

图 7-14　经纬仪测绘法

1. 地物测绘中跑尺的方法

地物较多时，应分类逐个地物依次立尺，以免绘图员连错点。例如，先沿道路立尺，测完视距范围内的道路立尺点之后，再立尺测绘房屋；测完一幢房屋后，再立尺测绘其他房屋。当一类地物或一个地物尚未测完时，不应转到另一类或另一个地物上去立尺。地物较少时，可从测站附近开始，由近到远，再由远到近进行立尺。

若两人跑尺，可采用分层跑尺法，一远一近交替跑尺，便于测绘；也可采用按地物类别分工跑尺和分区包干跑尺等方法。

2. 地貌测绘中跑尺的方法

(1)沿地性线跑尺法。当地貌比较复杂时，为了绘图连线方便和减少差错，立尺员可先沿山脊从测站跑出，到最大视距后，再沿相邻的山谷线跑回测站。这样依次跑下去，直至测完。这种跑尺法，立尺员的体力消耗大，但绘图员连接地性线不易出错。

(2)沿等高线跑尺法。当地貌不太复杂，坡度平缓且变化均匀时，立尺员从测站或从最大视距开始，沿等高线方向一排排立尺。遇到山脊线或山谷线时也顺便立尺，这种跑尺方法既便于观测和勾绘等高线，又易发现观测、计算中的错误，立尺员的体力消耗也较小，但绘图员勾绘等高线时，不容易判断地性线上的点位。

(四)观测与读数

观测员转动照准部，依次瞄准碎部点上的标尺，先读下、上视距丝读数和中丝读数，然后读取竖直度盘读数、水平度盘读数。读数时，仪器高量至厘米，下、上丝读至毫米，中丝读至厘米，水平度盘和竖盘读数读至分。在读取下、上、中丝读数时，为简化计算，也可采用下丝凑整法直接读取尺间隔，即把下丝对准一个整分米的刻划(如 1.300 m)，然后读取上丝读数(如 1.520 m)，将上丝读数减去下丝读数，即得尺间隔(1.520 - 1.300 = 0.220(m))。

观测 20～30 个碎部点后，应检查零方向的水平度盘读数是否为 0°00′00″。

(五)记录与计算

记录员将测得的上视距丝读数、下视距丝读数、中丝读数、竖盘读数及水平度盘读数依次填入表 7-5。对于有特殊作用的碎部点，如房角、山头、鞍部等，应在备注中加以说明。根据视距测量公式，用计算器算出测站点到碎部点的水平距离和高差，进而算出碎部点的高程等。

(六)展点与绘图

(1)如图 7-14 所示，绘图员在测站边上安置图板，并使图纸的方向与实地方向保持基本一致。在图纸上连接好零方向线 ab，用大头针穿过量角器的圆心孔与图上的测站点 a 位置对准，并插入图板。

(2)根据观测员所报的水平度盘读数，转动量角器，将量角器上相应的该读数值对准零方向线 ab，此时量角器的直线边所指的方向 $a1$ 就是图上测站点 A 与碎部点 1 的连线方向，如图 7-15 所示。当碎部点的方向确定之后，即可自圆心沿碎部点方向，按测图比例尺截取测站点至碎部点的水平距离，展绘出碎部点 1，并在靠近点位的右侧标注高程。同法，逐个观测各碎部点的平面位置与高程，绘于图上。

表 7-5 碎部测量记录

测站 A 仪器高 1.42 m 测站高程 46.52 m

点号	上丝(m) / 下丝(m)	尺间隔(m)	竖盘读数(° ′)	竖直角(° ′)	中丝(m)	水平距(m)	水平角(° ′)	高差(m)	高程(m)	备注
1	1.520 1.300	0.220	88 06	1 54	1.41	21.98	44 34	0.74	47.26	房角
2	1.783 1.500	0.283	88 10	1 50	1.64	28.27	47 30	0.68	47.20	房角
⋮	⋮	⋮	⋮	⋮	⋮	⋮	⋮	⋮	⋮	⋮
35	2.005 0.900	1.105	72 19	17 41	1.45	100.30	63 24	31.95	78.47	山丘顶

观测者________ 记录者________ 日期________

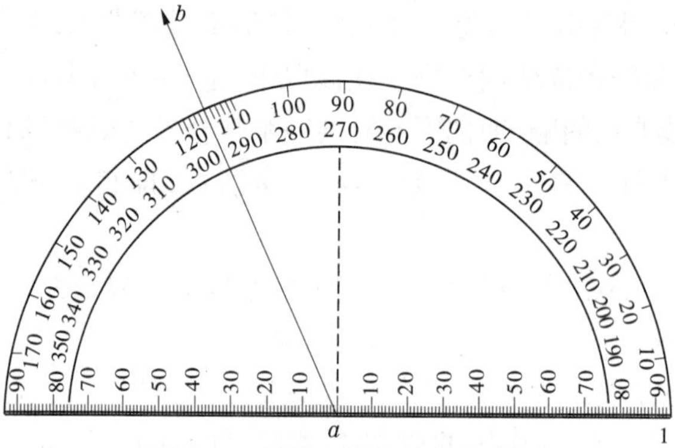

图 7-15 用量角器展绘碎部点

(3)当展绘的碎部点达到一定数量时，在检查无误后，需及时把碎部点应该相连的线(如房屋的外轮廓线、农田的边界线、山脊线、山谷线、通信线、道路的边线、河岸线等)连接起来，形成草图。

三、地物与地貌的勾绘

(一)地物的勾绘

地物绘制必须根据规定的测图比例尺，按照规范和图式要求，经过综合取舍，将各种地物表示在图上。为突出地物基本特征和典型特征，可简化绘制某些次要地物。如在建筑物密集且街道凌乱窄小的居民区，为突出居民区所占位置及整个轮廓，清楚地表示贯穿居民区的主要街道，可以采取保持居民区四周建筑物平面位置正确，将凌乱的建筑物合并成几块建筑群，并用加宽的道路隔开。

地物形状各异，大小不一，勾绘时可采用不同的方法。能按比例表示的地物应随测随绘，如房屋轮廓需用直线连接起来，而道路、河流的弯曲部分则是逐点连成光滑的曲线；不能依比例描绘的地物,应按规定的符号表示。

(二)地貌的勾绘

地貌一般用等高线表示。特殊地貌,如悬崖、陡崖、土堆、冲沟、雨裂等,应按图式规定的符号表示。

1. 连接地性线

如图7-16(a)所示,某局部地区地貌特征点的相对位置和高程已测定在图纸上,用铅笔连接同坡度的相邻地貌特征点 *ba*、*bc* 等,绘出山脊线、山谷线等地性线,以便得到地貌的基本轮廓。山脊线用实线表示,山谷线用虚线表示。地性线一般是随测随连,以免出现差错。

2. 内插等高线的通过点

由于等高线的高程必须是等高距的整倍数,而地貌特征点的高程一般不是整数,因此要勾绘等高线,一定要找出等高线的通过点。因为地貌特征点是选在地面坡度变化处,所以相邻两特征点之间的坡度可认为是均匀的。这样,可以在两地貌特征点之间,按高差与平距成比例的关系内插等高线的通过点。具体方法主要有解析法和图解法。

(1)解析法。如图7-16(a)所示,已知 *a*、*b* 两点间的平距为27 mm,高差为 $48.5-43.1=5.4$(m),如勾绘等高距为1 m的等高线,将有高程为44 m、45 m、46 m、47 m、48 m的5条等高线穿过 *ab* 段。经计算,1 m的高差所对应的平距为 $27\div5.4=5$(mm),因 *a* 点至44 m等高线的高差为0.9 m,则 *a* 点到44 m等高线的平距为 $5\times0.9=4.5$(mm);从 *a* 点起沿 *ab* 量取4.5 mm,得出44 m等高线的通过点。同样,*b* 点到48 m等高线的平距为 $5\times0.5=2.5$(mm),从 *b* 点起沿 *ba* 量取2.5 mm,得出48 m等高线的通过点。然后将44 m、48 m等高线通过点之间的平距进行4等分,即可定出45 m、46 m、47 m等高线的通过点。

同理,在 *bc*、*bd*、*be* 段上定出相应等高线的通过点,如图7-16(b)所示。

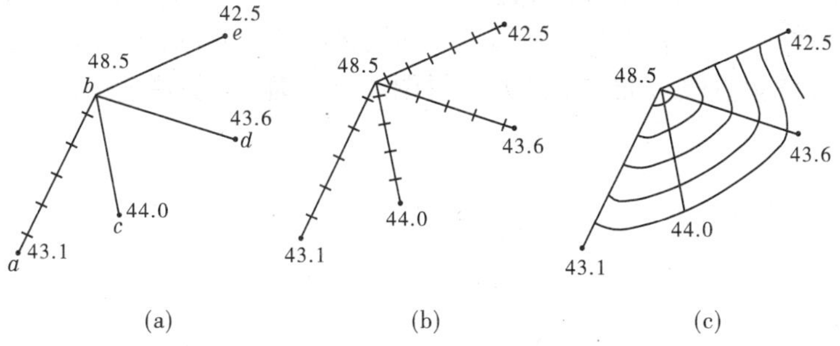

图7-16 解析法勾绘等高线

(2)图解法。取一张透明纸,在纸上画出等间距平行线,如图7-17所示。平行线间距和数目视地形坡度而定,陡坡地区可增加平行线根数和缩小间距。如欲求 *a*、*b* 两点间等高线通过点,可将绘有平行线的透明纸蒙在图上,转动透明纸,使 *a* 点位于第6条平行线至第7条平行线间的0.9份位置(将平行线间距10等分),使 *b* 点位于平行线1和平行线2的中间位置上,则直线 *ab* 和编号2、3、4、5、6这5条平行线的交点,便是高程为44 m、45 m、46 m、47 m及48 m等高线的通过点,用小针透刺各交点于图上即可。

3. 勾绘等高线

将高程相同的相邻点，参照实地的地貌用圆滑的曲线徒手连接起来，就勾绘出反映地貌形态的等高线，如图 7-16(c)所示。勾绘等高线时要对照实地进行，对于山坡面上的小起伏或变化，要按等高线总体走向进行综合绘图。特别要注意，描绘等高线时要均匀圆滑，不要有死角或出刺现象；等高线绘出后，要将图上的地性线全部擦去。

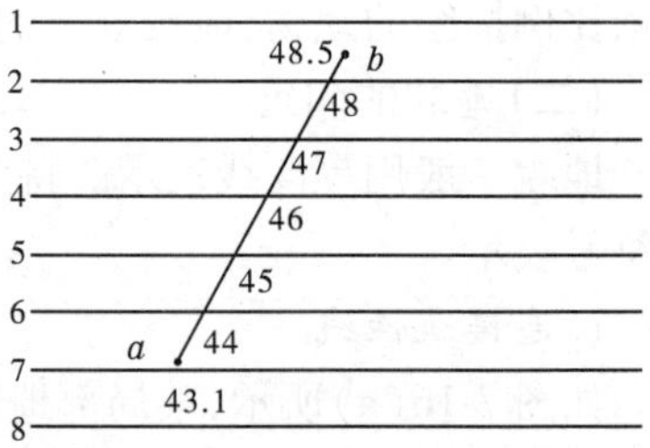

图 7-17　图解法勾绘等高线

如果在平坦地区测图，则在很大范围内绘不出一条等高线，为表示地面起伏，就需用碎部点的高程表示。表示高程的碎部点应均匀分布在测区，在图上以间隔 2 ~ 3 cm 为宜。平坦地区有地物时则以地物点的高程来表示，无地物时则应单独测定碎部点的高程。

第五节　地形图的拼接、检查与整饰

一、地形图的拼接

当测区面积较大时，整个测区必须分为若干图幅施测，各幅图测完后，相邻图边要进行拼接。如图 7-18 所示，由于测量误差的存在，图幅相邻地方的地物轮廓和等高线不完全衔接，因此为了保证相邻图幅的互相拼接，每一幅图在相邻图边都要测出图廓外 0. 5 ~ 1 cm。接图时，通常用宽 4 ~ 5 cm 的透明纸蒙在图幅的接图边上，把靠近图边的图廓线、格网线、地物、等高线用铅笔描绘在透明纸上，然后把透明纸按坐标格网线位置蒙在相邻图幅衔接边上，检查相同地物和等高线的差异。一般规定，明显地物（如房屋、道路等）的位置不得超过 2 mm，不明显地物位置不得超过 3 mm；同高程等高线平面位置在平地不得大于相邻等高线一个平距，在山地不得大于两个平距。如在接图限差内，先在接图纸上按平均位置改正后，再改正相邻两图幅。如用聚酯薄膜测图，可以不用透明纸描绘图边，而直接将相邻图幅重叠对准方格网便可拼图。拼图时，若误差超过规定，必须查明原因并进行改正。

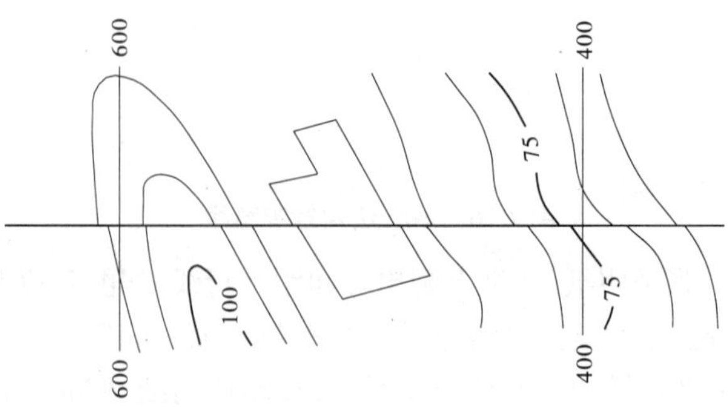

图 7-18　图边的拼接

二、地形图的检查

为了确保地形图的质量，除施测过程中加强检查外，在地形图测完后，必须对成图质量作一次全面检查。

（一）室内检查

室内检查的内容包括图上地物、地貌是否清晰易读，各种符号注记是否正确，等高线与地形点的高程是否相符或有无矛盾之处，图边拼接有无问题等。如发现错误或疑点，应到野外进行实地检查修改。

（二）外业检查

1. 巡视检查

根据室内检查的情况，有计划地确定巡视路线，进行实地对照查看。主要检查地物、地貌有无遗漏，等高线是否逼真合理，符号、注记是否正确等。

2. 仪器设站检查

应根据室内检查和巡视检查发现的问题，到野外设站检查，除对发现的一般问题进行修正和补测外，还要对已有图根点及主要碎部点进行检查，看原测图是否有错误。仪器检查量一般为每幅图的10%左右。

三、地形图的整饰

地形图整饰的目的就是把野外测绘的铅笔原图，按照原来线画符号位置，根据图式规定，用铅笔、墨水笔或彩色笔加以整饰，使底图成为完整清晰的地形原图。为此，首先要把底图上不必要的线画、符号和数字等用橡皮擦掉，然后按照图式规定对地物、地貌符号和各种注记以及图廓进行整饰。

整饰的顺序是先图内后图外，先地物后地貌，先注记后符号。图内包括图廓、坐标格网、控制点、地物、地貌、注记和符号等内容。图外包括图名、图号、比例尺、平面坐标系统和高程系统、测绘方法、测绘单位和测绘日期等内容。图上注记的原则是，除公路、河流和等高线注记随着各自的方向变化外，其他各种注记字头一般朝北，等高线高程注记应使字头朝向斜坡升高方向。

实训7-1　用经纬仪测绘地形图

一、实训目的

（1）熟悉地物、地貌在地形图上的表示方法。

（2）掌握用经纬仪测量碎部点的方法。

二、实训内容

（1）合理选择地物特征点、地貌特征点。

（2）用经纬仪测绘法测定碎部点。

(3)用地形图图式表示地物,练习等高线的勾绘方法。

三、仪器与工具

DJ_6 光学经纬仪 1 台、视距尺(水准尺)2 根、标杆 2 根、钢尺(皮尺)1 副、量角器 1 副、三棱比例尺 1 把、三角板 1 副、记录板 1 块(含有关记录表格)、大头针若干;自备铅笔、橡皮、计算器等。

四、方法提示

(一)安置仪器

把经纬仪安置在某一控制点上,对中、整平后量取仪器高,并记录。

(二)定向

用经纬仪盘左位置瞄准另外一个控制点,置零,即把水平度盘配置为 0°00′00″。

(三)观测与读数

跑尺员在已选定的碎部点上竖立视距尺,观测员用经纬仪盘左瞄准视距尺,读取上、中、下三丝读数和竖直度盘读数、水平度盘读数,并记录。

(四)计算

记录员根据观测数据,计算经纬仪至碎部点间的水平距离、高差,然后求出碎部点的高程。

(五)展点与绘图

绘图员根据观测的水平角和计算的水平距离,用量角器和三棱比例尺将碎部点逐一展绘于图上,并绘出地物轮廓线和地性线,然后对照实地用相应的图式符号表示地物,用等高线表示地貌。

(六)迁站

当一个测站的测量经检查无漏、无错后,将经纬仪搬迁到其他测站,同法测绘该控制点周围的地物和地貌。

五、注意事项

(1)每观测 20 ~ 30 个碎部点后,应重新瞄准起始方向检查其变化情况,经纬仪测绘法起始方向度盘读数偏差不得超过 4′。

(2)立尺人员应随时观察立尺点周围情况,弄清碎部点之间的关系,地形复杂时还要绘出草图以协助绘图人员绘图。

(3)在一个测站开始测量之前,测绘人员要对测站周围的地形特点、测绘范围、跑尺路线和分工等问题形成统一认识,以便在测绘过程中默契配合,做到不重不漏,保证测图质量。

(4)应根据地物的实际情况灵活施测,如对于圆形建筑物,测定其中心并量其半径即可;对于道路,可测定一侧边线并量其宽度。

(5)根据测区大小选择测图比例尺,通常用 1∶500 或 1∶1 000;等高距应根据地势起伏大小确定,一般为 0.5 m 或 1 m。

(6)要做到边测、边绘、边检查,在确认地物、地貌无测错或无漏测时,方可迁站。

六、实训报告

每组上交碎部测量观测记录和所绘图纸各一份,观测记录格式见表7-6。

表7-6　经纬仪碎部测量记录

班组________　测站________　仪器高________　测站高程________　日期________

点号	上丝(m) 下丝(m)	尺间隔(m)	竖盘读数(° ′)	竖直角(° ′)	中丝(m)	水平距(m)	水平角(° ′)	高差(m)	高程(m)	备注

第六节　数字化地形图的测绘

传统的测图法通称白纸测图,其实质是图解法测图。随着全站仪、解析测图仪、数字化仪及GPS定位系统等先进测绘仪器和计算机的应用,数字化测图技术正在逐渐地取代传统白纸测图。

一、数字化测图概述

(一)数字化测图的概念

数字化测图是一种采用以数字坐标表示地物、地貌的空间位置,以数字代码表示地形图符号(地物符号、地貌符号、注记符号)的测图方法,其实质是解析法测图。狭义上的数字化测图,通常是指利用电子全站仪在野外实地进行地形数字化数据采集,并利用计算机辅助绘制大比例尺地形图的工作,简称数字测图。从广义上说,数字化测图应包括利用全站仪或其他测量仪器进行野外数字化测图、利用数字化仪或扫描仪对原图的数字化,以及借助解析测图仪或立体坐标量测仪对航空摄影、遥感像片进行数字化测图等技术;利用上述技术将采集到的地形数据传输到计算机,并由成图软件进行数据处理、成图显示,再经过编辑、修改,生成地形图;最后将地形数据和地形图分类建立数据库,用数控绘图仪或打印机完成地形图和相关数据的输出。

(二)数字化测图的特点

数字化测图一次性投资较大,野外采集数据时各类信息编码复杂,且在城镇地物十分密集区较难实施,但作为一种先进的地图测量方法,数字化测图应成为大比例尺地形图测绘的发展方向。

1. 精度高

传统的经纬仪图解法测图,其地物点的平面位置误差主要受展绘误差和测定误差影响;经纬仪视距法测定地形点高程时,点的高程测定误差也很大。而数字化测图可以直接测定碎部点的坐标,测量数据作为电子信息可以自动传输、记录、存储、处理和成图,在数据的处理过程中,原始数据的精度毫无损失,从而获得高精度的测量成果,不存在制图误差。数字测图精度取决于数据采集时对地物点和地貌点的定位精度。

2. 自动化程度高

图解法测图主要包括外业观测、人工记录与计算、绘制地形图等过程,工作量大,容易疲劳。数字测图对野外测量数据能够自动记录、自动解算处理,出错的概率小;利用计算机辅助成图,自动化的程度高,减轻了测绘人员的劳动强度,绘出的地形图精确、规范、美观,能保证地形图绘图质量,提高了绘图效率。

3. 便于更新、使用

用传统的图解法测绘的地形图,一旦图内地面信息发生变化(如土地用途发生改变),地图更新非常困难,使用起来也不方便。而采用数字测图,只需输入有关的信息,经过数据处理就能做到更新和修改,始终保持图面的整体性和现势性。数字地图不是按某一固定比例尺及图幅大小来储存的,其可根据用户的需要输出不同比例尺、不同图幅的地形图,也可以分层输出各类专题地图,实现了"一测多用"。

二、数字化测图软、硬件配置

数字化测图系统主要由数据输入、数据处理和数据输出三部分组成,其基本配置需要一系列的硬件和软件条件。

(一)硬件配置

硬件设备有全站仪、扫描仪、电子手簿、计算机或便携机、打印机和绘图仪等。计算机或便携机既可用于数据处理,又可用于数据采集和成果输出。

(二)软件配置

基本的应用软件主要包括控制测量计算软件、数据采集和传输软件、数据处理软件、图形编辑软件、等高线自动绘制软件、绘图软件及信息应用软件等。

目前,常见的大比例尺数字测图和绘图软件有 AutoCAD、北京威远图 CitoMap 地理信息数据采集系统、清华三维 EPSW 电子平板测图系统、南方 CASS 成图系统、武汉瑞德 RDMS 数字测图系统、广州开思 SCS 成图系统等。

三、数字化测图方法

数字化测图方法主要有全站仪数字化测图、航空摄影测量和地形图的数字化三种,其工作流程如图 7-19 所示,不同的测图方法,所需基本配置有所不同,工作流程也有差别。

(一)全站仪数字化测图

全站仪数字化测图是利用全站仪加电子手簿或电子平板进行的野外数字测图,目前在大比例尺数字测图中使用较多,常用于没有底图的地区。

1. 全站仪测图模式

根据不同的电子设备,全站仪数字化测图模式主要有以下三种。

(1)全站仪结合电子平板模式。该模式是以便携式电脑作为电子平板,通过通信线直接与全站仪通信、记录数据，实时成图，避免野外绘制草图。因此，它具有图形直观、准确、操作简单等优点。

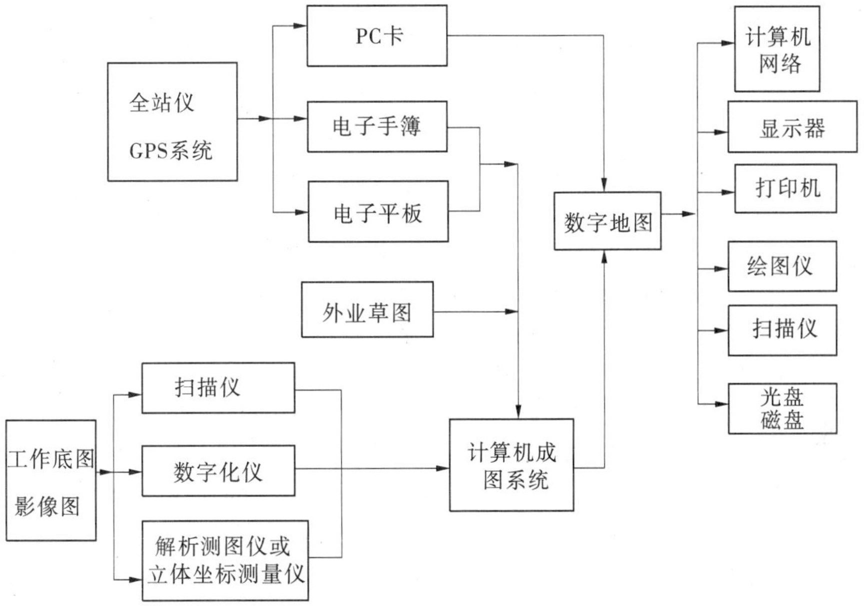

图 7-19　数字化测图工作流程

(2)全站仪内存模式。该模式是利用全站仪的内存把野外测得的数据，通过一定的编码方式，直接记录，为便于检核，野外需要现场绘制复杂地形草图，供室内成图时参考对照。它的操作过程简单，无需附带其他电子设备。此方法在进行小区域地形测量时，比较方便。

(3)全站仪加电子手簿模式。该模式通过通信线将全站仪与电子手簿相联，把测量数据记录在电子手簿上，同时可以进行一些简单的属性操作，需要绘制现场草图。内业计算时把数据传输到计算机中，进行成图处理。

2. 全站仪数字化测图过程

全站仪数字化测图的过程，除前期的准备工作，即资料准备、控制测量、测图仪器准备外，主要是指数据采集与编码、数据处理、成果输出等三个阶段。下面介绍全站仪加电子手簿模式测图的基本过程。

(1)野外数据采集与编码。传统的测图作业步骤是先控制后碎部。数字测图也可以采取相同的作业步骤，但考虑到全站仪数字测图的特点，为了充分发挥其优势，野外数据采集时图根控制测量与碎部测量可以同步进行，工作过程如下。

第一步　测站设置与检校。将电子全站仪安置在测站点上，对中、整平、量仪器高，连接电子手簿，启动野外数据采集软件，按菜单提示用键盘输入测站信息；根据所输入的后视点点号，可以提取后视控制点的坐标，并反算出后视方向的坐标方位角，以此角值设定全站仪的水平度盘起始读数；然后用全站仪瞄准检核点反光镜，测量水平角、竖直角及距离，输入反光镜高度，即可自动算出检核点的三维坐标，并与该点已知坐标比较，无误则进行下一步工作即碎部点的测量。

第二步　碎部点的信息采集。数字化测图野外数据的采集方法是极坐标法。在完成测站设置与检核后，即可用全站仪瞄准选定的碎部点反光镜进行测量，同时按菜单提示输入碎部点信息，全站仪自动计算测站点至待测碎部点间的坐标方位角、竖直角和距离；经软件的自动处理，得到待测点的三维坐标，以数据文件的形式存储在电子手簿中；这种采用全站仪观测、用电子手簿记录数据（x、y、H）的方法，不能满足计算机自动成图的要求，还必须将碎部点的属性，即是地物点还是地貌点，是何种地物点，以及点与点之间的连接关系等记录下来，用来进行地形信息编码。

为了满足地理信息统一管理和应用的需要，地形信息的编码按照《1∶500、1∶1 000、1∶2 000地形图要素分类与代码》（GB/T 14804—93）进行。地形信息的编码内容分为点的属性编码和点的连接方式编码两项。

点的属性编码分四级，由 4 位数字组成。第一位为大类码，有 1 到 9 个大类，如第 2 大类为居民地和垣栅。第二位为小类码，即每大类之下细分的小类，如 21 表示房屋，43 表示公路。第三、四位为一、二级代码，即每小类下细分的级别，如 2110 表示一般房屋，2430 表示围墙，4310 表示高速公路等。

点的连接方式，即点与点之间用何种线连接。地物点之间连接线有 3 种，代码用 1、2、3 表示，1 表示直线，2 表示曲线，3 表示圆弧，独立点用空表示。

目前开发的测图软件一般是根据自身特点的需要、作业习惯、仪器设备和数据处理方法制定自己的编码规则。地形信息编码制定的原则是规范性、简易实用性、可操作性（即便于计算机处理），且具有唯一性。利用全站仪进行野外测量时，编码一般由地物代码和连接关系的简单符号组成。如代码 F_0、F_1、F_2、… 分别表示特种房、普通房、简单房、…（F 字为"房"的第一拼音字母，以下类同），H_1、H_2、…分别表示第一条河流、第二条河流、…的点位。

常规测图要求对照实地绘制，而数字测图记录的数字，很难在实地进行巡视检查。为克服数字测图记录的不直观性，在野外进行测图时，可用打印机绘制工作图，用以外业巡视检查；或者是在碎部测量时绘制草图，草图上标明碎部点的信息码，以保证内业工作的顺利进行。

（2）数据处理。数据处理是指在数据采集完成以后到图形输出之前所进行的数据预处理、地物点的图形处理等一系列工作。数据预处理是对记录的原始数据作检查，删除已经作废的以及与图形无关的记录，补充碎部点的坐标计算和修改有错误的信息码。数据经预处理后形成对应的文件——点文件，点文件以记录的分类码作为关键字，区分不同的数据类型。记录内容包括记录分类代码、点号、编码、点之间的连接关系码和点的坐标。如表 7-7 所示，记录分类代码"4"表示该点属地形要素分类中的第四大类（交通及其附属设施类）；点号 1，连接点也是 1；连接线代码"2"表示曲线；地形要素代码"443"表示小路；x、y、H 分别表示该点的坐标和高程。

表 7-7　点文件

记录分类代码	点号	连接点点号	连接线代码	地形要素代码	x	y	H
4	1	1	2	443	120	120	51.05

图形处理是根据点文件、点的连接信息，将与地物有关的点记录生成地物图块文件，地物图块文件的每一条记录以绘制地物符号为单元块，简称块。其记录内容是按连接顺序排列的地物点点号或点的坐标值(x,y)、地物编码以及点之间的连接线型码。图块文件反映了点与点之间的连接关系。

假如要测量一条道路，图 7-20 所示为野外记录的测点关系图；根据实际情况，点的图块文件分为三个单元块，如表 7-8 所示。

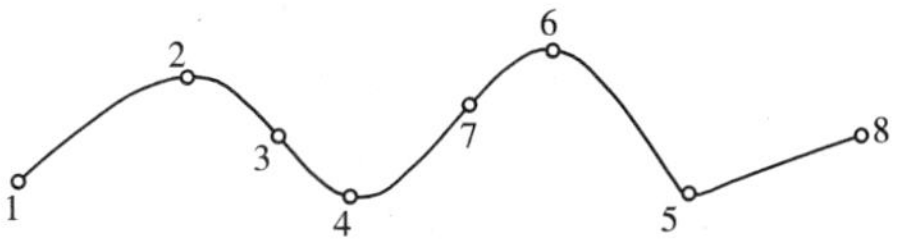

图 7-20　点的连接关系

表 7-8　图块文件

单元块	地物点点号	地物编码	连接点	连接线型码
第一块	1	443	1	
	2	443		
	3	443		
	4	443		2
第二块	5	443	5	
	6	443		
	7	443	-4	-2
第三块	8	443	5	1

第一块有 1、2、3、4 四个点，第二块有 5、6、7 三个点，第三块有 8 一个点。它们的地物编码都是 443，表示小路；第一块第一行点号为 1，连接点也是 1，表示是起点；第四行，连接线型码为 2，表示从 1 到 4 是曲线，只在终点输入连接线型。第二块第一行点号为 5，连接点也是 5，表示 5 是第二块的起点；第二块第三行点号为 7，连接点为 -4，表示既与上一记录点 6 相连，又与下一点 4 相连，这样的点为断点；连接线型码为 -2，表示本块曲线相连，但连接顺序和上块相反。第三块表示 8 点和 5 点直线相连。计算机检索处理后，得到点列顺序为 1、2、3、4、5、6、7、8，并按编码绘出相应的直线和曲线来。

图块文件经过人机交互编辑形成数字图的图形文件，这种图形文件按一幅图为单元储存，经过处理，用于绘制某一规定比例尺的地形图。

(3)地形图的处理与输出。对地形图处理的内容包括图形截幅、图形的显示与编辑、等高线自动绘制三项。

对所采集的数据范围，应按照标准图幅的大小或用户确定的图幅尺寸截取。对自动成图来说，这项工作就称为图形截幅。基本思路是：首先根据四个图廓点的平面直角坐标确定图幅范围，然后判断坐标，将属于图幅内的数据组成该图幅相应的图形数据文件，而图幅外的数据仍保留在原数据文件中，以供相邻图幅提取。

高斯直角坐标向屏幕坐标转换时，只需将高斯坐标系的原点平移至图幅左上角，再按顺时针方向旋转 90°，并考虑两种坐标系的变换比例，即可实现由高斯直角坐标向屏幕坐标的转换。对在屏幕上显示的图形,可根据野外实测的草图或记录的信息进行检查,若发现问题,运用程序可对其进行屏幕编辑和修改,同时按成图比例尺完成各类文字注记、图式符号以及图名、图号、图廓等成图要素的编辑。经检查、编辑、修改成为准确无误的图形后,软件能自动将其图形定位点的屏幕坐标再转换成高斯坐标,连同相应的信息编码保存在图形数据文件中(原有的、错误的图形数据自动被新的数据所代替)或生成新的数据文件,供自动绘图时调用。

等高线的自动绘制过程为:首先根据实测的离散高程点自动建立不规则的三角网数字高程模型;其次,在该模型上用内插法求得任意已知坐标点的高程;然后依据已建立的规则网格数字高程模型数据点生成等高线。由于不规则三角网数字高程模型点(三角形的顶点)全为实测的碎部点,地形特征数据得到充分利用,完全依据碎部点高程的原始数据插绘等高线,几何精度高,且算法简单。等高线和碎部点的位置关系与原始数据完全相符,减少了模型中错误的发生。因此,数字化测图中,多数采用建立不规则的三角网数字高程模型生成等高线。

地形图的输出一般是用绘图仪自动绘图。绘图仪有平台式绘图仪、滚筒式绘图仪两种。平台式绘图仪具有性能良好的 x 导轨和 y 导轨以及固定光滑的绘图面板,故应用较为普及,但绘图速度较慢。滚筒式绘图仪的图纸装在滚筒上,前后滚动作为 x 轴方向,电机驱动笔架作为 y 轴方向,图纸幅面在 x 轴方向不受限制,绘图速度快,但绘图精度相对较低。

通过对图层的控制,可以编制和输出各种地图,如地形图、平面图、地籍图、规划图等,以满足不同的需要;也可以把该图以图形文件的形式用磁盘进行保存,并根据需要随时取出用以绘制各种比例尺的地形图。

(二)航空摄影测量

航空摄影测量是利用现代航测仪器实施测量,以航空相片作数据源,在解析测图仪上采集地形特征点,并自动传输到计算机内,经过处理自动生成数字地形图,然后由数控绘图仪输出。这种方法可将大量外业测量工作改到室内完成,具有成图快、精度均匀、成本低、不受气候季节限制等优点。

航空摄影测量按距离远近,可分为航空摄影测量、航天摄影测量、地面摄影测量等;按用途可分成地形摄影测量和非地形摄影测量;按照不同技术处理手段,可分为模拟摄影测量、解析摄影测量和数字摄影测量。

模拟摄影测量是指用光学仪器或机械方法模拟摄影过程,构成一个比实地缩小的几何模型,在此模型上量测即相当于对实物的量测,所得结果通过机械方式在绘图桌上绘制图件。解析测图仪是实现测量成果数字化的仪器,解析测图仪在机助测图软件的控制下,将摄影测量的结果首先存储在计算机中,然后送到数控绘图仪上绘出图件,这种测图方法称为解析摄影测量,即解析测图法。数字摄影测量是指从摄像所获取的数据中,采集数字化地形图或数字影像,在计算机中进行各种数值、图形和影像处理,研究目标的几何和物理特征,从而获得各种形式的数字成果,包括数字地图、数字正射影像、地理信息系统等。

获得数字化地图的方法是在计算机辅助和计算机控制的摄影测量工作站上,借助机助测图软件完成的;也可以在更高级的数据库系统下进行数据采集,但对采集的数据要进行编辑加工和质量检查。

对数字影像在计算机中进行全自动处理的方法，称为数字化摄影测量。数字摄影测量的发展促进了实时摄影测量的问世，即用数字摄像机直接对目标进行数字影像获取，并直接输入计算机系统中，在软件的作用下，获得需要的信息。

（三）地形图的数字化

地形图的数字化是指对已有的图纸，利用数字化仪进行手扶跟踪或扫描生成数字化地图的过程。实质上是将图形转化为数据，由纸质地形图向数字化图转化。

实现数字化的设备叫数字化仪，它是专门用来读取图形信息的计算机数据输入装置。利用原图数字化采集的数据，应考虑图纸的伸缩变形和平面坐标的变换。

1. 手扶跟踪地形图数字化

该方法适用于工作底图为纸质地图、聚酯薄膜图、蓝图等。它是利用数字化仪和相应的图形处理软件进行的。其工作原理是：首先将数字化仪与计算机连接，把准备数字化的工作底图放在数字化板上并固定；然后手持游标，对地形图进行定向和确定图幅范围，跟踪每一个地图特征，由数字化仪和相应软件在工作底图上进行数据采集，经过转换变为图形坐标数据发送给计算机；最后这些数据经软件编辑后获得最终的数字化地形图。

手扶跟踪地形图数字化对复杂地形图处理能力较弱，效率不高。因而，该方法适用于时间要求不紧迫，地形图所包含的信息不太复杂的情况。手扶跟踪数字化由于速度较慢、工作强度较大、精度较低等因素，正逐步被扫描屏幕数字化所取代。

2. 扫描屏幕数字化

大比例尺地形图的线划分布比较复杂，地物繁多，相互交叉，且有众多的文字符号、注记等地形要素，一般扫描数字化软件难以做到全自动跟踪矢量化。通常均采用自动跟踪和人机交互编辑相结合的方法完成地形图的矢量化，故称为扫描屏幕数字化。

（1）扫描屏幕数字化的基本原理。扫描屏幕数字化也称扫描矢量化，其基本原理是对各种类型的工作底图，首先用扫描仪及相关扫描图像处理软件把底图转化为栅格影像图，然后对光栅图像进行处理，并在此基础上对栅格影像进行矢量化处理和编辑；最后利用软件矢量化的功能，采用交互矢量化或自动矢量化的方式，对地形图的各类要素进行矢量化，并对矢量化结果进行编辑整理，存储在计算机中，最终获得矢量化数据。

（2）扫描仪的技术性能及要求。扫描仪是一种自动式数字化仪，按色彩辐射分辨率分为黑白扫描仪和彩色扫描仪。扫描仪的技术性能对扫描数字化的质量有重要影响，其主要技术指标有幅面、分辨率、精度等。扫描地形图要求扫描幅面一般不小于普通地形图的图幅，分辨率应在 300 dpi 以上。

（3）扫描数字化工作程序。扫描数字化的工作程序如图 7-21 所示，首先扫描地形图

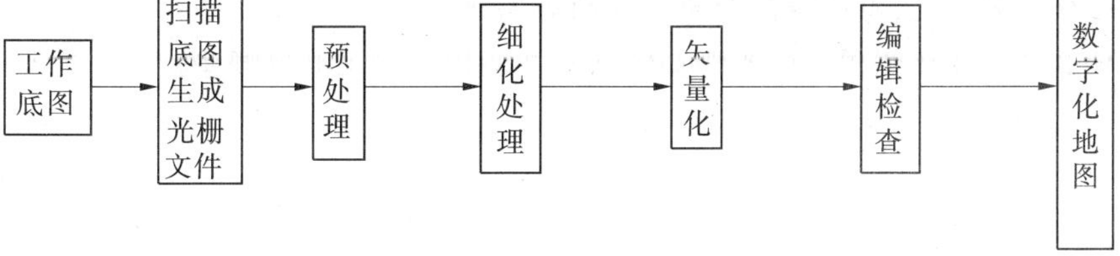

图 7-21　扫描屏幕数字化的工作程序

的工作底图，得到原始光栅文件，然后经过预处理、细化处理完成矢量化，最后经过编辑检查，形成数字化图形。

复习与思考题

1. 地面上有一条长440.36 m、宽4 m的道路，问在1∶1 000和1∶50 000比例尺的地形图上，其长度和宽度各是多少？该道路在这两种比例尺的地形图上分别应该采用何种地物符号来表示？

2. 什么是等高线？等高线有哪些特性？在地形图上，如何区分山脊和山谷？

3. 什么是等高距？什么是等高线平距？在地形图上，如何利用等高线平距来判断地面坡度？

4. 测绘地形图之前应做好哪些准备工作？简述经纬仪测图的作业程序。

5. 将 DJ_6 光学经纬仪安置在测站点3上，量得仪器高为1.45 m，后视图根控制点2，并置盘左水平度盘读数为0°00′00″，然后观测各碎部点，其结果见表7-9。若已知测站高程 $H_3=56.28$ m，盘左竖直角计算公式为 $\alpha=90°-L$，试完成表7-9中的有关计算，求出测站点3至各碎部点的水平距离、高差以及各碎部点的高程。

表7-9　经纬仪碎部测量记录

点号	上丝(m) 下丝(m)	尺间隔(m)	竖盘读数(°　′)	竖直角(°　′)	中丝(m)	水平距(m)	水平角(°　′)	高差(m)	高程(m)
1	1.766 0.962		84　32		1.36		42　40		
2	2.165 0.554		97　25		1.36		56　45		
3	2.871 1.128		86　13		2.00		82　20		
4	2.570 1.428		93　45		2.00		125　35		

6. 在地形图测图中，地物特征点和地貌特征点的选择应该注意哪些问题？

7. 根据图7-22中地貌特征点的平面位置和高程(单位：m)、山脊线(实线)和山谷线(虚线)的分布等情况，勾绘等高距为1 m的等高线。

8. 什么是数字化测图？它有哪些特点？其测图方法主要有哪些？

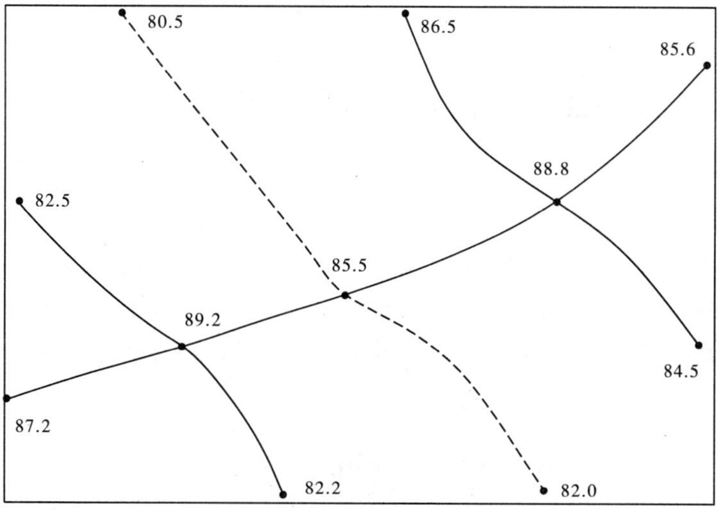

图 7-22 勾绘等高线

第八章　地形图的识读与应用

本章提要

地形图是各项园林工程建设中所必需的基础资料，在地形图上确定地物的位置、相互关系以及地貌的起伏形态等情况，要比实地更方便、更迅速。本章主要讲述了高斯投影与高斯平面直角坐标、地形图的分幅与编号、地形图的识读、地形图的室内室外应用、图形面积的测定等内容。

第一节　高斯投影概述

当测区范围较大时，若要建立平面坐标系，就必须考虑地球曲率的影响。为了解决球面与平面这对矛盾，可采用地图投影的方法将球面上的大地坐标转换为平面直角坐标。

一、高斯投影的概念

高斯投影是高斯－克吕格投影的简称，又叫等角横切椭圆柱投影。该投影是设想用一个椭圆柱筒套在地球椭球体外面，椭圆柱的中心轴线位于地球赤道面内并通过地球中心，使地球椭球体上某一中央子午线与椭圆柱面相切；在保持等角的条件下，将中央子午线东、西各一定经差范围内的点和线投影到椭圆柱面上，如图 8-1(a)所示。再将椭圆柱面分别沿通过南、北极的母线切开并展成平面，这样曲面上的图形就转换到了平面上，如图 8-1(b)所示。

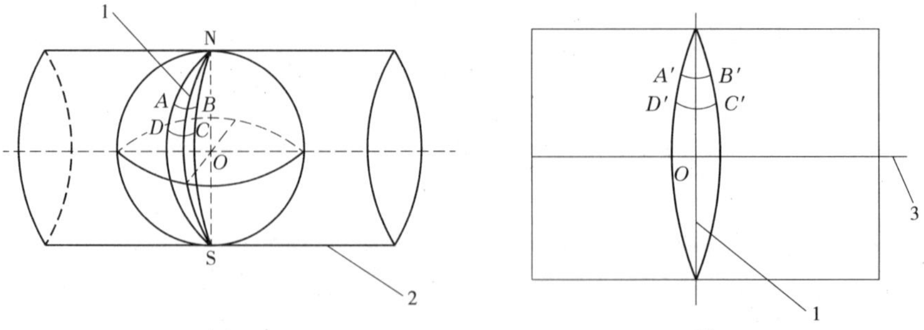

(a)　　　　(b)

图 8-1　高斯投影

1—中央子午线；2—母线；3—赤道投影

高斯投影的规律是：中央子午线投影后为一直线且长度不变，其他子午线投影后均为曲线，对称地凹向中央子午线，离中央子午线越远，变形越大；赤道投影后为一直线，并与中央子午线投影垂直，其他纬线投影后为凸向赤道的弧线；经、纬线投影后仍保持相互正交关系，即投影后无角度变形。

二、高斯投影带的划分

高斯投影中，为了把子午线长度的变形控制在一定范围内，就要将投影区域限制在靠近中央子午线两侧的有限范围内，这个范围称为投影带。

(一)高斯 6°投影带的划分

6°带的划分是从首子午线开始，自西向东，每隔 6°经差为一带，将全球划分为 60 个投影带，编号为 1～60，如图 8-2(a)所示；6°带的投影如图 8-2(b)的上半部分。我国幅员辽阔，所处的概略经度范围是东经 73°27′～135°09′，共跨 11 个 6°带，带号为 13～23。

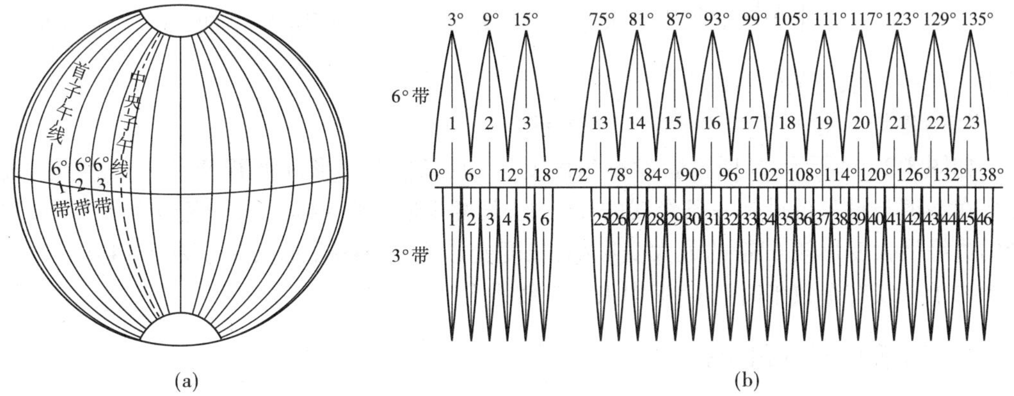

图 8-2　6°带的划分及 6°带和 3°带的投影

6°带每带的中央子午线经度可用式(8-1)计算

$$\lambda_6 = 6° \times n_6 - 3° \tag{8-1}$$

式中　λ_6——6°投影带的中央子午线经度；

n_6——6°投影带的带号。

若已知某地的经度 λ，则其所在 6°投影带的带号可用式(8-2)计算

$$n_6 = \left[\frac{\lambda}{6°}\right] + 1 \tag{8-2}$$

式中　[ ]——取商的整数部分。

【例 8-1】　北京位于东经 116°27′，那么它所在的 6°投影带的带号是多少？它的中央子午线经度是多少？

解：由式(8-2)可得

$$n_6 = \left[\frac{\lambda}{6°}\right] + 1 = \left[\frac{116°27'}{6°}\right] + 1 = 20$$

由式(8-1)可得

$$\lambda_6 = 6° \times n_6 - 3° = 6° \times 20 - 3° = 117°$$

(二)高斯 3°投影带的划分

根据我国测图精度的要求，用 6°带投影后，其边缘部分的变形能满足 1∶2.5 万或更

小比例尺的精度，而1∶1万以上的大比例尺测图，必须用3°分带。

3°带是从东经1.5°开始，自西向东，每隔3°经差为一带，将全球划分为120个投影带，编号为1～120。我国跨越22个3°投影带，即24～45带；3°带的投影见图8-2(b)下半部分所示。

3°带每带的中央子午线经度为

$$\lambda_3 = 3° \times n_3 \tag{8-3}$$

式中　λ_3——3°投影带的中央子午线经度；

n_3——3°投影带的带号。

若已知某地的经度 λ，则其所在3°投影带的带号可用式(8-4)计算

$$n_3 = \left[\frac{\lambda}{3°}\right]（如果余数大于1°30'要加1，小于1°30'则不加1） \tag{8-4}$$

式中　[ ]——取商的整数部分。

（三）高斯6°投影带和3°投影带的关系

如图8-2(b)所示，高斯投影没有角度变形，但有长度变形和面积变形。6°带的最大变形在赤道与投影带最外一条经线的交点上，长度变形为0.14%，面积变形为0.27%；3°带的边缘最大变形较6°带的最大变形小，长度变形为0.04%，面积变形为0.14%。3°带的中央子午线在奇数带时与6°带中央子午线重合。

三、高斯平面直角坐标

在由高斯投影而成的平面上，中央子午线和赤道均为直线，两者互相垂直。以中央子午线为坐标纵轴（x轴），赤道为横轴（y轴），其交点 o 为坐标原点建立的坐标系，称为高斯平面直角坐标系，在这个投影面上的任一点的位置，都可用高斯平面直角坐标(x,y)表示。如图8-3(a)所示，P点的坐标为(x_P,y_P)，Q点的坐标为(x_Q,y_Q)等。

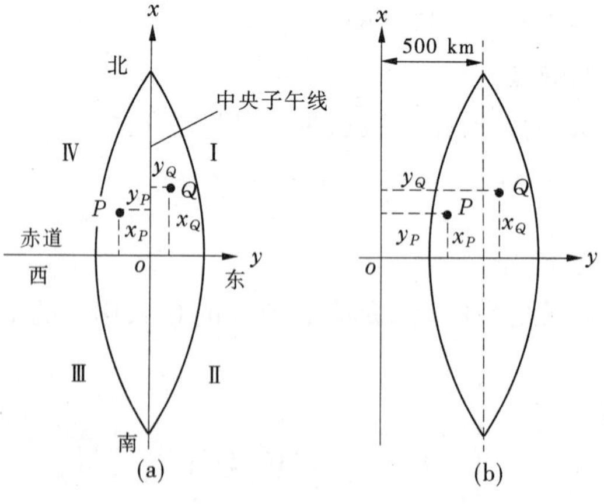

图8-3　高斯平面直角坐标

我国位于北半球，任何点的纵坐标 x 均为正值，而横坐标 y 则有正有负，中央子午线以东的点 y 为正，以西的点 y 为负。图8-3(a)中 Q 点的 y 坐标为正值，P 点的 y 坐标为负

值。点的这种实际坐标称为自然坐标。

对于6°带的高斯平面直角坐标系，y 坐标最小为 -365 km。为了避免横坐标 y 出现负值，规定把纵坐标轴 x 轴向西平移500 km，即将所有点的横坐标 y 值都加上500 km，如图8-3(b)所示。此外，为了表明某点位于哪一个6°带，又规定在坐标值 y 前加写上带号。经过这两项处理后的点的坐标，称为通用坐标。我国测绘部门提供的高斯平面直角坐标均为通用坐标。

【例8-2】 在6°投影带中，某点的高斯平面直角坐标为 $x=1\ 032\ 568$ m，$y=17\ 624\ 569$ m，问该点位于哪一个6°带？它距赤道距离是多少？它距中央子午线距离是多少？该点位于中央子午线的东侧还是西侧？

解：坐标值 y 的前两位数字17是6°带的带号，因此该点位于第17个6°带。

该点到赤道的距离是其纵坐标值 x，即1 032 568 m。

该点距中央子午线的距离是去掉带号后的 y 坐标再减去500 000 m，即124 569 m（$624\ 569-500\ 000=124\ 569$(m)）。

该差值为正值，表示该点在中央子午线东侧。

第二节　地形图的分幅与编号

为了便于管理和使用地形图，大区域的各种比例尺地形图必须进行统一的分幅和编号。

一、梯形分幅法

（一）国际分幅和编号方法

1. 比例尺为1:100万地形图的分幅与编号

(1)分幅。按规定，1:100万比例尺地形图必须采用国际统一的分幅与编号方法。具体是由赤道向北或向南按纬差4°各分为22个横列（国际分幅法中称横为列、纵为行），至北纬或南纬88°，各横列依次用 A、B、C、…、V 等字母表示；由经度180°起自西向东按经差6°分为60个纵行，各行依次用1、2、3、…、60等数字表示。经线与纬线相交，其中的每一小格（梯形）为一幅1:100万地形图。

(2)编号。1:100万图幅的编号，由图幅（梯形）所在的“横列号－纵行号”组成，为了区分南北半球，在编号前应加注S或N，由于我国疆域整体位于北半球，故编号时省去了“N”。如图8-4所示，为东半球北纬1:100万地形图的国际分幅与编号。如某地所在1:100万图幅的编号为“J—50”。

在东半球北纬范围内，若已知某点的经度 λ、纬度 φ，可从图8-4中查出其所在的1:100万图幅的编号，也可用下列方法进行推算

$$1:100\text{万图幅横列号}=\left[\frac{\varphi}{4°}\right]+1\text{(取对应的英文字母)} \tag{8-5}$$

$$1:100\text{万图幅纵行号}=\left[\frac{\lambda}{6°}\right]+1+30 \tag{8-6}$$

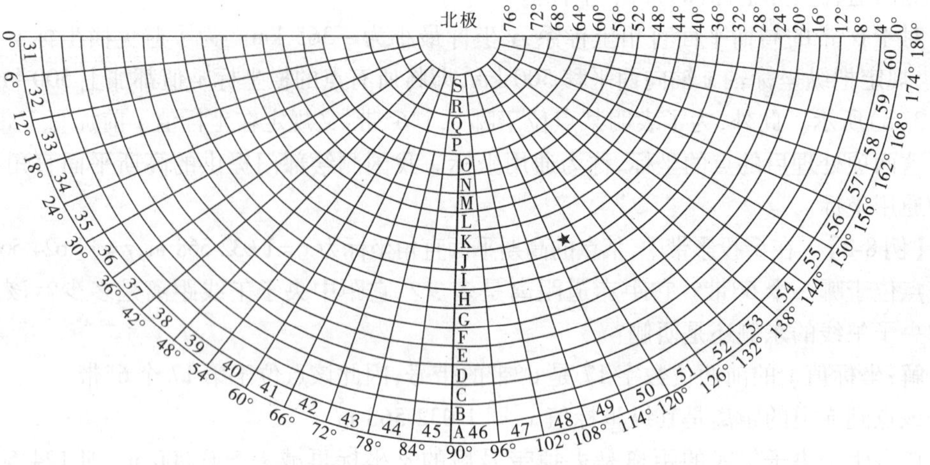

图 8-4　东半球北纬 1∶100 万地形图的国际分幅与编号

式中　[ ]——取商的整数部分。

随着纬度的增高，一小格的面积迅速缩小。因此，规定纬度在 60°～76°之间双幅合并，即每幅图经差 12°，纬差 4°；在 76°～88°之间，四幅合并，即每幅图经差 24°，纬差 4°；纬度 88°以上单独为一幅。

【例 8-3】　北京位于东经 116.46°、北纬 39.92°，那么它所在的 1∶100 万地形图的编号是多少？

解：由式（8-5）和式（8-6）得

$$横列号 = \left[\frac{39.92°}{4°}\right] + 1 = 10，对应的字母为 J$$

$$纵行号 = \left[\frac{116.46°}{6°}\right] + 1 + 30 = 50$$

因此，北京所在的 1∶100 万地形图的编号是 J—50。

2. 比例尺为 1∶50 万、1∶25 万、1∶10 万地形图的分幅与编号

1∶50 万、1∶25 万、1∶10 万地形图的分幅与编号，都是在 1∶100 万地形图的基础上进一步划分的，并加上各自的代号。

将一幅 1∶100 万的图幅分成 2 行 2 列，得到 4 幅 1∶50 万的图幅，如图 8-5 所示。每幅图纬差 2°、经差 3°，其代号按从左到右、从上到下的顺序分别用 *A*、*B*、*C*、*D* 表示，如 J—50—A。

将一幅 1∶100 万的图分成 4 行 4 列，得到 16 幅 1∶25 万的图幅，如图 8-5 所示。每幅图纬差 1°、经差 1°30′，从左到右、从上到下依次以[1]、[2]、[3]、…、[16]为代号，如 J—50—[5]。

将一幅 1∶100 万的图分成 12 行 12 列，得到 144 幅 1∶10 万的图幅，如图 8-6 所示。每幅图纬差 20′、经差 30′，从左到右、从上到下依次以 1、2、3、…、144 为代号，如J—50—65。

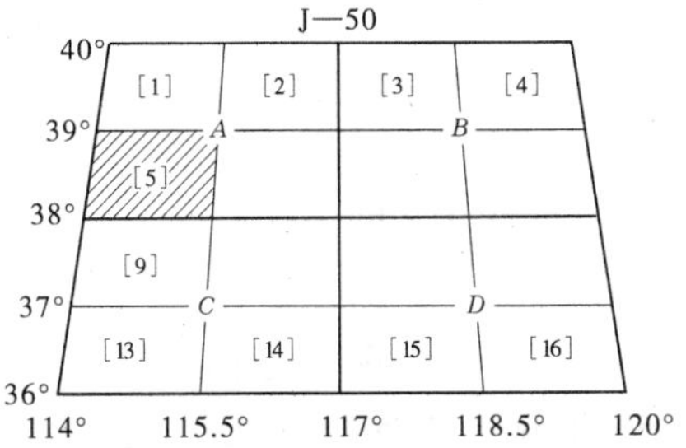

图 8-5　1∶50 万、1∶25 万地形图的分幅与编号

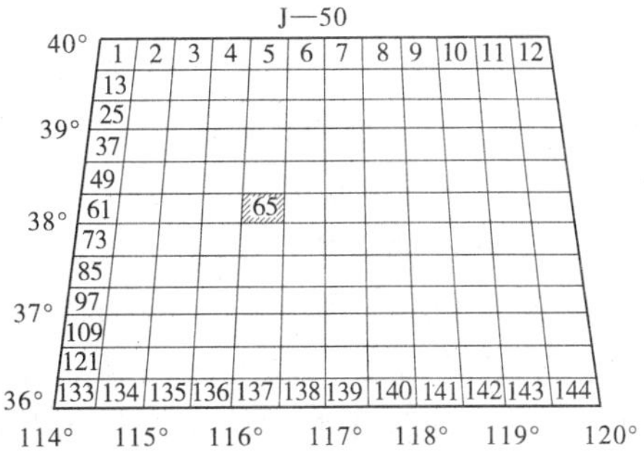

图 8-6　1∶10 万地形图的分幅与编号

已知某点的纬度和经度,可从图 8-6 中查出其所在 1∶10 万图幅的代号,也可用式(8-7)求出

$$x = \left[\frac{\varphi_0 - \varphi}{20'}\right] \times 12 + \left[\frac{\lambda - \lambda_0}{30'}\right] + 1 \tag{8-7}$$

式中　x——1∶10 万图幅的代号;

[ ]——取商的整数部分;

φ_0、λ_0——该点所在 1∶100 万图幅左上角顶点的纬度和经度,其中,φ_0 = (1∶100 万图幅的横列字母对应的数字) ×4°,λ_0 = (1∶100 万图幅的纵行号 -31) ×6°。

3. 比例尺为 1∶5万、1∶2.5 万、1∶1万地形图的分幅与编号

如图 8-7 所示,将一幅 1∶10 万地形图分成 2 行 2 列,得到 4 幅 1∶5万地形图,每幅图纬差 10′、经差 15′,分别以 *A*、*B*、*C*、*D* 为代号,其编号是在 1∶10 万地形图图号后加写上各自的代号,如 J—50—65—A。

如图 8-7 所示,将一幅 1∶5万地形图分成 2 行 2 列,得到 4 幅 1∶2.5 万的地形图,每幅图纬差 5′、经差 7′30″,分别以 1、2、3、4 为代号,其编号是在 1∶5万地形图图号后加写上各自的代号,如 J—50—65—A—3。

如图 8-8 所示,将一幅 1∶10 万的地形图分成 8 行 8 列,得到 64 幅 1∶1万的地形图,每幅图纬差 2′30″、经差 3′45″,分别以(1)、(2)、(3)、…、(64)为代号,其编号是在 1∶10 万地形图图号后加写上各自的代号,如 J—50—65—(21)。

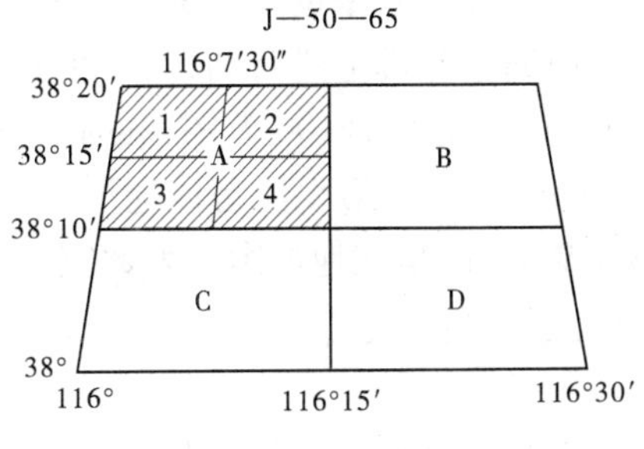

图 8-7　1∶5万和 1∶2.5 万地形图的分幅和编号

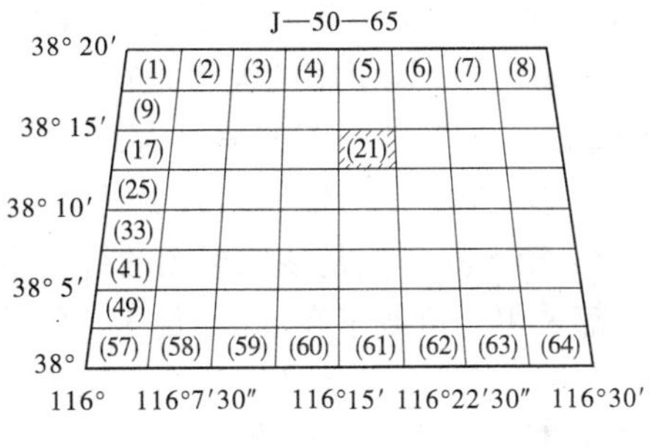

图 8-8　1∶1万地形图的分幅与编号

已知某点的纬度和经度,可从图 8-8 中查出其所在 1∶1万图幅的代号,也可用式(8-8)求出

$$y = \left[\frac{\varphi_1 - \varphi}{2.5'}\right] \times 8 + \left[\frac{\lambda - \lambda_1}{3.75'}\right] + 1 \tag{8-8}$$

式中　y——1:1万图幅的代号；

[ ]——取商的整数部分；

φ_1、λ_1——该点所在1:10万图幅左上角顶点的纬度和经度。

(二)国家基本比例尺地形图新的分幅和编号方法

我国于1993年3月起实施国家标准《国家基本比例尺地形图分幅和编号》(GB/T 13989—1992)，新测和更新的基本比例尺地形图均按此标准进行分幅和编号。

1. 新标准与国际分幅法的不同点

(1)除1:100万、1:50万、1:25万、1:10万、1:5万、1:2.5万和1:1万比例尺地形图外，新标准把1:5 000地形图列入国家基本比例尺地形图系列，使基本比例尺地形图增至8种。另外，除1:100万比例尺外，其他基本比例尺均用相应的代码表示，其代码见表8-1。

表8-1　基本比例尺代码

比例尺	1:50万	1:25万	1:10万	1:5万	1:2.5万	1:1万	1:5 000
代码	B	C	D	E	F	G	H

(2)新标准中地形图的分幅仍以1:100万地形图为基础，各种比例尺图的经、纬差没有改变，但划分方法不同，均由1:100万地形图加密划分而成。此外，过去称的“列、行”现在改称“行、列”。一幅1:100万的地形图与其他比例尺地形图的关系见表8-2。

表8-2　1:100万地形图分解为其他比例尺地形图的分幅情况

比例尺	1:100万	1:50万	1:25万	1:10万	1:5万	1:2.5万	1:1万	1:5 000
行列数	1×1	2×2	4×4	12×12	24×24	48×48	96×96	192×192
图幅数	1	4	16	144	576	2 304	9 216	36 864
经差	6°	3°	1°30′	30′	15′	7′30″	3′45″	1′52.5″
纬差	4°	2°	1°	20′	10′	5′	2′30″	1′15″

(3)新标准中1:100万地形图的编号省去了连接号，如原来的“J—50”变化为J50。1:50万~1:5 000地形图的编号是在1:100万地形图编号基础上进行的，由5个元素、10位代码组成。如某地形图的编号为J50B001002，第1位代码是1:100万图幅的行字符码，第2、3位是1:100万图幅的列数字码(不足两位的前面补0)，第4位是该地形图的比例尺字符码，第5、6、7位是该地形图的行数字码，第8、9、10位是该地形图的列数字码。行、列代码都采用3位数字表示(不足3位的前面补0)。

2. 新图号中行、列代码的计算

已知某点的经度λ、纬度φ，该点所在的某种比例尺图幅的行、列代码可用式(8-9)、式(8-10)计算

$$行代码 = \left[\frac{\varphi_0 - \varphi}{\Delta\varphi}\right] + 1 \tag{8-9}$$

$$列代码 = \left[\frac{\lambda - \lambda_0}{\Delta\lambda}\right] + 1 \tag{8-10}$$

式中　[ ]——取商的整数部分；

φ_0、λ_0——该地点所在 1∶100 万图幅左上角顶点的纬度和经度；

$\Delta\varphi$——所求比例尺地形图图幅的纬差；

$\Delta\lambda$——所求比例尺地形图图幅的经差。

【例 8-4】　某地点位于东经 118°28′30″，北纬 39°54′20″，那么该地所在的 1∶50 万地形图的新编号是多少？

解：（1）确定该地所在的 1∶100 万图幅的新编号。参照式（8-5）、式（8-6）可得

$横行号 = \left[\frac{39°54'20''}{4°}\right] + 1 = 10$，对应字母为 J；

$纵列号 = \left[\frac{118°28'30''}{6°}\right] + 1 + 30 = 50$

则，1∶100 万图幅的新编号为 J50。

（2）确定比例尺代码。由表 8-1 可知，1∶50 万比例尺代码为 B。

（3）确定该点所在的 1∶50 万地形图的行、列代码。图幅 J50 左上角顶点的纬度 φ_0 为 40°，经度 λ_0 为 114°，划分为 1∶50 万图幅时，纬差 $\Delta\varphi = 2°$，经差 $\Delta\lambda = 3°$。由式（8-9）、式（8-10）可得

$$行代码 = \left[\frac{40° - 39°54'20''}{2°}\right] + 1 = 001$$

$$列代码 = \left[\frac{118°28'30'' - 114°}{3°}\right] + 1 = 002$$

所以，该地点所在的 1∶50 万地形图的新编号是 J50B001002。

二、矩形与正方形分幅法

（一）分幅方法

矩形与正方形分幅法适用于大比例尺地形图，它是以直角坐标的整千米数或整百米数的坐标格网来划分图幅的，其中正方形分幅最常用。

正方形分幅是以 1∶5 000 地形图为基础进行划分的，分幅情况见表 8-3。

表 8-3　正方形分幅的图幅规格与面积大小

地形图比例尺	图幅大小（cm × cm）	实际面积（km²）	1∶5 000 图幅包含数
1∶5 000	40 × 40	4	1
1∶2 000	50 × 50	1	4
1∶1 000	50 × 50	0.25	16
1∶500	50 × 50	0.062 5	64

由于大比例尺地形图多数供小面积的园林规划设计及施工使用，图幅大小也可根据

实际情况采用40 cm×50 cm或其他尺寸。

(二)编号方法

1. 坐标编号法

正方形或矩形分幅的地形图的图幅编号,一般采用图廓西南角坐标千米数编号法。

(1)当矩形图幅与国家控制网联测时,图幅编号用该图幅所在投影带中央子午线的经度与图幅西南角的纵、横坐标(单位:km)表示,即“$\lambda—x—y$”。如某地形图的编号为117°—2 834.0—20 625.0,说明该图幅所在投影带中央子午线的经度为117°,图幅西南角坐标为x=2 834.0 km,y=20 625.0 km(20为6°投影带的带号)。

(2)当矩形图幅采用独立坐标系时,图幅编号用图幅西南角的纵、横坐标(单位:km)表示,即“$x—y$”。编号时,1:5 000地形图,坐标取至1 km,如某1:5 000地形图西南角坐标为x=32 km、y=24 km,则其编号为32—24;1:2 000、1:1 000地形图,坐标取至0.1 km,如某1:1 000地形图编号为65.7—85.6;1:500地形图,坐标取至0.01 km,如某1:500地形图的编号为65.71—85.63。

2. 按数字顺序编号

带状测区或小面积测区可按测区统一顺序编号,一般从左到右、从上到下,用阿拉伯数字1、2、3、4…编定。如图8-9所示的“A2—8”(A2为测区代号)。

3. 按经差、纬差分幅编号

1:2 000地形图可以1:5 000地形图为基础,按经差37.5″、纬差25″进行分幅,其图幅编号以1:5 000地形图图幅编号分别加短线,再加顺序号1、2、3、4、5、6、7、8、9表示。如图8-10所示的“H49H192097—5”。

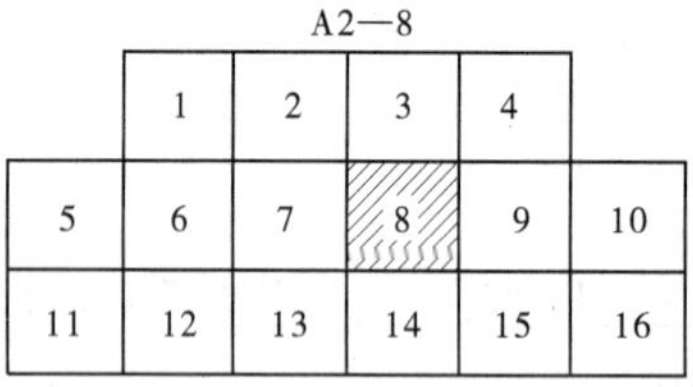

图8-9　顺序编号法

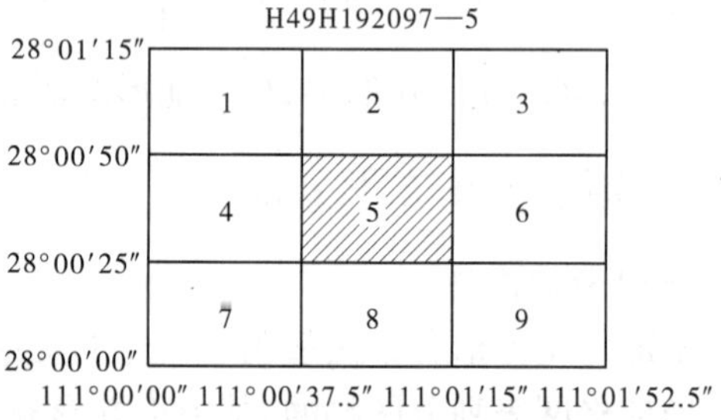

图8-10　按经差纬差分幅编号

矩形分幅的地形图,其编号以方便使用和管理为目的,因此同一区域或同一工程的地形图最好采用统一编号,而不同区域或不同工程之间可不必强求统一。

第三节　地形图的识读

地形图包含丰富的地物和地貌信息,它是进行规划设计和施工的重要依据。如进行园林规划设计时,首先要利用地形图了解规划区内地面的高低起伏状况,及各种建筑、水体、道路、植被等地物的分布情况,还要了解规划区的面积、土地利用、土壤、地质、水文等信息,然后综合考虑各种因素提出最佳规划设计方案。

一、地形图图廓以及图廓外的注记

(一)地形图图廓与分度带

1. 图廓

地形图图廓包括外图廓和内图廓,如图 8-11 所示。外图廓是粗黑线外框,起装饰作用;内图廓是地形图分幅时的经纬线或坐标格网线。对于梯形分幅,内图廓由上下两条纬线和左右两条经线组成;对于矩形分幅,内图廓由两条平行于 x 轴和两条平行于 y 轴的直线组成。

2. 分度带

如图 8-11 所示,中、小比例尺地形图中,在内、外图廓之间绘有黑白相间的分度带,它是内图廓经、纬线的加密分划,以内图廓角点的经、纬度为起点,按经差、纬差分别为 1′交替涂成黑白线条。连接东西、南北相对应的分度带值,便得到大地坐标格网,可用来图解点位的地理坐标。

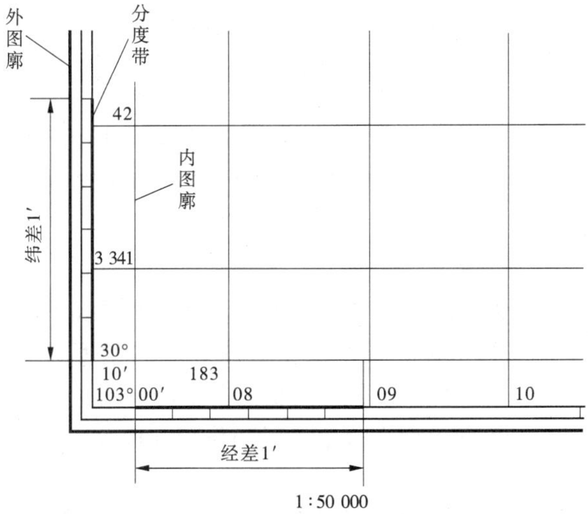

图 8-11　图廓

(二)图廓外的注记

1. 图名、图号和接图表

图名就是本图幅的名称,常用本图幅内最著名的地物或地貌的名称来命名,也可用该地区的习惯名称等命名;如图 8-12 所示,地形图的图名为“民主街”。图号即图幅的编号,为便于保管、查找及避免同名异地等,每幅图应按规定进行编号,并将图号写在图名的下方;如图 8-12 所示,地形图的图号为“3 510.0—220.0”。图名、图号标在北图廓线的正中央。

如图 8-12 所示,为了方便检索一幅图的相邻图幅,在图名的左边需要绘制接图表。接图表位于图廓外的左上角,由 9 个小格组成,中间绘有斜线的一格代表本图幅的位置,四邻分别注明相应的图名,表明该图幅与四邻图幅的相互关系。此外,有的地形图还把相邻图幅的图号分别注在四周图廓线的中间。

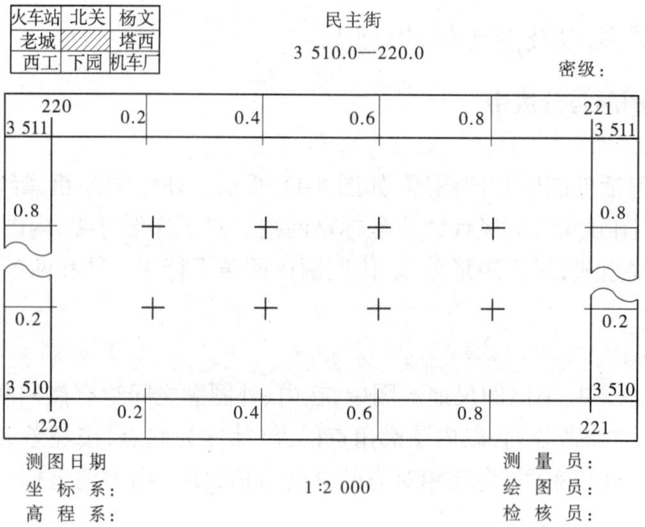

图 8-12　图名、图号和接图表

2. 比例尺

在每幅图南图廓外的中央注有测图的数字比例尺,数字比例尺下方有时还绘有对应的直线比例尺。用直线比例尺可图解确定图上直线的实地距离,或将实地距离换算成图上长度。

3. 三北方向线

为便于在实地进行地形图定向,在中、小比例尺图南图廓线下方绘有真子午线、磁子午线和坐标纵轴线三个方向之间的角度关系,称为三北方向线,如图 8-13 所示。利用三北方向线可对图上任意方向的真方位角、磁方位角和坐标方位角三者间作相互换算。

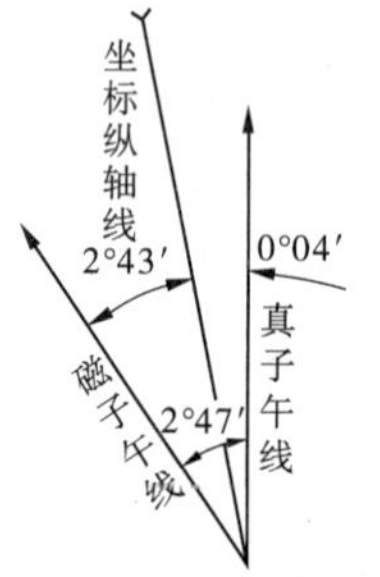

图 8-13　三北方向线

4. 坡度尺

为了便于量测相邻两条首曲线或计曲线上两点间连线的坡度,在 1:2.5 万或更小比例尺地形图南图廓外绘有坡度尺,它是用于在地形图上量测地面坡度的图解工具,如图 8-14 所示。

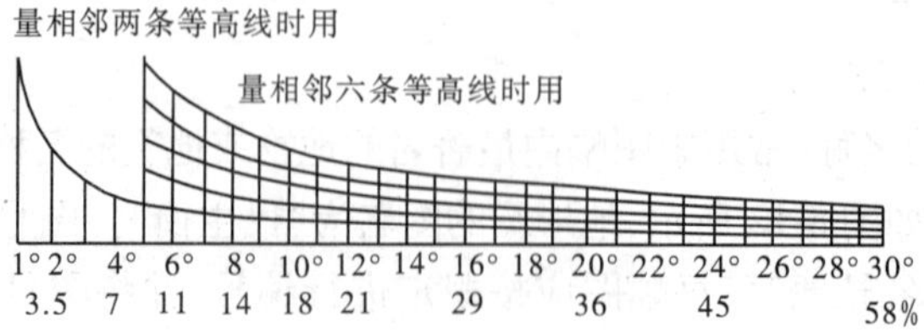

图 8-14　坡度尺

(1)坡度尺的原理。由等高线知识可知,地面上两点间的倾角 θ、两点间的图上水平距离 d 以及高差 h 的关系为

$$d = \frac{h}{M}\cot\theta \qquad (8\text{-}11)$$

式中　M——测图比例尺分母值。

若 d 为图幅内相邻两条等高线上两点间的水平距离，h 为等高距，并以不同的倾角 θ 值代入式(8-11)，可算出不同 θ 角所对应的 d 值，然后再绘成平滑的曲线即成坡度尺。

(2)坡度尺的绘制。设倾角 θ 分别为 1°、2°、…、30°，代入 $d = \frac{h}{M}\cot\theta$，可算出相应的 $d_{1°}$、$d_{2°}$、…、$d_{30°}$；如图 8-14 所示，首先绘一水平直线作为基线，在基线上每隔 2 mm 等分直线，过各分点作垂线，并在各垂线上依次截取 $d_{1°}$、$d_{2°}$、…、$d_{30°}$ 长的线段，然后将各端点连成平滑的曲线，且于下端注明相应的倾角及坡度值，即得量取相邻两条等高线时使用的坡度尺。

分别用 $2h$、$3h$、$4h$、$5h$ 代入式(8-11)，同样可绘成量取相邻 3 条、4 条、5 条、6 条等高线间坡度的坡度尺，如图 8-14 所示。

5. 测图日期

测图日期一般注写在南图廓线的左下角，根据测图日期可以知道地形图的新旧，从而判断图上地物、地貌的变化程度。

6. 坐标系统

说明本图幅采用的是 1954 年北京坐标系，还是 1980 年国家大地坐标系，或是城市坐标系，或是独立平面直角坐标系。

7. 高程系统

说明本图幅采用的是 1956 年黄海高程系，还是 1985 年国家高程基准，或独立测区的假定高程。另外，还要注明图幅内采用的等高距。

8. 图式和图例

说明本图幅采用的地形图图式是哪一年的版本，便于用图者参阅。不易识别的符号要作为图例列出。此外，图廓外还注有测绘单位全称、测绘人员姓名等。

二、地物的识读

地物在地形图上主要是用地物符号和注记表示的，因此要熟悉地形图图式和常用的地物符号；要注意区分依比例尺符号、不依比例尺符号和半依比例尺符号，有的地物在不同比例尺图上所用符号可能不同；要理解注记的含义，如表示苗圃的注记仅表示植物类别，而不表示植物的具体位置、数量或大小。

三、地貌的识读

地貌在地形图上主要用等高线表示，因此要正确判读地貌，必须熟悉等高线的概念、种类、特性以及疏密与地面坡度的关系；掌握典型地貌等高线的特点，以及山脊线、山谷线等地性线的走向等。另外，还要熟悉冲沟、雨裂等特殊地貌的表示方法。

阅读地貌时，要由整体到局部，先看总的地势情况，分清哪些区域是平地，哪些区域是丘陵或山地。对于山区，要先在图上找出山头的等高线和主要的山脊线、山谷线，然后由山脊线可以看出山脉的连绵，由山谷线可以找出水系的走向与分布。根据特殊地貌符号，则可看出地貌的局部变化。若是多色的国家基本比例尺地形图，还可根据其颜色大概判读地物和地貌，如蓝色用于溪、河、湖、海等水系，绿色用于森林、草地、果园等植被，棕色用于地貌、土质符号及公路，黑色用于其他要素和注记。

第四节　地形图的室内应用

一、求算点的平面坐标

在大比例尺地形图上绘有坐标格网（单位：km），如图8-15所示。若要求算A点的坐标，可先过A点作坐标格网的平行线，分别与格网线交于m、n和p、q，再用比例尺量取mA和pA的长度，则A点的坐标为

$$\left.\begin{aligned} x_A &= x_0 + mA \\ y_A &= y_0 + pA \end{aligned}\right\} \tag{8-12}$$

式中　x_0、y_0——A点所在方格西南角顶点的坐标。

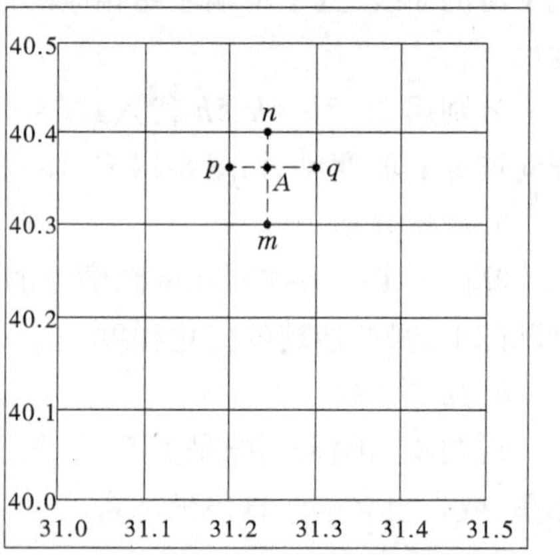

图8-15　在地形图上求点的坐标

为了校核测量结果，减小图纸伸缩而引起的量测误差，最好分别用比例尺量出mA、An及pA、Aq的长度，设坐标方格的边长为l，则应有

$$mA + An = pA + Aq = l$$

如果等式不成立，则A点坐标应按式(8-13)计算

$$\left.\begin{aligned} x_A &= x_0 + \frac{mA}{mA + An} l \\ y_A &= y_0 + \frac{pA}{pA + Aq} l \end{aligned}\right\} \tag{8-13}$$

式中　l——坐标方格的边长。

【例8-5】　在图8-15中，用比例尺量得$mA = 62.1$ m，$An = 37.8$ m，$pA = 45.2$ m，$Aq = 54.6$ m，求A点的坐标。

解：从图8-15上可看出，方格的边长$l = 100$ m，A点所在方格西南角方格点的坐标为$x_0 = 40.3$ km，$y_0 = 31.2$ km。

由式(8-13)可得

$$x_A = 40\,300 + \frac{62.1}{62.1 + 37.8} \times 100 = 40\,362.16(\text{m})$$

$$y_A = 31\,200 + \frac{45.2}{45.2 + 54.6} \times 100 = 31\,245.29(\text{m})$$

二、求算点的高程

利用地形图上的等高线，可求出图上任一点的高程。若所求点正好在等高线上，如图 8-16 中的 A 点，则该点高程就等于其所在等高线的高程；若所求点在两条等高线之间，如图 8-16 中的 B 点，则通过该点作一条大致垂直于相邻两条等高线的直线，并与相邻两等高线交于 m、n 两点，分别量取 nB 和 nm 的长度，则 B 点的高程为

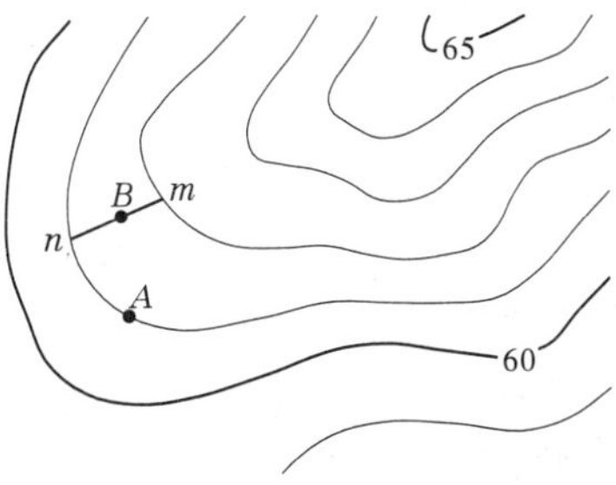

图 8-16　求图上任一点的高程

$$H_B = H_n + \frac{nB}{nm}h \qquad (8\text{-}14)$$

式中　H_n——n 点所在等高线高程；

h——等高距。

【例 8-6】　图 8-16 中有 A、B 两点，用直尺量得 $nB = 7$ mm，$nm = 12$ mm，求 A、B 两点的高程。

解：从图 8-16 上可知，等高线的等高距 h 为 1 m，A 点位于 61 m 等高线上，B 点位于 61 m、62 m 等高线之间。由题意并根据式(8-14)得

$$H_A = 61 \text{ m}$$

$$H_B = 61 + \frac{7}{12} \times 1 = 61.58(\text{m})$$

三、求算两点间的距离与方位角

（一）求算两点间的距离

1. 图解法

如图 8-17 所示，欲求 A、B 两点间的实地水平距离，可先用两脚规卡出 AB 的图上距离，再与直线比例尺进行比对，就可得到 A、B 两点的实地水平距离；也可以直接用三棱比例尺量取 AB 长度；或者用直尺量取 AB 的图上距离，再乘以地形图比例尺的分母，也能得出两点间的实地距离。

2. 解析法

如图 8-17 所示，先求出两点的坐标 $A(x_A, y_A)$、$B(x_B, y_B)$，然后按距离公式求出两点间的实地距离 D_{AB}，即

$$D_{AB} = \sqrt{(x_B - x_A)^2 + (y_B - y_A)^2} \qquad (8\text{-}15)$$

（二）求直线的方位角

1. 图解法

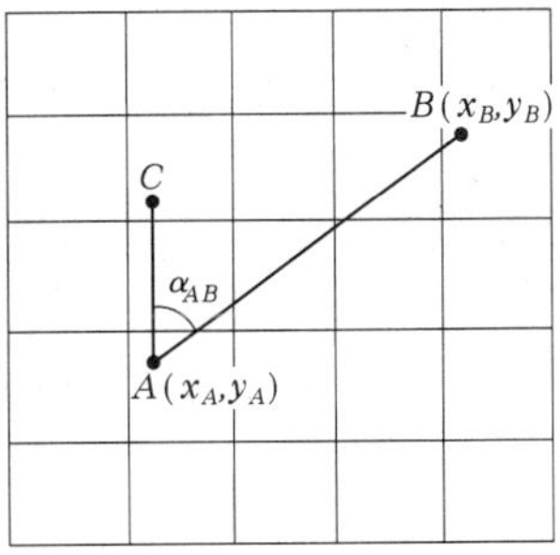

图 8-17　求水平距离和坐标方位角

如图 8-17 所示，欲求直线 AB 的方位角，先由 A 点作一条平行于纵坐标轴的直线 AC，或找一条与 AB 相交的坐标纵线，然后用量角器量出由 AC 顺时针旋转到 AB 的角度或由坐标纵轴线北方向顺时针旋转到 AB 的

角度，该角度即为直线 AB 的坐标方位角。

2. 解析法

若已知两点的坐标 $A(x_A, y_A)$、$B(x_B, y_B)$，直线 AB 的坐标方位角可用式(8-16)求得

$$\alpha_{AB} = \arctan \frac{y_B - y_A}{x_B - x_A} \tag{8-16}$$

运用式(8-16)时，应根据直线所在象限来确定坐标方位角的最后值。

【例 8-7】 在图 8-17 中，已知 A 点的坐标为(18 m,12 m)，B 点的坐标为(38 m,42 m)，求直线 BA 的水平距离和坐标方位角。

解：根据式(8-15)得

$$D_{BA} = \sqrt{(18-38)^2 + (12-42)^2} = 36.06(\text{m})$$

从图 8-17 上可知，直线 BA 位于第三象限，则结合式(8-16)得

$$\alpha_{BA} = 180° + \arctan \frac{12-42}{18-38} = 236°18'$$

四、求算地面的坡度

(一) 图解法

使用坡度尺可在地形图上分别量测 2 ~ 6 条相邻等高线间任意方向线的坡度。如图 8-18(a)所示，先用两脚规量取图上 2 ~ 6 条等高线间的宽度(图上量了 2 条)，然后到图 8-18(b)中的坡度尺上比量，找到坡度尺上同样条数的曲线中与该宽度相同的垂线段，在垂线下边就可读出对应的坡度或倾角。如图 8-18(b)中方向线的倾角为 2°。

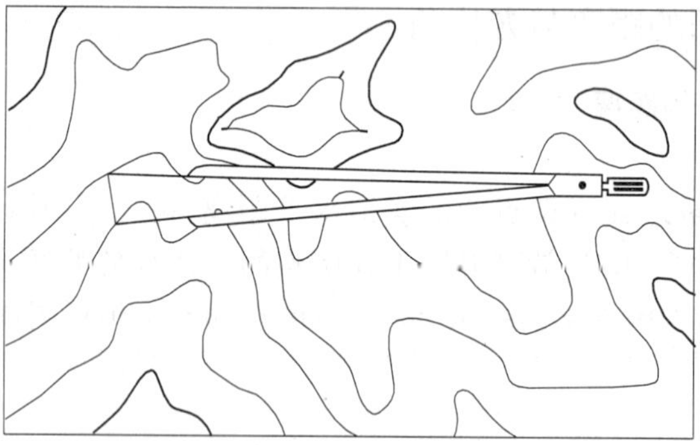

(a)

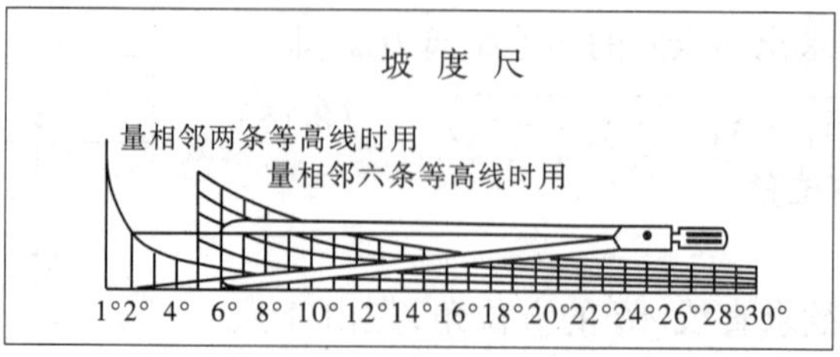

(b)

图 8-18　图解法量测坡度

(二)解析法

地面上某直线的坡度是该直线两端点的高差与水平距离之比。确定某直线的坡度时,先在地形图上求出两端点的高差 h 及实地水平距离 D,则坡度 i 为

$$i = \frac{h}{D} \times 100\% \tag{8-17}$$

五、按限制坡度在图上选线

根据地形图,可按限制坡度在图上选线。

如图 8-19 所示,已知地形图比例尺为 1∶1 000,等高距 h 为 1 m,要从道路边沿 A 点选择一条线路通向山顶 B 点,若路线的坡度 i 不能超过 5%,那么具体做法如下:

首先计算出路线通过相邻等高线之间的图上最短距离 d,$d = \frac{h}{i} \times \frac{1}{M} = \frac{1}{0.05} \times \frac{1}{1\,000} = 0.02$(m);然后,以 A 为圆心,以 0.02 m 为半径作圆弧,交 91 m 等高线于 1 点;再以 1 点为圆心,以 0.02 m 为半径作弧,交 92 m 等高线于 2 点,依此类推,直至线路到达 B 点为止。最后把作弧所得的相邻点连起来,即为所选路线,如 A—1—2—3—4—5—B。

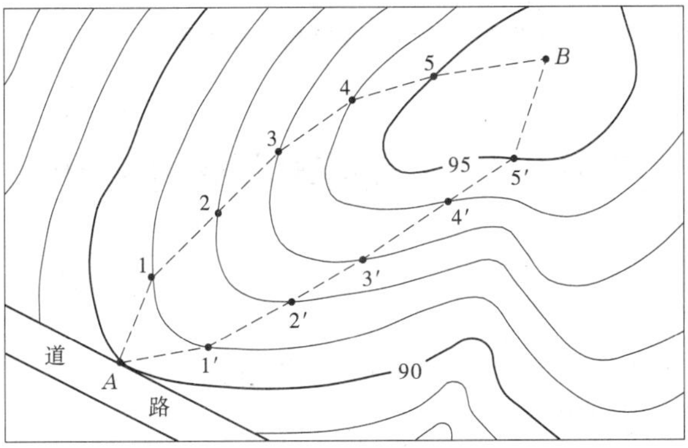

图 8-19　按限制坡度在图上选线

若图上相邻等高线的平距大于 d,作圆弧交不到相邻等高线时,说明实地坡度小于限定坡度,直接在相邻等高线间作垂线便是其最短距离。

根据以上方法至少可选两条路线,如另一条为 A—1′—2′—3′—4′—5′—B,经对实地情况及工程上的其他条件进行比较,从中可选出一条线路顺畅、工程简单、施工方便的理想路线。

六、按指定方向绘制纵断面图

在园林工程设计与施工中,为了综合比较设计线路的长度和坡度以及挖、填土方量的计算,经常用到纵断面图。根据地形图,可绘制图上任一方向的纵断面图。

如图 8-20(a)所示,要绘制 MN 方向的纵断面图,首先在另一张图纸上画出相互垂直的坐标轴,横轴表示水平距离 D,其比例尺与地形图比例尺相同(根据需要也可另选比例尺);纵轴表示高程 H,为了突出显示地面的起伏状况,其比例尺一般是水平距离比例尺的

10 ~20 倍，如图 8-20（b）所示；其次，在图 8-20（a）中标出直线 *MN* 与各等高线的交点 1、2、3、…、9及特殊位置点 *e*、*f*、*g*，并自 *M* 点起，沿 *MN* 方向量取 *M*—1、1—2、2—3、3—*e*、…、9—*N* 的水平距，转绘到图 8-20(b)的横轴上；然后，从图 8-20(a)中求算出 *M*、1、2、3、*e*、…、*N* 各点对应的高程，并按高程比例尺标在图 8-20(b)中横轴各点对应的垂线上，就得到 *MN* 方向上的各点在纵断面图上的位置；最后，将表示各点位置的相邻点用平滑的曲线连接起来，即得 *MN* 方向的纵断面图，如图 8-20(b)所示。

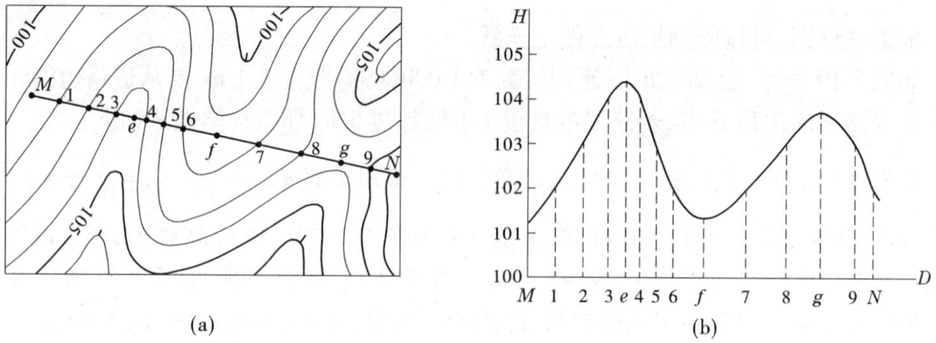

图 8-20　绘制已知方向的纵断面图

实训 8-1　地形图的室内应用

一、实训目的

（1）熟悉国家基本比例尺地形图的图廓以及图廓外注记。

（2）掌握地形图室内应用的一般内容。

二、实训内容

（1）熟悉国家基本比例尺地形图的图式与各种注记及其作用。

（2）求算图上任一点的平面直角坐标。

（3）求算图上任一点的高程。

（4）求算图上两点间的距离与方位角。

（5）求算图上两点间地面的坡度。

（6）按限制坡度在图上选线。

（7）绘制图上指定方向的纵断面图。

三、仪器与工具

教学用或本地区实际大（中）比例尺地形图 1 幅、地形图图式 1 本、两脚规 1 副、三角板 1 副、三棱比例尺 1 把、量角器 1 副、绘图方格纸 1 张、记录板 1 块（含有关记录表格）；自备铅笔、计算器等。

四、方法提示

(1)地形图主要注记有图名、图号、接图表、测图比例尺、坡度尺、图廓、经纬网、平面坐标网、三北方向关系图、出版说明等。

(2)求算图上某点的坐标、高程,并求出任意两点间的距离、坐标方位角与地面的坡度。

(3)按限制坡度在图上选择最短路线时,首先根据地形图的比例尺、等高距和限定坡度,计算出通过相邻等高线的最短水平距离,然后用两脚规以起点为圆心,以求出的最短距离为半径,画弧交于相邻等高线上一点,再以此点为圆心,以相同半径画弧交于其相邻另一条等高线,依此类推,直至到达终点。

(4)绘制地形图上指定方向的纵断面图时,首先在图纸上画出相互垂直的坐标轴,横轴表示水平距离,纵轴表示高程;然后,将指定方向线上的各相邻两点间的水平距离按比例绘制到横轴上,并将计算出的各点高程按高程比例尺标在各自对应横轴点位的垂线上;最后将各点在坐标系中的位置用平滑的曲线连接起来即可。

五、注意事项

非教学用地形图一般属于国家机密资料,严禁损坏,不得丢失。

六、实训报告

每人上交一份实训报告,其中包含地形图室内应用的各项计算结果、线路选线图和纵断面图。

第五节　地形图的野外应用

一、地形图的实地定向

(一)根据直长地物定向

根据直长地物定向就是使地形图上的直长地物符号(直路、围墙、电线等)与实地直长地物方向一致。如图8-21所示,当用图者站立在道路上时,可将地形图展开铺平,先在图上找到表示这段直长道路的符号,然后转动地形图,使图上的道路方向与实地的道路方向一致,此时地形图方向与实际方向就一致了。根据此法定向时,要注意使图上道路两侧地形与实地道路两侧地形一致,以免造成地形图方向颠倒。

(二)根据地形点定向

定向前先将地形图上北、下南、左西、右东与实地方向大概一致,再找出与图上相对应的明显地形点,如山顶点、烟囱、水塔等,然后以道路或河流的交叉点等作为测站点,置平图纸于站点上,用三棱比例尺边缘靠紧站点与目标点连线,从站点观看三棱比例尺的上边棱,转动地形图,直到瞄准地面上的目标点为止。

(三)用罗盘定向

如图 8-22 所示,将地形图平放于地面,然后再将手持罗盘平放在地形图上,并使度盘上的零直径线与图上的磁子午线方向一致,转动地形图,待磁针北端对准零刻度线时,地形图的方向就与实际方向一致了。

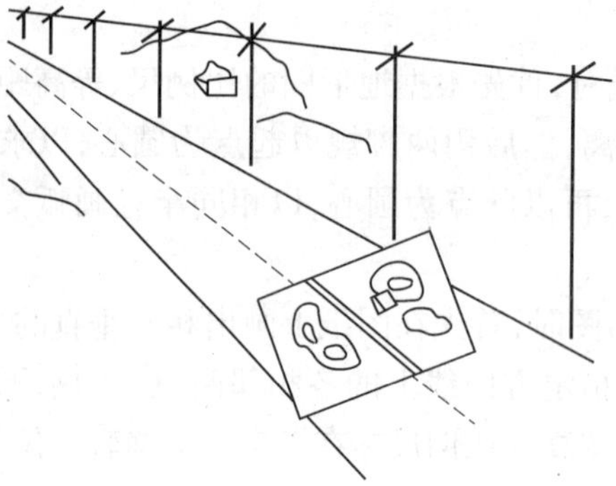

图 8-21　根据直长地物定向

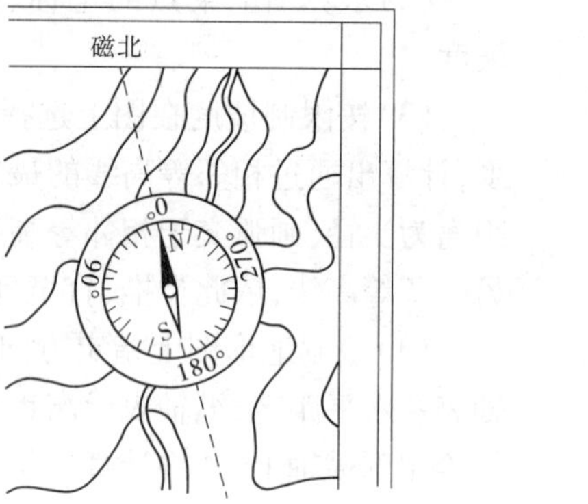

图 8-22　用罗盘定向

二、确定站立点在图上的位置

地形图定向以后,将地形图使用者在实地上的站立位置从图上找出来,就是确定站立点在图上的位置。

(一)根据明显地形点确定

当站立在明显地形点上时,在地形图上找出该地形点的符号,就是实地站立点在图上的位置。当站立点在明显地形点附近时,可以目估站立点至明显地形点的方位和距离,从而确定站立点在图上的位置。

(二)用侧方交会法确定

当站立点位于线状地物(如道路、渠道等)上时,在该线状地物两侧找一个图上和实地都有的明显地形点,并在图上该点处插一大头针,将直尺切于针旁,转动直尺向实地该地形点瞄准,这时直尺与线状地物的交叉点即为站立点在图上的位置。

(三)用后方交会法确定

如图 8-23 所示,在图上选择两个以上的明显地形点,如 a、b、c 三点,选取点时要同时看到地面上相对应的点 A、B、C。在图板上放一张透明纸,并用图钉固定,用铅笔在它上面标出任意点 O,用直尺从 O 点分别瞄准地面上的 A、B、C 点并画出方向线,这样,在透明纸上就取得了自 O 点的三条直线。取下图钉,将透明纸在地形图上移动,使这三条直线恰好通过图上的各同名地物点 a、b、c 三点,此时,将 O 点转刺到图纸上,即为所求站立点的位置;最后用 Oa 标定图板方向,并瞄准 Ob 和 Oc 进行检核。

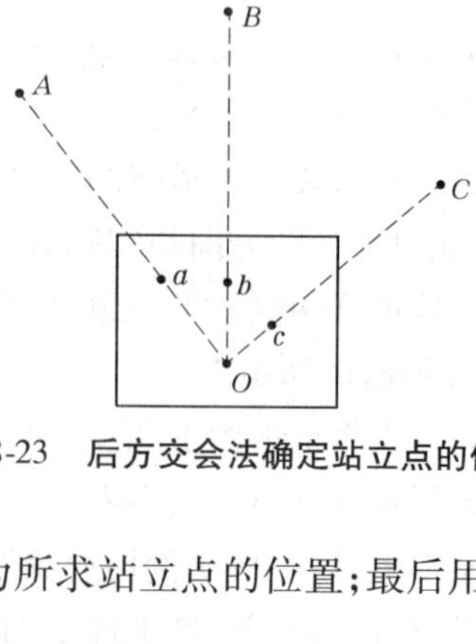

图 8-23　后方交会法确定站立点的位置

三、将图上目标点标定于实地

如果目标点落在明显地物或地貌的特征点上，那么很容易用目视确定；否则，可采用引点法进行标定。

在图上的目标点附近选定一明显地物或地貌特征点，并在地形图上量取该明显地物或地貌特征点至目标点之间的磁方位角及水平距离；然后，安置罗盘仪于实地特征点，使磁针北端读数为量得的磁方位角，固定水平方向制动螺旋，在视线方向上从测站点开始量取已知水平距离得到的点，即为目标点在实地的位置。

四、对照实地读图

对照实地读图时，一般采用目估法，由近至远，先识别主要而明显的地物、地貌，再根据明显的地物、地貌识别其他地物、地貌。读图时，站立点应尽量选择在地势较高或视线开阔处，以便于观察，保证野外用图的准确性。

第六节　图形面积的测定

一、图解法

（一）几何法

此法适用于量测由折线连接而成的闭合图形，如图 8-24 所示。求算面积时，可把待求面积的图形划分为若干个简单的几何图形，如三角形、矩形、梯形等，然后用直尺分别量出其计算图形面积所需的各元素长度，就可以利用几何公式算出各规则图形的面积。将所有分割后的图形面积求和并乘以该地形图比例尺分母的平方，即为整个图形的实地面积。

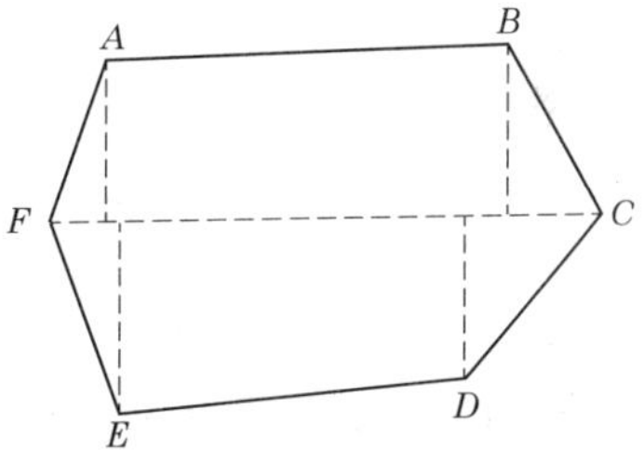

图 8-24　几何法求图形面积

（二）方格法

用透明方格纸或透明方格胶片量算，方格的边长通常是 2 mm（或 4 mm）。使用时，等透明方格纸或胶片覆盖在待测面积的图形上，并予以固定，如图 8-25 所示；分别数出图形内的整方格数和边缘不完整（如打斜线的部分）的方格数，整方格数加上不完整方格数的一半，即为方格总数 n。若方格的边长为 d，地形图的比例尺为 $1:M$，则图形的实地面积为

$$A = \left(\frac{dM}{1\ 000}\right)^2 n \tag{8-18}$$

式中　A——实地面积，m^2；

d——方格的边长，mm；

n——方格总数。

方格法操作较方便，计算简单，常用于求算不规则图形的面积。

(三)平行线法

在透明纸或胶片上,按间隔 h(2 mm、4 mm 或其他规格)画上一些互相平行的直线,成为平行线透明模片,如图 8-26 所示。测算面积时,将透明模片覆盖在待测图形上,转动模片,使欲测面积图形边缘与上、下两条平行线相切,这样,整个图形就被平行线分割成许多等高的近似梯形,而近似梯形的高就是相邻两平行线的间距 h。

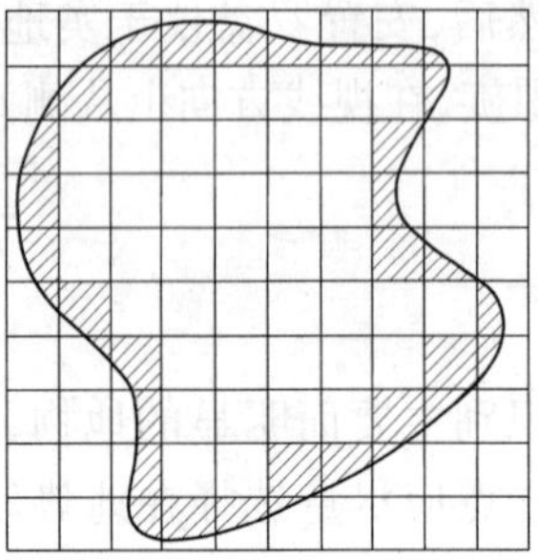

图 8-25　方格法求图形面积

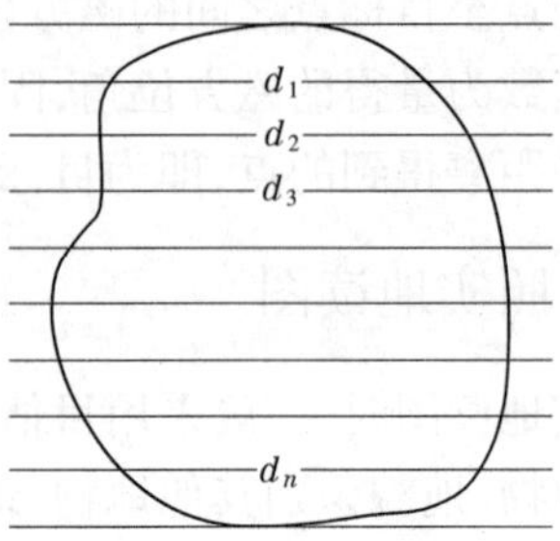

图 8-26　平行线法求图形面积

如图 8-26 所示,设图形截割各平行线的长度分别为 d_1、d_2、…、d_n,则各近似梯形的面积分别为

$$A_1 = \frac{1}{2} \times h \times (0 + d_1)$$

$$A_2 = \frac{1}{2} \times h \times (d_1 + d_2)$$

$$\vdots$$

$$A_n = \frac{1}{2} \times h \times (d_{n-1} + d_n)$$

$$A_{n+1} = \frac{1}{2} \times h \times (d_n + 0)$$

那么,所测算图形的面积为

$$A = A_1 + A_2 + \cdots + A_n + A_{n+1} = h(d_1 + d_2 + \cdots + d_n) = h\sum_{i=1}^{n} d_i \tag{8-19}$$

式中　A——图形的面积;

h——相邻平行线的间距;

d_i——待量测面积的图形内平行线段长度($i = 1, 2, \cdots, n$)。

计算时,要注意数量单位的统一。量测 d_1、d_2、…、d_n 的长度时,通常是依次将 d_1、d_2、…、d_n 左右相接地画在同一纸条上再量其总长度,因此平行线法又称为积距法。

二、解析法

当多边形图形顶点的平面直角坐标已知时,可用解析法求出图形的面积。如图 8-27 所示,一个四边形花坛的角点 1、2、3、4 的坐标分别为(x_1, y_1)、(x_2, y_2)、(x_3, y_3)、(x_4, y_4),则图形 1234 的面积为梯形 12*ba* 的面积加上梯形 23*cb* 的面积,然后再减去梯形 14*da* 的面积与梯形 43*cd* 的面积,即

$$A=\frac{1}{2}\times[(x_1+x_2)(y_2-y_1)+(x_2+x_3)(y_3-y_2)-(x_1+x_4)(y_4-y_1)-(x_3+x_4)(y_3-y_4)]$$

将其推广至 n 边形图形，面积为

$$A=\frac{1}{2}\sum_{i=1}^{n}x_i(y_{i+1}-y_{i-1}) \qquad (8\text{-}20)$$

或

$$A=\frac{1}{2}\sum_{i=1}^{n}y_i(x_{i-1}-x_{i+1}) \qquad (8\text{-}21)$$

式(8-20)、式(8-21)中，当括号内坐标的下标出现 0 或 $n+1$ 时，要分别以 n 或 1 代之；两个算式的结果可用于相互检核。

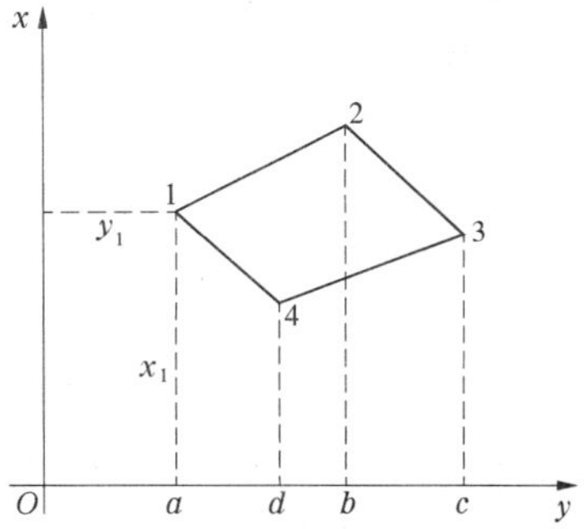

图 8-27　解析法求图形的面积

三、求积仪法

(一)电子求积仪的构造

求积仪是专门用于在图上量算面积的仪器，图 8-28 为 KP－90N 型电子求积仪的结构示意图，其构造包括动极轮、动极轴、键盘、显示窗、描迹臂及描迹放大镜等。动极轮只能向动极轴的垂直方向滚动，而不能向动极轴方向滑动。

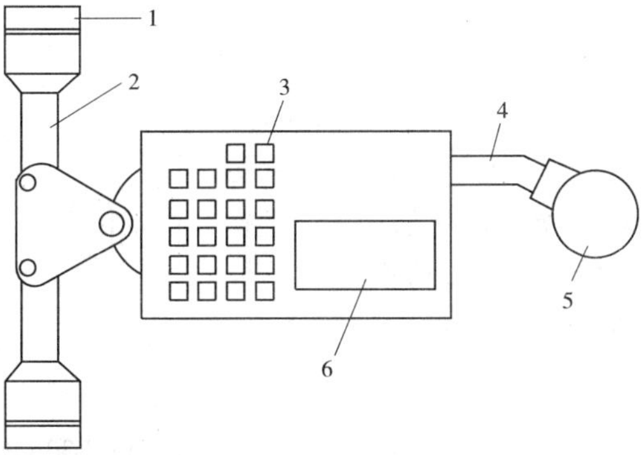

图 8-28　KP－90N 型电子求积仪的结构

1—动极轮；2—动极轴；3—键盘；4—描迹臂；5—描迹放大镜；6—显示窗

KP－90N 型电子求积仪的键盘及显示窗如图 8-29 所示，各键的功能见表 8-4。

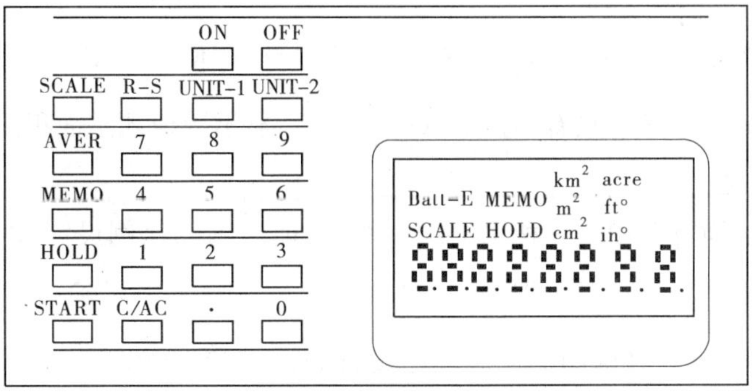

图 8-29　KP－90N 型电子求积仪的键盘及显示窗

表 8-4 KP－90N 型电子求积仪的功能键

功能键符号	功能键的功能	功能键符号	功能键的功能
ON	电源键(开)	OFF	电源键(关)
0～9	数字键	·	小数点键
START	测量启动键	HOLD	固定键
MEMO	存储键	AVER	结束及平均值键
UNIT－1/UNIT－2	面积单位键	SCALE	比例尺键
R－S	比例尺确认键	C/AC	清除或全清除键

KP－90N 型电子求积仪可用电池式直流电或交流电两种电源。直流电源是安装在主机底部的镍镉式蓄电池，一般能连续使用 30 h。在电源将耗尽时，则显示出“Batt－E”符号，此时，需用专用交流转换器进行充电。利用专用交流转换器能直接使用 220 V 交流电源。

该仪器有自动断电功能。若使用后忘记关上电源，3 min 后电源将自动切断。若测量中因事必须暂停作业，可按下[HOLD](固定)键，3 min 后电源自动切断；再返回工作时，顺次按下[ON]键、[HOLD]键后，固定状态被解除，能继续进行后续的测量。

(二)电子求积仪的使用

1. 准备工作

将图纸固定在平整的图板上。放置求积仪时，把描迹放大镜大致放在图形的中央，使描迹臂与动极轴约成 90°角，如图 8-30 所示。然后，用描迹放大镜沿图形的轮廓线试绕行几周，以检查移动是否平滑，如果转动不灵活，应调整动极轴的位置，使其平滑运转。

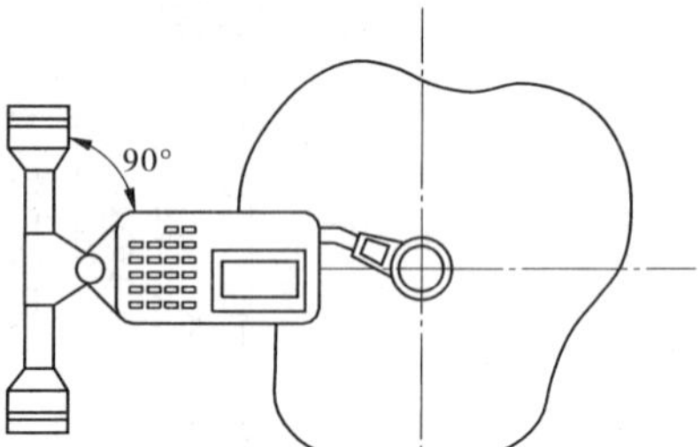

图 8-30 使用求积仪前的准备

2. 打开电源

按下[ON]键，显示窗显示出“0”。

3. 设置面积单位

一般情况下按[UNIT－1]键，选择米制(还可选择英制、日制)；在单位制确定的情况下，再按[UNIT－2]键，选择 km^2 或 m^2 或 cm^2。应该注意，即使已设定了面积单位，但绕测后所显示的数据仍是脉冲数，只有当按下[AVER]键后，显示数值才是面积。

4. 设定比例尺

多数图幅纵、横方向用同一种比例尺。例如，地形图的比例尺为 1∶500，设定时先按[5] [0] [0]键，再按[SCALE]键(比例尺键)，最后按[R－S]键(比例尺确认键)，显示比例尺分母的平方(250 000)，以确认图的比例尺已设置好，再按[START]键，可开始测量。具体见表 8-5。

表 8-5　设定比例尺 1:500 的操作

键操作	符号显示	操作内容
5 0 0	cm^2 500.	对比例尺分母 500 进行置数
SCALE	SCALE cm^2 0.	设定比例尺 1:500
R－S	SCALE cm^2 250 000.	$500^2=250\ 000$ 确认比例尺 1:500 已设定
START	SCALE cm^2 0.	比例尺 1:500 设定完毕,可开始测量

有的图幅纵、横比例尺不一致,比如水平比例尺为 1:1 000,垂直比例尺为 1:50。设置时,首先按 1 0 0 0 键,再按 SCALE 键,设定水平比例尺;然后按 5 0 键,再按 SCALE 键,设定垂直比例尺;最后按 R－S 键,显示 50 000,确认水平比例尺 1:1 000、垂直比例尺 1:50 已设置好,再按 START 键,可开始测量。具体见表 8-6。

表 8-6　设定水平比例尺 1:1 000 和垂直比例尺 1:50 的操作

键操作	符号显示	操作内容
1 0 0 0	cm^2 1 000.	对水平比例尺分母 1 000 进行置数
SCALE	SCALE cm^2 0.	设定水平比例尺 1:1 000
5 0	SCALE cm^2 50.	对垂直比例尺分母 50 进行置数
SCALE	SCALE cm^2 0.	垂直比例尺 1:50 设定完毕
R－S	SCALE cm^2 50 000.	$1\ 000\times 50=50\ 000$,确认水平比例尺 1:1 000、垂直比例尺 1:50 已设定
START	SCALE cm^2 0.	水平比例尺 1:1 000、垂直比例尺 1:50 已设定完毕,可开始测量

5. 面积测量

(1)一般测量。在图形轮廓线上选取一个较明显的点作为量测起点,该点尽可能在图形左侧边界中心,使描迹放大镜中心与该点重合。按 START 键,蜂鸣器发出声响,显示窗显示"0";然后,使描迹放大镜中心准确沿图形轮廓线顺时针方向移动,直至回到起点,此时,屏幕显示的数值为脉冲数;再按 AVER 键,则显示图形面积值及其单位。

(2)平均值测量。为了提高测量精度,可对同一图形进行重复测量。测量时,每绕图形一周,不按[AVER]键而按存储键[MEMO],这样重复 n 次后,按[AVER]键,则显示 n 次测量的面积平均值。

(3)累加测量。如果所测图形较大,需分成若干块进行累加测量。首先测量第一个图形,绕图形一周后不按[AVER]键而按固定键[HOLD];然后,将描迹放大镜中心移至第二个图形的起始点,再按[HOLD]键解除固定("HOLD"字样消失,显示器显示 0),顺时针绕图形一周后(注意不能逆时针绕图形转),再按固定键[HOLD]。同法对其他图形进行累加测量,最后按[AVER]键,显示测量图形的面积总和。

实训 8-2　图形面积的测定

一、实训目的

掌握图解法、解析法、求积仪法等量测图形面积的常用方法。

二、实训内容

(1)用图解法、解析法测量图形面积。

(2)熟悉电子求积仪各部件的名称及各功能键的作用,用电子求积仪测算图形的面积。

三、仪器与工具

教学用或本地区实际大(中)比例尺地形图 1 幅、透明方格纸(20 cm×20 cm)1 张、透明平行线模片 1 张、电子求积仪 1 台、图板 1 块、三角板 1 幅;自备铅笔、橡皮、计算器等。

四、方法提示

(1)在地形图上选定一个图形,分别用几何法、方格法、平行线法和解析法测算其面积,并进行比较。

(2)用电子求积仪量算选定图形的面积,并与上述方法测算的结果进行对比。

五、注意事项

(1)要注意地形图上某一图形图上面积与实地面积的换算。

(2)用求积仪求面积时,图板和图纸都应平整、光滑,以免影响求积仪的自由转动。

(3)使用求积仪时,较小的图形可以采用重复描迹,然后取平均值作结果;较大图形可以分割成数块,累加测定。

六、实训报告

每人上交面积测定实训数据一套,具体格式见表 8-7。

表 8-7　面积测算记录

方法	面积观测值(m^2)			备注
几何法	第一次观测	第二次观测	平均值	
方格法				
平行线法				
解析法				
电子求积仪法				

复习与思考题

1. 设某地面点的经度为东经 114°23′36″,问该点位于 6°投影带的第几带？其中央子午线的经度是多少？

2. 我国某地面点 M 的高斯平面直角坐标为 $x=1\ 620\ 175.23$ m,$y=19\ 432\ 109.43$ m,问 M 点位于第几个 6°投影带？该投影带中央子午线的经度是多少？M 点位于该投影带中央子午线的哪一侧？它到中央子午线及赤道投影的距离各为多少？

3. 设某地的地理坐标为东经 123°32′45″,北纬 34°15′36″,试求该地所在 1∶100 万、1∶10 万及 1∶1万地形图的新图幅号。

4. 地形图图廓外的主要注记内容有哪些？

5. 根据图 8-31 所提供的信息(单位:m),试完成以下问题:

(1)求算 A、B、C、D 四点的的平面直角坐标。

(2)分别计算 AB 和 CD 的水平距离及坐标方位角。

(3)求算 C、D 两点的高程及其连线的坡度。

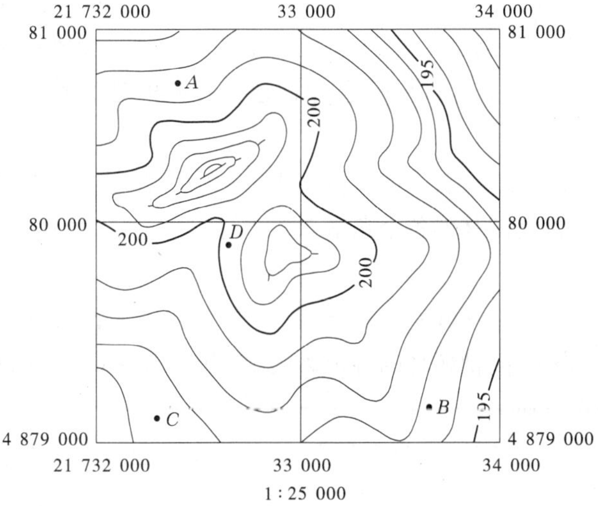

图 8-31　地形图的应用

6. 在地形图上量算面积的方法有哪些？

第九章　园路测量

本章提要

园路是联络各景区、景点以及活动中心的纽带，也是园林景观的重要组成部分。本章主要讲述了园路的选线与中线测量、基平测量与中平测量、园路纵断面图的绘制与纵断面设计、园路横断面测量与横断面图的绘制、路基设计与路基的测设、土石方量计算等内容。

第一节　园路中线测量

一、园路的种类与功能

（一）园路的种类

园路按其用途和级别可分为主园路（主干道）、次园路（次干道）和小路三类。

1. 主园路

主园路多是以交通功能为主的通车园路，起着联系公园出入口、园内各景区主要建筑物和主要广场的作用，它是全园道路系统的骨架。主园路常作为导游线，对游人的游园活动进行有序的组织和引导，其宽度视公园性质和游人容量而定，一般宽为3.5～6.0 m，至少单向可通行卡车、消防车等。

2. 次园路

次园路主要供游人游览观景用，为主园路的分支，是贯通各景区、联系各景点和活动场所的道路。这种园路的交通性不突出，具有一定的导游性。如风景林的林道、林荫道等都属于次园路，宽度为2.0～3.5 m，一般能单向通行轻型机动车辆。

3. 小路

小路即游览小道或散步小道，一般宽度为1.2～2.0 m，也可为1.0 m，主要供散步休息，引导游人更深入地到达园林的各个角落。

（二）园路的功能

园路除具有交通功能外，还起着组织空间、引导游览、丰富园林景观，并提供散步休息场所的作用。它像脉络一样，把园林的各个景区、景点联成一个统一的整体。

1. 组织、划分园林空间

中国园林提倡“道莫便于捷，而妙于迂”，其意义在于园林道路在有限的空间内忌直求曲，以曲为妙，追求一种隽永含蓄、深邃空远的意境，可增加园林的空间层次。

2. 引导游览

我国古典园林无论规模大小，都划分有若干景区，设置若干景点，布置许多景物，而后用园路把它们联系起来，所以园路的曲折是经过精心设计、合理安排的，可把游人引导、输送到各景区、景点的最佳观赏位置。

3. 丰富园林景观

园路是园林风景的组成部分。园路与周围的山水、建筑及植物等景观紧密结合，形成"因景设路"、"因路得景"的效果。

二、园路中心线的选定

园路中心线的选定就是根据园林总体规划设计中的路线走向，结合路线所处的地形、地质条件和园路的造景功能，在实地定出园路中心线的起点、终点、交点和转点（在互不通视的相邻两交点的连线上增设的点，该点能同时与其相邻的两个交点通视，用 *ZD* 表示）的位置。中心线的选定是整个园路设计的关键，路线定得合理与否，对于园路的质量和造价以及养护等都有很大的影响。

（一）定线原则

园路与公路的功能并不完全相同，因此在选线时应综合考虑以下几个方面。

1. 选择路线要做到因地制宜、因景制宜

园路的布局，除依据园林建设的规划方案外，还必须结合地形地貌进行设计，一般园路宜曲不宜直，贵在合乎自然。园路的走向要以景点的分布为依据，发挥园路的引导作用。同时要充分利用各种地形的有利条件，挖掘地形要素的实用功能和造景潜力。

2. 选择路线要满足游人的游园需要

园路选线必须考虑为游人服务，满足游人的需求，要分析游人的活动规律，照顾游览和散步的习惯。园路既要有曲折起伏，达到移步换景的功效，又不能矫揉造作，故意过度弯曲。

3. 选线要考虑投资成本

要尽量避免路线通过较大的挖方和填方地段。

4. 要节约耕地，尽量不占或少占景观用地

选线时，应根据公园内的地形地貌，充分利用原有道路，做到技术上可行、经济上合理，并能满足游人游园、公园造景、园林植物防护等方面的需要。

（二）园路定线

园路定线一般分为图上选线和现场定线两个阶段。

1. 图上选线

选线前应先做好踏勘工作，并广泛收集与路线有关的资料，如各种比例尺的地形图、地质资料、园区总体规划方案等。对上述资料进行分析研究后，再在大比例尺地形图上初步确定线路的起点、终点、交点的位置以及圆曲线的设计半径等。最后再赴现场检查，并根据实际情况作必要的修改。

如图 9-1 所示，图上虚线表示规划设计的园路边线。首先在设计图上画出园路中心线（实线），标出园路中线的交点。然后，在图上从园路的起点开始，分别标注 JD_0（起

点）、JD_1、JD_2、JD_3、…和圆曲线的转角 α、设计半径 R 等字样。

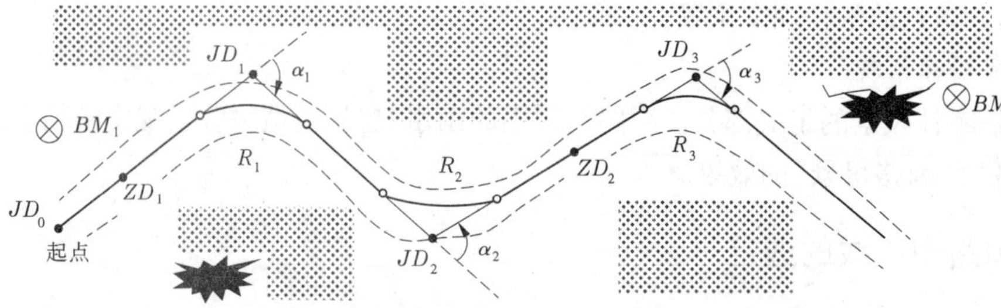

图 9-1 中心线的选定

2. 现场定线

现场定线主要是根据图上中线的交点与水准点、图根控制点或其他明显地物之间的距离、角度关系，用距离交会法或极坐标法，把交点的位置在地面上逐个测设出来，打上交点桩，并注明编号 JD_0、JD_1、JD_2、JD_3、…，这样，线路中心线的位置在地面上就定出来了。

在交点测设过程中，如果两交点之间有障碍物，互不通视，则需要在两交点之间设置转点桩，并注明编号 ZD_1、ZD_2、ZD_3、…。

三、转角测量

所谓转角，是指相邻两导线边中后一导线边的延长线与前一导线边的水平夹角，用 α 表示。如图 9-2 所示，当线路偏转后的方向在原方向延长线的右侧时，称为右转角，用 α_y 表示；反之，当偏转后的方向在原方向延长线的左侧时，称为左转角，用 α_z 表示。

（一）转角的计算

转角是根据线路上两条相邻导线边交点处所测得的夹角 β，通过计算间接而得。

1. 测量导线的右角

在园路测量中，两相邻导线边的夹角用 DJ_6 型经纬仪按测回法观测一个测回，当上、下半测回较差不大于 ±40″时，取平均值作为最后结果，观测数据见表 9-1。外业工作时，一般测量线路右侧的夹角 β（即右角），也可以测量线路左侧的夹角（即左角），但同一条线路要一致。

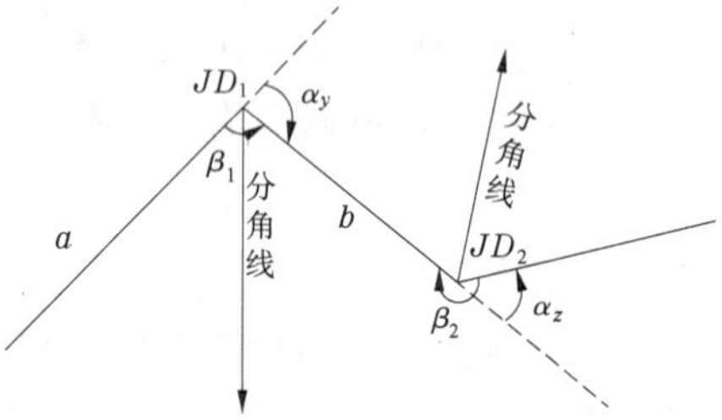

图 9-2 转角测量

2. 根据右角计算转角

如图 9-2 所示，从图上可以看出转角 α 与右角 β 的关系。当右角 $\beta<180°$时，转角为右转角；当右角 $\beta>180°$时，转角为左转角。计算公式为

$$\alpha_y = 180° - \beta \tag{9-1}$$

$$\alpha_z = \beta - 180° \tag{9-2}$$

（二）分角线方向的确定

在测出导线的右角 β 后，还应标出相邻两导线边小于 180°夹角的分角线方向，并在分角线方向上钉一木桩，以供测设圆曲线时使用。如图 9-2 所示，设经纬仪观测右角时盘右的后视方向读数为 a，前视方向读数为 b，则相邻两导线边夹角的分角线的方向值 c 可

按下式计算

$$c = \frac{a + b}{2} \tag{9-3}$$

在盘右状态下转动经纬仪照准部,使水平度盘读数为 c,这时望远镜视线方向即为分角线方向。如果望远镜视线方向不是所需的方向(此时是大于180°夹角的分角线方向),倒转望远镜便可得到小于180°夹角的分角线方向,其方向值应为 $\frac{a+b}{2}+180°$。

【例9-1】 根据表9-1的观测数据和备注,计算线路右角、转角和盘右时分角线方向读数各为多少?

表9-1　中线测量记录计算

JD的桩号:3+326.50			里程			盘右时分角线方向读数的计算
角度观测			点号	里程桩号	桩号计算	
盘左	后视	104°15′55″	ZY	3+170.94	JD−T=(3+326.50)−155.56	
	前视	0°01′00″				
	右角β	104°14′55″	YZ	3+435.22	ZY+L=(3+170.94)+264.28	
盘右	后视	284°16′20″				
	前视	180°01′15″	QZ	3+303.08	YZ−L/2=(3+435.22)−132.14	
	右角β	104°15′05″				
	β平均值	104°15′00″	JD	3+326.50	QZ+D/2=(3+303.08)+23.42(校核)	$c=\frac{a+b}{2}=\frac{284°16'20''+180°01'15''}{2}=232°08'48''$
α	左					
	右	75°45′00″				
$R=200$ m　$\frac{L}{2}=132.14$ m $T=155.56$ m　$D=46.84$ m $L=264.28$ m　$E=53.37$ m			备注: 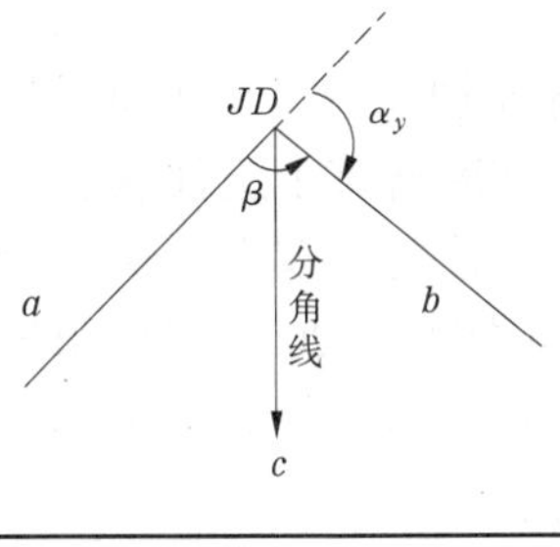			

解:按测回法的限差等有关要求,可得

$$\beta = \frac{(104°15'55'' - 0°01'00'') + (284°16'20'' - 180°01'15'')}{2} = 104°15'00''$$

因 $\beta<180°$,故该转角为右转角;参照图9-2,由式(9-1)得

$$\alpha_y = 180° - \beta = 180° - 104°15'00'' = 75°45'00''$$

根据经纬仪盘右前视、后视方向的读数大小,由式(9-3)得

$$c = \frac{a + b}{2} = \frac{284°16'20'' + 180°01'15''}{2}$$
$$= 232°08'48''$$

四、里程桩的设置

(一)里程桩

从路线的起点开始，沿中线方向每隔一定距离钉一木桩，并在木桩侧面注明该桩到起点的距离，单位以“km + m”表示，称为里程桩；标注的距离值又称为桩号，如图9-3(a)所示的“3 + 180.00”。桩号要面朝起点方向，背面以1 ~ 10序号循环书写，以便于查找，如图9-3(d)所示编号为“6”。

相邻里程桩之间的距离叫桩距，在直线段上，平原地区桩距一般为50 m，山区为20 m。在曲线段上，要设置圆曲线主点桩，如图9-3(b)为圆曲线起点(ZY)桩号。一般线路可以用花杆目测定线，用皮尺量距；较长和精度要求较高的线路，应使用经纬仪定线，用钢尺或测距仪量距。

(二)加桩

当相邻两里程桩间遇到地形坡度有明显变化的点、路桥(涵或隧)相接处、地质变化处等均应设置加桩，如图9-3(c)所示。曲线段上除圆曲线主点桩之外，还要根据转弯半径、曲线长度和地形特点而适当增设细部桩。

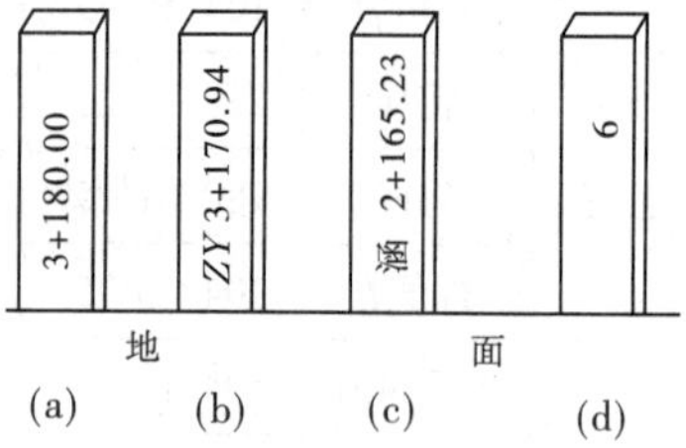

图9-3 里程桩的设置

(三)断链的处理

在测量过程中，如遇线路局部改线或出现差错，会使里程桩号与实际距离不相符，这种现象称为断链。断链可分为长链和短链，当原线路桩号小于实际里程时，称长链，反之称为短链。实际测量中应尽量减少断链现象。

当出现断链时，为避免影响全局，可仅在局部改线或出错地段改用新桩号，其他地段仍用老桩号，并在新老桩号变更处打一木桩，称为断链桩，在断链桩上应注明新老桩号的关系。如图9-4所示，断链桩的含义为“新桩号2 + 802.30 = 老桩号3 + 326.50(短链524.20 m)”。由于断链的出现，线路的总长度发生改变，路线的总长度等于末桩里程加上长链总和减去短链总和。

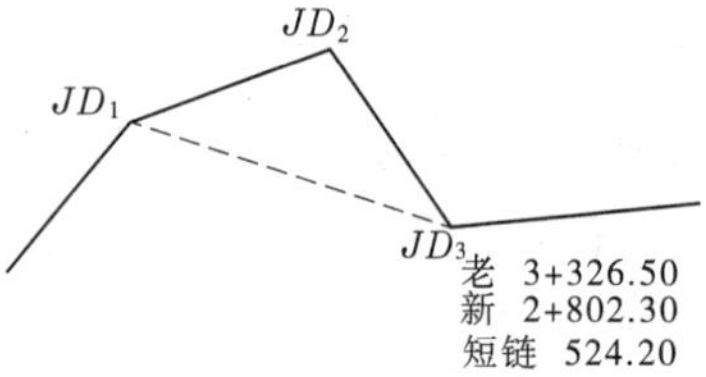

图9-4 设置断链桩

五、圆曲线的测设

园路是由直线和曲线组合而成的，为保证行车安全，园路从一个方向转向另一个方向时，必须用平滑的曲线连接起来，这种曲线称为圆曲线。圆曲线的起点、中点和终点称为圆曲线三主点。为了施工方便，需要将圆曲线三主点的位置在地面上标定出来。

(一)圆曲线元素及其计算

如图9-5所示，圆曲线各部分符号的含义是：JD表示路线交点桩，ZY表示圆曲线起点(直圆点),QZ 为圆曲线中点(曲中点),YZ 为圆曲线终点(圆直点),O 为圆心,R 为圆曲线半径,α 为转角(即路线转向角),T 为切线长,L 为曲线长,E 为外矢距。若圆曲线的切线长与曲线长之差(切曲差)用 D 表示,则 T、L、E、D、R 及 α 称为圆曲线元素。其中,R 是圆曲线的设计半径,α 是实测值。由图 9-5 可得圆曲线元素之间的关系为

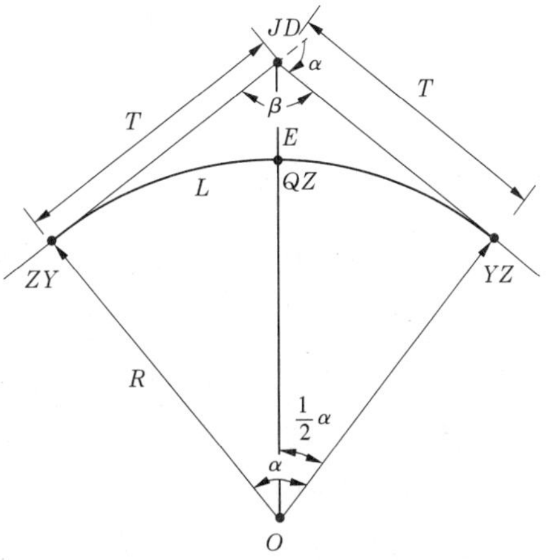

图 9-5　圆曲线

$$\left.\begin{aligned} T &= R\tan\frac{\alpha}{2} \\ L &= \frac{\pi}{180^\circ}\alpha R \\ E &= R\left(\sec\frac{\alpha}{2}-1\right) \\ D &= 2T-L \end{aligned}\right\}\qquad(9\text{-}4)$$

(二)圆曲线主点里程计算与测设

1. 圆曲线主点里程计算

在实地测量时,线路交点的里程是根据实际丈量得来的,主点里程是根据交点里程推算出来的,由图 9-5 可知各主点里程的计算方法为

$$\left.\begin{aligned} &ZY\text{ 里程} = JD\text{ 里程} - T \\ &YZ\text{ 里程} = ZY\text{ 里程} + L \\ &QZ\text{ 里程} = ZY\text{ 里程} + \frac{L}{2}\quad\text{或}\quad QZ\text{ 里程} = YZ\text{ 里程} - \frac{L}{2} \\ &JD\text{ 里程} = QZ\text{ 里程} + \frac{D}{2}(\text{校核}) \end{aligned}\right\}\qquad(9\text{-}5)$$

主点里程计算后,以 JD 里程作校核,检查计算过程是否有错。

【例 9-2】　由例 9-1 得线路的转角 $\alpha=75°45'00''$,若圆曲线交点 JD 的里程为 3 + 326. 50,圆曲线设计半径 $R=200$ m,参照图 9-5,求圆曲线的各曲线元素值和三主点里程桩号。

解:(1)根据式(9-4)可得

$$T = R\tan\frac{\alpha}{2} = 200\times\tan\frac{75°45'00''}{2} = 155.56(\text{m})$$

$$L = \frac{\pi}{180^\circ}\alpha R = \frac{\pi}{180^\circ}\times 75°45'00''\times 200 = 264.28(\text{m})$$

$$E = R\left(\sec\frac{\alpha}{2}-1\right) = 200\times\left(\sec\frac{75°45'00''}{2}-1\right) = 53.37(\text{m})$$

$$D = 2T - L = 2\times 155.56 - 264.28 = 46.84(\text{m})$$

(2)由式(9-5)可得

$$ZY\text{ 里程} = JD\text{ 里程} - T = (3+326.50) - 155.56 = 3+170.94$$

$$YZ\text{里程} = ZY\text{里程} + L = (3+170.94)+264.28 = 3+435.22$$

$$QZ\text{里程} = YZ\text{里程} - \frac{L}{2} = (3+435.22) - \frac{264.28}{2} = 3+303.08$$

$$JD\text{里程} = QZ\text{里程} + \frac{D}{2} = (3+303.08) + \frac{46.84}{2} = 3+326.50\text{(校核)}$$

将以上计算及其结果填入表 9-1 中。

2. 圆曲线主点的测设

如图 9-6 所示，将经纬仪置于交点 JD 上，用望远镜瞄准转点 ZD_1，沿该方向量取切线长 T=155.56 m，得圆曲线起点 ZY；转动望远镜，瞄准 ZD_2 点，沿该方向量取切线长 T=155.56 m，即得圆曲线终点 YZ。

在交点 JD 上用经纬仪一测回观测线路右角后，仪器处于盘右前视 YZ 状态，此时顺时针旋转照准部，使水平度盘读数为表 9-1 中的 232°08′48″，便得到相邻两导线边小于 180°夹角的分角线方向；沿此方向自 JD 量出外距 E=53.37 m，即得圆曲线中点 QZ。

在这三个主点位置上打木桩设置标记，主点测设工作便完成了。

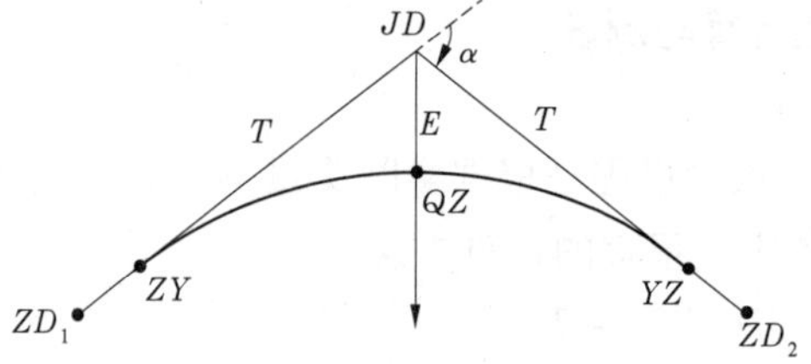

图 9-6　圆曲线主点的测设

（三）圆曲线的详细测设

若圆曲线的长度较长，仅靠圆曲线上三个主点不能较好地确定它的形状，作为设计及指导施工的依据，还必须在圆曲线上加密一些点，这些加密的点称圆曲线细部点，设置圆曲线细部点的工作，称为圆曲线的详细测设。一般规定，圆曲线半径 $R \geqslant 150$ m 时，曲线上每隔 20 m 测设一个细部点；50 m $\leqslant R \leqslant$ 150 m 时，曲线上每隔 10 m 测设一个细部点；$R \leqslant 50$ m 时，曲线上每隔 5 m 测设一个细部点。圆曲线的详细测设方法有偏角法、切线支距法和全站仪测设法等。

1. 偏角法测设圆曲线

（1）测设原理。偏角法的测设原理，是利用圆曲线上某细部点与起点或终点的偏角 δ 和弦长 c 来确定该点的位置，如图 9-7 所示。偏角法实质上是一种角度与距离交会法。

（2）偏角及弦长值的计算。偏角是指圆曲线起点或终点至曲线上任一点的弦线与切线之间的夹角，又叫弦切角，用 δ 表示。按几何原理，δ 值等于对应弧长所对圆心角的一半，即

$$\delta = \frac{\varphi}{2} = \frac{l}{2R} \times \frac{180°}{\pi} = \frac{l}{2R}\rho \tag{9-6}$$

式中　l——相邻细部点间的弧长；

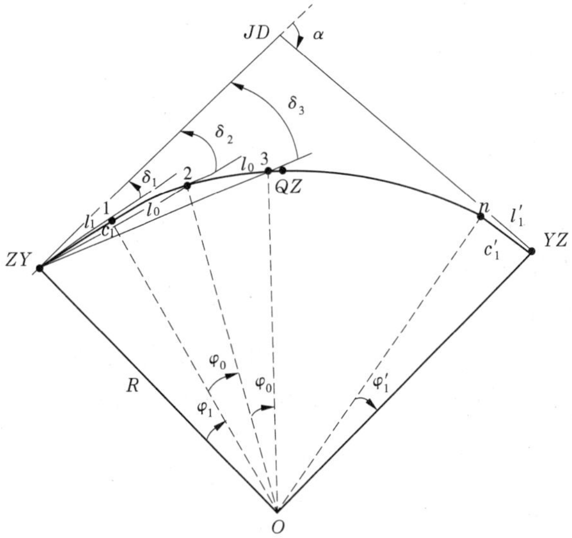

图 9-7　偏角法测设圆曲线

φ——弧长 l 所对应的圆心角；

R——圆弧的半径；

$\rho=\dfrac{180^\circ}{\pi}=206\ 265''$。

实际工作中，为了测量和施工的方便，一般将圆曲线上细部点的里程设成整桩号，即按规定弧长 l_0（如 5 m、10 m 或 20 m 的整弧）设桩。如图 9-7 所示，由于曲线起点 ZY、终点 YZ 的里程往往不是整数，所以在圆曲线的两端会出现两段不足规定弧长 l_0 的弧，习惯上把这两段不足 l_0 的弧称为分弧，分别用 l_1、l_1' 表示；其所对应的弦叫分弦，分别用 c_1、c_1' 表示。

当圆曲线上各细部点间的距离是等距时，曲线上各点的偏角与第一个偏角 δ_1 和 δ_0 的关系为

$$\left.\begin{aligned}
\delta_1 &= \frac{\varphi_1}{2} = \frac{l_1}{2R}\times\frac{180^\circ}{\pi}\\
\delta_2 &= \frac{\varphi_1+\varphi_0}{2} = \delta_1+\delta_0\\
\delta_3 &= \frac{\varphi_1+2\varphi_0}{2} = \delta_1+2\delta_0\\
&\ \ \vdots\\
\delta_n &= \frac{\varphi_1+(n-1)\varphi_0}{2} = \frac{\varphi_1}{2}+(n-1)\times\frac{\varphi_0}{2} = \delta_1+(n-1)\delta_0\\
\delta'_1 &= \frac{\varphi'_1}{2} = \frac{l'_1}{2R}\times\frac{180^\circ}{\pi}
\end{aligned}\right\}\tag{9-7}$$

式中　$\delta_0=\dfrac{\varphi_0}{2}=\dfrac{l_0}{2R}\times\dfrac{180^\circ}{\pi}=\dfrac{l_0}{2R}\rho$；

l_0——圆曲线上相等的整弧弧长；

φ_0——l_0 所对应的圆心角；

δ_0——l_0 所对应的偏角；

l_1——ZY 至细部点 1 的弧长；

φ_1——l_1 所对应的圆心角；

δ_n——l_n 所对应的偏角；

l_1'——YZ 至细部点 n 的弧长；

φ_1'——l_1'所对应的圆心角。

用偏角法测设圆曲线上各桩，是用弧长代替弦长定距离，而实际上应该用弦长 c 定距离，这样二者之间就会有误差。弦长 c 与弧长 l 之差叫弦弧差，用 Δl 表示。

$$\Delta l = c - l = -\frac{l^3}{24R^2} \tag{9-8}$$

由此得到弦长计算式为

$$c = l - \frac{l^3}{24R^2} \tag{9-9}$$

式中　R——圆曲线半径。

如果圆曲线的半径较大，用弧长 l 代替弦长 c 的误差很小，可忽略不计，测设时可用弧长代替弦长；如圆曲线半径较小，则应该用实际弦长 c 测设。

计算各细部点的偏角，应按圆曲线起点的里程先计算弧长，结合等弧所对应的圆心角和偏角，利用式(9-7)即可求得各细部点的偏角。

【例 9-3】　在例 9-2 中，已知圆曲线的设计半径 $R = 200$ m，ZY 点的里程桩号为 3 + 170.94、QZ 点的里程桩号为 3 + 303.08、YZ 点的里程桩号为 3 + 435.22；若在圆曲线上以 $l_0 = 20$ m 为整桩距设置细部点，试用偏角法测设各细部桩的位置。

解：第一步，利用弧长计算各细部点的偏角值。

因 ZY 点的里程桩号为 3 + 170.94，YZ 点的里程桩号为 3 + 435.22，所以该圆曲线可以设置 13 个细部点，即第一个细部点的里程桩号应为 3 + 180，第二个细部点的里程桩号应为 3 + 200，…，最后一个细部点的里程桩号应为 3 + 420，那么

$$分弧\ l_1 = (3 + 180) - (3 + 170.94) = 9.06(\text{m})$$

$$分弧\ l'_1 = (3 + 435.22) - (3 + 420) = 15.22(\text{m})$$

由式(9-7)可得

$$\delta_1 = \frac{\varphi_1}{2} = \frac{l_1}{2R} \times \frac{180°}{\pi} = \frac{9.06}{2 \times 200} \times \frac{180°}{\pi} = 1°17'54''$$

$$\delta'_1 = \frac{\varphi'_1}{2} = \frac{l'_1}{2R} \times \frac{180°}{\pi} = \frac{15.22}{2 \times 200} \times \frac{180°}{\pi} = 2°10'52''$$

$$\delta_0 = \frac{\varphi_0}{2} = \frac{l_0}{2R} \times \frac{180°}{\pi} = \frac{20}{2 \times 200} \times \frac{180°}{\pi} = 2°51'58''$$

$$\delta_2 = \delta_1 + \delta_0 = 1°17'54'' + 2°51'58'' = 4°09'52''$$

$$\delta_3 = \delta_1 + 2\delta_0 = 1°17'54'' + 2 \times 2°51'58'' = 7°01'50''$$

同法,可算出细部桩点4、5、…、13的偏角值,结果见表9-2。

表9-2　偏角法计算表

点名	里程	偏角 (°　′　″)	相邻曲线点间弧长 (m)	相邻曲线点间弦长 (m)	备注
ZY	3+170.94	0　00　00			
			9.06	9.06	
1	3+180	1　17　54			
			20	19.99	
2	3+200	4　09　52			
			20	19.99	
3	3+220	7　01　50			
			20	19.99	
4	3+240	9　53　48			
			20	19.99	
5	3+260	12　45　46			
			20	19.99	
6	3+280	15　37　44			
			20	19.99	
7	3+300	18　29　42			
			20	19.99	
8	3+320	21　21　40			
			20	19.99	
9	3+340	24　13　38			
			20	19.99	
10	3+360	27　05　36			
			20	19.99	
11	3+380	29　57　34			
			20	19.99	
12	3+400	32　49　32			
			20	19.99	
13	3+420	35　41　30			
			15.22	15.22	
YZ	3+435.22	37　52　22			

算至*YZ*点时,对应的曲线长为264.28 m,理论偏角应为$\frac{\alpha}{2}=37°52'30''$($\alpha=75°45'00''$),但由于计算中受π的取值不同等影响,计算所得的*YZ*点的偏角与理论值不完全相等,如本例为37°52′22″。

第二步,计算各弧所对应的弦长。

根据式(9-9)得

$$c_0=l_0-\frac{l_0^3}{24R^2}=20-\frac{20^3}{24\times200^2}=19.99(\text{m})$$

$$c_1=l_1-\frac{l_1^3}{24R^2}=9.06-\frac{9.06^3}{24\times200^2}=9.06(\text{m})$$

$$c'_1=l'_1-\frac{l'^3_1}{24R^2}=15.22-\frac{15.22^3}{24\times200^2}=15.22(\text{m})$$

第三步,利用偏角和弦长测设曲线上各细部桩的位置。

如图 9-7 所示,首先在 *ZY* 点设站安置经纬仪,照准切线方向(即照准 *JD* 点)并使水平度盘归零,然后,顺时针旋转照准部至水平度盘读数为 1°17′54″;自 *ZY* 点起用皮尺沿视线方向量取 l_1 的弦长 $c_1=9.06$ m,即得曲线上的细部点 1。

再旋转照准部至水平度盘读数为 4°09′52″,自细部桩 1 点起量取弧长 l_0 的弦长 $c_0=19.99$ m,与经纬仪视线方向(即 *ZY*—2 方向)相交,便可定出曲线上的细部点 2。

同法,可测设得曲线上的细部点 3、4、…、*n*(细部点 13)以及 *YZ* 点,最后检查 *YZ* 点是否与主点测设时的位置一致,如不一致,应及时查明原因。

为提高测设精度,实际工作中,偏角法测设圆曲线一般分两段进行,即分别以 *ZY* 点和 *YZ* 点作测站,各施测至 *QZ* 点的半个圆曲线,并利用主点测设得到的 *QZ* 位置作闭合检验。

由于测设误差的影响,从 *ZY* 向曲线终点 *YZ* 方向测设时,与已测设的主点控制桩 *YZ* 可能不重合,如图 9-8 所示。假定所测设的细部点 *YZ* 落在了 *YZ*′上,则产生闭合差 f,若纵向(沿线路方向)闭合差 f_x 不超过曲线长 *L* 的 1/1 000、横向(在半径方向)闭合差 f_y 不超过 ±0.1 m,可根据曲线上各点到 *ZY* 点的距离,按比例进行调整;否则应进行重测。

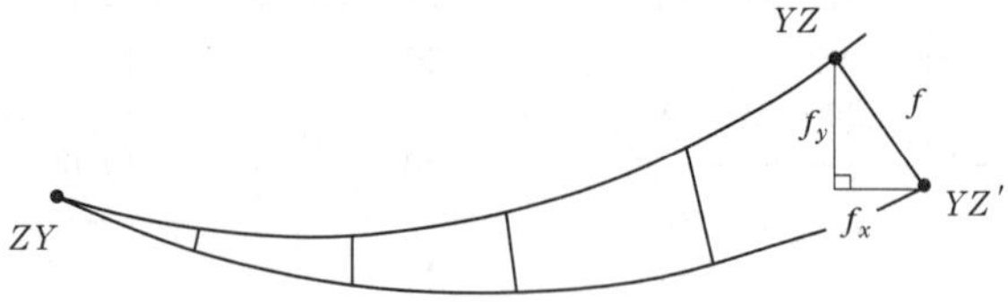

图 9-8　曲线闭合差的调整

偏角法测设圆曲线细部桩点,计算和操作方法都比较简单,并可自行闭合进行检查,在比较平坦的施工区域应用较广泛。但该法是逐点测设,误差存在积累,因此在测设中要特别注意角度配置,并精确测设距离。

2. 切线支距法测设圆曲线

切线支距法也称直角坐标法。该方法是以圆曲线的起点 *ZY* 或终点 *YZ* 为原点,以过 *ZY*(或 *YZ*)的切线为 x 轴,以通过 *ZY*(或 *YZ*)的半径为 y 轴建立直角坐标系,利用圆曲线上各细部点在坐标系中的坐标测设各细部点 $P_i(x_i,y_i)$,如图 9-9 所示。

由图 9-9 可知,圆曲线上任一点 P_i 的坐标计算公式为

$$\left.\begin{aligned} x_i &= R\sin\varphi_i \\ y_i &= R(1-\cos\varphi_i) \\ \varphi_i &= \frac{l_i}{R}\frac{180^\circ}{\pi} \end{aligned}\right\} \tag{9-10}$$

式中　l_i——待测设细部点 P_i 至原点 *ZY* 的弧长($i=1,2,3,\cdots$);

φ_i——弧长 l_i 所对应的圆心角($i=1,2,3,\cdots$);

R——圆曲线半径。

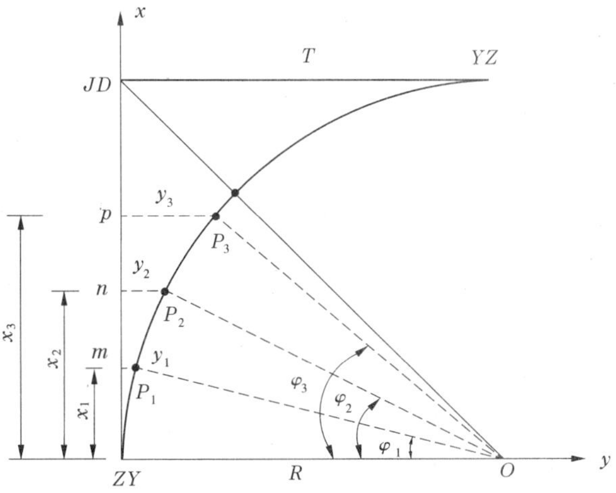

图 9-9　切线支距法测设圆曲线

【**例 9-4**】　在例 9-2 中,已知圆曲线的设计半径 $R=200$ m,ZY 点的里程桩号为 3 + 170. 94、QZ 点的里程桩号为 3 + 303. 08、YZ 点的里程桩号为 3 + 435. 22;若在圆曲线上整 20 m 倍数的里程桩处设置细部点,试用切线支距法计算各细部桩的坐标。

解:由题意可知,该圆曲线可以设置 13 个细部点。即第一个细部点 P_1 的里程应为 3 + 180,第二个细部点 P_2 的里程应为 3 + 200,…,最后一个细部点 P_{13}的里程应为 3 + 420。

因 P_1 至 ZY 的弧长为 $l_1=(3+180)-(3+170.94)=9.06(\text{m})$

故由式(9-10)可得

$$\varphi_1 = \frac{l_1}{R}\frac{180^\circ}{\pi} = \frac{9.06}{200}\times\frac{180^\circ}{\pi} = 2^\circ35'48''$$

$$x_1 = 200\times\sin2^\circ35'48'' = 9.06(\text{m})$$

$$y_1 = 200\times(1-\cos2^\circ35'48'') = 0.21(\text{m})$$

同法,可以算出其他各细部桩点的坐标,具体数据见表 9-3。

如图 9-9 所示,切线支距法测设圆曲线的步骤如下。

(1)自 ZY 点起沿切线 x 轴方向量取长度 $x_1=9.06$ m,在地面上用临时标志标定,记为 m,在 m 点上安置经纬仪或方向架测设直角(即过该点作 x 轴的垂线),在垂线的方向上从 m 量出 $y_1=0.21$ m,即得曲线上的 P_1 点位置。

(2)同法,自 ZY 点起沿切线 x 轴方向量取 x_2、x_3、…,在地面上用临时标志标定,分别记为 n、p、…,过这些点各自作 x 轴的垂线,在垂线方向上分别从 n、p、…量出相应的 y_2、y_3、…,即得曲线上的 p_2、p_3、…各点。

(3)曲线上各点测设完毕后,量取 QZ 点至其最近一个曲线桩的距离,然后与相应的桩号之差进行比较,在考虑弦弧差的情况下,若较差小于曲线长 L 的 1/1 000,即认为合格;否则应查明原因予以改正。为了减少量距长度,一般从 ZY 点和 YZ 点各向 QZ 方向测设一半的曲线。

表 9-3　切线支距法计算表

点号	里程桩号	坐标		圆曲线上各桩点至曲线起点 ZY 的弧长(m)	备注
		x(m)	y(m)		
ZY	3 +170.94	0.00	0.00	0.00	
P_1	3 +180	9.06	0.21	9.06	
P_2	3 +200	28.97	2.11	29.06	
P_3	3 +220	48.59	5.99	49.06	
P_4	3 +240	67.73	11.82	69.06	
P_5	3 +260	86.19	19.52	89.06	
P_6	3 +280	103.78	29.03	109.06	
P_7	3 +300	120.34	40.26	129.06	
QZ	3 +303.08	122.79	42.13	132.14	
P_8	3 +320	135.69	53.07	149.06	
P_9	3 +340	149.69	67.36	169.06	
P_{10}	3 +360	162.19	82.98	189.06	
P_{11}	3 +380	173.07	99.76	209.06	
P_{12}	3 +400	182.21	117.55	229.06	
P_{13}	3 +420	189.54	136.16	249.06	
YZ	3 +435.22	193.85	150.77	264.28	

切线支距法适用于平坦开阔地区，使用工具简单，测设各点相互之间是独立的，不存在误差的积累和传递问题，但此法在起伏过大的地区作业较困难。

3. 全站仪测设法测设圆曲线

由于全站仪的普遍应用，极坐标法已成为曲线放样的重要方法，该法具有速度快、精度高、设站自由等优点。极坐标法放样圆曲线上各点，关键是计算各放样点的坐标或放样数据。

(1) 根据偏角和弦长进行点的测设。如图 9-10 所示，ZY 或 YZ 到各曲线点的弦长计算公式为

$$c = 2R\sin\delta \tag{9-11}$$

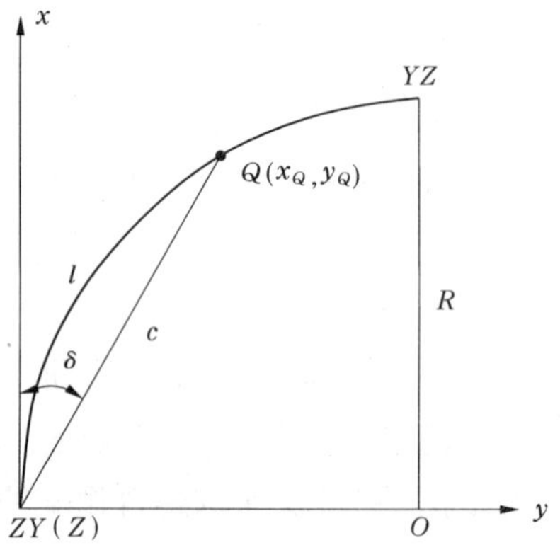

图 9-10　极坐标法测设圆曲线

式中　c——弦长；

R——圆曲线半径；

δ——弦长所对应的偏角。

因此，可利用式(9-6)、式(9-11)计算出 ZY 或 YZ 到各曲线点的偏角和弦长，然后以

ZY 或 YZ 点为测站，用极坐标法直接测设放样。

（2）根据坐标值进行点的测设。如图 9-10 所示，假定在以 $ZY(Z)$ 点为坐标原点，以切线方向为 x 轴，以过 $ZY(Z)$ 的半径方向为 y 轴的局部坐标系中，δ 为弦长 ZQ 所对应的偏角，c 为弦长，l 为弧长，则点 Q 在坐标系中的坐标值可用偏角和弦长进行计算，即

$$\left.\begin{aligned} x_Q &= x_z + c\cos\delta \\ y_Q &= y_z + c\sin\delta \end{aligned}\right\} \tag{9-12}$$

如果是在统一坐标系中测设，可对局部坐标系中的测站点坐标和切线方位角进行换算，然后再求各细部点坐标。

根据计算所得曲线上各点的坐标值，利用全站仪的放样程序便可进行点的坐标放样。

实训 9-1　园路中线测量

一、实训目的

掌握园路转角测量、里程桩设置、圆曲线三主点测设和详细测设的方法。

二、实训内容

（1）踏勘选线、钉设交点桩。

（2）经纬仪测量路线的转角，标定出分角线方向。

（3）圆曲线元素的计算，进行圆曲线三主点测设和详细测设。

三、仪器与工具

DJ_6 型经纬仪 1 台、罗盘仪 1 台、标杆 3 根、钢尺（皮尺）1 副、木桩 5～6 个、红油漆 1 小桶、斧头 1 把、记录板 1 块（含相关记录表格），自备铅笔、小刀、计算器等。

四、方法提示

（1）选定一条 400～500 m 长的线路，在起点、终点间设置 2～3 个交点，然后用木桩或红油漆在实地标出 JD_0、JD_1、JD_2、…的位置；用罗盘仪测定出起始边的磁方位角，以确定路线的走向。

（2）在起点 JD_0（0＋000）与交点 JD_1 间目估定线，自起点开始，用皮尺向交点 JD_1 丈量距离，并每隔 20 m 钉一个木桩，桩号依次为 0＋020、0＋040、…；丈量该段最后一个整桩号至 JD_1 的距离，推算出 JD_1 的桩号。

（3）将经纬仪安置于 JD_1，标杆分别竖立于 JD_0 和 JD_2 点，用测回法一个测回观测 JD_1 处的右角，当上、下半测回较差在 ±40″之内时，取平均值；然后推算其路线转角，并注明左转或右转，同时在实地上标定出分角线的方向。

（4）根据转角和设计的圆曲线半径，计算圆曲线的 T、L、E、D 值。

（5）计算三主点的里程，将三主点桩号分别标注在三个木桩侧面，同时根据前、后交点的方向和分角线的方向以及切线长 T、外距 E，在实地测设出三主点的位置，并打木桩

标志。

(6)在圆曲线上，每逢 5 m 的整数倍加桩，利用偏角法、切线支距法计算细部点的数据后，进行圆曲线的详细测设。

(7)自圆曲线终点 YZ_1 沿 JD_2 方向丈量一段距离 $d(d \leqslant 20\ \text{m})$ 得到 P 点，使其里程桩号为 20 m 的整数倍，打上木桩并写出桩号。

(8)在 P 与 JD_2 之间进行直线目估定线，并自 P 点起，沿 JD_2 方向每隔 20 m 钉一里程桩，写上相应桩号；同法推算出 JD_2 的桩号，进行第二个圆曲线测设，直至线路终点。

五、注意事项

(1)选线时，两相邻交点之间最好通视，还应尽量照顾到线路的左转和右转。

(2)角分线方向始终在前、后视导线所夹小于 180°的水平角之间。

(3)偏角法详细测设中，首个加桩细部点与曲线起点 ZY 之间以及最末一个细部点与曲线终点 YZ 之间，桩距多为分弧。

六、实训报告

每组上交中线测量记录计算表一份，格式见表 9-4。

表 9-4　中线测量记录

班级________组别________观测者________记录者________日期________

<table>
<tr><td colspan="4">JD 的桩号：</td><td colspan="3">里程</td><td>盘右时分角线方向读数的计算</td></tr>
<tr><td colspan="4">角度观测</td><td>点号</td><td>里程桩号</td><td>桩号计算</td><td rowspan="11"></td></tr>
<tr><td rowspan="3">盘左</td><td colspan="2">后视</td><td></td><td rowspan="2"></td><td rowspan="2"></td><td rowspan="2"></td></tr>
<tr><td colspan="2">前视</td><td></td></tr>
<tr><td colspan="2">右角 β</td><td></td><td rowspan="2"></td><td rowspan="2"></td><td rowspan="2"></td></tr>
<tr><td rowspan="3">盘右</td><td colspan="2">后视</td><td></td></tr>
<tr><td colspan="2">前视</td><td></td><td rowspan="2"></td><td rowspan="2"></td><td rowspan="2"></td></tr>
<tr><td colspan="2">右角 β</td><td></td></tr>
<tr><td rowspan="3"></td><td colspan="2">β 平均值</td><td></td><td rowspan="3"></td><td rowspan="3"></td><td rowspan="3"></td></tr>
<tr><td rowspan="2">α</td><td>左</td><td></td></tr>
<tr><td>右</td><td></td></tr>
<tr><td colspan="4">$R=$　　$\frac{L}{2}=$
$T=$　　$D=$
$L=$　　$E=$</td><td colspan="3">备注：</td></tr>
</table>

第二节　园路纵断面测量

园路中心线方向的竖直面称为园路的纵断面。园路纵断面测量即测量园路中线上各里程桩的高程,其目的是绘制纵断面图,以供纵坡设计时使用。园路纵断面测量分基平测量、中平测量两个步骤。

一、基平测量

基平测量也称路线高程控制测量,即先沿线路方向设置水准点,然后测出其高程,建立高程控制。测量水准点的高程,有条件时可从国家水准点引测,也可以采用假定高程系统。水准点的密度应按照地形和工程的要求来确定,一般两相邻水准点的间距为1 km左右,在桥涵、高填深挖及工程集中的地段应增设水准点。水准点应选在稳固、安全、明显及引测方便的地方,要避免离线路太远或太近,一般要求远离中线20~30 m。水准点要按要求做好标志,并用红色油漆进行编号,如BM_1、BM_2、…,同时要做好点之记。

水准点高程的测量通常采用水准测量或三角高程测量的方法进行。施测时,一般用一台水准仪往、返各测一次,将两次所测得的高差进行比较,若误差不超过$\pm 12\sqrt{n}$ mm或$\pm 40\sqrt{L}$ mm,取两次高差的平均值作为两个水准点间的高差,计算水准点高程。

二、中平测量

园路中心线上的里程桩简称中桩,测量中桩高程称为中平测量或中桩抄平。基平测量完成后,根据基平测量提供的水准点高程,利用水准仪分段进行中桩水准测量,即以相邻两水准点为一测段,从一个水准点出发,逐个测定中桩的地面高程,再附合到下一个水准点上。当测段高差闭合差f_h不超过$\pm 50\sqrt{L}$ mm或f_h不超过$\pm 12\sqrt{n}$ mm时,计算各中桩高程时不用平差,可以直接计算。

(一)施测方法

中桩测量时,应根据中线测量所提供的桩号依次逐点进行水准测量。由于中桩数量多,间距较短,为了在保证精度的前提下提高观测速度,在测量时,先在一定距离内设置转点,转点可以设置在中线的某个整桩上,也可以设在中线的两侧,如图9-11所示。

因转点起到高程传递的作用,因此转点水准尺应立在尺垫上,并应先观测转点的读数,读至毫米;然后观测两个转点之间或水准点和转点之间的中桩(通称中间点)读数,中间点一般读至厘米即可满足工程的需要。转点或水准点的读数,根据线路的观测方向有前视和后视,与观测方向一致的称前视,与观测方向相反的称后视,中间点的读数称中间视。具体观测方法和过程如下。

(1)如图 9-11 所示,安置水准仪于测站点Ⅰ处,后视高程已知点 BM_1,读数为 2.320 m,前视转点 TP_1,读数为 0.852 m,分别记入表 9-5 相应位置中;再依次观测中间点 0+000、0+050、…、0+120 桩,读取中间点水准尺读数(中间视),并记入表 9-5 的相应位置。

(2)将仪器迁至测站点Ⅱ处安置,后视转点 TP_1,前视转点 TP_2,读取前、后视读数;再观测 0+140、0+160、…、0+240 各中桩点,并将数据记入表 9-5。

按上述方法逐站观测,直至附合到下一个高程控制点 BM_2,并与其进行校核,这样就完成了一个测段的观测;在进行下一测段的中平测量时,必须从 BM_2 开始起测,且 BM_2 的高程采用基平测量得出的结果。

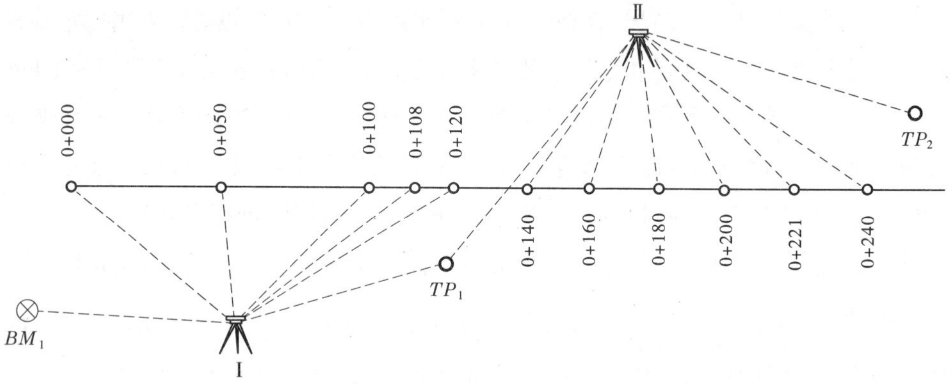

图 9-11　路线中平测量

(二)计算中桩高程

将测段内各转点间高差总和减去该测段两水准点的高差即得高差闭合差,若高差闭合差超限,则需要重测;如在容许误差范围内,即可进行下一步计算。应先计算视线高程、各转点高程,然后再计算中桩的高程,各项计算为

$$\left.\begin{aligned}\text{视线高程} &= \text{后视点高程} + \text{后视读数}\\ \text{转点高程} &= \text{视线高程} - \text{前视读数}\\ \text{中桩高程} &= \text{视线高程} - \text{中间视读数}\end{aligned}\right\} \tag{9-13}$$

由图 9-11 的外业观测数据可得

测站Ⅰ的视线高程为:12.314 + 2.320 = 14.634(m)

转点 TP_1 的高程为:14.634 − 0.852 = 13.782(m)

中桩 0+000 的高程为:14.634 − 1.74 = 12.89(m)

中桩 0+050 的高程为:14.634 − 2.02 = 12.61(m)

同法,可计算出线路中其他有关点的高程,具体结果见表 9-5。

表 9-5 中平测量记录

测站	测点桩号	水准尺读数(m)			视线高程(m)	高程(m)	备注
		后视	中间视	前视			
Ⅰ	BM_1	2.320			14.634	12.314	① BM_1 点在0+000附近,为高程已知水准点,其相对高程为12.314 m
	0+000		1.74			12.89	
	0+050		2.02			12.61	
	0+100		0.74			13.89	
	0+108		1.15			13.48	
	0+120		1.03			13.60	
	TP_1	2.074		0.852		13.782	
Ⅱ	0+140		0.70		15.856	15.16	
	0+160		0.72			15.14	
	0+180		1.02			14.84	
	0+200		1.40			14.46	
	0+221		1.21			14.65	
	0+240		1.26			14.60	
	TP_2	2.031		1.354		14.502	
Ⅲ	0+260		2.45		16.533	14.08	② BM_2 点在0+400附近,高程为基平测得,其相对高程为14.618 m
	0+280		2.52			14.01	
	0+300		2.53			14.00	
	0+320		2.54			13.99	
	0+335		2.74			13.79	
	0+350		2.94			13.59	
	0+384		2.21			14.32	
	0+391		2.16			14.37	
	0+400		2.20			14.33	
	BM_2	2.168		1.941		14.592	
⋮	⋮	⋮	⋮	⋮	⋮	⋮	
校核计算	$L=(0+400)-(0+000)=0.4(\text{km})$ $f_{h容}=\pm 50\sqrt{L}\ \text{mm}=\pm 50\sqrt{0.4}\ \text{mm}\approx\pm 32\ \text{mm}=\pm 0.032\ \text{m}$ $\sum h_{理}=14.618-12.314=2.304(\text{m})$ $\sum h_{测}=14.592-12.314=2.278(\text{m})$ $f_h=\sum h_{测}-\sum h_{理}=2.278-2.304=-0.026(\text{m})$ 因$\lvert f_h\rvert<\lvert f_{h容}\rvert$,故本段测量成果符合精度要求,无需平差						

三、纵断面图的绘制

纵断面图是根据中线测量和中平测量成果，以平距（里程）为横坐标，以高程为纵坐标，根据工程需要的比例尺，在毫米方格纸上绘制的。为了明显地反映地面起伏变化，一般高程比例尺为平距比例尺的 10 倍，如平距比例尺为 1:1 000，则高程比例尺为 1:100。高程在纵坐标中按比例尺注记，但最低、最高数字区间应稍大于园路中桩高程的波动范围，以便使绘出的地面线处在图上适当位置。

具体绘制平面坐标时，应将整个绘图纸分为上、下两部分，上半部分用于绘制路线纵断面图，下半部分则用于绘制有关表格，以便填写主要项目的数据，如图 9-12 所示。

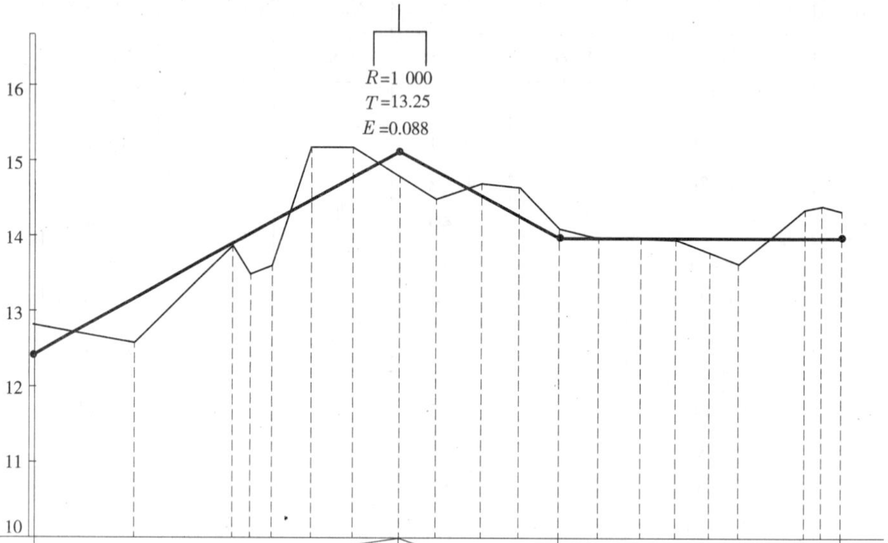

桩号	0+000	0+050	0+100	0+108	0+120	0+140	0+160	0+180	0+200	0+221	0+240	0+260	0+280	0+300	0+320	0+335	0+350	0+384	0+391	0+400
坡度与距离	1.40 / 180								1.25 / 80				0 / 140							
设计高程	12.50	13.20	13.90	14.01	14.18	14.46	14.74	15.02	14.77	14.51	14.27	14.02	14.02	14.02	14.02	14.02	14.02	14.02	14.02	14.02
地面高程	12.89	12.61	13.89	13.48	13.60	15.16	15.14	14.84	14.46	14.65	14.60	14.08	14.01	14.00	13.99	13.79	13.59	14.32	14.37	14.33
填挖土 填		0.59	0.01	0.53	0.58			0.18	0.31				0.01	0.02	0.03	0.23	0.43			
填挖土 挖	0.39					0.70	0.40			0.14	0.33	0.06						0.30	0.35	0.31

直线与曲线：JD_1为0+221.70　α =10° 50′ 00″　R=1 200　T=113.79　T=226.78　E=5.38

图 9-12　线路纵断面图

（一）填写桩号

在图 9-12"桩号"栏中，自左至右按规定的里程比例尺，依中线桩号由小到大的顺序，分别标注上各里程桩的位置并注明桩号，如 0 + 000、0 + 050、0 + 100、0 + 108、0 + 120、…。

(二)绘制线路直线、曲线的平面示意图

如图 9-12 所示,在"直线与曲线"栏内,按桩号和规定的比例尺标明线路的直线和曲线部分。该栏表示的是线路的中心线,直线部分用直线表示,曲线部分用凹凸的折线表示,其中向上凸表示线路右转弯,向下凹表示线路左转弯,并要求在凸起或凹下处注明交点编号、转角大小、圆曲线半径及其他有关曲线测设元素。如图中有一个右转弯曲线,$R=1\ 200$ m、$\alpha=10°50'00''$、JD_1 的里程桩号 0+221.70 m、…。

(三)填写地面高程

在图 9-12 的"地面高程"栏中,按中平测量成果,分别填写相应各里程桩的地面高程,要求所填数据与"桩号"栏内的相应桩号对齐。如对应 0+000、0+050、0+100、0+108、0+120、…的地面高程分别为 12.89 m、12.61 m、13.89 m、13.48 m、13.60 m、…。

(四)绘制线路纵断面方向的地面线

如图 9-12 所示,在以里程"桩号"为横坐标,以其对应的"地面高程"为纵坐标的坐标系中,于图纸的上半部分绘出各桩的相应位置,然后将这些点用细折线连接起来就是园路中线的地面线即纵断面图。由于中桩高程值在一定范围内变化,所以根据工程的实际需要,图上高程可从某一适当数值开始,线路较长时可分幅绘制。

四、纵断面的设计

纵断面设计,应遵循的原则是既符合技术标准要求,又具有一定的平顺性,能确保行车安全,同时还要尽量减少工程量。纵断面设计的主要内容是根据技术标准和园路沿线自然地形地质条件等,合理确定线路的高程、坡长、坡度以及在变坡处设计竖曲线。

(一)在纵断面图上标出控制点、经济点

所谓控制点,是指直接影响设计纵坡高程的点。应根据选线记录和其他有关资料,在纵断面图上标出沿线各控制点的高程,如线路的起点、终点、交叉点、桥涵以及其他因素限制线路必须通过的高程控制点等,作为高程控制的依据。另外,还要考虑影响路基填挖平衡关系的高程点,也称经济点,线路通过经济点有利于减少工程量。

(二)绘制纵坡设计线

根据纵坡设计的数据,绘制纵坡设计线,即根据纵坡设计得来的变坡点桩号及其设计高程,在图上绘出每个变坡点的位置,将这些点用粗折线连接起来就是纵坡设计线。

1. 试定并调整纵坡线

在标出控制点和经济点的纵断面图上,根据技术指标,在既要以控制点为依据,又要充分考虑满足多数经济点的前提下,将设计坡度线在这些点位之间进行穿插与裁弯取直,可以试定出若干个纵坡线,然后将它们进行综合分析和比较,并经过调整、核对,最终确定出不但符合技术标准,而且能满足各控制点的要求,园路总体填、挖土石方量也较平衡的设计线作为纵坡线。

调整纵坡线时,要检查试定纵坡线是否与现场选线时所考虑的放坡意图相一致,若有较大出入,应全面分析,并及时调整。纵坡线经调整核对无误后,即可定坡。所谓定坡,就是逐段将坡度数、变坡点(坡度发生变化的点)桩号和设计高程定下来。变坡点一般设在里程为 10 m 倍数的整桩号上,其高程可预先设定,也可由坡度、坡长计算出来。

如图9-12所示，园路纵向设计线可确定为三段：第一段设计线的起点桩号为0+000，设计高程定为12.50 m，终点的桩号为0+180，设计高程为15.11 m（设计竖曲线后为15.02 m）；第二段设计线的起点即第一段的终点，末点的桩号为0+260，设计高程为14.02 m；第三段的起点即第二段的末点，终点在0+400，设计高程为14.02 m。将各段设计线的起点、终点位置进行展绘，然后再用粗折线逐点予以连接，便得到园路纵向设计线。

2. 绘制坡度与距离栏

在图9-12中的“坡度与距离”栏，从左至右按比例尺标示路段的坡度及坡长，上坡、下坡和平坡分别用上斜线“/”、下斜线“\”、水平线“—”表示。在斜线或水平线的上方注明用百分数表示的坡度，在斜线或水平线的下方注明两点间的水平距离。在园路工程中，坡度值一般不应超过8%。

（三）计算设计高程

根据里程桩号和设计坡度，计算各桩点的设计高程，并填入图9-12中的“设计高程”栏。由设计的纵向坡度，就可计算出设计线上任一点的设计高程，即

$$H_{设} = H_{起} + Di \tag{9-14}$$

式中　$H_{设}$——某桩点设计高程；

$H_{起}$——设计坡段起点的设计高程；

i——设计坡度；

D——设计坡段上某桩点至该坡段起点间的水平距离。

如图9-12所示，0+050桩所在坡段中，起始点0+000的设计高程$H_{起}=12.50$ m，设计坡度$i=1.40\%$，0+050桩与0+000桩两点间的水平距离$D=50$ m，则0+050桩的设计高程为

$$H_{设} = H_{起} + Di = 12.50 + 50 \times 1.40\% = 13.20(\text{m})$$

（四）设计竖曲线

为了使路面平顺、行车方便，在园路中线纵向设计线的变坡点左右适当范围内应设置竖曲线，即在线路的竖直面内，用平滑的竖直曲线把两个不同的坡度线连接起来。当坡度变更处相邻两纵坡坡度代数差Δ_i的绝对值大于或等于2%时，应设置竖曲线。

园路的纵向坡度线有上坡和下坡之分，当$\Delta_i>0$时，为凸形竖曲线；当$\Delta_i<0$时，为凹形竖曲线。竖曲线半径大小参考值见表9-6。

表9-6　园路竖曲线半径参考值　（单位：m）

园路类型	主园路	次园路	小路
凸形竖曲线	200~400	100~200	50~100
凹形竖曲线	100~200	70~100	30~70

1. 竖曲线的测设元素

如图9-13所示，PM为上坡，坡度为i_1；MQ为下坡，坡度为i_2；M点为变坡点，坡度差$\Delta_i=i_1-i_2$。为了在P、Q间测设竖曲线，先要计算竖曲线的元素，即曲线长L、切线长T、外距E。因园路的竖曲线半径一般取值较大，故其曲线长、切线长、外距可用式(9-15)计算

$$\left.\begin{aligned}T &= \frac{|i_1 - i_2|}{2}R \\ L &= 2T \\ E &= \frac{T^2}{2R}\end{aligned}\right\} \tag{9-15}$$

竖曲线的测设元素与半径应标注于图9-12的上部。除此之外，在园路工程的纵断面图上还需标注水准点位置、水准点编号与高程、桥涵的类型及长度等有关资料。

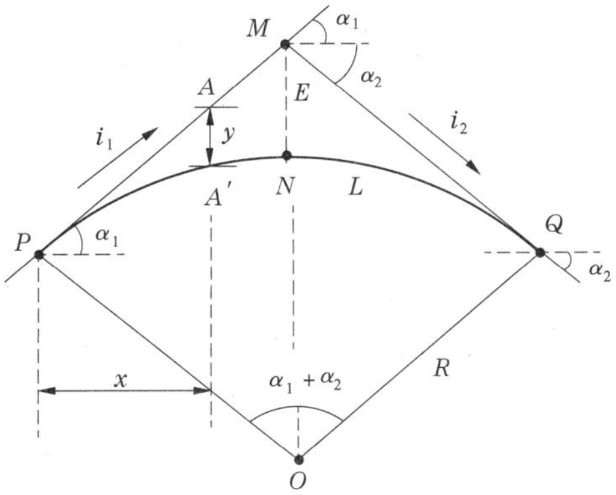

图9-13　竖曲线元素计算

2. 竖曲线中各桩点设计高程的调整

在竖曲线范围内包含有若干个中桩，各中桩在切线上的设计高程与其在竖曲线上的设计高程不等，必须对切线上的设计高程加以调整，调整值用“y”表示，如图9-13所示。

调整值 y 的计算为

$$y = \frac{x^2}{2R} \tag{9-16}$$

式中　x——竖曲线上任一点所对应中桩号与竖曲线起点（或终点）桩号之差。

设计竖曲线后，各中桩的“设计高程”等于切线上的“设计高程”加上或减去 y 值，其中，凹形竖曲线时取“+”，凸形竖曲线时取“－”，即

$$H' = H \pm y \tag{9-17}$$

式中　H'——设置竖曲线改正后的设计高程；

H——设置竖曲线前的设计高程。

当坡度变换点的外距 E 小于5 cm时，考虑施工误差等因素，可以不设置竖曲线。

【例9-5】　如图9-12所示，变坡点0+180的设计高程为15.11 m，园路第一、第二段设计线的坡度分别为 $i_1 = +1.40\%$ 和 $i_2 = -1.25\%$，若竖曲线设计半径 $R = 1\,000$ m，试计算竖曲线的测设元素、设计竖曲线后0+180桩的设计高程。

解：(1)计算竖曲线元素。

根据式(9-15)算得

$$T = \frac{|i_1 - i_2|}{2}R = \frac{|0.014 - (-0.0125)|}{2} \times 1\,000 = 13.25(\text{m})$$

$$L = 2T = 2 \times 13.25 = 26.50(\text{m})$$

$$E = \frac{T^2}{2R} = \frac{13.25^2}{2 \times 1\,000} = 0.088(\mathrm{m})$$

(2)计算竖曲线起点和终点的桩号。

起点的桩号为:0 + (180 − 13.25) = 0 + 166.75

终点的桩号为:0 + (180 + 13.25) = 0 + 193.25

(3)计算改正数 y。

利用式(9-16)算得

$$y = \frac{x^2}{2R} = \frac{[(0+180)-(0+166.75)]^2}{2 \times 1\,000} = 0.088(\mathrm{m})$$

(4)计算改正后的高程。

因 $\Delta_i = i_1 - i_2 = 0.014 - (-0.0125) = 0.0265 > 0$,所以设计的竖曲线是凸形竖曲线。

根据式(9-17)得,$H' = H - y = 15.11 - 0.088 = 15.02(\mathrm{m})$

在图 9-12 中,已将该结果替换到桩号 0 + 180 的"设计高程"栏。

(五)计算各桩点的挖深或填高

同一里程桩号的地面高程与设计高程之差为挖深或填高数,各桩号的填、挖量按式(9-18)计算

$$h = H_{地} - H_{设} \tag{9-18}$$

式中　h——挖深或填高;

$H_{地}$——地面高程;

$H_{设}$——设计高程。

计算结果是正数时为挖深,是负数时为填高,并将计算结果填入图 9-12 中的"填挖土"栏内。

如图 9-12 所示,中桩 0 + 050 的地面实测高程 $H_{地} = 12.61$ m,算得的设计高程 $H_{设} = 13.20$ m,代入式(9-18)得,$h = 12.61 - 13.20 = -0.59(\mathrm{m})$,故该桩需要填高 0.59 m。

实训 9-2　园路纵断面测量

一、实训目的

掌握线路纵断面测量与纵断面图的绘制方法。

二、实训内容

(1)基平测量和中平测量。

(2)根据观测数据和有关要求,绘制路线纵断面图。

三、仪器与工具

DS_3 水准仪 1 台、水准尺 2 根、尺垫 2 个、标杆 4 根、木桩 4 ~ 5 个、斧头 1 把、红油漆 1

小桶、记录板 1 块(含相关记录表格)、绘图纸 1 张、三棱比例尺 1 把、三角板 1 副,自备铅笔、橡皮、小刀、计算器等。

四、方法提示

(一)基平测量

(1)沿线路方向且在离中线 20 m 以外的两侧,每隔大约 300 m 选一稳固的点作为临时水准点,分别以 BM_1、BM_2、…进行编号,然后钉设木桩并用红油漆标记。

(2)用水准测量的方法往、返测量相邻两水准点之间的高差,若往、返测的高差之差不超过 $\pm 12\sqrt{n}$ mm 或 $\pm 40\sqrt{L}$ mm,取平均值作为最后结果。

(3)假定起始点高程为 100.00 m,推算出其他水准点的高程。

(二)中平测量

以相邻两水准点为一测段,用附合水准测量的方法测定各中桩的地面高程。

(1)在路线和水准点附近适当位置安置水准仪,后视水准点 BM_1,前视转点 TP_1,分别读取水准尺读数(至毫米位)。

(2)按园路中线走向,依次观测 BM_1 与 TP_1 之间的中间点 0 +000、0 +020、0 +040 等的水准尺读数(至厘米位)。

(3)将仪器搬迁到下一测站,在适当位置选好转点 TP_2,后视转点 TP_1,前视转点 TP_2 和中间点各桩号;同法继续进行观测、记录,直至 BM_2,完成一个测段的观测工作。

(4)计算水准仪的视线高程,计算各中桩地面高程。

(5)精度要求。若该测段的高差闭合差不超过 $\pm 50\sqrt{L}$ mm 或 $\pm 12\sqrt{n}$ mm,即符合精度要求,中桩高程无需平差;然后可进行下一个测段的观测工作,否则应返工重测。

(三)纵断面图的绘制

以水平距离为横坐标、高程为纵坐标,在毫米方格纸上绘制线路纵断面图。纵、横比例尺分别为 1∶100 和 1∶1 000。

五、注意事项

(1)进行中桩水准测量时,因线路上中桩较多,施测前需抄写各中桩桩号或里程桩背面的 1、2、3、…编号,以防止重测或漏测。

(2)水准尺应立在紧靠中桩附近高程有代表性的地面上,而不能立在桩顶,且在水准点和中桩处均不得放置尺垫。

(3)在进行每一测段的中平测量时,都必须从国家水准点或基平测量后的水准点开始起测,所有记录表格中的计算应现场完成。

六、实训报告

每组上交一份基平测量数据和一份中平测量记录与计算表,每人上交一份纵断面图;中平测量记录见表 9-7。

表 9-7 线路中平测量记录表

班级________组别________观测者________记录者________日期________

测站	测点桩号	水准尺读数(m)			视线高程(m)	高程(m)	备注
		后视	中间视	前视			

第三节 园路横断面测量

垂直于园路中线方向的断面称为横断面。横断面测量就是测定过中桩横断面方向一定宽度范围内地面变坡点之间的水平距离和高差,然后绘制横断面图。横断面图是设计路基、计算土石方量和施工放样的依据。横断面的施测宽度应视地形复杂程度、中桩施工量的大小、路基的设计宽度、边坡的坡度等要求而定。一般每侧不少于路基宽度的两倍,深挖、高填以及地形复杂地段应加大施测范围。

一、横断面方向的测定

中桩横断面方向的测定,按中桩所处的位置可分为在直线上和在曲线上两种情况。

(一)直线段横断面方向的测定

直线段上中桩的横断面方向是指与线路垂直的方向,通常采用十字架测定。如图 9-14 所示,将十字架插在某中桩(0+100)上,以其中一组方向 1-1′瞄准线路上相邻另一中线桩(0+050),则方向 2-2′指向横断面方向。

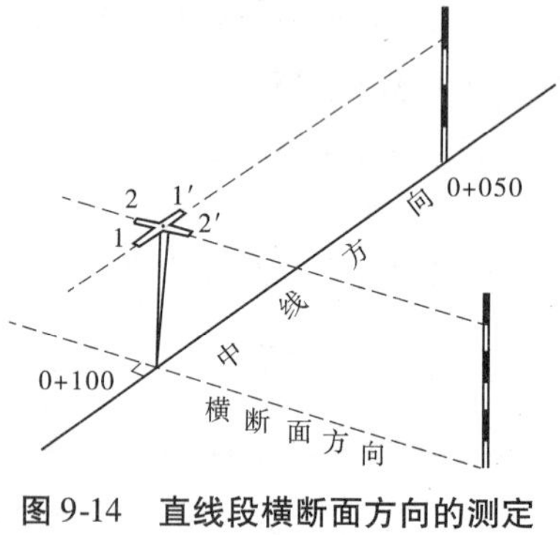

图 9-14 直线段横断面方向的测定

当地面起伏较大、待测横断面宽度较宽时,需要用经纬仪测定。作业时,在中桩上安置仪器,用照准部瞄准线路前方相邻中桩,置零后,将照准部顺时针旋转 90°,即为中桩右侧横断面方向;倒镜即为左侧横断面方向。

在地面较平坦的地段,横断面方向的偏差对横断面测量影响不大时,其方向也可以用目估法测定。

(二)曲线段横断面方向的测定

曲线段横断面方向是指垂直于该桩处切线的方向,即指向圆心的方向,通常采用图 9-15所示的求心十字架来测定。求心十字架就是在十字方向架上安装一根可以水平旋转的定向杆 *ef*,并装有制动螺旋,可以固定定向杆。

如图 9-16 所示,用求心十字架测定曲线段横断面方向的方法是,在 *ZY* 点上安置求心十字架,使 *ab* 方向瞄准切线方向,则 *cd* 即为 *ZY* 点的横断面方向。为了测定 1 点的横断面方向，转动定向杆 *ef*，使之瞄准曲线上的 1 点，并固定之，则 *ef* 与 *ab* 间的夹角为 1 点的偏角。将求心十字架移至 1 点，并使 *cd* 方向瞄准 *ZY* 点，则定向杆 *ef* 指向圆心方向，即为 1 点的横断面方向。

上述方法是以曲线起点（或终点）来测定曲线上各点的横断面方向，同理，也可根据曲线上已标定横断面方向的点来测定其他点的横断面方向。如图 9-16 所示，在已标定横断面方向的 2 点上，用 *cd* 瞄准圆心方向的标志，转动 *ef* 瞄准 3 点并固定之，移动求心十字架至 3 点，用 *cd* 瞄准 2 点，此时 *ef* 方向即为 3 点的横断面方向。

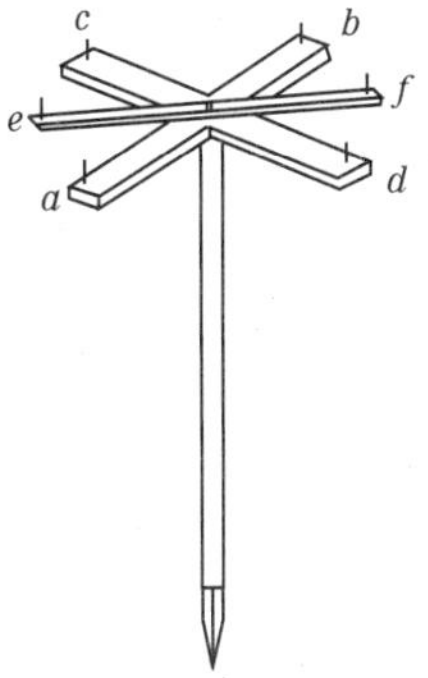

图 9-15　求心十字架

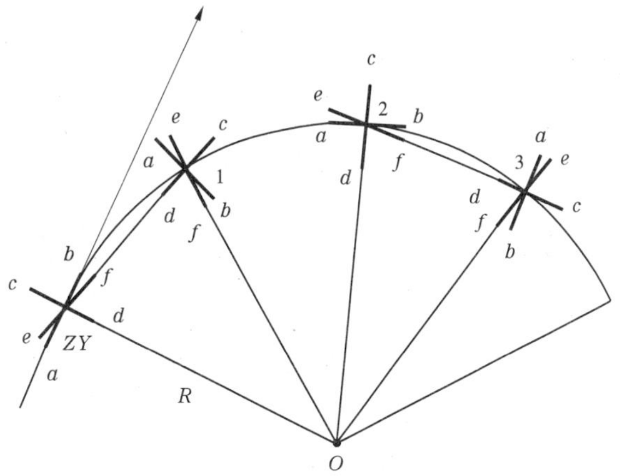

图 9-16　用求心十字架测定圆曲线横断面方向

二、横断面的测量方法

（一）手水准法

手水准法测量横断面，就是用手水准测量横断面上相邻两变坡点之间的高差，用皮尺丈量水平距离的一种方法。将手水准放置在 1.5 m 高的木杆顶端并立在中桩（如 0 + 120）上，瞄准横断面右侧方向上变坡点 1 处所立的水准尺，待手水准气泡居中后，对水准尺进行读数，则手水准与地面的高度（1.5 m）和 1 点水准尺上的读数之差，即为仪器与水准尺两点之间的高差（如 1.6 m）。同时，再用皮尺测量出中桩与变坡点 1 之间的水平距离（如 5.6 m）。测定完 1 点后，将木杆立在 1 点，水准尺立在 2 点，用同法测量出 1、2 两点间的高差（如 2.2 m）和水平距（如 6.5 m）。待右侧测完后，再测量左侧，记录格式见表 9-8。表中分左、右两侧，用分数表示，分子表示高差，分母表示平距；高差有正负号，“+”表示升高，“-”表示降低。

表 9-8　手水准法横断面记录　（单位：m）

$\frac{高差}{距离}$（左侧）	桩号	$\frac{高差}{距离}$（右侧）
$\frac{-1.5}{4.2}$、$\frac{-1.2}{3.5}$、$\frac{-1.6}{5.2}$、$\frac{-1.7}{3.1}$、$\frac{-1.7}{6.8}$	0 + 120	$\frac{1.6}{5.6}$、$\frac{2.2}{6.5}$、$\frac{1.8}{5.1}$、$\frac{1.2}{0.2}$、$\frac{0.2}{1.8}$、$\frac{1.4}{3.2}$

（二）水准测量配合皮尺量距法

如图 9-17 所示，在中桩附近安置水准仪，以中桩为后视，以两侧横断面上地形点为前视，逐一测定各地形点与中桩之间的高差（精确到厘米），再用皮尺丈量中桩到各地形点的水平距离（精确到分米）。将测量数据采用分数形式，按线路方向的左、右侧分开记录，记录格式见表9-9。由表中的后视读数和前视读数之差，可算得中桩与各前视点之间的高差。该法适用于地势较为平坦地区。

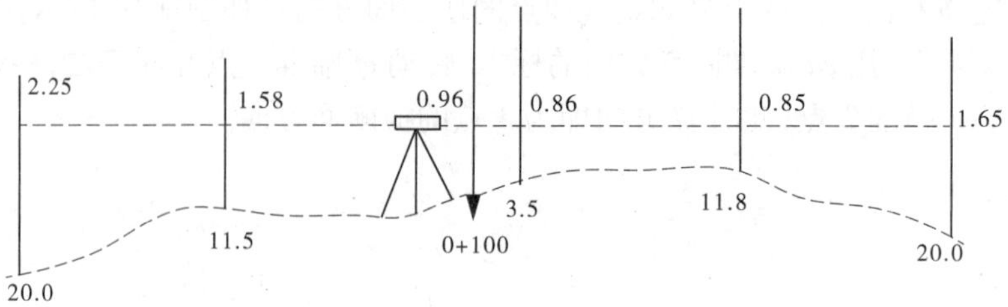

图 9-17　水准测量配合皮尺量距法

表 9-9　水准测量法横断面记录　（单位：m）

前视读数/水平距离（左侧）	后视读数/桩号	前视读数/水平距离（右侧）
$\frac{2.25}{20.0}$、$\frac{1.58}{11.5}$	$\frac{0.96}{0+100}$	$\frac{0.86}{3.5}$、$\frac{0.85}{11.8}$、$\frac{1.65}{20.0}$

（三）视距测量法

把仪器安置在中桩上，量取仪器高，用视距测量的方法分别测出每个变坡点与仪器安置点的水平距离和高差。该方法多用于通视较好的测区，横断面上地势较为平坦的用水准仪测量较为方便，地势起伏较大的可用经纬仪测量。此方法在测量过程中横断面偏离少，且精度较高。

（四）全站仪法

将全站仪安置于中桩上，量取仪器高，依次在其横断面方向的地形点上竖立反射棱镜，直接读取各地形点的平距和高差。使用此方法更为方便快捷。

三、横断面图的绘制

横断面图的绘制是以中桩为原点，以水平距离为横坐标，以高差为纵坐标，将横断面上的变坡点展绘在毫米方格纸上。横断面图能反映路线横断面方向地面高低起伏情况，其绘图比例尺根据工程需要选用，一般采用1∶100或1∶200。在平坦地区，为使断面显示更清楚，常采用不同的比例尺，即垂直比例尺要大于水平比例尺，如横向1∶200，纵向1∶100；对于这种断面图，在设计路基和计算横断面面积时，也要注意纵、横向比例尺的不同。用软件设计线路横断面时，则纵、横向的比例尺一般都相同。绘制横断面图时，先在毫米方格纸的偏左部位画一竖直线，按由下向上，以一定间隔定出断面的中桩位置，并注上相应的桩号，然后展绘每一横断面的特征点，即为横断面图，如图9-18所示。

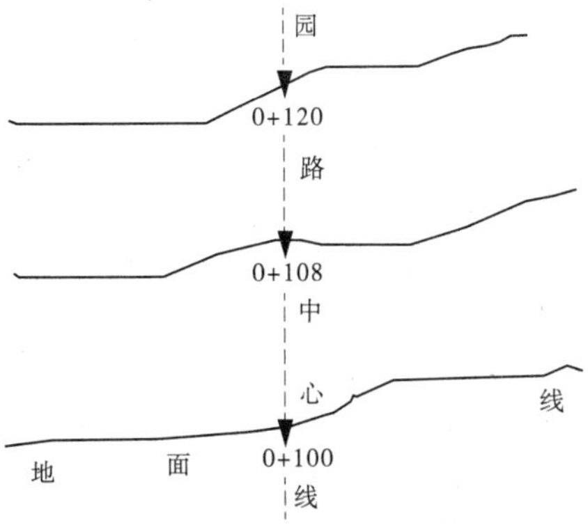

图 9-18　横断面图

实训 9-3　园路横断面测量

一、实训目的

掌握园路横断面测量与横断面图的绘制方法。

二、实训内容

(1)标定横断面方向,测量横断面。

(2)根据观测数据,在毫米方格纸上绘制横断面图。

三、仪器与工具

DS_3 水准仪 1 台、水准尺 2 根、标杆 4 根、十字架及求心十字架各 1 把、皮尺 1 副、记录板 1 块(含记录表格)、30 cm × 30 cm 毫米方格纸 1 张、三棱比例尺 1 把、三角板 1 副,自备铅笔、计算器等。

四、方法提示

(1)用十字架及求心十字架测定中桩的横断面方向,并插标杆作标志。

(2)沿横断面方向,在中桩左、右两侧各 20 m 范围内,用水准测量配合皮尺量距法或视距测量法测量横断面,读数均至厘米。

(3)根据横断面测量记录,水平距按 1∶200 比例尺,高差按 1∶100 比例尺,在毫米方格纸上绘出横断面图。

五、注意事项

(1)测量横断面时,中桩每侧水平距离总和应不小于要求的施测范围。

(2)横断面测量与绘图应注意区别左、右侧和高差的正、负,最好在现场边测边绘草图。

六、实训报告

每组上交一份横断面测量外业记录表,要求施测 5 个以上的横断面,每侧施测 20 m 左右,记录表见表 9-10;每人上交一份绘制好的横断面图。

表 9-10　横断面测量记录表　(单位:m)

班级________组别________观测者________记录者________计算者________日期________

$\frac{高差}{距离}$(左侧)	桩号	$\frac{高差}{距离}$(右侧)

第四节　园路路基设计与测设

路基是园路的地面基础部分。根据路基填高或挖深的工程量、路基的宽度、边坡的坡度、边沟的大小等要求,在横断面图上绘出路基横断面,称为路基设计。由于填挖情况的不同,路基横断面可归纳为路堤、路堑和半填半挖路基三种类型。高于自然地面的填方路基称为路堤,如图 9-19(a)所示;低于自然地面的挖方路基称为路堑,如图 9-19(c)所示;一侧需要开挖而另一侧需填筑的路基,称为半填半挖路基,如图 9-19(b)所示。

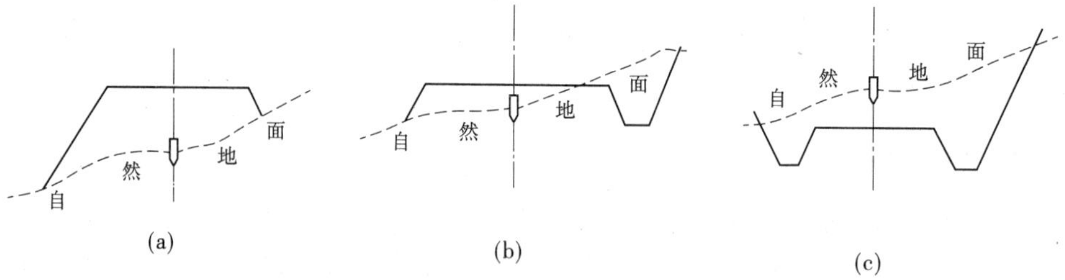

图 9-19　路基的形式

一、路基表面线的绘制

根据纵断面图上各中桩的地面高程和路基的设计高程,能够计算出相应中桩的填高或挖深尺寸,由此可以确定路基表面线在横断面图上的位置。绘制路基表面线时,要把设计的路基宽度水平地画在横断面图的中桩两侧,并用实线表示路基表面线,用虚线表示自然地面线,如图 9-20 所示。路基的宽度包括路面宽和路面两侧的路肩宽,路基的宽度参考值见表 9-11。

表 9-11　**路基宽度参考值**

园路类型	园地面积(hm²)			
	<2	2~10	10~50	>50
主园路	2.0~3.5 m	2.5~4.5 m	3.5~5.0 m	5.0~7.0 m
次园路	1.0~2.0 m	2.0~3.5 m	2.0~3.5 m	3.5~5.0 m
小路	0.9~1.2 m	0.9~2.0 m	1.2~2.0 m	1.2~3.0 m

二、排水沟与边坡线的绘制

除高填方的路堤外，对于挖方路基、半填半挖路基以及小于 0.5 m 的低填方路堤等，都需要设置排水沟。如图 9-20 所示，桩号 0+120 的横断面右侧局部是挖方路基，因此设计了排水沟。排水沟位于路肩的外侧，其横断面一般为矩形或梯形，即土质边沟为梯形，石质边沟为矩形。排水沟的深度一般为 0.4~0.5 m。

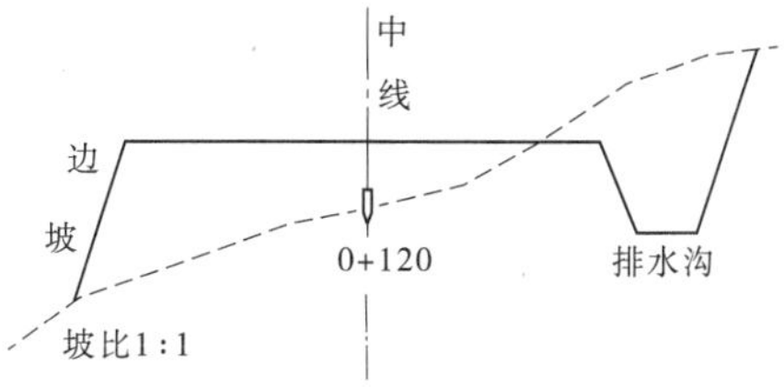

图 9-20　路基设计

绘制边坡时，应严格按照边坡设计的坡比。坡比是高差和水平距离之比，即$\frac{h}{d}=\frac{1}{m}$，其中，m 称为边坡系数。路基边坡系数的大小、边坡限高与道路横断面所处的地质状况等因素有关，如路堤砌石的边坡坡度与石块的大小有关。在图 9-20 中，路基的左侧边坡坡比是 1∶1，表示该边坡的高差和水平距离相同。

路面、排水沟和边坡都是路基的组成部分，设计时要一并综合考虑。一般情况下，园路主要供游人行走，通车是次要的，且行车速度较慢，因此路基设计可以不考虑错车道，弯道处可以不考虑加宽，弯道的外侧路面也无需抬高。

三、路基的测设

路基的测设就是把做好的路基横断面设计图放样于实地，作为施工的依据。在平坦地面和斜坡地面等不同的地段，因路基的形式不同，路基的测设方法也不一样。路基测设的主要内容包括路基横断面的边桩测设和路基的边坡测设。

(一)路基边桩的测设

路基边桩的位置由其至中桩的距离来确定，当园路中线两侧地面平坦或路基挖方较小时，可直接在路基设计图上量取或计算中桩至边桩的水平距离，然后到实地沿横断面方向由中桩向两侧边桩进行丈量，并打木桩标定位置即可。

1. 平坦地面边桩的测设

图 9-21(a)所示为路堤，图 9-21(b)所示为路堑，其边桩 P、Q 和 P'、Q' 至中桩的距离 D 可分别用式(9-19)计算

$$
\left.\begin{aligned}
\text{路堤}: D &= \frac{B}{2} + mH \\
\text{路堑}: D &= \frac{B}{2} + S + mH
\end{aligned}\right\} \tag{9-19}
$$

式中　B——路基设计宽度；

m——边坡系数；

H——填或挖高度；

S——路堑边沟顶部宽度。

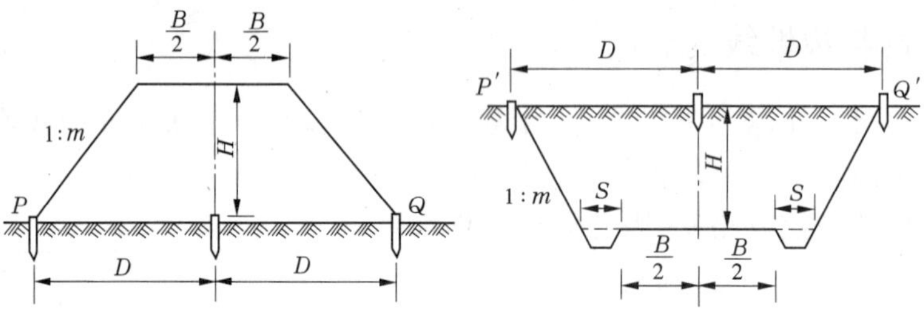

(a)路堤　　(b)路堑

图 9-21　平坦地面边桩测设

2. 倾斜地面边桩的测设

(1)路堑边桩测设。如图 9-22 所示，路基边坡与排水沟边坡均为 1∶m，其坡上边桩和坡下边桩至中桩的距离 $D_{上}$、$D_{下}$ 各用式(9-20)计算

$$
\left.\begin{aligned}
D_{上} &= \frac{B}{2} + S + m(H + h_{上}) \\
D_{下} &= \frac{B}{2} + S + m(H - h_{下})
\end{aligned}\right\} \tag{9-20}
$$

式中　B——路基设计宽度；

S——路堑边沟顶部宽度；

m——边坡系数；

H——中桩挖土深度；

$h_{上}$、$h_{下}$——上、下边桩地面与中桩地面的高差。

由式(9-20)可知，当 B、S、H 和 m 为已知时，$D_{上}$、$D_{下}$ 将随着 $h_{上}$、$h_{下}$ 的变化而变化，但在测设之前，边桩在地面的位置尚未被确定，$h_{上}$、$h_{下}$ 又均为未知数，因此实际测设时应采用逐渐趋近法。如图 9-22 所示，首先根据中桩的挖土深度 H 和地面边坡系数 m 的大小，假定中桩到坡下边桩的距离为 $D'_{下}$，并在地面上从中桩向左侧用皮尺丈量此距离得 A 点，即估计出坡下边桩的位置。然后，用水准仪实测出 A 点与中桩地面的高差 $h'_{下}$，代入式(9-20)计算 $D_{下}$，将其结果与 $D'_{下}$ 进行比较，若 $D_{下} = D'_{下}$，说明 A 点即为坡下边桩位置；若 $D_{下}$ 大于 $D'_{下}$，说明假定坡下边桩 A 离中桩太近，而 $D_{下}$ 小于 $D'_{下}$ 则说明假定坡下边桩 A 离中桩太远，此时，必须重新“估计边桩位置”和“实测高差”，直至得到坡下边桩的正确位置为止。同理，可得到坡上边桩的正确位置。

(2)路堤边桩测设。如图 9-23 所示，路基边坡与排水沟边坡坡比均为 1∶m，其坡上、

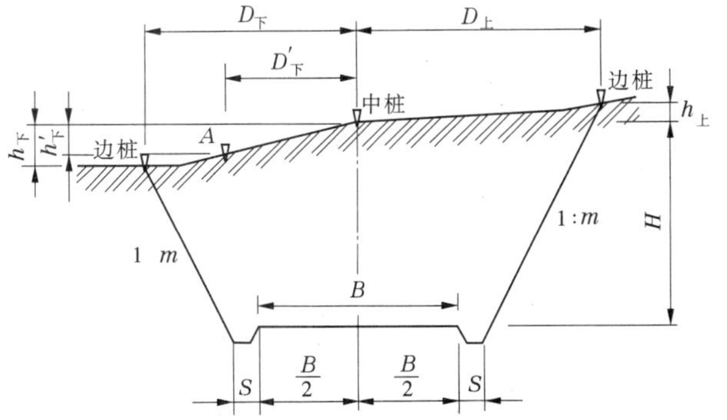

图 9-22　倾斜地面路堑边桩测设

坡下边桩至中桩的距离 $D_{上}$、$D_{下}$ 分别用式(9-21)计算

$$\left.\begin{aligned} D_{上} &= \frac{B}{2} + m(H - h_{上}) \\ D_{下} &= \frac{B}{2} + m(H + h_{下}) \end{aligned}\right\} \tag{9-21}$$

式中　B——路基设计宽度；

m——边坡系数；

H——中桩填土高度；

$h_{上}$、$h_{下}$——上、下边桩地面与中桩地面的高差。

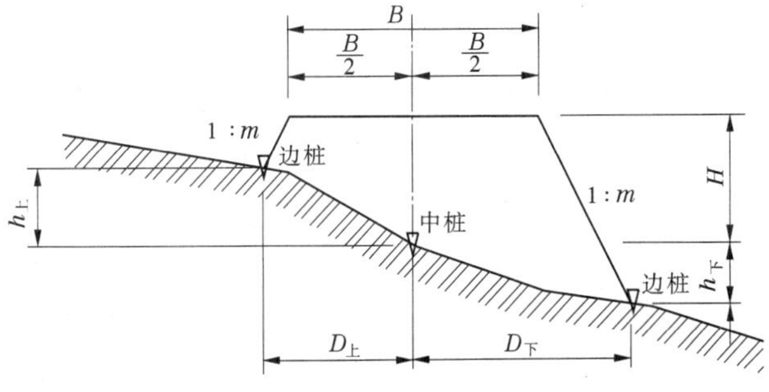

图 9-23　倾斜地面路堤边桩测设

同路堑边桩测设一样，路堤边桩测设也可采用逐渐趋近法，利用式(9-21)计算出中桩至边桩的水平距离 $D_{上}$、$D_{下}$，然后到实地标定边桩的位置。

(二)路基边坡的测设

在测设出边桩后，为保证填、挖的边坡达到设计要求，还应把设计的边坡在实地标定出来，以便于施工。

1. 边坡样板法

边坡放样板有活动边坡尺和固定边坡样板两种，前者多用于路堤的边坡放样，后者多用于路堑的边坡放样。

(1)用活动边坡尺测设。如图 9-24(a)所示，在路基坡脚处放置活动的边坡尺，边坡尺为三角板，其中一个角与路基设计边坡相同，并在三角板的一条边上放置水平尺。当水平尺的水准气泡居中时，边坡尺的斜边所指示的坡度即为设计坡度，可依此指示、检核路堤的填筑。

(2)用固定边坡样板测设。如图 9-24(b)所示,在路堑的开挖过程中,于坡顶外侧按设计坡度设置固定边坡样板,施工时可随时指示并检核开挖和修整情况。

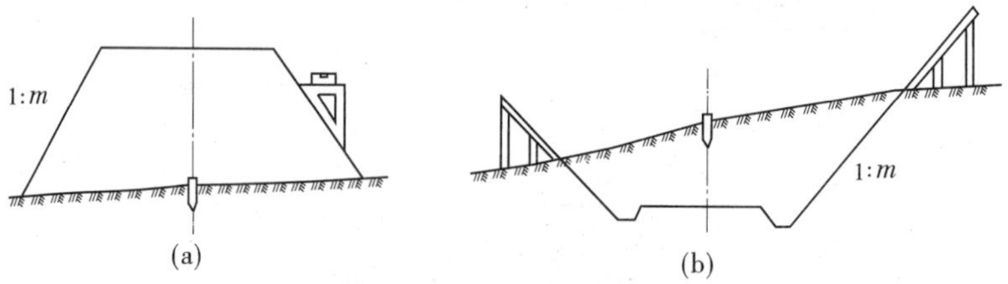

图 9-24　边坡样板法测设

2. 挂线法

如图 9-25(a)所示,O 为中桩,A、B 为边桩,CD 为路基宽度,当路堤填土不高时,常用竹竿和麻绳一次挂线,给出断面形状,即在 C、D 处竖立竹竿,并在高度等于中桩填土高度 H 的 C'、D'处用绳索连接,同时由 C'、D'用绳索连接到边桩 A、B 上。当路堤填土较高,需分层施工时,常用分层挂线的方法,如图 9-25(b)所示。采用分层挂线法,要注意在每层挂线之前均应标定中线并用手水准抄平。

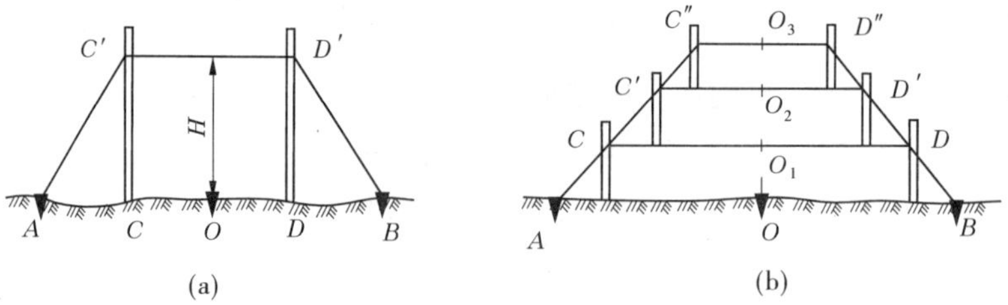

图 9-25　分层挂线法测设

第五节　园路土石方的计算

为了简化计算过程,在实际工作中一般采用近似公式求算园路土石方。

一、路基横断面面积的求算

路基横断面图上自然地面线与路基设计线所包围的面积,即为路基横断面面积,如图 9-26 所示。面积可用求积仪法、方格法等求出,然后将数据填写在横断面图上,以便用于计算土石方量。由于路基横断面的设计一般都是在方格纸上进行的,因而常采用方格法计算横断面的面积。

二、园路土石方的求算

园路土石方量的计算采用平均断面积法,即首先分别求算相邻两中桩横断面填方或挖方面积的平均值,然后再各自乘以这两个中桩之间的距离(桩距),便得到该段桩距之间的填或挖土石方数量。其近似公式为

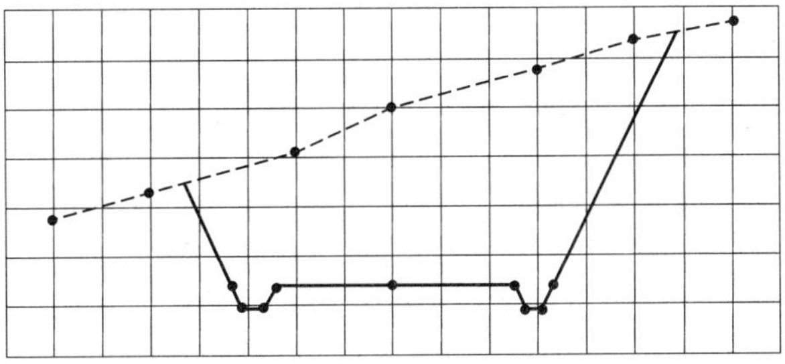

图 9-26　路基横断面面积

$$V = \frac{1}{2} \times (A_i + A_{i+1}) l \tag{9-22}$$

式中　V——两相邻中桩间填或挖的土石方量；

A_i、A_{i+1}——两相邻中桩横断面的填方（或挖方）断面面积（$i = 1,2,3,\cdots$）；

l——两相邻中桩之间的距离。

【例 9-6】　已知 0 +000、0 +050 两个中桩的填方断面面积分别为 6.2 m^2 和 4.2 m^2，挖方断面面积分别为 7.0 m^2 和 2.4 m^2（精确到 0.1 m^2），试求算两桩距间的填、挖土石方量各为多少（精确到 1 m^3）？

解：根据式（9-22），填、挖土石方量分别为

$$V_{填} = \frac{1}{2} \times (6.2 + 4.2) \times 50 = 260(m^3)$$

$$V_{挖} = \frac{1}{2} \times (7.0 + 2.4) \times 50 = 235(m^3)$$

同理，可计算出园路中线上其他相邻两个中桩间的填、挖土石方量，最终得到整条园路的土石方量数据，如表 9-12 所示。

表 9-12　路基土石方量计算表（局部）

桩号	断面面积（m^2）		平均断面面积（m^2）		桩距（m）	土石方量（m^3）		备注
	填	挖	填	挖		填	挖	
0 +000	6.2	7.0						
			5.2	4.7	50	260	235	
0 +050	4.2	2.4						
			3.9	3.3	50	195	165	
0 +100	3.6	4.2						
			2.7	4.8	8	22	38	
0 +108	1.8	5.4						
			2.9	4.5	12	35	54	
0 +120	4.0	3.6						
⋮	⋮	⋮	⋮	⋮	⋮	⋮	⋮	
合计								

复习与思考题

1. 园路中线测量时，在某交点桩上安置经纬仪，盘左测得后视方向水平度盘读数为147°12′20″，前视方向读数为0°01′00″；盘右测得后视方向读数为327°12′35″，前视方向读数为180°01′15″，求该交点处圆曲线的转角是多少？是左转角还是右转角？若以盘右的读数计算分角线方向，其方向的水平度盘读数是多少？

2. 已知交点 JD_2 的里程桩号为 2 + 315. 25，转角 $\alpha = 60°30'00''$，圆曲线半径 $R = 100$ m，试求算圆曲线的元素和三主点的里程桩号各为多少？若 JD_2 和 JD_3 之间直线距离为 360. 24 m，JD_3 的里程桩号是多少？

3. 某线路纵断面水准测量的中平数据见表 9-13，求算各中桩的地面高程是多少？若高程测量精度符合要求，试绘制桩号 0 + 000 到 0 + 200 之间的纵断面图(要求：绘图时，水平距按 1∶1 000 比例尺、高程按 1∶100 比例尺)。

表 9-13　线路中平测量记录(局部)

测站	测点桩号	水准尺读数(m)			视线高程(m)	高程(m)	备注
		后视	中间视	前视			
I	BM_1	2. 465				120. 425	① BM_1 点在 0 + 020 附近，高程已知
	0 + 000		2. 75				
	0 + 020		2. 64				
	0 + 036. 2		2. 45				
	0 + 052. 4		2. 38				
	0 + 068. 6		2. 30				
	0 + 080		2. 15				
	0 + 100		2. 03				
	TP_1	2. 046		1. 852			
Ⅱ	0 + 120		0. 85				
	0 + 140		0. 72				
	0 + 160		1. 02				
	0 + 180		1. 16				
	0 + 200		1. 48				
	TP_2	1. 965		1. 354			② BM_2 点在 0 + 520 附近，高程已知
⋮	⋮	⋮	⋮	⋮	⋮	⋮	
	BM_2			1. 564		122. 145	

4. 已知某圆曲线设计半径 $R = 100$ m，ZY 里程桩号为 0 + 265. 20，若以 ZY 为坐标原

点，采用切线支距法进行圆曲线的详细测设，试求算圆曲线上桩号 0 + 280、0 + 300、0 + 320 的直角坐标。

5. 用手水准法观测园路横断面，数据见表 9-14，试在绘图纸上用 1∶100 的纵、横比例尺绘制桩号 0 + 060、0 + 080 的横断面图。

表 9-14　园路横断面测量记录　　（单位：m）

$\frac{高差}{距离}$（左侧）	中桩桩号	$\frac{高差}{距离}$（右侧）
$\frac{1.2}{3.0}$、$\frac{0.2}{2.0}$、$\frac{0.5}{4.0}$、$\frac{0.0}{4.0}$	0 + 060	$\frac{0.0}{3.0}$、$\frac{-0.5}{5.0}$、$\frac{-1.0}{2.0}$、$\frac{-0.6}{3.0}$
$\frac{0.4}{4.0}$、$\frac{0.5}{3.0}$、$\frac{0.8}{2.0}$、$\frac{0.2}{4.0}$	0 + 080	$\frac{0.0}{5.0}$、$\frac{-0.8}{4.0}$、$\frac{-1.0}{3.0}$、$\frac{-0.5}{1.0}$

6. 在园路纵断面设计中，变坡点 A、B、C 的桩号分别是 0 + 150、0 + 350、0 + 750，其设计高程分别为 52.38 m、56.78 m、50.78 m，试求：

（1）i_{AB}、i_{BC} 各为多少？

（2）桩号 0 + 340 和 0 + 360 的设计高程各为多少？

（3）若变坡点 B 的竖曲线半径采用 800 m，该竖曲线的曲线元素和曲线起点、终点桩号各为多少？

（4）设计竖曲线后，0 + 340 桩和 0 + 360 桩的设计高程应各为多少？

第十章　园林工程测量

本章提要

园林工程一般包括改造地形、营造建筑、掇山理水、辟筑园路以及绿化栽植等项目，而各种园林工程项目的图面设计成果，都必须通过施工测量才能准确地落实到地面上。本章主要讲述测设的基本工作、平面点位的测设方法、园林场地平整测量、园林建筑施工测量、挖湖堆山与地下管道施工测量、园林植物种植测量等内容。

第一节　园林工程测量概述

一、园林工程测量的内容与原则

园林工程主要包括园路工程、土方工程、给排水工程、水景工程、假山工程、建筑工程、种植工程等。在园林工程开工前及施工中，根据设计图纸所给定的条件和有关数据，在园林场地建立施工控制网，然后将图上各项工程的平面位置和高程标定到实地的工作称为测设，也叫施工测量或放样。

测设与测绘都是研究和确定地面上点位的相互关系，测图是地面上先有一些点，然后测出它们之间的关系，而测设则是先从设计图纸上算得点位之间的距离、方向和高差，再通过测量工作把点位测设到地面上。因此，距离测量、角度测量、高程测量同样是测设工作的基本内容，测设也必须遵循“从整体到局部，由高级到低级，先控制后碎部”的原则。

二、园林工程测量的一般程序

（一）测量前的准备

1. 体会设计意图

为了按照设计要求进行测设，施工方应了解工程的设计意图和整个园林工程的概况，熟悉设计图及有关资料，明确各种地物、地貌在图中的具体位置；而设计方也必须向施工方详细地介绍设计思路，并强调施工中应特别注意的问题等。

2. 进行现场踏查

施工方应到现场进行踏查，了解施工场地的地形和施工环境等情况，查看设计图纸与实地的差异程度，核对施工图纸的相关尺寸、标高有无矛盾，明确测设的范围和测设方法。还要查看原有测量控制点的分布和保存状况，并对控制点进行必要的检核，以确定基准点或基准线、特征线。如果需要把某些地物点作为控制点，应检查这些点在图纸上的位置与实际位置是否相符，如果不相符，必须对图纸上的位置进行修正。

(二)编制测设方案

根据设计图纸和工程项目总体要求，结合现场踏查资料编制测设方案，绘制测设略图，制定质量控制措施，合理安排测设顺序，明确测设进度。

(三)进行工程测设

测设的方法较多，可根据园林工程项目的具体情况而灵活选用。测设过程中，要及时在测设后的点位上钉设木桩，做好标志。

第二节 测设的基本工作

一、水平距离的测设

在施工放样中，经常要把房屋轴线或边线的设计长度在地面上标定出来，这项工作称为测设已知距离。测设已知距离不同于测量未知距离，在现场测设时，线段的起点和方向是已知的，它是由这个已知点起，沿指定方向量出设计的水平距离，从而定出第二个端点。

(一)测设的一般方法

如图 10-1 所示，设 A 为地面上已知点，$D_{设}$ 为设计的水平距离，要在地面上 AB 方向测设出水平距离 $D_{设}$ 以定出 B 点，可将钢尺的零点对准 A 点，沿 AB 方向拉平钢尺，往测初定出 B' 点，然后从 B' 点返测回 A 点，取往返结果的平均值 $D_{平均}$。$D_{平均}$ 就是初定的 AB' 线段的准确距离，它与设计距离的差值为 $\Delta D = D_{设} - D_{平均}$；如果距离 $D_{设} > D_{平均}$，需向外延长量取 ΔD，打木桩 B，即为所求的点；如果 $D_{设} < D_{平均}$，则应向内量取 ΔD，打木桩 B。在精度要求较低时，也可直接从 A 点沿给定方向测设两次，当两次的较差在规定范围以内时，取其平均值作为测设点 B。

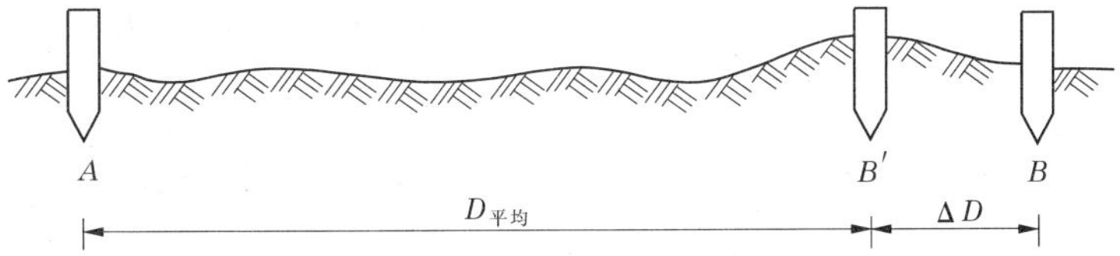

图 10-1 一般方法测设已知距离

(二)测设的精确方法

若要求测设精度较高，应按钢尺量距的精密方法进行测设。

1. 当所测设的距离小于一整尺段长度时

根据已知水平距离 $D_{设}$，结合尺长改正数、温度变化和地面高低，进行尺长、温度和倾斜改正，算出在地面上应量出的实际距离 D。其计算公式为

$$D = D_{设} - \Delta D_l - \Delta D_t - \Delta D_h \tag{10-1}$$

式中 ΔD_l——尺长改正数；

ΔD_t——温度改正数；

ΔD_h——倾斜改正数。

【例 10-1】 已知图上设计距离 $D_{设}=29.950\ 0$ m,所用钢尺名义长度为 $l_0=30.000$ m,经检定该钢尺实际长度为 29.996 0 m,钢尺检定时的温度为 20 ℃,测设时温度 $t=31.5$ ℃,钢尺的膨胀系数 $\alpha=1.25\times10^{-5}/℃$,测得 A、B 的高差 $h=0.385$ m,试计算测设时在地面上应量出的距离 D。

解:(1)尺长改正数。

$$\Delta D_l=\frac{\Delta l}{l_0}D_{设}=\frac{29.996\ 0-30.000}{30.000}\times29.950\ 0=-0.004\ 0(\text{m})$$

(2)温度改正数。

$$\Delta D_t=\alpha(t-t_0)D_{设}=1.25\times10^{-5}\times(31.5-20)\times29.950\ 0=0.004\ 3(\text{m})$$

(3)倾斜改正数。

$$\Delta D_h=-\frac{h^2}{2D_{设}}=-\frac{0.385^2}{2\times29.950\ 0}=-0.002\ 5(\text{m})$$

因此,由式(10-1)可得

$$\begin{aligned}D&=D_{设}-\Delta D_l-\Delta D_t-\Delta D_h\\&=29.950\ 0-(-0.004\ 0)-0.004\ 3-(-0.002\ 5)\\&=29.952\ 2(\text{m})\end{aligned}$$

从起点 A 开始,沿给定方向用钢尺量取 29.952 2 m 定出 B 点,则 AB 的水平距离即为设计距离 29.950 0 m。

2. 当所测设的距离大于一整尺段长度时

首先,量出各段的地面长度,并根据尺长改正数、温度变化和地面高低,对除最后一段外的各长度进行尺长、温度和倾斜改正,算出它们的精确长度之和,然后依此推算出最后一段距离应在地面上量取的长度。

具体步骤如下:

(1)如图 10-2 所示,将经纬仪安置于 A 点,瞄准 B 点,标出已知方向线;沿该方向概量并在地面上打尺段桩和终点桩,桩顶刻十字标志。

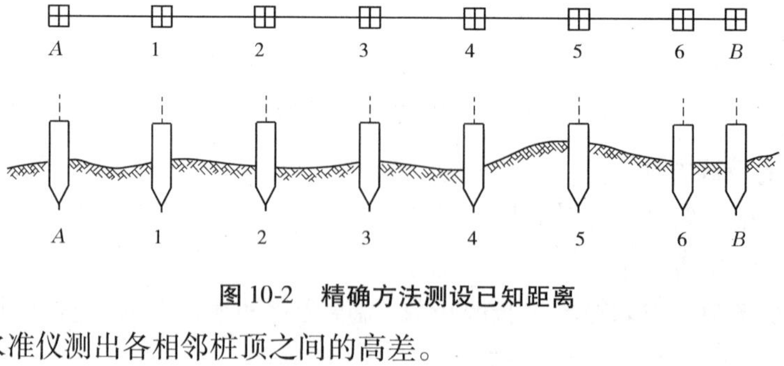

图 10-2　精确方法测设已知距离

(2)用水准仪测出各相邻桩顶之间的高差。

(3)按精密量距的方法,测出除最后一段外的各尺段的距离,并进行尺长改正、温度改正和高差改正;分别计算每尺段的长度,求出各尺段的长度之和,得到最后结果 D_0。

(4)用设计长度 $D_{设}$减去 D_0,得出余长 $q=D_{设}-D_0$;按式(10-1)计算出余长段应测设的距离 q',即

$$q' = q - \Delta D_l - \Delta D_t - \Delta D_h = D_{设} - D_0 - \Delta D_l - \Delta D_t - \Delta D_h$$

(5)由 q' 在地面上测设余长段,并在终点桩上作出标志,即为所测设的终点 B;若终点超过了原来打下的终点桩,应另打终点桩。

【例 10-2】 用名义长度为 $l_0 = 50.000$ m 的钢尺测设水平距离,拟测设的水平距离为 $D_{设} = 125.000$ m,概量后打上两个整尺段桩和一个终点桩。经测量,两个整尺段和余长的数据分别为:$l_1 = 49.995$ m, $t_1 = 24$ ℃, $h_1 = 0.250$ m; $l_2 = 49.993$ m, $t_2 = 25$ ℃, $h_2 = -0.212$ m;余长 $l_3 = 25.050$ m, $h_3 = 0.115$ m。经检定,该钢尺实际长度 $l_t = 49.9970$ m,钢尺检定时的温度 $t_0 = 20$ ℃,钢尺的膨胀系数 $\alpha = 1.25 \times 10^{-5}$ /℃。若测设余长时 $t_3 = 27$ ℃,试计算测设时在地面上应量出的余长长度。

解:

(1)按精密量距的方法,计算第一尺段和第二尺段的实际长度 D_1、D_2。

$$D_1 = l_1 + \frac{l_t - l_0}{l_0}l_1 + \alpha(t_1 - t_0)l_1 + \left(\frac{-h_1^2}{2l_1}\right)$$

$$= 49.995 + \frac{49.9970 - 50.000}{50.000} \times 49.995 + 1.25 \times 10^{-5} \times (24 - 20) \times 49.995 + \left(\frac{-0.250^2}{2 \times 49.995}\right) = 49.9939(\text{m})$$

$$D_2 = l_2 + \frac{l_t - l_0}{l_0}l_2 + \alpha(t_2 - t_0)l_2 + \left(\frac{-h_2^2}{2l_2}\right)$$

$$= 49.993 + \frac{49.9970 - 50.000}{50.000} \times 49.993 + 1.25 \times 10^{-5} \times (25 - 20) \times 49.993 + \left[\frac{-(-0.212)^2}{2 \times 49.993}\right] = 49.9927(\text{m})$$

因此,两整尺段的长度之和为

$$D_0 = D_1 + D_2 = 49.9939 + 49.9927 = 99.9866(\text{m})$$

(2)计算余长 q。

$$q = D_{设} - D_0 = 125.000 - 99.9866 = 25.0134(\text{m})$$

(3)计算余长 q 在 $t_3 = 27$ ℃时,应在地面丈量的长度 q'。

$$q' = q - \frac{l_t - l_0}{l_0}l_3 - \alpha(t_3 - t_0)l_3 - \left(\frac{-h_3^2}{2l_3}\right)$$

$$= 25.0134 - \frac{49.9970 - 50.000}{50.000} \times 25.050 - 1.25 \times 10^{-5} \times (27 - 20) \times 25.050 - \left(\frac{-0.115^2}{2 \times 25.050}\right) = 25.0130(\text{m})$$

沿余长的测设方向,在地面量出 25.013 0 m,此时测设得水平距离为 125.000 m。

二、水平角的测设

根据已知水平角的角值 β,以及在地面上已给定该角的一条起始边 OA,用经纬仪在地面上标出该角的另一条边 OB，使 $\angle AOB$ 的值等于设计的水平角值。

（一）测设的一般方法（盘左盘右分中法）

如图 10-3 所示，设 OA 为地面上的已知方向，β 为设计的角度，现需在地面上确定另一设计方向 OB。测设时，将经纬仪安置在 O 点，对中、整平后，用盘左瞄准 A 点，并置水平度盘读数为 $0°00'00''$；转动照准部，使水平度盘读数为 β，然后在视线方向上指挥跑尺员左右移动标杆或测钎，当标志恰好处于十字丝的竖丝上时，在地面上标定出 B' 点。纵转望远镜，用盘右位置重新瞄准 A 点，读出水平度盘读数 p，并将该读数值加上 β；转动照准部，当水平度盘读数为数值“$p+\beta$”时，再在视线方向上标定出 B'' 点。由于存在观测误差，B' 与 B'' 点往往不重合，取它们的中点 B，则方向 OB 就是要标定的设计方向。

（二）测设的精确方法（垂线支距法）

如图 10-4 所示，直线 OA 为已知方向，当测设精度要求较高时，可先用一般方法按角值 β 用盘左、盘右测设出 OB' 方向的 B' 点；然后根据测设精度要求，一般采用 2 ~ 3 个测回测量出 $\angle AOB'$ 的角值 β'。用钢尺量出 OB' 的水平距离，并从 B' 点起，在垂直于 OB' 的方向上量取 $B'B$，标定出 B 点，则 $\angle AOB$ 就是需要测设的 β 角。$B'B$ 可按式（10-2）计算

$$B'B = OB'\tan\Delta\beta \tag{10-2}$$

式中，$\Delta\beta = \beta - \beta'$。

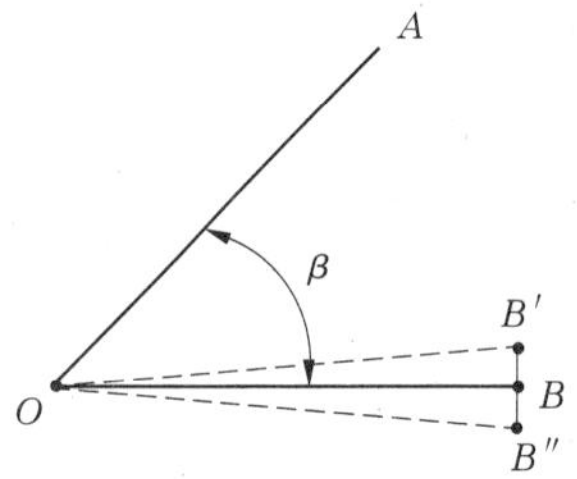

图 10-3　一般方法测设已知水平角

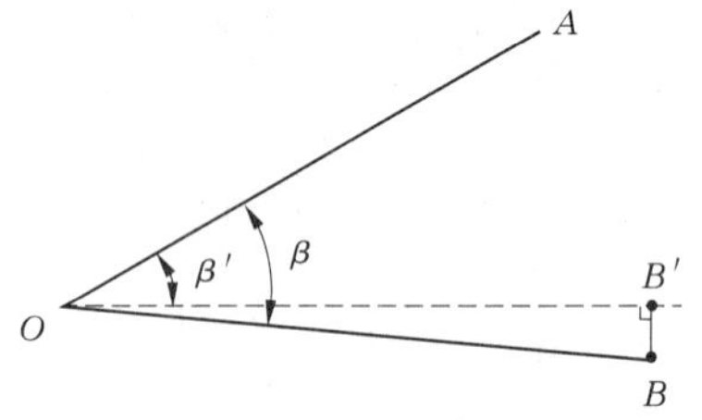

图 10-4　精确方法测设已知水平角

依据 $B'B$ 改正点位 B' 时，若 $\beta > \beta'$，应从 B' 起向角度外侧量取支距 $B'B$ 以标定 B 点；反之，当 $\Delta\beta$ 为负值时，则应由 B' 点起向角度内侧量取 $B'B$ 标定出 B 点。

三、高程的测设

测设已知高程是根据已知高程的水准点，将设计高程测设到实地上，并设置标志作为施工的依据。如建筑物室内第一层地坪 ±0.00 标高的测设、房屋其他各部位设计高程的测设、园路工程线路中心设计高程的测设等。

（一）测设 ±0.00 标高线

如图 10-5 所示，为了将某拟建建筑物高程为 $H_{设}$ 的 ±0.00 标高线测设到现有建筑物墙上，安置水准仪于水准点 R 和现有建筑物 A 之间，在水准点 R 上立水准尺，观测得后视读数 a，此时视线高程 $H_{视} = H_R + a$；将另一根水准尺紧贴于建筑物 A 的墙面上，则前视尺读数应为 $b_{应} = H_{视} - H_{设}$。缓缓操作前视尺上、下移动，当水准仪在尺上的读数恰好等于 $b_{应}$ 时，紧靠尺底在建筑物 A 的墙上画一横线，此横线便为设计高程位置，即 ±0.00 标高

线。为了施工时醒目，再在横线下用红油漆画一“▲”，并在横线上注明“±0.00”标高。此法也可用于其他位置高程的测设。

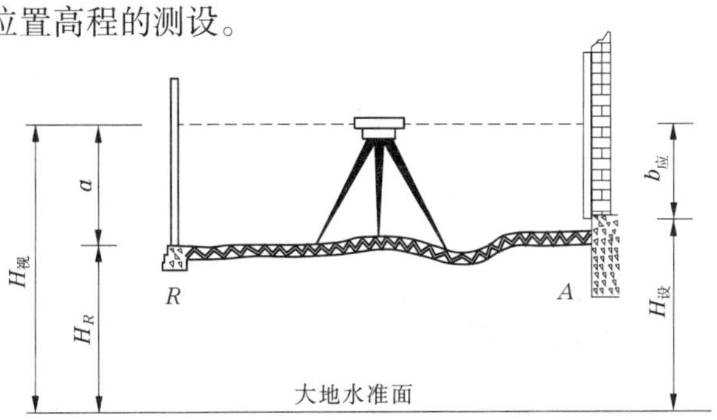

图 10-5　高程测设

（二）高程上下传递

若待测设高程点的设计高程与水准点的高程相差很大，如测设较深的基坑标高或向上测设高层建筑物的标高，则可利用悬吊钢尺进行引测，将地面水准点的高程传递到位于坑底或高楼上所设置的临时水准点上，然后再根据临时水准点测设其他各点的设计高程。

如图 10-6 所示，拟将地面水准点 A 的高程传递到基坑临时水准点 B 上。此时，在坑边木杆上悬挂经过检定的钢尺，零点在下端，并挂上 10 kg 重的重锤，为减少摆动，重锤放入盛废机油或水的桶内；在地面上和坑内分别安置水准仪，瞄准水准尺和钢尺进行读数。由图 10-6 可知

$$H_B + b = H_A + a - (c - d)$$

即

$$H_B = H_A + a - (c - d) - b \tag{10-3}$$

求出 dH_B 后，便能以临时水准点 B 为后视点，测设坑底其他各待测设高程点的设计高程。

如图 10-7 所示，拟将地面水准点 A 的高程传递到某高层建筑物上，其方法与上述“高程向下传递”类似。建筑物任一层上临时水准点 B 的高程为

$$H_B = H_A + a + (c - d) - b \tag{10-4}$$

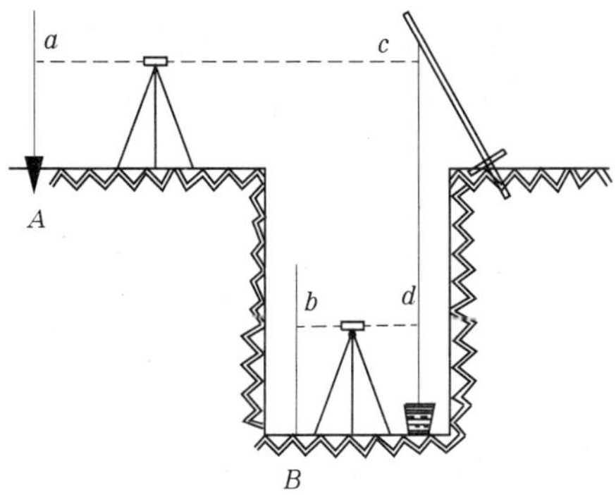

图 10-6　高程向下传递

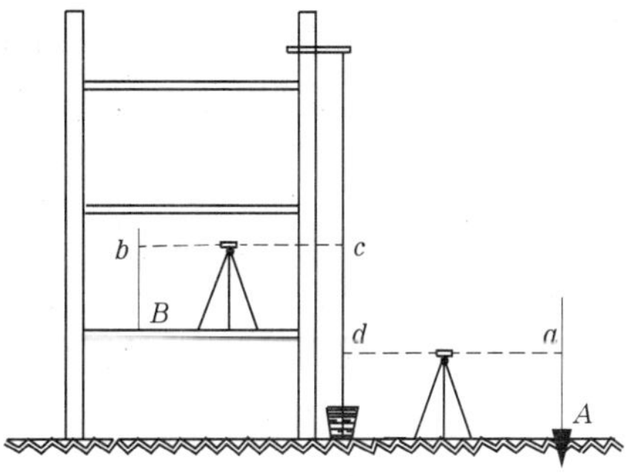

图 10-7　高程向上传递

求出 H_B 后，便能以临时水准点 B 为后视点，测设该层楼上其他各待测设高程点的设计高程。

实训 10-1　测设水平角、水平距离和高程

一、实训目的

掌握水平角、水平距离和高程测设的基本方法。

二、实训内容

(1)测设已知水平角。
(2)测设已知水平距离。
(3)测设已知高程。

三、仪器与工具

经纬仪 1 台、水准仪 1 台、钢尺 1 副、水准尺 2 根、测钎 1 组、斧头 1 把、红油漆 1 小桶、毛笔 1 支、木桩若干、小钉若干、记录板 1 块(含有关记录表)；自备铅笔、橡皮、计算器等。

四、方法提示

现场布设 A、B 两点(距离为 40 ~ 60 m)，在各点位上分别钉一木桩，桩顶中心钉上小铁钉，并假定 B 点的高程为 100.000 m。要求以 A、B 两点的连线为测设角度时的一条已知边，并在其附近测设一个临时水准点 C，使其高程为 100.500 m，$\angle ABC = 30°$，且使 BC 的长度为 45 m。

(一)水平角的测设

(1)将经纬仪安置于 B 点，用盘左后视 A 点，并使水平度盘读数为 $0°00'00''$。

(2)顺时针转动照准部，使水平度盘读数为 30°，然后在望远镜视线方向上标定一点 C'，长度约为 45 m。

(3)用盘右后视 A 点，读取水平度盘读数为 a，顺时针转动照准部，使水平度盘读数为“$a + 30°$”，同样在望远镜视线方向上量取水平距离约为 45 m，在地面上定出一点 C''。

(4)假若 C' 和 C'' 不重合，取它们的中点 C，并在该点位上打木桩、钉小钉，则 $\angle ABC$ 即为需测设的 30°角。

(二)水平距离的测设

(1)根据水平角的测设结果，用经纬仪瞄准 C 点，进行直线定线，然后沿 BC 方向分两段进行钢尺丈量，使两段距离之和为 45 m，定出线段端点 C_1 。

(2)从 C_1 点向 B 点进行返测距离，若往返测距离的相对误差不超限，则取往返丈量结果的平均值作为 BC_1 的距离 D。

(3)求出 $C_1C = 45 - D$，若 $C_1C = 0$，说明 C 点位置已测设正确；当 $C_1C > 0$ 时，将 C_1

精确沿 BC 方向往前(远离 B 点方向)移动 C_1C 长度才是 C 点的正确位置;当 $C_1C<0$ 时,C_1 应往后移动。

(4)在调整过位置的 C 点上打一木桩,并在桩顶 C 点正确位置处钉一小钉。

(三)高程的测设

(1)安置水准仪于距离 B、C 大约相等处,整平仪器后,后视 B 点上的水准尺,得水准尺读数为 a。

(2)在紧贴 C 点木桩一侧竖立水准尺,并使尺子缓缓上下移动,当前视该水准尺、而尺上读数恰为 $b(b=100.000+a-100.500)$ 时,则尺底的高程即为 100.500 m;沿尺底用毛笔画横线,即为设计高程的位置。

五、注意事项

(1)一般要求水平角的测设限差不超过 ±40″,水平距离测设的相对误差不大于 1/2 000,高程的测设限差不超出 ±10 mm;若测设误差超限,应重新测设。

(2)在测设高程时,若被测设点的实际前视读数大于计算所得的"前视读数",说明尺底高程低于设计高程,应将水准尺慢慢升高至符合要求为止;反之应降低尺底高度。

六、实训报告

每人上交一份实训报告,数据记录与计算见表 10-1、表 10-2。

表 10-1　水平角与水平距离测设记录

测站	竖盘位置	目标	水平度盘读数(°　′　″)	水平角测设计算与校核	水平距离测设记录、计算与校核
B	左	A			
		C'			
	右	A			
		C''			
B	左	A			
		C			
	右	A			
		C			
校核要求		① $f_{\beta容} \leq \pm 40''$;② $K_{容} \leq \frac{1}{2\,000}$			

表 10-2　高程测设记录

测点	后视读数（m）	前视读数或前视应读读数（m）	高程或设计高程（m）	高程测设计算与校核
B			100.000	
C			100.500	
B			100.000	
C				
校核要求	$f_{h容} \leq \pm 10$ mm			

第三节　平面点位的测设方法

一、用经纬仪测设

施工之前，需将图纸上设计的建筑物、构筑物的平面位置测于实地，实质就是将其各轴线的交点在地面上标定出来，作为施工的依据。测设时，应根据施工控制网的形式、控制点的分布、建筑物和构筑物的大小、放样的精度要求及施工现场条件等因素，选用适当的测设方法。对于园林建筑平面位置的测设，角度检测容许误差一般不超过 ±40″，边长检测值与设计值的相对误差一般不超过 1/2 000 ~ 1/5 000。

（一）直角坐标法

直角坐标法测设点的平面位置，是指用已知坐标差 Δx、Δy 测设点位。当建筑物的外轮廓轴线平行或垂直于施工基线、施工方格网或相邻的导线边时，常采用直角坐标法测设园林建筑物外轮廓轴线的交点。该法测设数据计算简便，测设的角度均为 90°，用经纬仪施测较为方便，精度亦高，但要求场地便于量距。

如图 10-8 所示，A、B、C、D 为矩形控制网的顶点，设计建筑四角点 1、2、3、4 的坐标值已知，且拟建建筑边线分别平行于该矩形控制网。现以由 B 点测设 1 点为例，说明其测设步骤：

（1）首先算出 B 点与 1 点的坐标差：$\Delta x_{B1} = x_1 - x_B$，$\Delta y_{B1} = y_1 - y_B$。

（2）在 B 点安置经纬仪，瞄准 C 点，并在此方向上用钢尺量取 Δy_{B1} 得 E 点。

（3）在 E 点安置经纬仪，瞄准 C 点，用盘左、盘右位置两次逆时针拨动经纬仪望远镜，向左测设 90°角，在两次的平均方向上从 E 点起用钢尺量取 Δx_{B1}，即得建筑物的角点 1。

（4）同法，从 C 点测设 2 点，从 D 点测设 3 点，从 A 点测设 4 点。

（二）极坐标法

极坐标法测设点的位置，是由角度和控制点到被测设点的距离来决定的，当拟建建筑物的轴线与平面控制点的连线不平行时，可用极坐标法测设平面点位。相对于直角坐标法而言，极坐标法测设适应性强，使用更为灵活方便，而且其操作步骤较少，但是极坐标法测设数据计算较烦琐。此法常适用于测设距离较短，并便于量距的场地。

如图 10-9 所示，测设前，首先根据施工控制点（例如导线点 A、B）及测设点 P 的坐标，按坐标反算公式求出坐标方位角 α_{AP}、α_{AB} 和水平距离 D_{AP}，得到水平角 $\beta=\alpha_{AP}-\alpha_{AB}$。

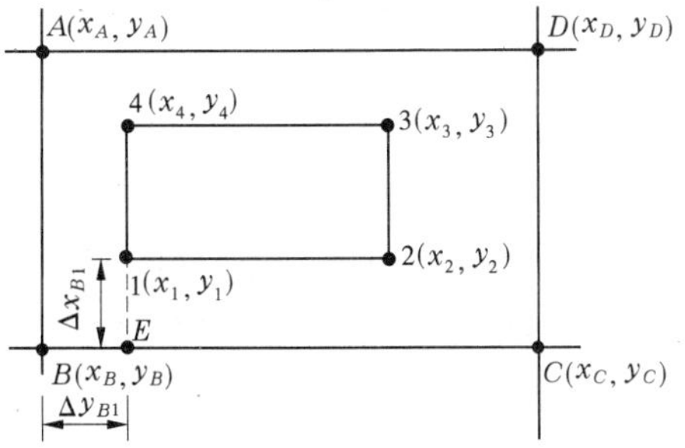

图 10-8　直角坐标法

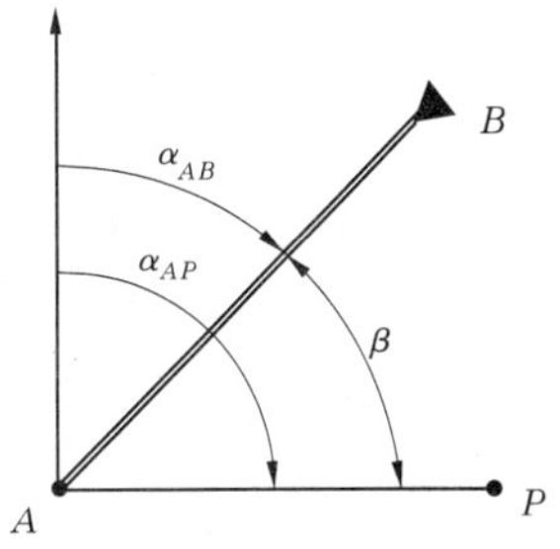

图 10-9　极坐标法

求出放样数据 β、D_{AP} 后，即可安置经纬仪于控制点 A，按水平角精确测设的方法测设 β，以定出 AP 方向。在 AP 方向上，从 A 点起用钢尺测设水平距离 D_{AP}，便定出 P 点的位置。

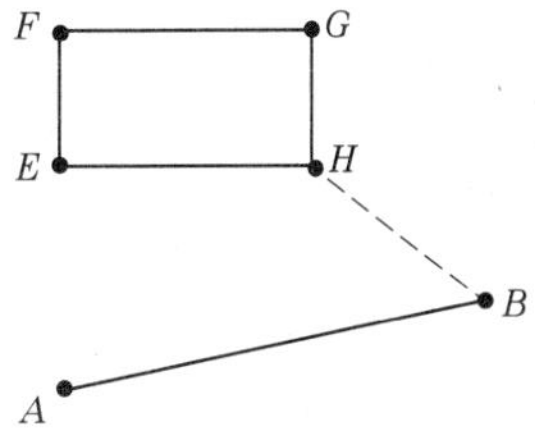

图 10-10　极坐标法测设拟建建筑物的角点

【例 10-3】　如图 10-10 所示，A、B 为已知坐标的导线点，E、F、G、H 为拟建园林建筑物的 4 个角点，其坐标值已列于表 10-3 中，试计算用极坐标法测设时的测设数据，并简要说明测设过程。

表 10-3　极坐标法测设时控制点和角点坐标值

点号	纵坐标 x(m)	横坐标 y(m)
A	0	0
B	78.665	216.129
E	147.947	26.129
F	217.947	26.129
G	217.947	176.129
H	147.947	176.129

解：

（1）计算测设数据。

由表 10-3 的点位坐标可知，拟建建筑物的轴线呈矩形，其边长为

$$FE=GH=\sqrt{(26.129-26.129)^2+(217.947-147.947)^2}=70.000(\text{m})$$

$$EH=FG=\sqrt{(176.129-26.129)^2+(147.947-147.947)^2}=150.000(\text{m})$$

由 A、B、H 的坐标，采用坐标反算公式，可以计算出 B 点到 A 点的坐标方位角 α_{BA}、B

点到 H 点的坐标方位角 α_{BH} 和水平距离 D_{BH}，它们分别为

$$\alpha_{BA} = \arctan\frac{0-216.129}{0-78.665} = 250°00'00''$$

$$\alpha_{BH} = \arctan\frac{176.129-216.129}{147.947-78.665} = 330°00'00''$$

$$D_{BH} = \sqrt{(176.129-216.129)^2+(147.947-78.665)^2} = 80.000(\mathrm{m})$$

同理，由 H、E 的坐标，可计算出 H 点到 E 点的方位角为

$$\alpha_{HE} = 270°00'00''$$

则测设 H、E 点的测设角度分别为

$$\angle ABH = \alpha_{BH} - \alpha_{BA} = 330°00'00'' - 250°00'00'' = 80°00'00''$$

$$\angle BHE = \alpha_{HE} - \alpha_{HB} = 270°00'00'' - (330°00'00'' - 180°) = 120°00'00''$$

(2)测设角点 H。

在 B 点安置经纬仪，以 A 点作为后视定向点，顺时针拨动经纬仪望远镜 80°00′00″，并沿经纬仪视线方向测设水平距离 80.000 m，即为角点 H 的位置，在此钉木桩且在桩顶标定出点位。

(3)测设角点 E、G。

在 H 点安置经纬仪，以 B 点作为后视定向点，顺时针拨动经纬仪望远镜 120°00′00″，并沿经纬仪视线方向测设水平距离 150.000 m，即为角点 E 的位置，钉木桩并在桩顶标定出点位；然后，以 E 点定向，顺时针拨动经纬仪望远镜 90°，并沿经纬仪视线方向测设水平距离 70.000 m，就得到角点 G。

(4)测设角点 F。

在 E 点安置经纬仪，以 H 点作为后视定向点，逆时针拨动经纬仪望远镜 90°，并沿经纬仪视线方向测设水平距离 70.000 m，便得角点 F。

(5)检测。

测设拟建建筑物的 4 个角点 E、F、G、H 之后，随即进行角度和边长的检测。

(三)距离交会法

距离交会法是根据两段或两段以上的已知距离交会出点的平面位置。在便于量距的平坦场地，且边长较短、交会距离不超过一钢尺尺段长时宜用此法。

如图 10-11 所示，根据测设点 P_1、P_2 和控制点 A、B 的坐标，可以求出测设数据 D_1、D_2、D_3、D_4。

(1)使用两副钢尺，其零刻划线分别对准控制点 A、B，将钢尺拉平，分别测设水平距离 D_1、D_2，其交点即为测设点 P_1。

(2)同法，将钢尺零刻划线分别对准控制点 A、B，分别测设水平距离 D_3、D_4，其交点即为测设点 P_2。

(3)实地量测 P_1P_2 的水平距离并与其设计长度进行比较，要求测设误差应在限差范围内。

【例 10-4】 如图 10-12 所示，A、B 为已知坐标的导线点，E、F、G、H 为拟建园林建筑物的四个角点，其坐标值已列于表 10-4 中，试计算用距离交会法测设时的测设数据，并简

要说明测设过程。

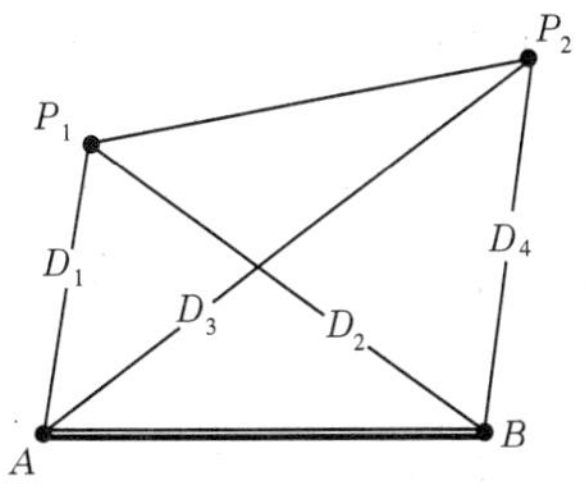

图 10-11　距离交会法

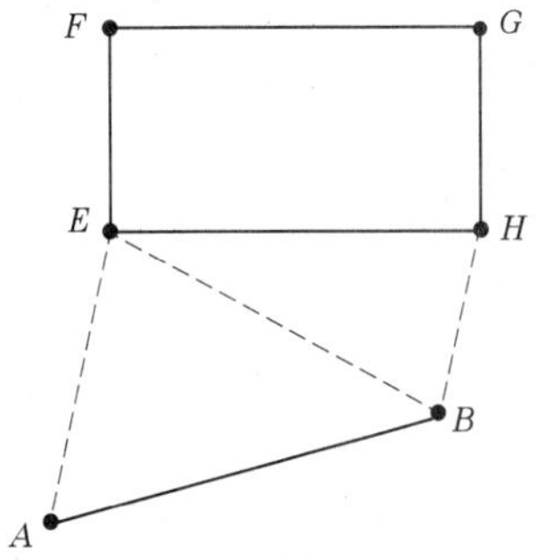

图 10-12　距离交会法测设拟建建筑物的角点

表 10-4　距离交会法测设时控制点和角点坐标值

点号	纵坐标 x(m)	横坐标 y(m)
A	0	0
B	67.779	187.939
E	136.429	82.951
F	186.429	82.951
G	186.429	202.951
H	136.429	202.951

解：

(1)计算测设数据。

由表 10-4 的点位坐标可知，拟建建筑物的轴线呈矩形，其边长为

$$EF = HG = \sqrt{(186.429 - 136.429)^2 + (82.951 - 82.951)^2} = 50.000(\text{m})$$

$$FG = EH = \sqrt{(186.429 - 186.429)^2 + (202.951 - 82.951)^2} = 120.000(\text{m})$$

由 A、B、E、H 的坐标，采用坐标反算公式，可算得如下距离

$$D_{AE} = \sqrt{(136.429 - 0)^2 + (82.951 - 0)^2} = 159.668(\text{m})$$

$$D_{BE} = \sqrt{(136.429 - 67.779)^2 + (82.951 - 187.939)^2} = 125.440(\text{m})$$

$$D_{BH} = \sqrt{(136.429 - 67.779)^2 + (202.951 - 187.939)^2} = 70.272(\text{m})$$

(2)测设角点 E。

如图 10-12 所示，甲、乙两人各持一副钢尺，并分别将零点对准 A、B 点，丙、丁两人分别持这两副钢尺的另一端，同时拉直、拉平、拉稳，则零点对准 A 的钢尺上 159.668 m 读数处与零点对准 B 的钢尺上 125.440 m 读数处的交点，即为 E 点的位置，然后在点位上钉设木桩。

(3)测设角点 H。

同法,甲、乙两人各持一副钢尺,并分别将零点对准 E、B 点,丙、丁两人分别持这两副钢尺的另一端,同时拉直、拉平、拉稳,则零点对准 E 的钢尺上 120.000 m 读数处与零点对准 B 的钢尺上 70.272 m 读数处的交点,即为 H 点的位置。

(4)测设角点 F、G。

根据已测设的 E、H 点,采用直角坐标法即可分别测设 F、G 点。

(5)检测。

测设拟建建筑物的四个角点 E、F、G、H 后,便进行角度和边长的检测。

(四)角度交会法

角度交会法又称为方向(线)交会法,它是根据两个或两个以上已知角度的方向线交会出点的平面位置。此法适用于待定点距控制点距离较远,地形复杂且量距困难的地区。为提高交会的精确性,常采用三个已知角度来进行交会。

如图 10-13 所示,A、B、C 为三个控制点,其坐标已知,P 为待测设点,其设计坐标 $P(x_P,y_P)$ 亦为已知。先用坐标反算公式求出 α_{AP}、α_{AB}、α_{BP}、α_{BC} 和 α_{CP},然后由相应坐标方位角之差,求出放样数据 β_1、β_2、β_3 与 β_4,并按下述步骤进行测设:

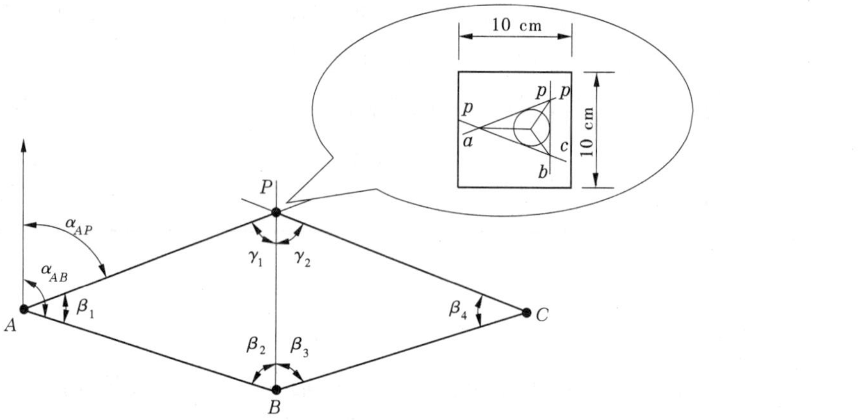

图 10-13　角度交会法

(1)根据数据 β_1、β_2、β_3、β_4,用经纬仪首先定出 P 点的概略位置,并在概略位置处打一个顶面积约为 10 cm × 10 cm 的大木桩,然后在这个木桩的顶面上精确测设。

(2)由经纬仪指挥,用铅笔于顶面上分别在 AP、BP、CP 方向上各标定两点,如图 10-13所示的小图中 a、p,b、p,c、p,将各方向上的两点连起来,就得 ap、bp、cp 三个方向线。三个方向线理应交于一点,但实际上由于测设存在误差,将形成一个误差三角形。一般规定,若误差三角形的最大边长不超过 3 ~ 4 cm,则取误差三角形中垂线的交点(即重心),作为 P 点的最后位置。

应用此法测设时,因交会角的大小影响交会精度,故一般宜使交会角 γ_1、γ_2 在 30° ~ 150°之间(最好近于 90°),以提高交会点的精度。

二、用全站仪测设

(一)点的极坐标法放样

如图10-14所示,待测设 M 点与测站 G 的距离 D_{GM} 为已知,GM 与已知边 GF 的夹角为 β,在应用程序模式下,选择点放样,测设步骤为:

(1)在测站点 G 安置全站仪,开机、自检后,照准已知点 F,使水平度盘置零。

(2)输入距离 D_{GM} 和水平角 β。

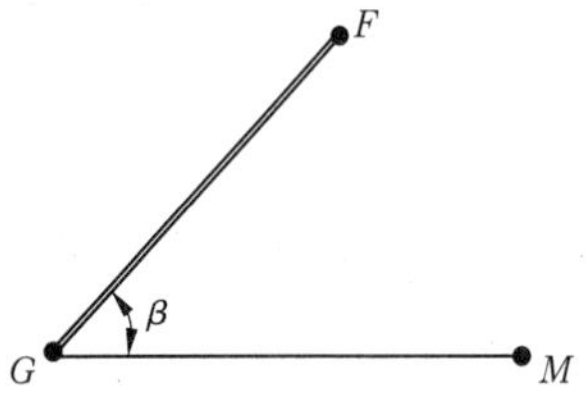

图10-14　全站仪极坐标法放样点位

(3)转动照准部使水平度盘读数为0°00′00″,这时望远镜的方向应是 GM 方向。

(4)指挥棱镜在 GM 方向前后移动,当水平距离读数为0时,说明 M 点的平面位置已正确。

(5)测定该点的实际高程,并通过实际高程与欲测设高程之差,确定出测设点 M 的高程位置。

上述做法也可用0°00′00″读数照准 F,再旋转照准部使读数为 β,该方向即为 GM 方向;指挥棱镜在 GM 方向上移动,当水平距离读数为 D_{GM} 时,M 点的平面位置已正确。

(二)点的三维坐标法放样

全站仪按三维坐标测设点位,步骤如下:

(1)安置仪器后,将仪器置于放样模式,输入测站点的坐标、仪器高、后视点的坐标或后视边的方位角,再输入待测设点的三维坐标。

(2)使望远镜照准棱镜,按下坐标放样功能键,则可显示当前棱镜位置与设计测设点位置的坐标差值。

(3)根据坐标差值,逐渐多次移动棱镜位置,直至使坐标 x、y 的差值为零,说明测设点的平面位置已正确;上下移动棱镜使高程之差也为零,测设点的位置即确定了。

第四节　平整土地测量

在园林建园过程中,有时需要对一些场地进行平整,即把原来高低不平或比较破碎的地形,按设计要求改造成平坦或具有一定坡度的地面,以用于景区的停车场、建筑用地、草坪用地、广场及各种文体活动场所等。平整场地的常用方法有方格法和等高线法。另外,在狭长的带状场地,往往用断面法来估算土方量,其方法可参照园路测量的相关内容。

一、方格法

(一)平整成水平地面

1. 设置方格网

方格法适用于平整地形起伏不大或地形变化比较规律的场地。若园林场地有大比例尺地形图,应首先在图上确定待平整场地的范围,绘制出方格网,然后在现地进行测设,以控制园林施工场地;若无地形图,则可直接在待平整区域布设方格网。方格的边长取决于所要求的计算精度、地形图比例尺和地形变化的复杂程度等，地面起伏程度越大，布设的方格就应越小。为了便于计算，园林场地平整中方格的边长一般为 10 m、20 m 或 50 m。

如图 10-15 所示，测设或设置方格网时，通常先在待平整园林场地的边缘选择一点 A，安置经纬仪于 A 点，并沿地块边缘方向确定一条基线 AP；然后从 A 点开始，按基线方向进行钢尺量距，且在地面每隔一定距离（如 20 m）打上一个木桩，依次编号为 B、C、D。将经纬仪照准部向右水平转动 90°得视线 AQ，并沿该视线方向每隔一定距离（如 20 m）钉一木桩，依次编号为 A_1、A_2、A_3、A_4。同法，将经纬仪分别安置于 B、C、D 点，并均以 AP 为基线，在其垂直方向的右侧上每隔一定距离（如 20 m）钉设上木桩，得 B_1、B_2、B_3、B_4、C_1、C_2、C_3、C_4、D_1、D_2、D_3 各点，这样便组成了方格网。

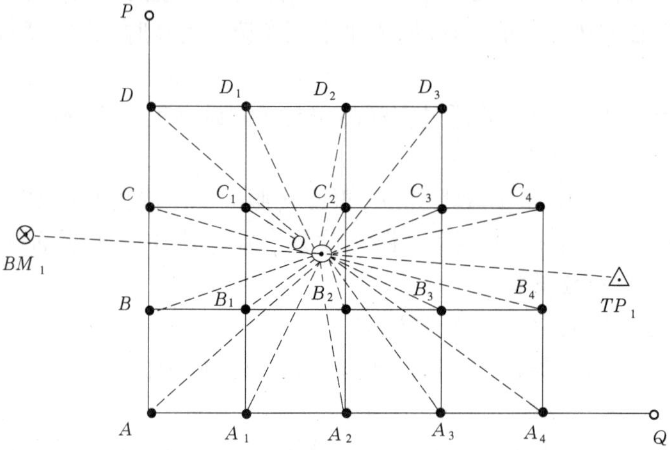

图 10-15　设置方格网并测量方格顶点高程

在布设的方格网中，四周只有一个方格的方格顶点称为角点，如图 10-15 中的 A、D、D_3、C_4、A_4 点；四周有两个方格的方格顶点称为边点，如图 10-15 中的 B、C、D_1、D_2、B_4、A_1、A_2、A_3 点；四周有三个方格的方格顶点称为拐点，如图 10-15 中的 C_3 点；四周有四个方格的方格顶点称为中点，如图 10-15 中的 C_1、C_2、B_1、B_2、B_3 点。

2. 测算各方格顶点的地面高程

如图 10-15 所示，在待平整场地中的 O 点安置水准仪，后视已知水准点 BM_1，前视转点 TP_1（为防止施工时受到破坏，转点应选在需平整场地之外），利用水准测量观测两者之间的高差，计算出 TP_1 点的高程；然后将各方格顶点作为“中间视”，分别读取其点位上的水准尺读数（读数至厘米），并按视线高程法计算出各方格顶点的地面高程，标注于图 10-16 上。

若利用地形图平整场地，则可在图上用内插法求出各方格顶点的地面高程。

3. 计算挖填平衡时的设计高程

在园林场地平整中，设计高程虽然可以人为规定，但考虑到整个工程挖、填土方量的平衡，通常用地面平均高程代替，即先将每一方格中 4 个顶点的高程相加除以 4，得到各方格的平均高程 H_i，然后再将每个方格的平均高程相加除以方格总数 n，便可得到挖填平衡的设计高程 H_0，其计算公式为

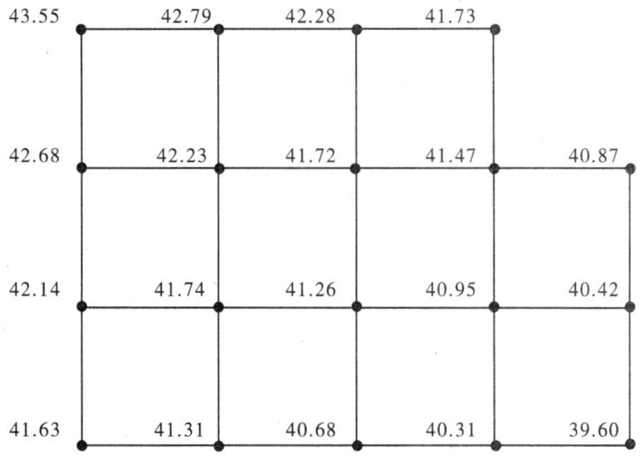

图 10-16　各方格顶点的高程

$$H_0 = \frac{\sum_{i=1}^{n} H_i}{n} \tag{10-5}$$

经分析可知，在设计高程的计算中，方格网中角点的高程数据只被采用一次，边点的高程数据被采用两次，拐点的高程数据被采用三次，而中点的高程数据则被采用四次，因此设计高程计算公式可整理为

$$H_0 = \frac{\sum H_{角} + 2\sum H_{边} + 3\sum H_{拐} + 4\sum H_{中}}{4n} \tag{10-6}$$

式中　H_0——设计高程；

$\sum H_{角}$、$\sum H_{边}$、$\sum H_{拐}$、$\sum H_{中}$——各角点、各边点、各拐点、各中点的高程累计之和；

n——方格总数。

【例 10-5】　根据图 10-16 中所标注的高程数据（为举例计算方便，所标高程数值较小；单位：m），计算平整场地的设计高程。

解：按照方格网中角点、边点、拐点和中点高程数据的使用次数，由图 10-16 可得

$\sum H_{角} = 43.55 + 41.73 + 40.87 + 39.60 + 41.63 = 207.38(m)$

$2\sum H_{边} = 2 \times (42.79 + 42.28 + 40.42 + 40.31 + 40.68 + 41.31 + 42.14 + 42.68)$

$= 665.22(m)$

$3\sum H_{拐} = 3 \times 41.47 = 124.41(m)$

$4\sum H_{中} = 4 \times (42.23 + 41.72 + 41.74 + 41.26 + 40.95) = 831.60(m)$

$n = 11$

根据式(10-6)得

$$H_0 = \frac{\sum H_{角} + 2\sum H_{边} + 3\sum H_{拐} + 4\sum H_{中}}{4n}$$

$$= \frac{207.38 + 665.22 + 124.41 + 831.60}{4 \times 11}$$

$$= 41.56(m)$$

4. 计算挖深或填高

将各方格顶点的地面高程减去设计高程，便得其挖深或填高。当地面高程大于设计

高程时，为挖深，符号为正号；反之为填高，符号为负。把平整场地的设计高程、各方格顶点的地面高程以及挖深或填高数值标注在一起，可得图10-17。

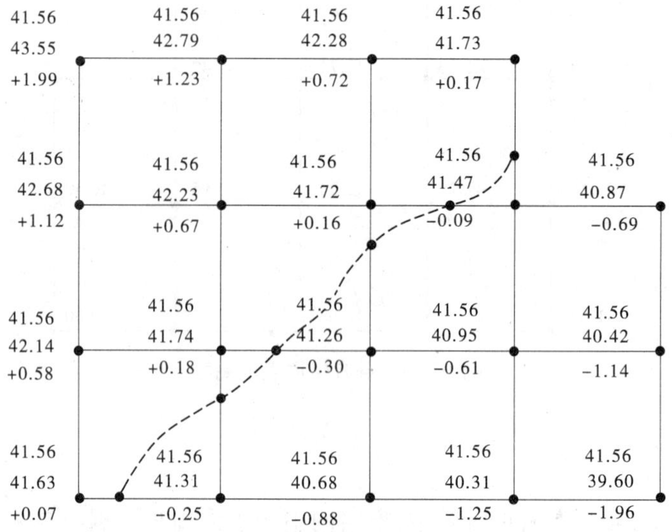

图10-17　平整为水平场地

5. 计算挖、填土方量

挖、填土方工程量要分别计算，不得正负抵消，其土方工程量可按式(10-7)计算

$$\left.\begin{aligned} V_{挖} &= \frac{A}{4} \times (\sum h_{角挖} + 2\sum h_{边挖} + 3\sum h_{拐挖} + 4\sum h_{中挖}) \\ V_{填} &= \frac{A}{4} \times (\sum h_{角填} + 2\sum h_{边填} + 3\sum h_{拐填} + 4\sum h_{中填}) \end{aligned}\right\} \tag{10-7}$$

式中　A——方格网中一个方格的面积；

$\sum h_{角挖}$、$\sum h_{边挖}$、$\sum h_{拐挖}$、$\sum h_{中挖}$——各角点、各边点、各拐点、各中点的挖深累计之和；

$\sum h_{角填}$、$\sum h_{边填}$、$\sum h_{拐填}$、$\sum h_{中填}$——各角点、各边点、各拐点、各中点的填高累计之和。

【例10-6】　平整某园林场地时的设计高程、各方格顶点的地面高程以及挖深或填高数值已标注于图10-17中(单位:m)，又知各方格的边长为20 m，若要求将原地面按照挖填平衡的原则改造成水平面，试计算挖填土方工程量。

解:

由式(10-7)计算得

$$\begin{aligned} V_{挖} &= \frac{A}{4} \times (\sum h_{角挖} + 2\sum h_{边挖} + 3\sum h_{拐挖} + 4\sum h_{中挖}) \\ &= \frac{400}{4} \times [1.99 + 0.17 + 0.07 + 2 \times (1.23 + 0.72 + 1.12 + 0.58) + \\ &\quad 4 \times (0.67 + 0.16 + 0.18)] \\ &= 1\,357(m^3) \end{aligned}$$

$$V_{填}=\frac{A}{4}\times(\sum h_{角填}+2\sum h_{边填}+3\sum h_{拐填}+4\sum h_{中填})$$

$$=\frac{400}{4}\times[0.69+1.96+2\times(0.25+0.88+1.25+1.14)+$$

$$3\times0.09+4\times(0.30+0.61)]$$

$$=1\ 360(m^3)$$

由于计算取位和每一方格内地形尚有一些起伏变化等因素，致使总挖方和总填方相差3 m^3，但基本满足了挖方填方平衡的要求，说明计算无误。

6. 确定开挖边界线

在园林场地平整中，挖方区与填方区的分界线一般在地面高程等于设计高程之处，即挖深或填高为零的位置，将这些挖、填为零的各点连接起来便是开挖边界线，也称不挖不填线。如图10-17中所示的虚线，便是高程为41.56 m的不挖不填线。为便于开挖施工，应在开挖边界线上撒白石灰进行标记。

(二)平整成具有一定坡度的地面

为了减小土方工程量和满足场地排水等需要，在挖、填土方平衡的原则下，实际工作中往往要将图10-16所示的场地平整成具有一定坡度的地面。在平整工作中，坡度大小应视灌溉方式和土质情况而定，横向坡度一般为零，若有坡度，以不超过纵坡(水流方向)的一半为宜。另外，为防止水土流失，无论纵坡还是横坡，都不宜超过0.5%。

1. 计算各方格顶点的设计高程

首先，在场地中央选择“零点”，如图10-18中的桩点B_2，以地面的平均高程作为“零点”的设计高程，然后以该点为中心，沿场地纵、横方向并按照坡降值，逐一计算出各方格顶点的设计高程。

【例10-7】 如图10-18所示，纵向坡度为-0.2%、横向坡度为-0.1%，每个方格的边长为20 m。经计算可知，“零点”B_2的设计高程为41.56 m，试根据图中所标注的地面高程等数据，求算B_1、B_3、A_2、C_2点以及其他各方格顶点的设计高程。

解：

纵向每20 m长的坡降值为：$20\times(-0.2\%)=-0.04(m)$

横向每20 m长的坡降值为：$20\times(-0.1\%)=-0.02(m)$

根据图10-18中B_2的位置及其设计高程可得

B_1点的设计高程为：$41.56+0.02=41.58(m)$

B_3点的设计高程为：$41.56-0.02=41.54(m)$

A_2点的设计高程为：$41.56-0.04=41.52(m)$

C_2点的设计高程为：$41.56+0.04=41.60(m)$

同理，可计算出其他各个方格顶点的设计高程，如图10-18所示。

2. 计算各方格顶点的挖深或填高

与平整成水平地面一样，将各方格顶点的地面高程减去设计高程，便得其挖深或填高。如“零点”B_2的填高为0.30 m(即$41.26-41.56=-0.30(m)$)，同理，可计算出其他各个方格顶点的挖深或填高数据，并连同其设计高程、地面高程一起标注于对应的方格顶

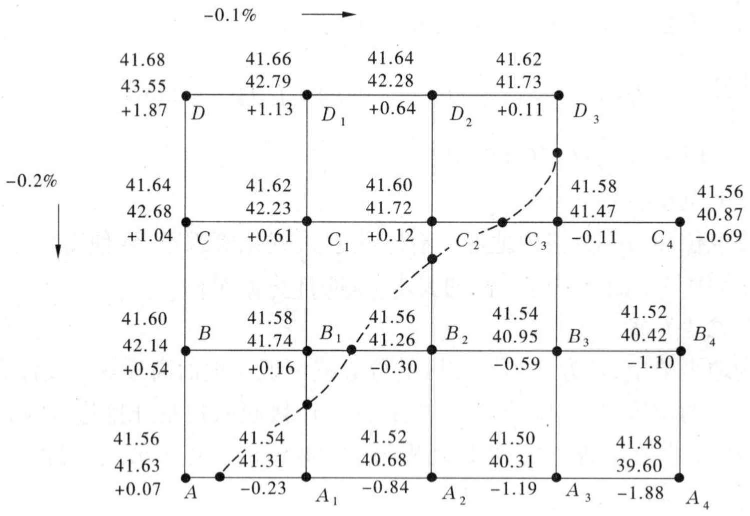

图 10-18　平整成具有一定坡度的地面

点上，如图 10-18 所示。

3. 计算土方量，确定开挖线

（1）计算挖、填土方量。挖、填土方量的计算方法也同平整成水平地面一样，但在平整成具有一定坡度的地面时，如果“零点”位置选择不当，将影响土方的平衡。当挖方量与填方量相差较多，并超过挖、填土方量平均数的 10% 时，需重新调整设计高程，直至挖、填土方量基本平衡为止。调整后的设计高程为

$$\text{调整后的设计高程} = \text{首次采用的设计高程} + \frac{\text{挖方量} + \text{填方量}}{\text{平整场地的面积}} \tag{10-8}$$

【例 10-8】　欲将某园林场地平整成具有一定坡度的地面，各方格顶点的设计高程、地面高程以及挖深或填高数值已标注于图 10-18 中；又知平整场地时的纵向坡度为 -0.2%、横向坡度为 -0.1%，每个方格的边长为 20 m，试计算挖填土方工程量。

解：

由式(10-7)计算得

$$V_{挖} = \frac{A}{4} \times \left(\sum h_{角挖} + 2\sum h_{边挖} + 3\sum h_{拐挖} + 4\sum h_{中挖}\right)$$

$$= \frac{400}{4} \times [1.87 + 0.11 + 0.07 + 2 \times (1.13 + 0.64 + 1.04 + 0.54) + 4 \times (0.61 + 0.12 + 0.16)]$$

$$= 1\ 231(\mathrm{m}^3)$$

$$V_{填} = \frac{A}{4} \times \left(\sum h_{角填} + 2\sum h_{边填} + 3\sum h_{拐填} + 4\sum h_{中填}\right)$$

$$= \frac{400}{4} \times [0.69 + 1.88 + 2 \times (1.10 + 0.23 + 0.84 + 1.19) + 3 \times 0.11 + 4 \times (0.30 + 0.59)]$$

$=1\ 318(m^3)$

经土方平衡验算得

$$\frac{|V_{挖}-V_{填}|}{\frac{1}{2}\times(V_{挖}+V_{填})}\times 100\% = \frac{|1\ 231-1\ 318|}{\frac{1}{2}\times(1\ 231+1\ 318)}\times 100\% = 6.83\%$$

因挖方量与填方量之差值没有超出10%的限度,故可不调整设计高程。

(2)确定开挖线。在图10-18上找出挖深或填高为零的位置,并将这些点用虚线连接起来,便是开挖线。在现场相应位置撒上白石灰,作为施工时挖、填边界的标记。

二、等高线法

当园林场地高低起伏较大或坡度变化较多,且现地有精度较高的大比例尺地形图时,可采用等高线法计算平均高程和场地内有关点位的地面高程,继而按方格法完成场地平整的剩余任务。

(一)计算总土方量

首先,用求积仪或其他方法,在地形图上求出场地范围内各条等高线所围起的面积,并计算相邻两等高线所围面积的平均值,再乘以这两条等高线间的高差,便得到相邻两等高线(等高面)间的土方量。将场地范围内各相邻两等高线(等高面)间的土方量求总和,即为场地内最低高程点以上的总土方量$V_{总}$。

(二)计算平均高程

场地的平均高程$H_{平}$可按式(10-9)计算

$$H_{平}=H_{低}+\frac{V_{总}}{S} \tag{10-9}$$

式中　$H_{低}$——场地内最低点的高程;

$V_{总}$——场地内最低点以上总土方量;

S——场地总面积。

场地内最低高程点一般不在某一条等高线上,需要根据相邻等高线内插求出;场地的总面积则由场地外轮廓线决定。

(三)场地平整作业

在地形图上待平整场地范围内,按一定方格边长绘制方格网,并将其测设于现场,校对地形图上各等高线在实地的位置后,计算出各方格顶点的地面高程。根据计算所得的平均高程、各方格顶点的地面高程,后续的场地平整工作仍按方格法进行。

【例10-9】　图10-19所示为待平整场地范围内的地形图,场地内最低点高程$H_{低}=58.60$ m,方格网的每个方格边长为10 m,场地总面积为1 200 m^2,试根据图上等高线情况,计算场地平均高程。

解:求出图10-19中各等高线所围起的面积,并填入表10-5中。

由表10-5可知,场地内最低高程点以上的总土方量为4 413.30 m^3,根据式(10-9)可得

$$H_{平}=H_{低}+\frac{V_{总}}{S}=58.60+\frac{4\ 413.30}{1\ 200}=62.28(m)$$

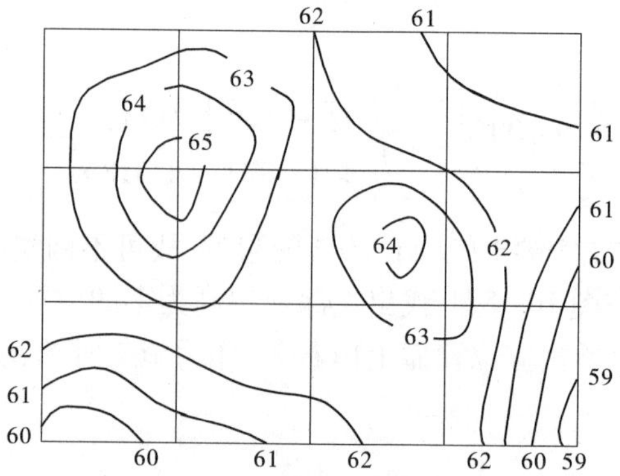

图 10-19　等高线法平整场地

表 10-5　场地平整计算表

高程(m)	面积(m^2)	平均面积(m^2)	高差(m)	土方量(m^3)
58.60	1 200	1 197.00	0.40	478.80
59	1 194.00	1 165.50	1	1 165.50
60	1 137.00	1 081.00	1	1 081.00
61	1 025.00	875.00	1	875.00
62	725.00	525.00	1	525.00
63	325.00	219.00	1	219.00
64	113.00	69.00	1	69.00
65	25.00			
土方量合计				4 413.30

实训 10-2　方格法平整成水平地面

一、实训目的

掌握方格法平整水平地面的方法。

二、实训内容

(1)在待平整园林场地上布设方格边长为 10 m 的方格网。
(2)利用水准仪对各方格顶点进行地面高程测量。
(3)合理确定设计高程。
(4)挖、填土方量的计算。

三、仪器与工具

DJ_6 型经纬仪 1 台、DS_3 水准仪 1 台、水准尺 2 根、尺垫 2 个、钢尺或皮尺 1 副、标杆 4 根、斧头 1 把、木桩若干、记录板 1 块(含有关记录表);自备铅笔、草稿纸等。

四、方法提示

(一)测设方格网

使用经纬仪、钢尺或皮尺等仪器工具,在待平整场地的地面上测设方格边长为 10 m 的方格网,并在各方格顶点上钉一木桩。为了计算方便,应对照现场绘出方格网草图,然后对各方格顶点进行编号。

(二)测量各方格顶点的地面高程

将水准仪安置在场地中央,以已知水准点为后视点,依次对各方格顶点作水准测量(读数至厘米),并现场计算各方格顶点的地面高程,且随时与实地情况进行校对。

(三)计算设计高程

为了挖、填土方量的平衡,采用地面平均高程作为平整场地时的设计高程。

(四)计算挖、填高度

将各方格顶点的地面高程减去设计高程即得其挖、填高度。

(五)计算挖、填土方量,确定开挖线

挖、填土方量要分别计算,结果应满足土方平衡的要求,然后标出开挖线。

五、注意事项

(1)若场地周围无已知水准点或引测高程困难,可在场地外侧布设一临时水准点,并对其高程进行假定。

(2)测量方格顶点地面高程时,水准尺应立在点位桩旁边具有代表性的地面上,记录时要注意立尺点的编号。

六、实训报告

每组上交方格顶点地面高程测量记录一份,格式见表 10-6;每人上交场地平整实训报告一份,其中含设计高程计算和挖、填土方量计算等内容。

表 10-6　方格顶点地面高程测量记录

仪器型号________ 班组________ 日期________ 天气________

测站	测点编号	水准尺读数(m)			视线高程(m)	高程(m)	备注
		后视	中间视	前视			

第五节　园林建筑施工测量

一、园林建筑施工控制测量

施工控制测量与测图控制测量相比，具有控制范围小、控制点密度大、测量精度要求高以及使用频繁等特点。当施测导线有困难或地势比较平坦时，可布置建筑方格网或建筑基线进行施工控制。

（一）建筑方格网

1. 施工坐标与测量坐标的转换

在设计和施工中，常采用施工坐标系也称建筑坐标系，它往往与测量坐标系不一致，在建筑方格网测设之前，需要进行坐标系的转换，以便求算测设数据。如图 10-20 所示，测量坐标系为 xoy，施工坐标系为 $x'o'y'$，施工坐标系的原点 o' 在测量坐标系中的纵、横坐标值为 x_o、y_o，α 为施工坐标系的纵轴 x' 在测量坐标系中的坐标方位角，那么，当 P 点的施工坐标为（x'_P，y'_P）时，其测量坐标值 x_P、y_P 为

$$\left.\begin{aligned} x_P &= x_0 + x'_P\cos\alpha - y'_P\sin\alpha \\ y_P &= y_0 + x'_P\sin\alpha + y'_P\cos\alpha \end{aligned}\right\} \tag{10-10}$$

施工坐标系的 x' 轴和 y' 轴应与园林场地内的主要建筑物、主要道路以及管线方向平行，施工坐标系的原点 o' 应设在总平面图的西南角，以使所有建筑物的设计坐标均为正值。

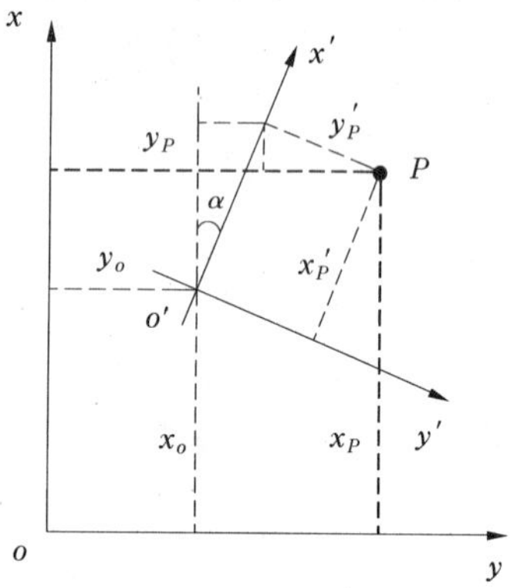

图 10-20　坐标系的转换

2. 建筑方格网布设

根据建筑设计总平面图上各园林工程的布置情况，并结合测设工作条件和精度要求，在平面图上进行建筑方格网的设计。如图 10-21 所示，首先在图上选定方格网的主轴线 AB 和 CD，其中 A、B、C、D、O 为主轴线的定位点（称为主轴线点），然后在图上布置矩形或方形网格，便构成了建筑方格网。

布设建筑方格网时，应注意如下事项：

（1）建筑方格网的主轴线应尽量选在用地中央，与主要建筑物轴线一致或平行，并使控制点接近于被测设的对象。

（2）控制网中方格的边长一般为 100 ~ 400 m，其边长的相对误差一般为 1/10 000 ~ 1/20 000。

（3）方格网点应选在便于保存点位之处，埋设的点位标桩高程与场地的设计标高不要相差太大。

（4）控制网的边线要求通视，以方便测角和量距，方格网的转折角应严格为 90°。

（5）当场地面积不大时，应尽量布设成全面方格网；若场地面积较大，应分为二级，首级可采用“十字形”、“口字形”或“田字形”，然后再加密方格网。

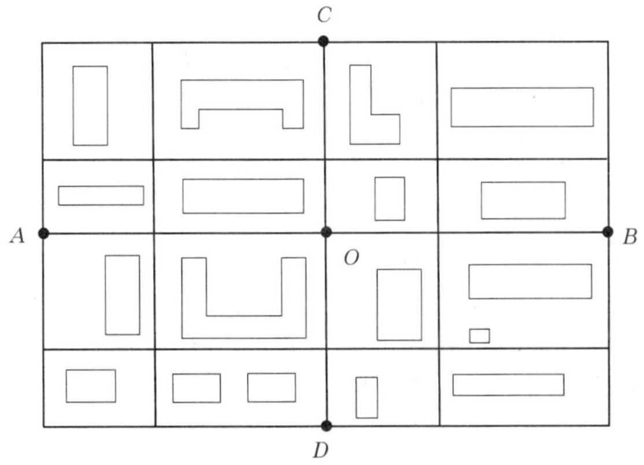

图 10-21　建筑方格网

3. 建筑方格网主轴线的测设

主轴线的定位是根据测量控制点来测设的，首先应将测量控制点的测量坐标换算成施工坐标。在图 10-22 中，P_1、P_2、P_3 为测量控制点，A、O、B 为主轴线点，以坐标反算方法算出测设数据 β_1、β_2、β_3、D_1、D_2、D_3，然后用经纬仪和钢尺以极坐标法在地面测设 A、O、B 点的概略位置 A'、O'、B'（见图 10-23），并用混凝土桩将点位 A'、O'、B'标定下来，桩的顶部常设置一块 10 cm × 10 cm 的铁板供调整点位用。

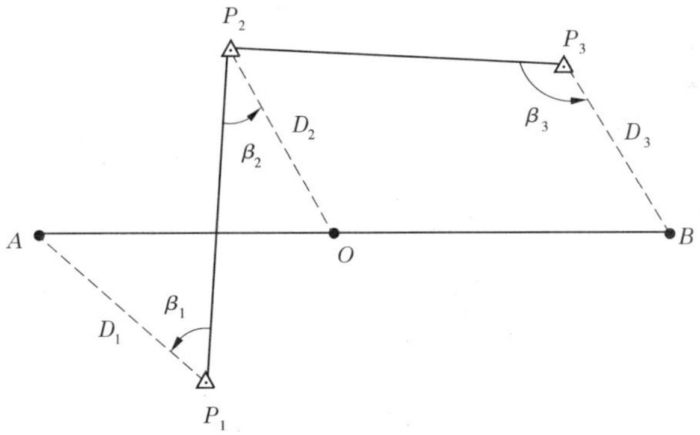

图 10-22　主轴线的定位测设

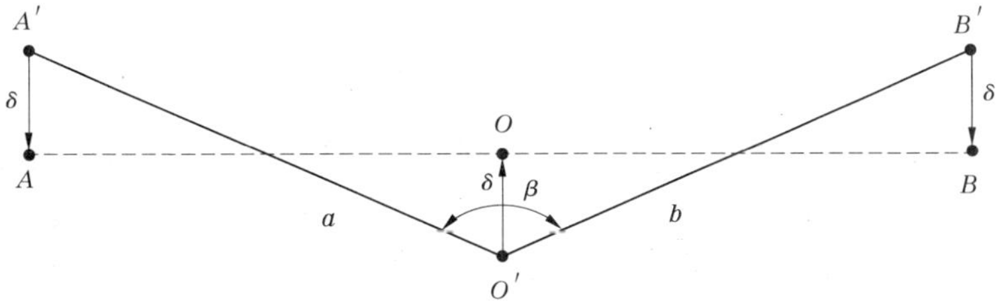

图 10-23　主轴线 AOB 的调整

因存在测量误差，三个主轴线点 A'、O'、B'一般不在同一条直线上，因此需要在 O'点上安置经纬仪，精确地测量 $\angle A'O'B'$的角值 β，如果它和 180°之差超过 ±10″时，则对 A'、

O'、B'的点位进行调整。

如图 10-23 所示，沿 AOB 的垂直方向移动 A'、O'、B'三点，使它们处在同一直线上。调整值 δ 为

$$\delta = \frac{ab}{2(a+b)} \times \frac{180° - \beta}{\rho} \tag{10-11}$$

式中　a、b——$A'O'$、$O'B'$ 的长度；

$\rho = 206\ 265''$。

定好 A、O、B 三个主轴线点后，将经纬仪安置在 O 点，再测设与 AOB 轴线相垂直的另一条主轴线 COD，如图 10-24 所示。测设时瞄准 A 点，分别向右、向左各测设 90°，并根据主轴线点间的距离，在实地标定出 C'和 D'点；精确地测出 $\angle AOC'$和 $\angle AOD'$，分别算出它们与 90°之差 ε_1、ε_2，并按式(10-12)计算出调整数 l_1、l_2，即

$$\left.\begin{aligned} l_1 &= d_1 \times \frac{\varepsilon_1}{\rho} \\ l_2 &= d_2 \times \frac{\varepsilon_2}{\rho} \end{aligned}\right\} \tag{10-12}$$

式中　d_1、d_2——OC' 和 OD' 的长度。

将 C'、D'两点分别沿 OC'及 OD'的垂直方向移动 l_1、l_2，得 C、D 点，C'、D'的移动方向依观测角值大于或小于 90°决定；然后，再实测调整后的$\angle COD$，其角值与 180°之差不应超过 ±10″。

4. 建筑方格网的详细测设

在主轴线确定后，随之进行方格网的详细测设。如图 10-25 所示，将两台经纬仪分别安置在已确定的方格网点 A 和点 C 上，它们均以 O 点为定向点，分别向左和向右测设 90°角，按测设的方向交会出 1 点位置。同法，可测设出方格网点 2、3、4，构成基本方格网点，然后，依此为基础加密方格网中其余各点。

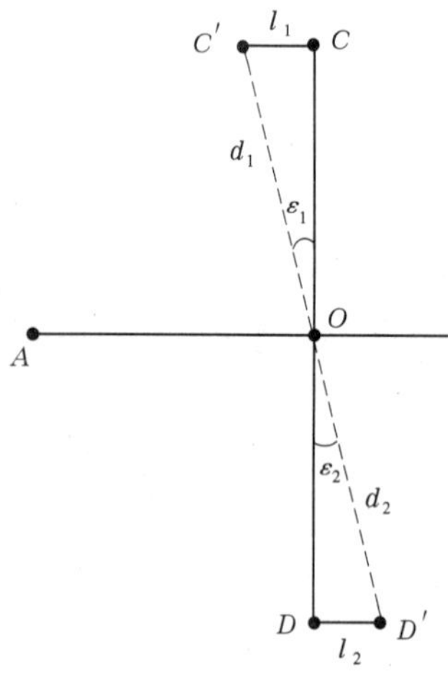

图 10-24　主轴线 COD 的调整

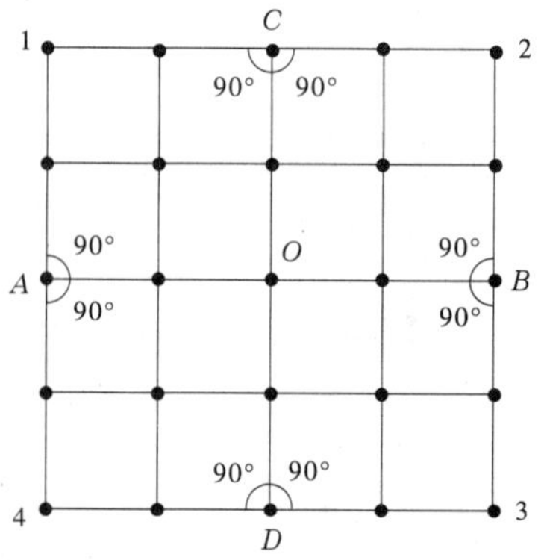

图 10-25　矩形方格网的测设

(二)建筑基线

在建筑工程较简单、面积不大且地势较平坦的施工场地上,布设一条或几条基准线,作为施工测量的平面控制线,称为建筑基线。

1. 建筑基线的布设

根据建筑设计总平面图上建筑物的分布、现场地形条件及原有测量控制点的分布情况,建筑基线可布设成"三点直线形"、"三点直角形"、"四点丁字形"和"五点十字形"等形式,它是建筑方格网的简化形式,如图 10-26 所示。

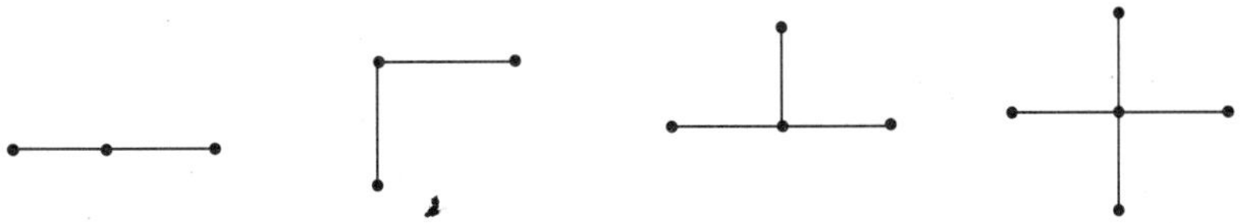

(a)三点直线形　(b)三点直角形　(c)四点丁字形　(d)五点十字形

图 10-26　建筑基线的布设形式

建筑基线应尽可能靠近拟建的主要建筑物,并与其主要轴线平行或垂直,以便用较简单的直角坐标法进行测设。建筑基线边长为 100 ~ 400 m,为便于相互检核,基线点应不少于三个,其点位应选在通视条件良好、不受施工影响和不易被破坏的地方,且要埋设永久性的混凝土桩。

2. 建筑基线的测设

建筑基线点测设时,应首先根据建筑物的设计坐标和附近已有的测量控制点,在图上选定建筑基线的位置,并求算出测设数据,然后采用极坐标法在实地进行测设。测设后,要求基线的转折角为 90°,容许误差为 ±20″,基线的边长与设计长度相比,其不符值应小于 1/5 000;否则,应进行点位的调整。

二、园林建筑物的定位

将设计图上园林建筑物外轮廓轴线的交点(又称为角桩)标定在实地上的工作,称为建筑物定位。外轮廓轴线的交点,不仅是确定建筑物形状、位置的关键点,也常常是进行建筑物细部放样的基准控制点。园林建筑物主要是根据施工平面控制点的位置,按平面点位测设的方法进行定位,但在小规模的园林工程中,也常利用原有的地物进行定位。

拟建建筑定位后,要对外轮廓轴线作检验校核,对于园林建筑,角度容许误差不超过 ±40″,边长检测值与设计值的相对误差不应超过 1/2 000 ~ 1/5 000,当精度符合要求时,使用白石灰撒出拟建建筑的外轮廓线。

(一)根据已有建筑物定位

在园林规划设计过程中,若规划范围内已经存在建筑物,一般应在设计图上予以反映,并给出其与拟建建筑的位置关系。如图 10-27 所示,在某已有建筑 *ABCD* 附近拟建一矩形建筑物 *EFGH*,已知拟建建筑外墙轴线与已有建筑外墙相互平行,拟建建筑物横墙 *EF* 和已有建筑邻近纵墙 *AB* 间距为 6. 2 m,拟建建筑物纵墙 *EH* 和已有建筑邻近横墙 *BC* 的距离为 3. 3 m,拟建建筑物横墙 *EF* 和 *GH* 长度为 7. 2 m,纵墙 *EH* 和 *FG* 长度为 10. 8 m。根据已有建筑物对拟建建筑物定位,其过程如下。

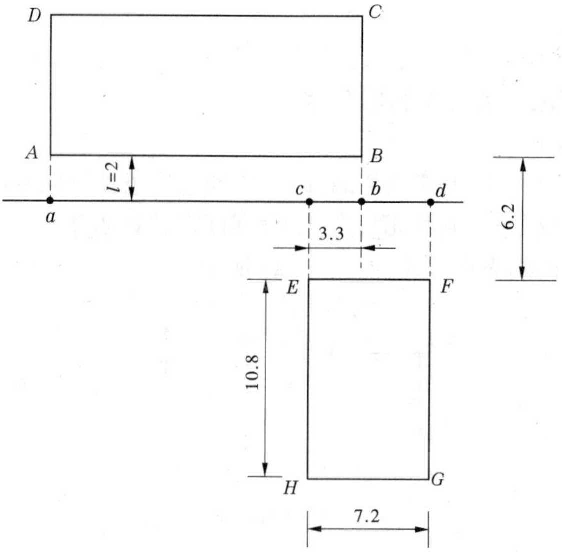

图 10-27　根据已有建筑物定位　（单位：m）

1. 计算测设数据

距离已有建筑纵墙 *AB* 为 *l* 作平行线 *ab*，*l* 应根据挖槽深度和土质情况而定，如假定 $l=2$ m，则 *ab* 与拟建建筑邻近横墙 *EF* 的距离为 4.2 m(6.2 − 2 = 4.2(m))。

2. 测设辅助点 *a*、*b*

分别沿已有建筑两端横墙 *DA*、*CB* 向外延长水平距离 *l*，标定出 *a*、*b* 点。

3. 测设垂足 *c*、*d*

在 *a* 点安置经纬仪，以 *b* 为定向点，从 *b* 点沿经纬仪视线方向往 *a* 点回量 3.3 m，标定出 *c* 点；再从 *b* 点沿经纬仪视线方向向前测设水平距离 3.9 m(7.2 − 3.3 = 3.9(m))，标定出 *d* 点。

4. 钉角桩并在桩顶用钉子标定出 *E*、*H*

以 *c* 点为测站安置经纬仪，以 *a* 点定向，逆时针转动经纬仪照准部 90°，沿经纬仪视线方向测设水平距离 4.2 m，钉角桩并在桩顶用钉子标定出 *E*；再从 *E* 点沿视线方向测设 10.8 m 的水平距离，标定出 *H* 点。

5. 钉角桩并在桩顶用钉子标定出 *F*、*G*

以 *d* 点为测站安置经纬仪，同法进行测设，标定出 *F*、*G* 点。

（二）根据已有道路中心线定位

拟建建筑物平行于原有的道路中心线时，首先定出道路中心线位置，然后用经纬仪测设垂线和量距，确定出拟建建筑物的主轴线。

如图 10-28 所示，两条道路相互垂直，拟在街心公园中建一长 12.50 m、宽 8.00 m 的矩形园林建筑，其边线分别与两条道路中心线平行，间距分别为 14.00 m 和 16.00 m。定位步骤如下。

1. 确定道路中心线

量取道路宽度，取其中点作为道路中心线上的点，如 *A*、*B*、*C*、*D*，从而得到道路中心线

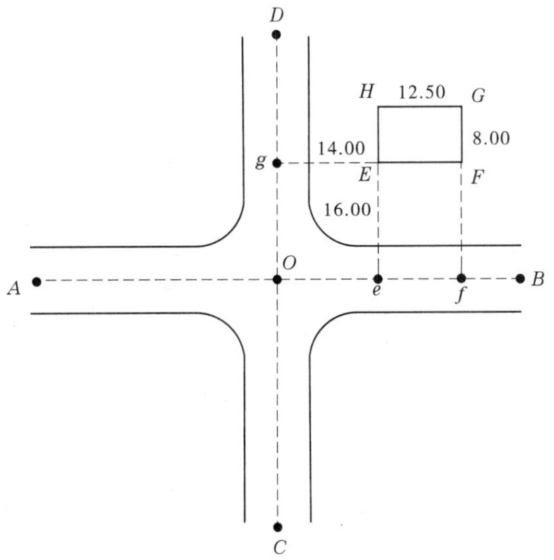

图 10-28　根据已有道路中心线定位　(单位:m)

AB、CD。

2. 确定道路中心线交点 O

分别以 A、C 点为测站安置经纬仪,并分别以 B、D 点为定向点,交会标定出交点 O。在 O 点安置经纬仪,实测水平角 $\angle BOD$,检核两条中心线的垂直性;若不垂直,则以两条道路中较主要道路的中心线为准,对另一条中心线进行调整。

3. 测设垂足 e

在 O 点安置经纬仪,以 B 点为定向点,沿经纬仪视线方向测设水平距离 14.00 m,标定出 e 点。

4. 钉角桩并在桩顶用钉子标定出 E、H

在 e 点设站,以 O 点为定向点,顺时针转动经纬仪照准部 90°,沿经纬仪视线方向测设水平距离 16.00 m,标定角桩 E;然后,在该方向继续测设距离为 8.00 m,得到角桩 H。

5. 钉角桩并在桩顶用钉子标定出 F、G

由于测设距离较短,采用距离交会法较为方便,即由 D_{EF} = 12.50 m, D_{HF} = 14.841 m ($\sqrt{12.50^2+8.00^2}=14.841(\text{m})$),标定出 F 点;由 D_{HG} = 12.50 m, D_{EG} = 14.841 m,标定出 G 点。

(三)根据构筑物定位

如图 10-29(a)所示,某拟建园林建筑物 $EFGH$ 为一矩形,其位置与已有构筑物 $ABCD$ 既不平行也不垂直,且由设计条件可知,拟建建筑物的长宽分别为 16.00 m、12.00 m, D_{BM} = 16.00 m, D_{ME} = 20.00 m, $\angle BME=45°$。定位过程如下。

1. 计算测设数据

如图 10-29(b)所示,延长直线 CB 与 ME 延长线交于点 e,则 $\triangle BMe$ 为等腰直角三角形,于是得

$$D_{Be} = 16.00\ \text{m}$$

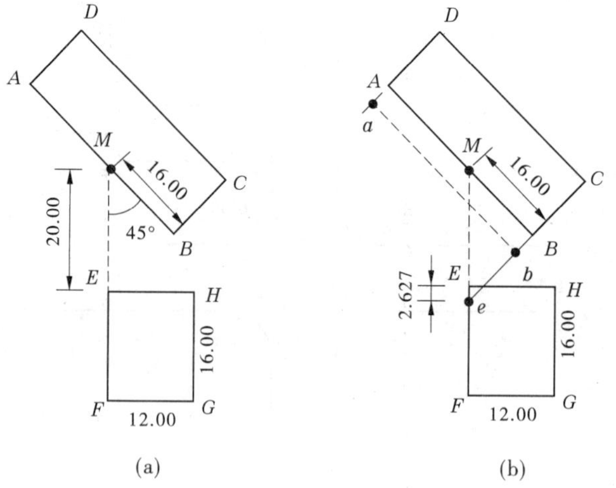

图 10-29　根据构筑物定位　（单位:m）

$$D_{Me} = \sqrt{16.00^2 + 16.00^2} = 22.627(\mathrm{m})$$

$$D_{Ee} = 22.627 - 20.00 = 2.627(\mathrm{m})$$

$$D_{eF} = 16.00 - 2.627 = 13.373(\mathrm{m})$$

2. 标定辅助点 a、b、e

沿已有构筑物的外墙 DA、CB 分别延长一段距离(如 2.00 m),得到辅助点 a、b,并加以标定;以 b 点为测站,以 a 点为定向点,逆时针转动经纬仪照准部 90°,沿经纬仪视线方向测设 14.00 m 距离($D_{be} = D_{Be} - 2 = 16.00 - 2 = 14.00$ (m)),得到辅助点 e,如图 10-29(b)所示。

3. 钉角桩并在桩顶用钉子标定出 E、F

在 e 点安置经纬仪,以 M 点为定向点,沿经纬仪视线方向测设距离 D_{Ee} = 2.627 m,得 E 点,并钉一木桩标定;顺时针转动经纬仪照准部 180°,沿经纬仪视线方向测设距离 D_{eF} = 13.373 m,标定出 F 点。

4. 钉角桩并在桩顶用钉子标定出 H、G

分别以 E、F 点为测站,均以 M 点为定向点,顺时针转动经纬仪照准部 90°,各测设 12.00 m 距离, 便得 H、G 点,如图 10-29(b)所示。

三、园林建筑物的测设

建筑物的测设是指根据已定位的外轮廓各轴线角桩,详细测设出建筑物内部其他各轴线交点的位置,在交点处钉木桩,并在桩顶钉上小钉以准确定位,称为中心桩(交点桩);然后再根据各桩点的位置和基础设计平面图标注的尺寸确定基槽开挖边界,并撒上白灰线,以便进行开挖施工。

在基槽开挖的过程中,由于各个角桩和中心桩将被挖掉,所以为了方便地恢复各轴线的位置,一般都把轴线延长到基槽外安全地点,并做好标志。

(一)测设轴线控制桩

如图 10-30 所示,轴线控制桩又称为引桩或保险桩。测设时,将经纬仪安置在角桩或中心桩上,瞄准另一对应的角桩或中心桩,沿视线方向用钢尺向基槽外侧量取 2 ~4 m(如果是较高大的园林建筑,为了便于向上引测,间距还应加大一些),在不受施工干扰而又便于引测的地方打上木桩,并在桩顶钉上小钉,准确标出轴线位置。当现场条件许可时,也可在轴线延长线两端的原有固定建筑物上直接做上标记,来代替轴线控制桩。此外,还应在轴线控制桩上画线标明 ±0.00 标高。

为了保证轴线控制桩的精度,最好在轴线测设的同时标定轴线控制桩;若单独进行轴线控制桩的测设,可采用经纬仪定线法。轴线控制桩埋设时,需用混凝土包裹木桩,如图 10-31 所示。

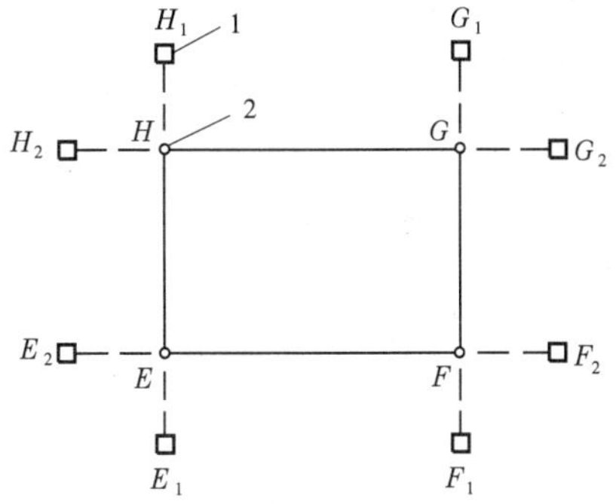

图 10-30 轴线控制桩的布设

1—轴线控制桩;2—角桩

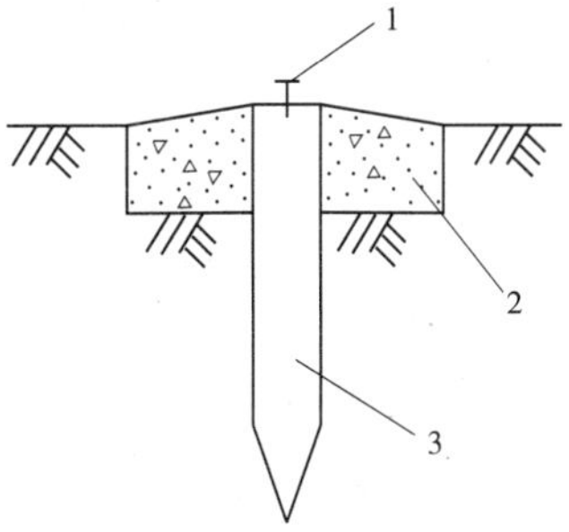

图 10-31 轴线控制桩的埋设

1—小钉;2—混凝土;3—木桩

(二)测设龙门板

在低层、小型的园林建筑中,为了便于恢复轴线和抄平,常在基槽开挖线以外一定距离处钉设龙门板来引测轴线,如图 10-32 所示。

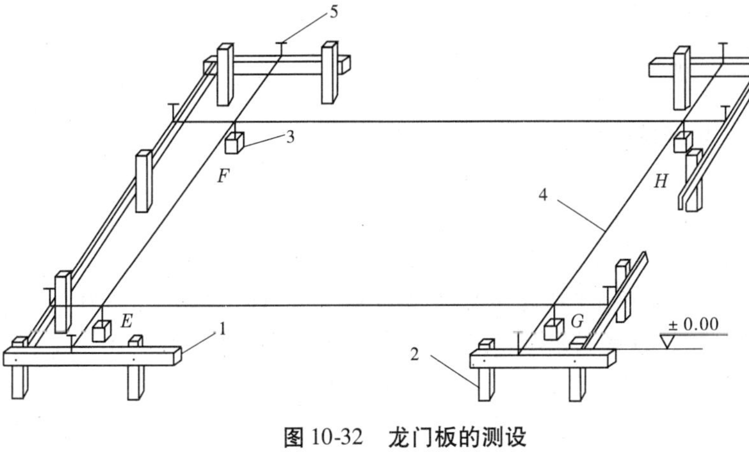

图 10-32 龙门板的测设

1—龙门板;2—龙门桩;3—角桩;4—细线;5—轴线钉

1. 钉龙门桩

根据土质和挖槽深度等情况，在基槽开挖线外 1 ~ 3 m 处钉设龙门桩，龙门桩要钉得竖直、牢固，木桩的外侧面应与基槽平行。

2. 在龙门桩上测设 ±0.00 标高线

根据建筑场地水准点，采用测设已知高程的方法，用水准仪在每个龙门桩的外侧面上测设出 ±0.00 标高，并用红油漆画一条横线。若现场条件不允许，也可测设比 ±0.00 稍高或稍低的某一整分米数的标高线，并标明之。龙门桩标高测设的误差一般不应超过 ±5 mm。对于同一建筑物最好只选用一个标高，当地形起伏较大，必须选用两个标高时，一定要标注清楚，以免使用时发生错误。

3. 钉龙门板

沿龙门桩上测设的 ±0.00 标高线钉龙门板，使龙门板上边沿与龙门桩上的 ±0.00 标高对齐。钉完龙门板后，应对龙门板上边沿的标高进行检核，其方法与测设已知高程的方法相同。

4. 设置轴线钉

在图 10-32 中，将经纬仪安置在角桩 E 上，瞄准另一个角桩 F，沿视线方向在 F 点旁边的龙门板上边沿定出一点，并用小钉标定，该小钉称为轴线钉。同法，可用经纬仪将建筑物墙、柱等各轴线都引测到各相应的龙门板顶面上。

5. 设置施工标志

在对应轴线钉之间拉细线绳，可吊垂球随时恢复角桩或中心桩位置，投测点的容许误差为 ±5 mm。用钢尺沿龙门板顶面检查两轴线钉的间距，一般要求轴线间距检测值与设计值的相对误差为 1/2 000 ~ 1/5 000。经检核合格后，以轴线钉为准，将墙边线、基础边线、基槽开挖边线等标定在龙门板上边沿，然后根据基槽开挖边线拉线绳，用石灰在地面上撒出开挖边线。

龙门板具有标志明显、使用方便等优点，可以控制 ±0.00 标高，控制轴线以及墙、基础与基槽的宽度等，但该法耗费木材较多，尤其是采用机械挖槽时常常遭到破坏，因此目前在施工测设中多采用轴线控制桩法。

四、基础施工测量

（一）基槽、基坑开挖的抄平测设

轴线控制桩测设完成后，即可进行基槽开挖施工等工作。在施工过程中，基槽或基坑是根据所设计的基槽边线和现场撒的灰线进行开挖的，为了控制基槽开挖深度，当基槽开挖接近槽底设计标高时，应在基槽壁上自拐角开始，每隔 3 ~ 5 m 测设一根比槽底设计高程高 0.3 ~ 0.5 m 的水平桩（又称腰桩），作为挖槽深度、修平槽底和打基础垫层的依据，此过程称为基槽抄平。基槽内水平桩常根据施工现场已测设好的 ±0.00 标高或龙门板上沿高程，用水准仪测设水平桩，高程测设容许误差为 ±10 mm。

如图 10-33 所示，槽底设计标高为 −1.50 m（即比 ±0.00 低 1.50 m），若测设比槽底设计标高高 0.50 m 的水平桩，应在地面适当位置安置水准仪，在 ±0.00 标高处或龙门板上沿竖立水准尺，读取后视读数 a = 1.58 m，并计算出水平桩上侧面的应有前视读数 b，

即

$$
\begin{aligned}
b &= a + (\text{基槽开挖深度} - 0.50) \\
&= 1.58 + (1.50 - 0.50) \\
&= 2.58(\text{m})
\end{aligned}
$$

然后，紧贴槽壁边立另一水准尺并上、下徐徐移动，直至水准仪的前视读数正好等于2.58 m时，沿尺子底部在槽壁上打入一个小木桩，即为要测设的水平桩，槽底就在距水平桩上侧面向下0.50 m处。

必要时，可沿水平桩的上侧面拉上线绳，作为清理槽底和打基础垫层时掌握标高的依据。基槽开挖完成后，应检查槽底的标高和槽底宽度是否符合要求，水平桩标高容许误差不大于±10 mm。为砌筑建筑物基础，所挖基槽呈深坑状的称基坑，当基坑过深时，可用悬挂钢尺代替水准尺的方法将地面高程传递到深坑内。

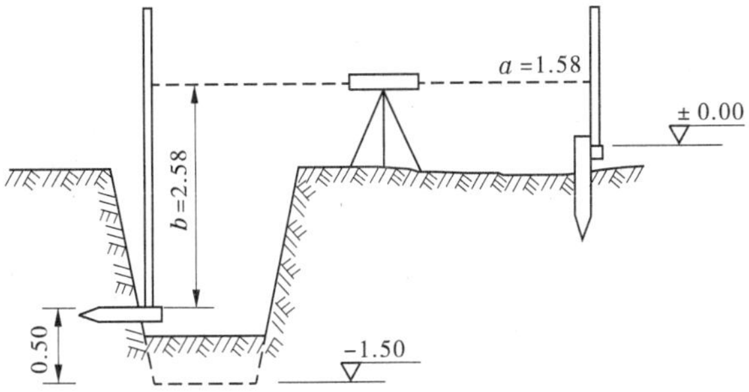

图 10-33　基槽开挖深度测设　（单位：m）

（二）基础施工的抄平放线

1. 控制垫层施工标高

基槽挖土完成后，应按设计要求的材料和尺寸在槽底敷设垫层。垫层标高的控制可以采用水平线控制法，即沿基槽水平桩上侧面，在槽壁弹出一条水平墨线，该线既用做清理槽底，也作为控制垫层标高的依据。也可以采用槽底桩顶控制法，即采用测设已知高程的方法，用水准仪抄平，在槽底设置小木桩，使桩顶高程等于垫层顶面的设计标高，通常小木桩间距为2~3 m，呈行列式或梅花形排列。

此外，还可根据±0.00水准点，如龙门板上沿标高，直接控制基础垫层标高。若垫层需要支架模板，则可采用测设已知高程的方法，直接在模板上标定标高控制线。

2. 基础放线

（1）测设外部轮廓轴线。当垫层施工结束后，根据轴线控制桩或龙门板上的轴线钉，将外部轮廓轴线投测到垫层上，并用墨线弹出。投测时，可采用经纬仪定线法或用拉绳悬挂垂球的方法，如图10-34所示。

（2）测设内部轴线。按设计图纸上所标注的尺寸，先沿已弹出的外部轮廓轴线测设水平距离，标定各轴线的交点，再沿内部轴线的两个端点在垫层上弹出墨线，标定各内部轴线。

（3）测设基础边线。按设计图纸中基础大方脚的宽度（埋入地下的墙叫做基础墙，基础墙的下部通常做成阶梯形的砌体，叫做大方脚或大放脚），由内部轴线向两侧测设设计距离，标定基础边界点，并沿相应边界点弹墨线，从而在垫层上标定出大方脚边界线。若采用龙门板，也可以直接按龙门板上的基础边线标志弹线。在弹大方脚边界线时，同时也把墙砖垛、管道穿墙孔洞位置弹出，以便砌砖，图 10-35 所示为基础砌砖线的一角。

3. 基础墙标高控制

在垫层上弹出轴线和基础边线后，便可砌筑 ±0.00 以下的基础墙，基础墙的高度是利用基础皮数杆来控制的。基础皮数杆是一根木杆，其上标明了 ±0.00 的高度，并按照设计尺寸画有每皮砖（一皮即一层砖）和灰缝厚度，以及防潮层的位置与需要预留洞口的标高位置等，如图 10-36 所示。立皮数杆时，首先在立杆处打一木桩，按测设已知高程的方法用水准仪抄平，在桩的侧面抄出高于垫层某一数值（如 10 cm）的水平线，然后将皮数杆上标高等于该数值的刻划线与木桩上的水平线对齐，并用大铁钉把皮数杆与木桩钉在一起，作为砌墙时控制标高的依据。

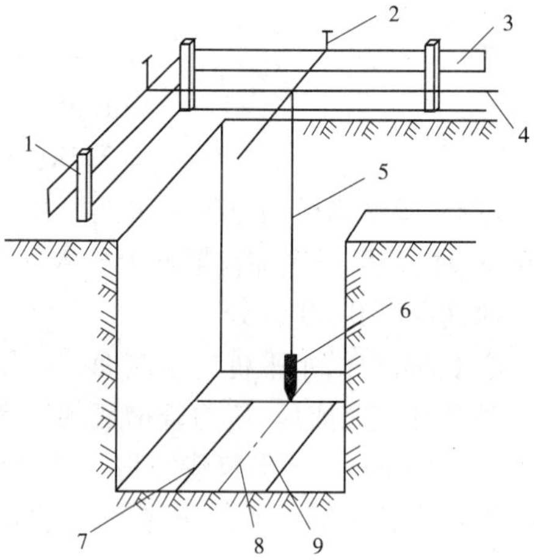

图 10-34　基础放线

1—龙门桩；2—轴线钉；3—龙门板；4—细线；5—铅垂线；6—垂球；7—基础边线；8—墙中心线；9—垫层

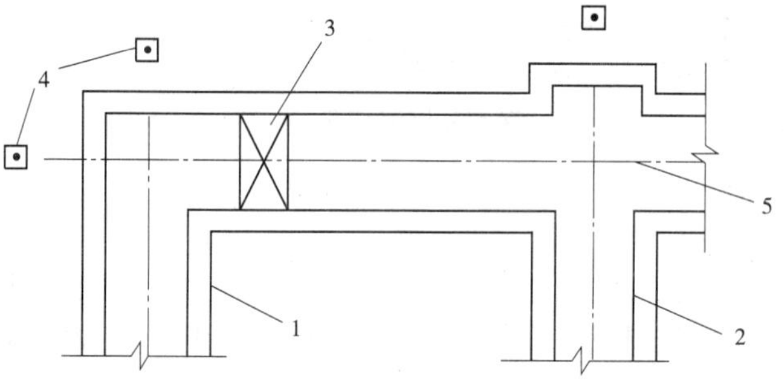

图 10-35　基础砌砖线一角

1—基槽边线；2—砌砖大方脚边线；3—孔洞位置；4—轴线控制桩；5—轴线

当基础墙砌到 ±0.00 标高下一皮砖时，要测设防潮层标高，容许误差为 ±5 mm。有的防潮层是在基础墙上抹一层防水砂浆，也作为墙身砌筑前的抹平层。为使防潮层顶面高程与设计标高一致，可以在基础墙上相间 10 m 左右及拐角处做防水砂浆灰墩，按测设已知高程的方法用水准仪抄平灰墩表面，使灰墩上表面标高与防潮层设计高程相等，然后再由施工人员根据灰墩的标高进行防潮层的抹灰找平。

五、墙体施工测量

在基础层施工完成后，要进行 ±0.00 以上的施工抄平放线工作，方法与基础施工类似。

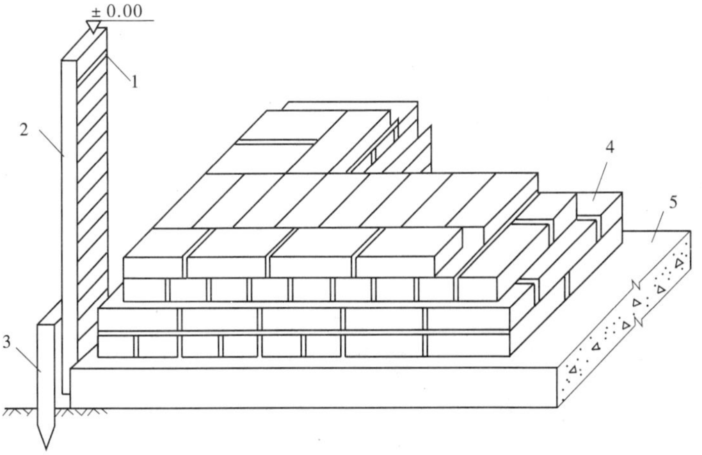

图 10-36　基础墙标高控制

1—防潮层;2—基础皮数杆;3—木桩;4—墙体;5—垫层

(一)墙体的定位

根据轴线控制桩或龙门板上的轴线钉,采用经纬仪定线法或用拉绳悬挂垂球的方法引测轴线,投点容许误差为±5 mm,然后用墨线在防潮层上弹出墙轴线。同时,依据墙轴线弹出墙身边线,并定出洞口位置。检查轴线长度与轴线交角,当符合设计要求后,把轴线延伸并画在基础墙的立面上,同时用红三角形将其标定,作为向上投测轴线的依据,如图 10-37 所示。

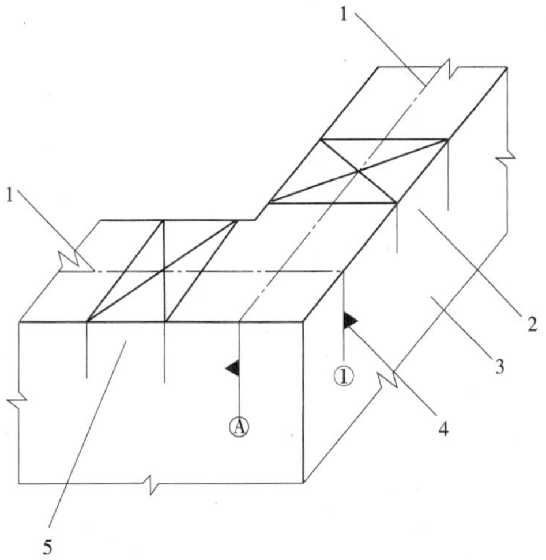

图 10-37　砌筑过程中轮廓轴线测设

1—墙中心轴线;2—窗洞;3—外墙基础;4—轴线标志;5—门洞

根据已弹出的外部轮廓轴线,弹出各内墙轴线,然后依据内墙轴线弹出墙边线,定出门窗洞口位置。

(二)墙体标高控制

在砌筑墙体时,先在基础上根据控制桩或龙门板上的轴线弹出墙的边线和门洞的位置,然后就可以根据墙的边线和墙身皮数杆砌墙。

1. 墙身皮数杆

立墙身皮数杆可以控制每皮砖砌筑的竖向尺寸,并使铺灰、砌砖的厚度均匀,保持砖皮水平。自±0.00 标高起,墙身皮数杆上画有每皮砖和灰缝的厚度,以及门窗洞、过梁、楼板等的标高。如图 10-38 所示,通常将墙身皮数杆立在建筑物的转角和内墙处,为了便于施工,采用里脚手架时立在墙外侧,采用外脚手架时立在内侧;为了使皮数杆稳定,可加钉斜撑。

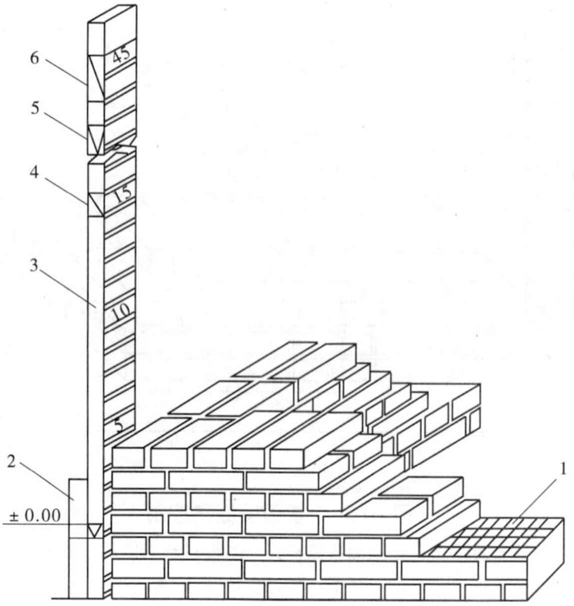

图 10-38　墙体标高控制

1—防潮层;2—木桩;3—墙身皮数杆;4—窗口出砖;5—窗口过梁;6—楼板

立墙身皮数杆的方法与基础皮数杆类似,先在立杆处打一木桩,使墙身皮数杆的 ±0. 00标高与木桩上 ±0. 00 标高线对齐、钉牢即可。用水准仪在木桩上测设 ±0. 00标高线的容许误差为 ±5 mm。

当砖墙砌到窗台时,应在外墙面上根据房屋的轴线量出窗的位置,以便砌墙时预留窗洞。墙的竖直情况,用托线板进行校正,如图 10-39 所示。把托线板的侧面紧靠墙面,看托线板上的垂球是否与板上的墨线对准,如果有偏差,可以校正砖的位置。

2. +50 标高线

当砖墙砌筑至一步架高(指一层脚手架的高度)时,宜随即按测设已知高程的方法用水准仪在墙内进行抄平,测设 +0. 50 m 水平线,称为首层 +50 标高线,并弹出墨线。 +50 标高线,在首层标高为 +0. 50 m,在以上各层为各层设计标高加 0. 50 m,这条标高线既可作为层高及门窗过梁标高的依据,也是室内装饰施工和做地坪、踢脚线、窗台等的标高依据。

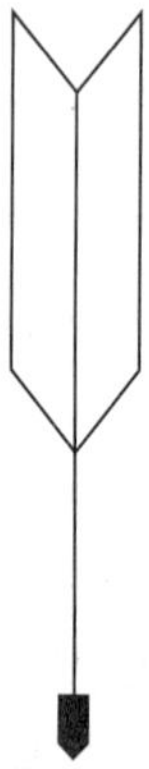

图 10-39　托线板

3. 层高控制线

在一层砌砖完成之后,根据室内 +50 标高线,用钢尺向墙上端测设垂距,通常是测设出比搁置楼板板底设计标高低 0. 10 m 的标高线,并在墙上端弹出墨线,控制找平层顶面标高,以保证吊装的楼板板面平整,便于地面抹平的施工。

首层楼板搁置灌缝后,便可进行二层的抄平放线。此后各层的抄平放线方法都与首层类似,其差异主要在于如何把首层的轴线和标高传递到各层施工面。

(三)楼层轴线投测

在多层园林建筑的施工中,轴线投测是指将首层轴线沿竖直方向投影到二层及二层以上楼层的地坪上,从而建立该层面轴线控制的测设工作。

1. 吊锤法

在楼板或柱顶边缘悬挂垂球,当垂球尖对准基础墙立面上的红色三角形轴线标志时(见图 10-37),按铅垂线在施工面标定轴线端的投影位置。以同样的方法标定轴线另一端的投影位置,两端投影点的连线即为定位轴线。

2. 经纬仪盘左盘右取中法

如图 10-40 所示,在轴线控制桩或轴线钉上安置经纬仪,以基础墙立面上的轴线标志定向,用盘左位置抬升望远镜物镜端,沿经纬仪视线方向在施工面上标定一点;以盘右位置再标定一点,若两个投影点不重合,取这两点的中点作为轴线端的投影位置。按同样的方法标定轴线另一端的投影位置,将两投影点相连,即得到定位轴线。

当把轴线投测到楼板上后,应使用钢尺实测其间距离,丈量值与设计值的相对误差不大于 1/2 000 ~ 1/5 000,合格后方可在楼板上进行弹线。

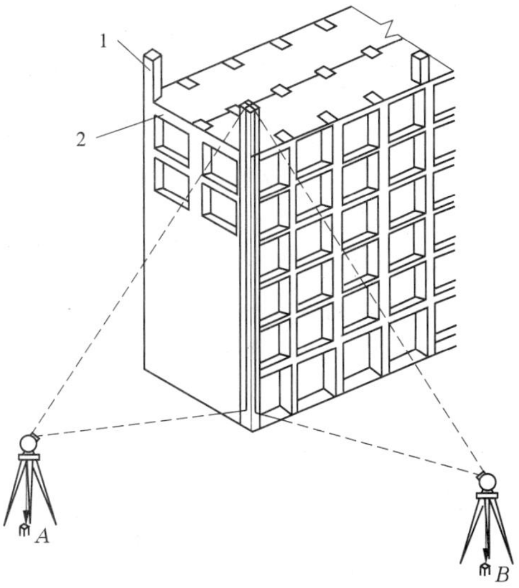

图 10-40　经纬仪盘左盘右取中法

1—柱;2—梁

(四)楼层标高传递

标高传递是指将建筑物的相对高程系统传递到不同的工作面上。

1. 皮数杆法

每层砌好后,以首层皮数杆起,逐层向上衔接。

2. 钢尺直接测设法

在标高精度要求较高时,可沿墙角自 ±0.00 标高线起用检定过的钢尺直接向上测设,把高程传递上去。

第六节　挖湖、堆山与地下管道施工测量

一、挖湖施工测量

(一) 湖池外轮廓平面位置的测设

在开挖人工水体的园林工程中，测设通常采用极坐标法。如图 10-41 所示，A、B 两点为控制点，其连线为测设基线，测设前，首先在挖湖工程设计图上，依次标注出人工湖外轮廓线上的特征点，如 1、2、3、…，分别量算出这些特征点到控制点 A 的实地距离 $D_i(i=1,2,3,\cdots)$；然后分别作 A 点与各特征点的连线，并用量角器量出每一连线与基线 AB 间的水平夹角 $\beta_i(i=1,2,3,\cdots)$。

将经纬仪安置于地面 A 点，瞄准控制点 B，把水平度盘置零后，测设出水平角 β_1，便找出了特征点 1 相对于基线 AB 的方向，在此方向上用钢尺或皮尺量出水平距离 D_1，即可得到特征点 1 在地面的位置，并钉上木桩，如图 10-41 所示。

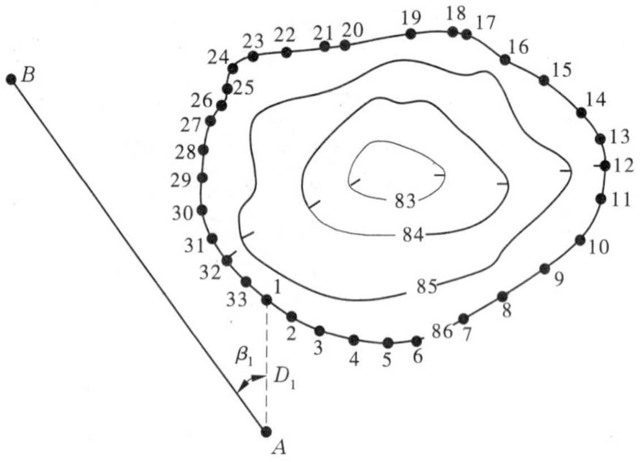

图 10-41　极坐标法测设水体

同法，分别将设计图上人工湖边界的其他特征点全部测设在实地，然后用细线绳把测设的各桩点连接起来，并沿线绳圆滑地撒上白灰标记，即得到湖池在地面的外轮廓线。

(二) 湖池基底高程的测设

湖池外轮廓内的等高线位置也可用测设外轮廓线的方法测设出来，并每隔 3 ~ 5 m 钉一木桩。由控制点 A 或控制点 B 的高程，根据设计的水体基底标高，用水准仪进行高程测设，将挖湖深度线标明在木桩上，作为挖深的依据；也可在人工湖外轮廓线内适当位置钉若干个木桩，标明挖深。然后对照挖湖设计图进行开挖，施工时木桩处可暂时留一土墩，以便掌握挖深，待施工完毕后，再把土墩挖掉。

(三) 湖池岸坡的测设

根据工程设计图，在湖池岸坡的转折处定出上、下边坡点，钉入边桩，然后按照设计坡度制成边坡样板并置于边桩处，以控制与检查岸坡的坡度。待挖湖测设的各项任务完成

以后，还要依据设计图进行逐一核对。

二、堆山施工测量

（一）堆山平面位置的测设

在堆山的施工测量中，通常采用方格法进行平面位置的测设。

1. 在设计图上打方格

如图10-42所示，首先在堆山工程设计图上，选择具有定位作用的明显地物点或地貌点 A、B，并以此作为测量控制点；然后根据 A、B 点与堆山的位置关系以及堆山设计体量等情况，按一定边长在等高线图上打出方格网。

2. 求出轮廓特征点在方格网中的位置

在设计图上，依次标注出堆山等高线外轮廓上的特征点1、2、3、…，然后根据设计比例尺，分别求算出每个特征点在各自方格中的实地位置。

3. 测设轮廓特征点

在实地确定 A、B 点的位置，并按照实际尺寸在地面上测设出施工方格网，然后依据设计图上等高线各特征点在方格网中的位置，在地面上相应的方格中找出1、2、3、…的点位，并钉上木桩。参照设计图中的等高线形状，用细线绳把高程相等的相邻桩点连接起来，随后沿着线绳走向以圆滑的曲线用白灰撒上标记，便得到堆山底部在地面上的轮廓线。

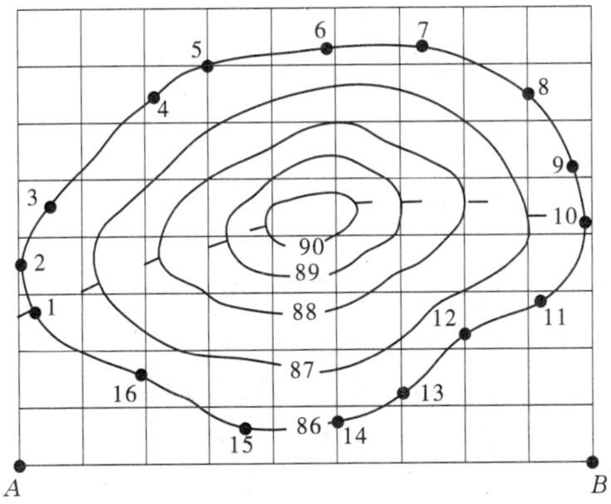

图10-42　方格法测设堆山

（二）各桩点高程的测设

堆山平面位置测设后，分别在桩点1、2、3、…上插立细竹竿，其长度依该点堆山设计高度而定。为了提高测设精度，有时还需在同一等高线的相邻两特征点间沿石灰线加插竹竿。根据控制点 A、B 或附近已知水准点的高程以及堆山设计资料，利用水准仪测设出桩点1、2、3、…的各个堆土层的设计高程。

当堆山高度小于5 m时，可在相应的竹竿上用不同颜色一次性作出高度标记，作为堆山时的依据，如图10-43(a)所示。根据测设出的平面位置和各桩点不同土层的设计高程标记，便可进行填土堆山，在堆山过程中，还应随时用边坡样板控制山体的坡度。

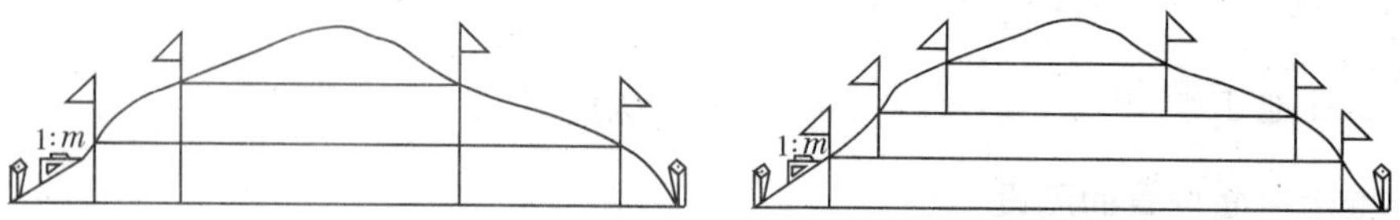

(a)堆山高度较低时　　(b)堆山高度较高时

图 10-43　堆山高度标记

如图 10-43(b)所示,当所堆山体较高时,应采用分层测设、分层堆叠法,即第一层堆土完成后,再使用水准仪测设出第二层的堆土高度标记,然后实施第二层的填土堆山;第二层堆土完成后,再进行第三层,如此施工与测量,直至山顶。

三、地下管道施工测量

园林中的地下管道主要指给水、排水管道,它们属于地下构筑物。为了合理地敷设管道,首先应进行规划设计,确定管道中线的位置并给出定位的数据,即管道的起点、转向点、终点的坐标和高程,然后将图纸上所设计的中线测设于实地,作为施工的依据。

(一)管道测量的准备工作

1. 熟悉图纸和现场情况

施工前要收集管道测设所需要的平面图、断面图、附属构筑物图以及有关资料,熟悉、核对设计图纸以及施工区域的水准点位置和高程资料,了解精度要求和工程进度安排等。还要深入施工现场,熟悉地形,找到地面已知水准点的位置,做好施工测量准备。

2. 中线复核

为了保证线路位置准确可靠,在管道施工前,应根据设计资料对管道中线进行复核测量,把丢失或损坏的中线重新恢复起来,以满足施工的需要。若设计阶段地面上标定的中线位置就是施工时所需要的中线位置,且各桩点完好,则仅需校核一次,不需重新测设。

3. 加密水准点

施工的区域往往比较大,且工地上工种繁多,各种材料堆积,使视线受阻,量距困难。所以,在施工过程中为了便于引测高程,施工前必须增设足够的施工测量辅助控制点。通常应根据设计阶段布设的水准点,于沿线附近每隔约 150 m 增设一临时水准点。

(二)地下管道中线测设

1. 测设施工控制桩

根据规划设计中确定的管道中线位置和定位数据,用经纬仪在实地测设出管道的起点、转向点及终点位置,并钉设中线桩。在施工时,中线上的各桩将被挖掉,因此应在不受施工干扰且便于引测和保存点位之处测设施工控制桩,用以恢复中线;测设地物位置控制桩,则是用来恢复管道附属构筑物的位置,如图 10-44 所示。中线控制桩的位置一般测设在管道起止点及各转点处中心线的延长线上,附属构筑物控制桩则测设在管道中线的垂直线上。

2. 槽口放线

管道中线控制桩定出后,就可根据管径大小、埋设深度以及土质情况,决定开槽宽度,并在地面上钉上边桩，然后沿开挖边线撒出白灰线，作为开挖的界限。如图10-45所示，当横断面上坡度比较平缓时，开挖宽度可用式(10-13)计算

$$D = d + 2mh \tag{10-13}$$

式中　d——槽底宽度；

h——中线上的挖土深度；

m——管槽放坡系数。

(三)地下管道施工控制标志测设

管道的埋设要按照设计的中线和坡度进行，因此施工中应设置施工测量标志，以使管道埋设符合设计要求。园林工程中给水与排水管道施工精度一般要求不高，通常采用平行轴腰桩法进行测设。

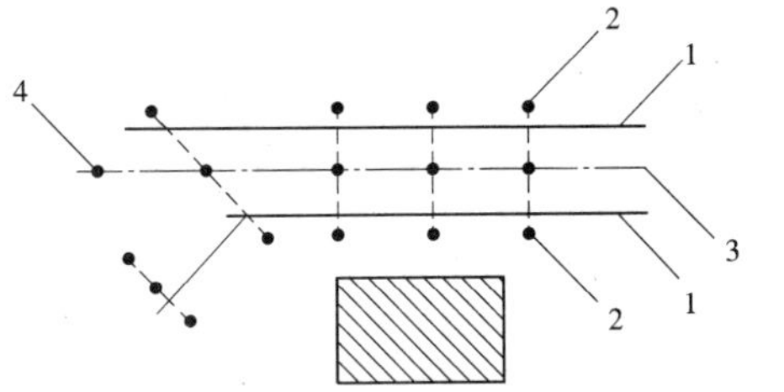

图10-44　施工控制桩测设

1—槽边线；2—附属构筑物位置控制桩；3—中心线；4—中线控制桩

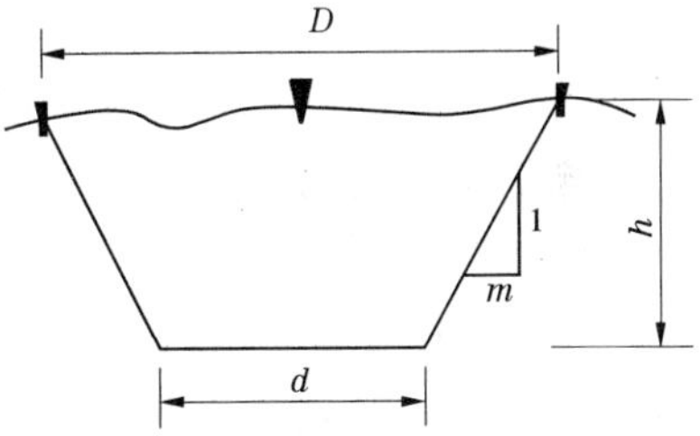

图10-45　槽口放线

1. 设置平行轴线桩

施工之前，在管道中线一侧或两侧设置一排平行于管道中线的轴线桩，桩位应落在开挖槽边线(灰线)以外，如图10-46所示。平行轴线距离管道中心线为a，各轴线桩间距以10～20 m为宜，各检查井位也相应地在平行轴线上设桩。

2. 设置腰桩

为了控制管底高程和中线，在距槽底约1 m的槽沟坡上，钉一排与平行轴线桩相对应的桩，即腰桩，如图10-47所示。在腰桩的上侧面水平钉一小钉，并用水准仪测出各腰桩上小钉位置的高程，小钉高程与该处管底设计高程之差h，称为下反数。管道施工时，只需用水准尺量取小钉到槽底的距离，然后与下反数比较，便可检查是否挖到管底设计高程。

平行轴腰桩法施工和测量相对较烦琐，且各腰桩的下反数不一致，往往容易出错。为此，应先选定到管底的下反数为某一整数，并计算出各腰桩的高程，然后再测设出各腰桩，并用小钉标明其位置，此时各腰桩小钉的连线与设计坡度平行，并且小钉的高程与管底设计高程之差为一常数。

(四)地下管道工程的施工

1. 给水管道的施工

给水管道的铺设一般采取浅埋方式，埋地深度可根据管径大小、当地土质情况及冻土层厚度、管道上部地面的承载重量等综合确定。施工时，先要核对园林给水设计图所规定

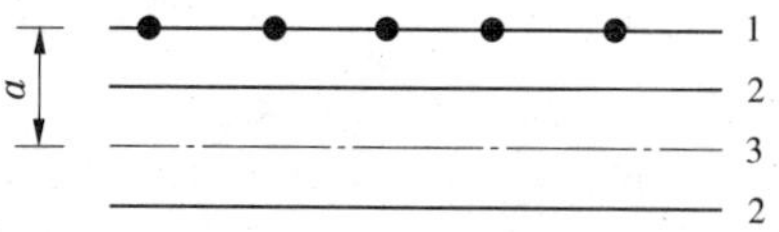

图 10-46　平行轴线桩
1—平行轴线;2—槽边线;3—中心线

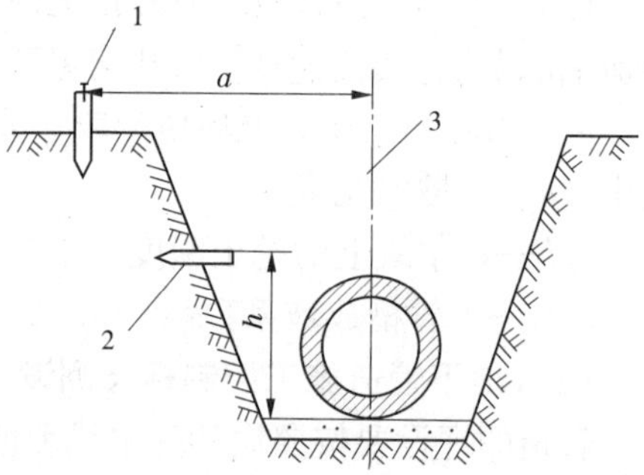

图 10-47　平行轴腰桩法
1—平行轴线桩;2—腰桩;3—中心线

的水管位置与走向、管头连接方式和阀门井的位置,然后在地面准确地定线、挖槽。待管道在槽中铺设后,还需按照设计要求连接好水管的接头,安装上阀门和水龙头,最后将挖出的槽土回填并压实。

2. 排水管道的施工

在园林工程中,地面雨水常被引入路边和场地边缘所设的排水沟或集水口,然后再排放到园林排水管网系统中。

(1)集水口施工。集水口一般用砖石材料砌筑成一个进水坑,坑壁的中部与排水管的管口结合。集水口的外面要设透水的盖子,且盖子要结实,一般用铸铁或钢筋混凝土制作,能承受车辆碾压;盖子上的孔洞、空槽面积要足够大,有利于通畅地排水。

(2)检查井施工。检查井的直径比排水管道大,砌筑检查井时,砖缝中水泥砂浆要爆满,使井壁有足够的强度。井壁与排水管口的连接要牢固,不能有松动。检查井顶面的竣工高度要与园林道路路面、场地铺装面高度平整衔接,井盖一般选用标准的制成品。

(3)管道的铺设。排水管道一般属于重力自流管道,施工前,首先要核对设计的上下游管道管底高程是否正确。施工时,埋管的土槽各处深度要达到设计的管底高程,槽宽应至少比管径大1倍。因为管道埋于地下,损坏后维修较困难,为了防止埋管后因地基不均匀沉降而造成管道折裂与变形,必须对槽底土质松软段予以夯实加固,并使槽底相对平整。埋管时,应先从下游的管道开始铺设,逐步向上游推移,以利排水。铺设过程中,还要随时复核各处管底高程是否符合设计要求,管口连接要紧密,不得漏水。

第七节　园林植物种植测量

在实施园林植物种植前,需要对树木种植进行定点放线。根据种植形式的不同,可结合施工现场情况,灵活选用平面点位测设的方法,并使用仪器和工具进行放样。

一、孤植型

孤植树即单株,它们每株树的中心位置在图纸上都有明确的表示。其种植位置的测设方法视现场情况可用极坐标法、距离交会法等。点位定位后钉上木桩做好标记,并在桩上写明植物名称及其规格大小等,同时标出它的挖穴范围。

(一)用极坐标法测设种植位置

在进行单株植株测设时,以设计图中树木符号的几何中心位置为准。在进行成片区域种植测设时,则应准确测设出其周界的各转折点。因植株种植点位的测设精度一般要求不高,故确定植株中心点位置时,可用罗盘仪配合皮尺进行,具体的测设步骤如下:

(1)在图上某一栽植植株的附近寻找一个明显地物点,并在图上量出此明显地物点至该栽植植株几何中心位置的水平距离和磁方位角,然后将图上的水平距离依据比例尺换算成实地距离。

(2)在现地找到图上所标出的明显地物点,将罗盘仪安置于该地物点上,根据求得的实地距离和磁方位角在现地引点定位,并钉上点位桩,要求定位误差不超过图上 ±1 mm。

(3)同法,在图上求出其他种植植物位置与明显地物点之间的水平距离、磁方位角,并在地面上利用罗盘仪配合皮尺测设,确定出各植株栽植位置或植株栽植丛的转折点位置。

(4)在各种植点位或范围定出后,应及时钉上木桩或撒白石灰线标明。

(二)用距离交会法测设种植位置

当现有建筑物或其他地物与种植设计图相符,且绿地范围较小时,可根据两个固定地物点与待测设点的距离,用距离交会法定出植株种植边界线或树木单株位置。

二、丛植型

把几株或十几株甚至几十株乔、灌木配植在一起称为丛植,树种一般在两种以上。测设时,首先用极坐标法或距离交会法把丛植区域的中心位置测设出来,然后根据该中心位置、有关角度和距离定出其他种植点的位置,钉上木桩,做好标记,并在桩上写明植物名称、数量及其规格大小等。

对于范围较大、地势平坦的绿地,也可采用方格法来测设。

三、行植型

将树木种植成行或带状叫行植或带植,如道路两侧的绿化树、道路中间的分车绿化带和绿篱等。测设时,一般根据现地情况,首先采用距离交会法测设出种植范围的起止点和转折点,然后再依照设计的株距大小定出每株树木的种植位置,并钉设木桩进行标记。

园路主干道两侧的行道树,一般要求对称、株距相等且栽植位置较准确,可按道路设计断面定点。在有路牙的道路上,应根据路牙进行定植点测设,无路牙则应找出道路中线再定点;测设种植点位时,利用钢尺或皮尺量出设计的行距和株距,并每隔 10 株钉一个木桩,作为定位和栽植的依据,如果遇电杆、变压器等障碍物,应调整设计尺寸予以避让。

四、片植型

成片规则种植 1 ~2 个树种称片植,测设时,应首先把种植区域的界线在实地标定出来,然后再根据其种植形式定出每一植株的具体位置。

(一)矩形种植

如图 10-48(a)所示,*abcd* 为一园林树木种植区的边界,种植测设步骤如下:

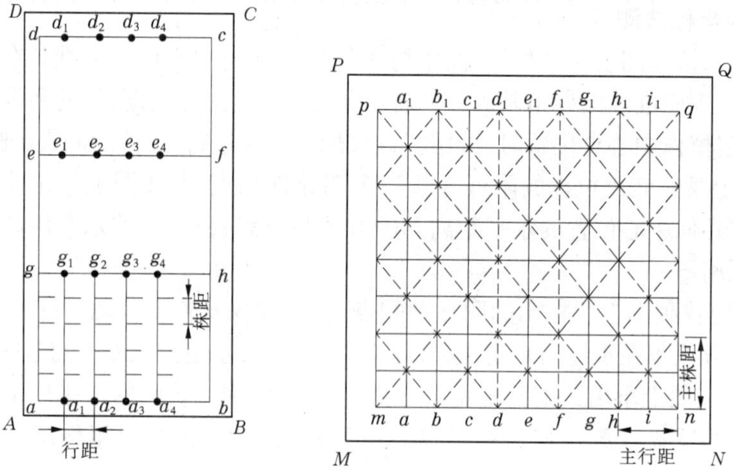

(a)矩形种植　　(b)三角形种植

图 10-48　片植型种植测设

(1)根据种植设计图在地面定出基线 *AB*,按半个行距、半个株距确定出 *a* 点的位置;作基线 *AB* 的平行线 *ab*,然后丈量 *ab* 并使其长度为行距的整数倍,得到端点 *b*;在 *a* 点安置经纬仪,以 *b* 点作为定向点,逆时针转动照准部 90°,并沿视线方向用钢尺或皮尺量取株距的整数倍,确定出 *d* 点。

(2)在 *b* 点安置经纬仪,以 *a* 点作为定向点,顺时针转动照准部 90°,并沿视线方向用钢尺或皮尺量取与 *ad* 等长的距离,确定出 *c* 点。丈量出 *cd* 的长度与 *ab* 进行比较,当相对误差大于 1/1 000 时,应查明原因,予以改正或重新测定。

(3)在 *ad*、*bc* 线段上量取若干个分段,使每分段的长度为株距的若干整数倍,得到 *g*、*e*、*h*、*f* 等点。

(4)在 *ab*、*gh*、*ef*、*dc* 等线段上,分别按设计的行距定出点 a_1、a_2、a_3、a_4、…,g_1、g_2、g_3、g_4、…,e_1、e_2、e_3、e_4、…,d_1、d_2、d_3、d_4、…。

(5)在 *ag*、a_1g_1、a_2g_2、…线段上,按设计株距定出各树木种植点,并撒白灰做标记。

(二)三角形种植

如图 10-48(b)所示,*mnqp* 为一园林树木种植区域,按设计要求,需要测设出三角形种植点位。

(1)首先根据种植设计图在地面定出基线 *MN*,然后按半个主行距、半个主株距确定出 *m* 点的位置;作基线 *MN* 的平行线 *mn*,丈量 *mn* 并使其长度为主行距的整数倍,得到端点 *n*;在 *m* 点安置经纬仪,以 *n* 点作为定向点,逆时针转动照准部 90°,并沿视线方向用钢尺或皮尺量取主株距的整数倍,确定出 *p* 点。

(2)在 *n* 点安置经纬仪,以 *m* 点作为定向点,顺时针转动照准部 90°,并沿视线方向用钢尺或皮尺量取与 *mp* 等长的距离,确定出 *q* 点;丈量 *pq* 的长度与 *mn* 进行比较,当相对误差大于 1/1 000 时，应查明原因，重新测定。

(3)从 m 点开始，沿 mn 方向按照半个主行距定出点 a、b、c、d、…；从 p 点开始，沿 pq 方向按半个主行距定出 a_1、b_1、c_1、d_1、…点，连接 aa_1、bb_1、cc_1、dd_1、…线段。

(4)在 mp、bb_1、dd_1、ff_1、hh_1、nq 线段上，分别以 m、b、d、f、h、n 点起，按主株距定出各种植点；而在 aa_1、cc_1、ee_1、gg_1、ii_1 线段上，则分别从 a、c、e、g、i 点开始，首先以半个主株距定出第一个种植点，然后再从各自的第一个种植点起，在种植区域按主株距定出其余各种植点，并钉上木桩、写出树木名称。

复习与思考题

1. 测设的基本工作有哪些？平面点位测设的常用方法有哪几种？

2. 如图 10-49 所示，$EFGH$ 为设计图中某一正方形园林建筑物，其设计边长为 32 m，EF 边与已知控制点 E、P 连线间的水平夹角为 35°，试简述在平坦地面测设该建筑外轮廓的方法步骤。

3. 如图 10-50 所示，在某待平整园林场地上布设 20 m×20 m 的方格网，方格顶点上分别钉设木桩 1、2、3、…、15，然后测量各方格顶点的地面高程，并将结果标注于相应的木桩上（单位：m）；现欲将该场地平整成纵向坡度为 -0.4%、横向坡度为 -0.2% 的倾斜地面（坡降方向已在图中标出），在不考虑土质影响等情况下，试根据所给数据完成如下任务：

(1)确定“零点”位置，并计算各方格顶点的设计高程；

(2)计算挖、填土方量，并分析是否需要调整设计高程；

(3)在图上绘出开挖线。

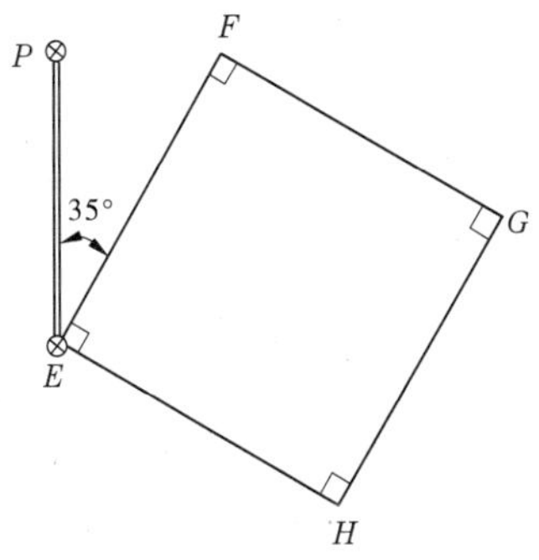

图 10-49　距离与角度的测设

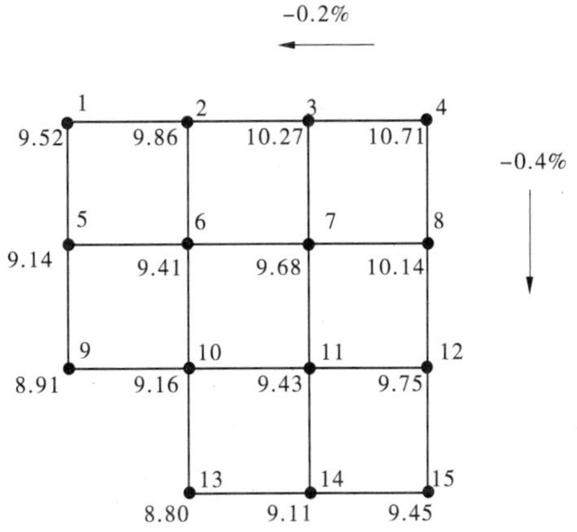

图 10-50　园林场地平整测量

4. 如图 10-51 所示，已知水准点 A 的高程为 148.682 m，基坑底部设计高程为 144.122 m，欲在距离坑底高 0.50 m 处设置水平桩 B，首先在基坑边选择一转点 C，将水准仪安置在 A、C 之间，后视读数为 1.348 m，前视读数为 2.236 m；然后将水准仪搬进基坑内设站，在转点 C 上悬挂钢尺，并使钢尺的零刻划线与 C 桩的上侧面齐平，后视钢尺，其读数为 2.873 m，试求算 B 点水准尺的读数应为多大时，尺底处才是待测设水平桩的上侧面位置？

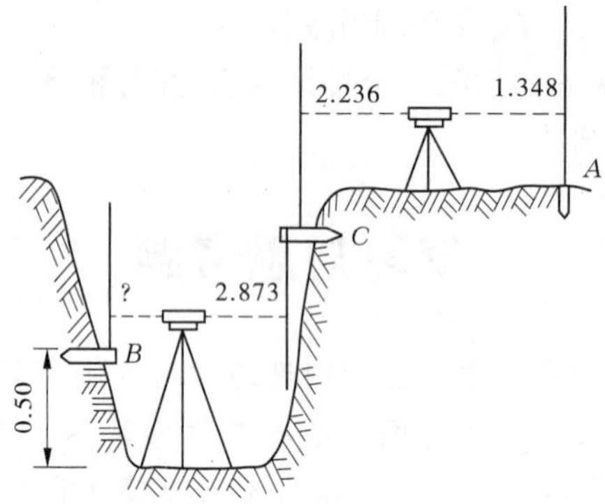

图 10-51　测设水平桩　(单位：m)

5. 园林建筑物的定位有哪几种方法？
6. 简述测设轴线控制桩和测设龙门板的作业步骤。
7. 地下管道施工测量的主要内容有哪些？
8. 简述园林植物种植测量中三角形种植的测设步骤。

参考文献

[1] 陈涛. 园林测量[M]. 北京:中国劳动社会保障出版社,2009.

[2] 陈涛,王文焕. 园林工程测量[M]. 北京:化学工业出版社,2009.

[3] 张培冀. 园林测量[M]. 北京:中国建筑工业出版社,2008.

[4] 高玉艳. 园林测量[M]. 重庆:重庆大学出版社,2006.

[5] 张远智. 园林工程测量[M]. 北京:中国建材工业出版社,2005.

[6] 郑金兴. 园林测量[M]. 北京:高等教育出版社,2005.

[7] 李建华. 测量学[M]. 上海:上海交通大学出版社,2008.

[8] 李秀江. 测量学[M]. 2 版. 北京:中国林业出版社,2007.

[9] 金为民. 测量学[M]. 北京:中国农业出版社,2006.

[10] 顾孝烈,鲍峰,程效军. 测量学[M]. 3 版. 上海:同济大学出版社,2006.

[11] 付新启. 测量学[M]. 北京:北京理工大学出版社,2006.

[12] 卞正富. 测量学[M]. 北京:中国农业出版社,2002.

[13] 杨松林. 测量学[M]. 北京:中国铁道出版社,2002.

[14] 潘延玲. 测量学[M]. 北京:中国建材工业出版社,2001.

[15] 武汉测绘科技大学《测量学》编写组. 测量学[M]. 3 版. 北京:测绘出版社,1991.

[16] 潘松庆. 现代测量技术[M]. 郑州:黄河水利出版社,2008.

[17] 刘绍堂. 控制测量[M]. 郑州:黄河水利出版社,2007.

[18] 周建郑. 建筑工程测量[M]. 北京:化学工业出版社,2005.

[19] 王云江,赵西安. 建筑工程测量[M]. 北京:中国建筑工业出版社,2002.

[20] 李生平. 建筑工程测量[M]. 北京:高等教育出版社,2002.

[21] 刘星,吴斌. 工程测量学[M]. 重庆:重庆大学出版社,2004.

[22] 李仕东. 工程测量[M]. 北京:人民交通出版社,2002.

[23] 罗新宇. 土木工程测量学教程(上册)[M]. 北京:中国铁道出版社,2003.

[24] 付开隆. 现代公路测量技术[M]. 北京:科学出版社,2005.

[25] 徐绍铨,张华海,杨志强,等. GPS 测量原理及应用[M]. 3 版. 武汉:武汉大学出版社,2008.

[26] 武汉大学测绘学院测量平差学科组. 误差理论与测量平差基础[M]. 武汉:武汉大学出版社,2003.

[27] 全国科学技术名词审定委员会. 测绘学名词[M]. 2 版. 北京:科学出版社,2002.

[28] 耿美云. 园林工程[M]. 北京:化学工业出版社,2008.

[29] 中华人民共和国国家质量监督检验检疫总局,中国国家标准化管理委员会. GB/T 20257. 1—2007 国家基本比例尺地图图式 第 1 部分 1:500 1:1 000 1:2 000 地形图图式[S]. 北京:中国标准出版社,2008.

[30] 中国有色金属工业协会. GB 50026—2007 工程测量规范[S]. 北京:中国计划出版社,2008.

[31] 国家技术监督局. GB 12898—91 国家三、四等水准测量规范[S]. 北京:中国标准出版社,1992.